空中目标机动参数估计

刘宏强　卢春光　侯满义　刘金刚　纪义国　刘成亮　著

国防工业出版社

·北京·

内 容 简 介

空中目标机动参数表征了空中目标的机动状态和战术意图,是空中攻防作战中重要的目标信息。本书依据最优估计准则,结合运动原理与几何关系,从多个技术角度和问题背景出发,对空中目标机动参数估计理论与方法开展了系统性研究。研究内容包括最小方差准则下二维机动参数估计方法、最大似然准则下相关量测二维机动参数估计方法、噪声异步相关条件下蛇形机动运动状态估计与角速度辨识、采用距离变化率量测的二维运动状态估计方法、采用距离变化率量测的二维机动参数估计方法、基于垂直速度机动模型的三维机动参数估计方法、基于最大混合相关熵的非线性非高斯系统状态估计算法等。

本书可为雷达探测、目标识别与跟踪、无人智能空战等领域的工程师、研究人员、技术人员及高校研究生开展空中目标机动参数估计问题分析和研究提供参考。

图书在版编目(CIP)数据

空中目标机动参数估计 / 刘宏强等著. -- 北京 : 国防工业出版社, 2024. 5

ISBN 978 - 7 - 118 - 13343 - 1

Ⅰ. ①空… Ⅱ. ①刘… Ⅲ. ①空中目标 - 空中机动 - 参数估计 Ⅳ. ①E920. 2

中国国家版本馆 CIP 数据核字(2024)第 103403 号

※

国防工业出版社 出版发行

(北京市海淀区紫竹院南路 23 号　邮政编码 100048)

三河市天利华印刷装订有限公司印刷

新华书店经售

*

开本 710 × 1000　1/16　**印张** 13¼　**字数** 236 千字

2024 年 5 月第 1 版第 1 次印刷　**印数** 1—1400 册　**定价** 108.00 元

国防书店:(010)88540777　书店传真:(010)88540776

发行业务:(010)88540717　发行传真:(010)88540762

前　言

空中目标机动参数表征了其机动状态和战术意图，是空中攻防作战中重要的目标信息。本书依据最优估计准则，结合运动原理与几何关系，从多个技术角度和问题背景出发，对机动参数估计的理论与方法开展了系统性的研究，取得了许多创新性的科研成果，在此基础上编著成书。

本书共分8章。第1章介绍了空中目标机动参数估计的基本概念、研究背景和现状。第2章依据最小方差准则，针对目标的二维平面转弯机动形式，采用状态扩增法，建立相应的扩增参数化机动模型，应用非线性估计算法，提出了最小方差准则下二维机动参数估计方法，得到运动状态与机动参数的联合（近似）最小方差估计。第3章依据最大似然估计准则，针对未知相关系数的时间相关量测条件下机动参数估计问题，将期望最大化算法与高阶容积卡尔曼平滑算法结合，提出了最大似然准则下相关量测二维机动参数估计方法。第4章对蛇形机动目标运动状态与转弯角速度进行联合估计和解析辨识，基于期望最大化算法框架，提出了噪声异步相关下蛇形机动目标运动状态估计与角速度辨识的期望最大化算法。第5章针对基于距离变化率的运动状态估计问题，通过将距离、方位角和距离变化率进行无偏量测转换，提出了采用距离变化率量测的二维运动状态估计方法。第6章针对基于距离变化率的机动参数估计问题，利用距离变化率量测推导出两个速度方向角估计量，并结合由速度状态估计计算的速度方向角估计量，提出了采用距离变化率的二维机动参数估计方法。第7章针对三维空间中常见的垂直速度机动形式，提出了三维笛卡儿速度的计算原理，提出了一种基于三部多普勒雷达量测的目标速度计算方法，并分别针对平面常（变）转弯机动目标的转弯率估计问题，提出了融合估计算法。第8章基于最大混合相关熵准则诱导的代价函数，设计了一种新的鲁棒递归非线性滤波和平滑器。

由于作者水平有限，书中难免存在疏漏与错误之处，望批评指正。

作　者
2024年1月

目　　录

第 1 章　概论 …… 1
1.1　研究背景及意义 …… 1
1.2　相关问题的研究现状及分析 …… 2
1.2.1　机动模型问题 …… 2
1.2.2　运动状态与机动参数的联合估计问题 …… 3
1.2.3　非线性滤波估计与平滑估计问题 …… 6
1.2.4　距离变化率量测的利用问题 …… 8
1.3　本书主要工作和结构安排 …… 9
第 2 章　最小方差准则下二维机动参数估计方法 …… 12
2.1　基于状态扩增法的角速度滤波估计 …… 12
2.1.1　两类扩增的匀速转弯模型 …… 12
2.1.2　仿真实验 …… 14
2.2　基于状态扩增法的切向/法向加速度滤波估计 …… 21
2.2.1　连续时间扩增状态空间模型 …… 21
2.2.2　离散时间扩增状态空间模型 …… 22
2.2.3　PEKF 算法 …… 23
2.2.4　仿真实验 …… 25
2.3　基于状态扩增法的机动参数固定滞后估计 …… 38
2.3.1　AURTSS – d 算法 …… 38
2.3.2　仿真实验 …… 40
2.4　本章小结 …… 44
第 3 章　最大似然准则下相关量测二维机动参数估计方法 …… 46
3.1　时间相关量测噪声的状态估计问题分析 …… 46
3.2　基于 EM 的时间相关量测噪声条件下角速度估计算法 …… 48
3.2.1　时间相关量测噪声条件下匀速转弯机动模型 …… 48
3.2.2　高阶(五阶)容积卡尔曼滤波与平滑 …… 51
3.2.3　E – step …… 53

3.2.4 M-step …… 56
3.2.5 降维估计算法 …… 58
3.2.6 时间相关量测噪声条件下的角速度估计 …… 63
3.2.7 仿真实验 …… 64
3.3 基于EM算法的时间相关噪声条件下切向/法向加速度估计 …… 69
3.3.1 时间相关量测噪声条件下切向/法向加速度估计模型 …… 69
3.3.2 E-step …… 71
3.3.3 M-step …… 74
3.3.4 时间相关量测噪声条件下切向/法向加速度估计算法 …… 74
3.3.5 仿真实验 …… 75
3.4 本章小结 …… 77
第4章 噪声异步相关下蛇形机动目标运动状态估计与角速度辨识的期望最大化算法 …… 78
4.1 引言 …… 78
4.2 问题描述 …… 78
4.2.1 基于量测重构的异步相关噪声解耦策略 …… 79
4.2.2 基于系统重构的角速度解耦策略 …… 80
4.3 基于HCKS-EM的联合估计与辨识算法 …… 81
4.3.1 E-step …… 83
4.3.2 M-step …… 92
4.4 仿真分析 …… 93
4.5 本章小结 …… 100
第5章 采用距离变化率量测的二维运动状态估计方法 …… 101
5.1 采用距离变化率量测的无偏量测转换滤波算法 …… 101
5.1.1 无偏转换 …… 101
5.1.2 UCMKF-R算法 …… 104
5.2 采用RR的去相关无偏量测转换滤波算法 …… 105
5.2.1 去相关无偏量测转换 …… 105
5.2.2 DUCMKF-R算法 …… 108
5.3 仿真实验 …… 109
5.3.1 量测转换性能评估 …… 109
5.3.2 运动状态估计的性能评估 …… 113
5.4 本章小结 …… 117

第 6 章　采用距离变化率量测的二维机动参数估计方法 …………………… 119
6.1　采用 AIMM - CS - DUCMKF - R 算法的切向/法向加速度估计 …… 119
6.1.1　伪线性 CSTNA 模型 …………………………………………… 119
6.1.2　AIMM - CS - DUCMKF - R 算法………………………………… 121
6.1.3　仿真实验………………………………………………………… 123
6.2　切向/法向加速度统计量及近似联合概率分布………………… 126
6.2.1　切向/法向加速度统计量的推导 ……………………………… 126
6.2.2　切向/法向加速度的联合经验分布及 GMM 拟合 …………… 129
6.2.3　切向/法向加速度统计量在机动检测中的应用……………… 133
6.3　基于双多普勒雷达量测的角速度估计 ………………………… 136
6.3.1　无噪声条件下速度方向角的计算 …………………………… 136
6.3.2　高斯白噪声条件下的角速度估计 …………………………… 140
6.3.3　仿真实验………………………………………………………… 141
6.4　本章小结 …………………………………………………………… 144
第 7 章　基于垂直速度机动模型的三维机动参数估计方法 ……………… 145
7.1　垂直速度机动模型 ………………………………………………… 145
7.1.1　三维运动学原理…………………………………………………… 145
7.1.2　平面常转弯机动模型……………………………………………… 146
7.1.3　平面变转弯机动模型……………………………………………… 147
7.2　采用距离变化率量测的三维笛卡儿速度计算方法 …………… 149
7.2.1　三维笛卡儿速度的计算原理 ……………………………………… 149
7.2.2　基于三部多普勒雷达量测的目标速度计算方法 ……………… 154
7.3　垂直速度机动目标的转弯率估计 ……………………………… 156
7.3.1　恒定转弯率估计算法……………………………………………… 156
7.3.2　时变转弯率估计算法……………………………………………… 159
7.4　本章小结 …………………………………………………………… 162
第 8 章　基于最大混合相关熵的非线性非高斯系统状态估计算法 …… 164
8.1　引言 ………………………………………………………………… 164
8.2　预备知识 …………………………………………………………… 164
8.2.1　最大混合相关熵准则……………………………………………… 164
8.2.2　三阶球面容积积分准则…………………………………………… 167
8.3　问题描述 …………………………………………………………… 167
8.4　基于最大混合相关熵的离群鲁棒非线性滤波器和平滑器……… 168

8.4.1 基于最大混合相关熵的离群鲁棒非线性滤波器 …… 168
8.4.2 基于最大混合相关熵的离群鲁棒非线性平滑器 …… 171
8.5 目标跟踪仿真 …… 175
8.5.1 场景一 …… 176
8.5.2 场景二 …… 179
8.5.3 场景三 …… 182
8.6 本章小结 …… 184
附录 A 离散时间 CTNA 模型与 STNA 模型中过程噪声的协方差计算方法 …… 185
附录 B 伪线性离散时间 CTNA 模型与 STNA 模型中过程噪声的协方差计算方法 …… 189
附录 C 采用 EM 算法对 GMM 参数进行估计 …… 192
参考文献 …… 194

第1章 概论

1.1 研究背景及意义

随着空战形态的不断演化,可预见的是,在未来分布式空战中高价值多用途作战飞机编队将由少量的有人机和大量的无人机(Unmanned Aerial Vehicle,UAV)组成的作战体系所取代。在未来分布式空战中,作战单元的类型与数量将会大幅增加,这将导致战场态势的信息量呈指数级增长。当庞大的态势信息超过人脑可承受的负荷时,指挥员将难以判断敌方的战术意图,从而导致错误的指挥与决策。随着数据融合与人工智能技术的快速发展,可将敌方飞机战术意图判断任务建模为一类计算机可处理的模式识别问题,称为空战战术意图识别。空战战术意图识别是空中分布式战场态势感知与威胁评估的重要内容之一,是辅助空中指挥员作战决策的重要基础,对空战的胜利乃至制空权的夺取均有不容忽视的影响。

在未来分布式空战中,有人机是战斗的指挥者与决策者,负责任务的管理与评估;而廉价的和具有单一功能的 UAV 执行较为危险和简单的单项任务,如武器投放、战术引诱、电子对抗与预警侦察等。具有固定翼的有人机或者 UAV 必须在机动过程中执行军事行动。飞机(在本书"飞机"均指固定翼作战飞机)的机动,不但受气动外形和操控系统影响,而且更多地受其承担的战术任务所支配。因此,飞机的机动过程与战术任务之间是密切相关的。在同类型的战术任务中,尤其对于 UAV,机动过程将呈现出规律性和程序性。执行战术任务的目的是实现自身的战术意图。在战术行动中,飞机所具有某种规律的机动状态蕴含着特定类型的战术意图。角速度、法向加速度和切向加速度等运动学参量,通常用以描述和区分不同的机动状态,并将这类运动学参量称为机动参数。由于雷达无法直接探测到目标的机动参数,为了获知敌方飞机的机动状态,就需要由雷达所得的量测信息来估计机动参数。

本书旨在提高基于雷达量测数据的空中目标机动参数估计精度,为机动参数估计理论与方法的进一步发展和创新提供有益的参考。

1.2 相关问题的研究现状及分析

本书在状态估计理论与参数估计理论的基础上,以机动参数估计为核心问题,依据最优估计准则,从多个技术角度对机动参数估计方法进行深入研究。以下对本书涉及的相关理论方法的研究现状进行阐述与分析。

1.2.1 机动模型问题

我们所关注的目标机动并非为任意形式,而是一类具有规律性和程序性的机动。在这类机动形式中,二维水平面转弯机动是飞机执行作战任务时最常用的一类机动形式。例如,执行侦察预警任务的预警飞机一般会在空间某高度的水平面上沿着“8”字、圆形或椭圆形轨迹飞行;执行攻击任务的战斗机在接敌过程中常进行水平面上“S”形机动;在规避任务或退出战场任务时飞机会采用180°大转弯机动。另外,部分三维空间机动形式可解耦为二维水平面上转弯机动和垂直面上匀速直线运动,对此可仅考虑二维水平面上转弯机动形式。因此,二维水平面转弯机动参数估计理论与方法涵盖了机动参数估计理论与方法的主要内容。

当目标在二维水平面转弯机动时,其满足曲线运动动力学关系(图1.1),即

$$\begin{cases}\dot{x}(t)=v(t)\cos\alpha(t)\\ \dot{y}(t)=v(t)\sin\alpha(t)\\ \dot{v}(t)=a_{\mathrm{t}}(t)\\ \dot{\alpha}(t)=a_{\mathrm{n}}(t)/v(t)\end{cases}\tag{1.1}$$

式中:$\dot{x}$ 和 $\dot{y}$ 为二维笛卡儿坐标系中目标速度分量;v 为速度向量的大小;α 为速度的方向角;$\dot{v}$ 与 $\dot{\alpha}$ 分别为 v 和 α 的微分形式;a_{t} 为切向加速度(Tangential Acceleration,TA);a_{n} 为法向加速度(Normal Acceleration,NA)。式(1.1)中的变量均为时间 t 的函数。

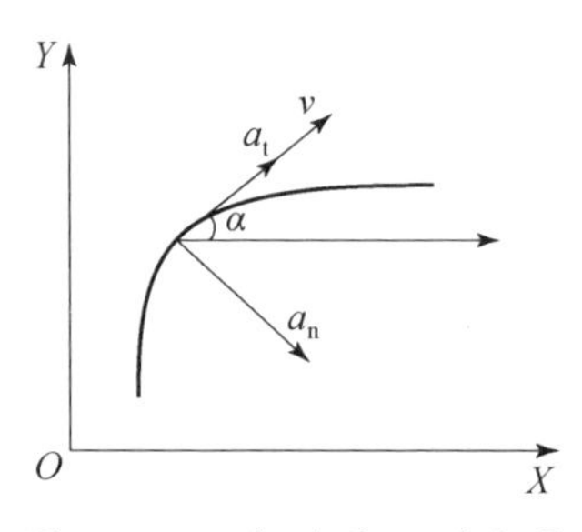

图1.1 目标曲线运动变量

当 $a_n \neq 0, a_t \neq 0$ 时，v 和 α 均不断地变化，式（1.1）描述了二维水平面中最普遍的转弯机动，即变转弯率（Variable Turning Rate，VT）机动。当 $a_t = 0$ 时，a_n 为常数，可得到二维水平面中最简单的一类转弯机动，即匀速转弯机动，也称为常转弯率（Constant Turning Rate，CT）机动。对于变转弯率机动，a_t 和 a_n 决定了目标的机动模式；对于常转弯率机动，转弯率 $\dot{\alpha} \triangleq \omega$（在二维水平面，也称为"角速度"）决定了目标的机动模式。因此，将 a_t、a_n 和 ω 选为水平面转弯机动的基本机动参数。

为了获得机动参数 a_t、a_n 和 ω 的最优估计，需要将 a_t、a_n 和 ω 显式地表达于机动模型之中。由式（1.1）可建立的二维水平面转弯机动的参数化机动模型。由于参数化机动模型采用了动力学关系，因此与匀速模型（Constant Velocity，CV）相比，匀加速模型（Constant Acceleration，CA）、Singer 模型、"当前"统计模型（Current Statistic，CS）、Jerk 模型等一维模型能够更好地描述目标转弯机动的特征。

除了二维水平面转弯机动，我们还关注一类非水平面的空间平面机动，称为三维垂直速度机动（Orthogonal Velocity，OV）。具有一般气动外形的飞机，主要的三维空间机动可近似认为在空间某一平面上。文献[31]依据三维空间质点目标运动原理，建立 OV 机动模型，并进一步将其细分为平面常转弯机动（Planar Constant - Turn，PCT）模型和平面变转弯（Planar Variable - Turn，PVT）模型。其中，PVT 模型可描述除了 PCT 模型之外的机动平面上任意转弯机动。对于 OV 机动，转弯率 ω 是表征目标运动特征的主要机动参数。

1.2.2 运动状态与机动参数的联合估计问题

由机动目标跟踪算法所得的笛卡儿坐标系中运动状态来估计机动参数，是一种间接的、无反馈的估计方法。机动目标跟踪的主要任务是依据当前雷达量测信息实时地估计机动目标的运动状态，建立目标航迹，并保证下一时刻目标落入跟踪门内。由于实时与在线估计要求，机动目标跟踪主要的困难来自于目标不可预测的机动引起的运动模型失配问题。为此，在机动目标跟踪算法中一般会设计一个由多个运动模型组成的模型集合，以涵盖当前目标的机动形式。

机动参数可应用于意图学习与意图推理两个方面。在意图学习中，主要是以固定时间段内积累的历史量测来估计机动参数。通过对历史量测分析，可大致判断目标的机动形式，并指导选择参数化的机动模型。在意图推理中，意图识别周期远低于雷达采样周期。那么，可由下一个意图识别周期内积累的雷达量测获知目标机动形式，以指导选择参数化的机动模型。由于所考虑的目标机动形式是具有规律性的，并非是任意形式的机动，因此在机动参数估计问题中，假设目标的参数化机动模型与目标真实机动基本匹配,而参数是未知的。

目标运动状态估计和机动参数估计是相互耦合的,即运动状态估计精度依赖于机动参数估计精度,同时运动状态估计精度又是机动参数估计精度的基础。因此,对目标运动状态和机动参数进行联合估计,可同时解决运动状态和机动参数的估计问题,确保运动状态估计与机动参数估计的一致性。在给定参数化的机动模型和目标的雷达量测条件下,按照最优估计准则,通过设计运动状态与机动参数的联合估计方法,可以得到运动状态与机动参数的最优估计。

当前,在状态空间模型的描述范畴中,依据最小方差估计准则和最大似然估计准则,可得相应的运动状态与机动参数的联合估计方法,即状态扩增法与期望最大化法。

1.2.2.1 状态扩增法

状态扩增法是将未知机动参数扩充为运动状态向量的一部分进行估计。状态扩增法简单且实用,被广泛应用于系统状态与参数的联合估计问题中。假设一个含有未知机动参数 $\boldsymbol{\theta}$ 的加性噪声非线性机动模型为

$$\begin{cases}\boldsymbol{x}_k=\boldsymbol{f}(\boldsymbol{x}_{k-1},\boldsymbol{\theta})+\boldsymbol{q}_{k-1}\\ \boldsymbol{y}_k=\boldsymbol{h}(\boldsymbol{x}_k,\boldsymbol{\theta})+\boldsymbol{r}_k\end{cases}\tag{1.2}$$

式中:$\boldsymbol{x}_k\in\mathbb{R}^n$为目标运动状态向量;$\boldsymbol{y}_k\in\mathbb{R}^m$为量测向量;$\boldsymbol{q}_{k-1}\sim N(\boldsymbol{0},\boldsymbol{Q}_{k-1})$为高斯过程噪声;$\boldsymbol{r}_k\sim N(\boldsymbol{0},\boldsymbol{R}_{k-1})$为高斯量测噪声;$\boldsymbol{f}(\cdot)$为机动状态转移函数;$\boldsymbol{h}(\cdot)$为量测函数。

通常情况下,机动参数 $\boldsymbol{\theta}$ 是时变的,其动态过程建模为

$$\boldsymbol{\theta}_k=\boldsymbol{\theta}_{k-1}+\boldsymbol{\varepsilon}_{k-1}\tag{1.3}$$

式中:$\boldsymbol{\varepsilon}_{k-1}$可定义为某种随机过程。将 $\boldsymbol{\theta}$ 作为运动状态的一部分,重新定义运动状态$\bar{\boldsymbol{x}}_k=(\boldsymbol{x}_k,\boldsymbol{\theta}_k)$和过程噪声$\bar{\boldsymbol{q}}_{k-1}=(\boldsymbol{q}_{k-1},\boldsymbol{\varepsilon}_{k-1})$,那么非线性扩增机动模型式(1.2)转换为

$$\begin{cases}\bar{\boldsymbol{x}}_k=\bar{\boldsymbol{f}}(\bar{\boldsymbol{x}}_{k-1})+\bar{\boldsymbol{q}}_{k-1}\\ \boldsymbol{y}_k=\boldsymbol{h}(\bar{\boldsymbol{x}}_{k-1})+\boldsymbol{r}_k\end{cases}\tag{1.4}$$

初始扩增状态的先验分布设定为 $\bar{\boldsymbol{x}}_0\sim N(\bar{\boldsymbol{x}}_0\mid\bar{\boldsymbol{m}}_0,\bar{\boldsymbol{P}}_0)$,给定一组量测序列 $\boldsymbol{y}_{1:T}=\{\boldsymbol{y}_1,\cdots,\boldsymbol{y}_T\}$,$T\in\mathbb{Z}^+$,在线性状态空间中,采用线性卡尔曼滤波(Kalman Filter,KF)算法或者 Rauch – Tung – Striebel 平滑(Rauch – Tung – Striebel Smoother,RTSS)算法,可获得最小方差意义下滤波或者平滑估计的闭型解。对于非线性状态空间模型式(1.4),通过非线性状态估计算法,能够以闭环的方式同时获得运动状态与机动参数的近似最小方差估计,并等价于近似最优贝叶斯后验均值估计。

1.2.2.2 期望最大化法

一般情况下，依据最大似然估计准则，可获得估计量的后验克拉美罗下界（Posterior Cramér – Rao Lower Bound，PCRLB）。虽然最大似然估计具有理论上的支撑，但是在应用中存在大量的非凸优化问题，最大似然估计通常不能直接地获得。

期望最大化（Expectation Maximization，EM）算法是一种迭代求解最大似然估计的优化算法，广泛地用于各个领域的估计问题中，当然也包括系统状态估计领域。

近年来，应用EM算法来解决状态空间描述的系统状态与参数的联合估计问题成为一个研究热点。针对线性时不变的多输入多输出的状态空间模型，文献[48]应用EM算法提出了一个数值鲁棒和算法可靠的联合估计方法。文献[51]基于EM算法提出了一种针对具有未知输入的线性时不变的状态空间模型的联合估计算法。文献[52]在给定输入输出观测数据条件下，提出了一种采用EM算法的多变量双线性系统的联合估计算法。结合粒子滤波与EM算法，文献[53]给出了一般非线性状态空模型的参数估计算法。文献[54]采用滚动时域算法与EM算法，对非线性系统的未知噪声协方差进行了估计。文献[55]采用经典的扩展卡尔曼滤波（Extended Kalman Filter，EKF）和卡尔曼平滑对模型误差协方差矩阵进行了估计。在状态空间模型的应用领域中，EM算法也逐渐用于解决实际工程问题，如目标跟踪技术、飞机动力学、脑电图学。

模型式(1.2)对应的概率状态空间模型为

$$\begin{cases} \boldsymbol{x}_k \sim p_{\boldsymbol{\theta}}(\boldsymbol{x}_k | \boldsymbol{x}_{k-1}) \\ \boldsymbol{y}_k \sim p_{\boldsymbol{\theta}}(\boldsymbol{y}_k | \boldsymbol{x}_k) \end{cases} \tag{1.5}$$

式中：$p_{\boldsymbol{\theta}}(\boldsymbol{x}_k | \boldsymbol{x}_{k-1})$为给定$\boldsymbol{x}_{k-1}$条件下$\boldsymbol{x}_k$的概率密度函数（Probability Density Function，PDF）；$p_{\boldsymbol{\theta}}(\boldsymbol{y}_k | \boldsymbol{x}_k)$为给定$\boldsymbol{x}_k$条件下$\boldsymbol{y}_k$的PDF。$p_{\boldsymbol{\theta}}$表示PDF是关于未知机动参数$\boldsymbol{\theta}$的参数化表达式。要解决的问题是给定一组量测序列$\boldsymbol{y}_{1:T} = \{\boldsymbol{y}_1, \cdots, \boldsymbol{y}_T\}$，依据最大似然估计（Maximum Likelihood Estimation，MLE）准则来计算$\boldsymbol{\theta}$的MLE $\boldsymbol{\theta}^*$，即

$$\boldsymbol{\theta}^* = \arg\max_{\boldsymbol{\theta}} \log p_{\boldsymbol{\theta}}(\boldsymbol{y}_{1:T}) \tag{1.6}$$

将量测序列$\boldsymbol{y}_{1:T}$对应的运动状态序列$\boldsymbol{x}_{0:T} = \{\boldsymbol{x}_0, \cdots, \boldsymbol{x}_T\}$作为丢失数据，基于贝叶斯定理，对数似然函数可分解为

$$\log p_{\boldsymbol{\theta}}(\boldsymbol{y}_{1:T}) = \log p_{\boldsymbol{\theta}}(\boldsymbol{x}_{0:T}, \boldsymbol{y}_{1:T}) - \log p_{\boldsymbol{\theta}}(\boldsymbol{x}_{0:T} | \boldsymbol{y}_{1:T}) \tag{1.7}$$

假设第η次迭代中，$\boldsymbol{\theta}$的估计值为$\hat{\boldsymbol{\theta}}_\eta$。对式(1.7)的两端同时取关于条件后验概率分布$p_{\hat{\boldsymbol{\theta}}_\eta}(\boldsymbol{x}_{0:T} | \boldsymbol{y}_{1:T})$的期望，即

$$\log p_{\boldsymbol{\theta}}(\boldsymbol{y}_{1:T}) = \int p_{\hat{\boldsymbol{\theta}}_\eta}(\boldsymbol{x}_{0:T} \mid \boldsymbol{y}_{1:T}) \log p_{\boldsymbol{\theta}}(\boldsymbol{x}_{0:T}, \boldsymbol{y}_{1:T}) \mathrm{d}\boldsymbol{x}_{0:T} - \int p_{\hat{\boldsymbol{\theta}}_\eta}(\boldsymbol{x}_{0:T} \mid \boldsymbol{y}_{1:T}) \log p_{\boldsymbol{\theta}}(\boldsymbol{x}_{0:T} \mid \boldsymbol{y}_{1:T}) \mathrm{d}\boldsymbol{x}_{0:T} \tag{1.8}$$

定义 $L(\boldsymbol{\theta},\hat{\boldsymbol{\theta}}_\eta) = \int p_{\hat{\boldsymbol{\theta}}_\eta}(\boldsymbol{x}_{0:T} \mid \boldsymbol{y}_{1:T}) \log p_{\boldsymbol{\theta}}(\boldsymbol{x}_{0:T}, \boldsymbol{y}_{1:T}) \mathrm{d}\boldsymbol{x}_{0:T}$，$L(\boldsymbol{\theta},\hat{\boldsymbol{\theta}}_\eta)$ 为条件期望函数(Conditional Expectation Function, CEF)，则有

$$\log p_{\boldsymbol{\theta}}(\boldsymbol{y}_{1:T}) - \log p_{\hat{\boldsymbol{\theta}}_\eta}(\boldsymbol{y}_{1:T}) = L(\boldsymbol{\theta},\hat{\boldsymbol{\theta}}_\eta) - L(\hat{\boldsymbol{\theta}}_\eta,\hat{\boldsymbol{\theta}}_\eta) + \int p_{\hat{\boldsymbol{\theta}}_\eta}(\boldsymbol{x}_{0:T} \mid \boldsymbol{y}_{1:T}) \log \frac{p_{\hat{\boldsymbol{\theta}}_\eta}(\boldsymbol{x}_{0:T} \mid \boldsymbol{y}_{1:T})}{p_{\theta}(\boldsymbol{x}_{0:T} \mid \boldsymbol{y}_{1:T})} \mathrm{d}\boldsymbol{x}_{0:T} \tag{1.9}$$

式(1.9)的右端最后一项是从 $p_{\theta}(\boldsymbol{x}_{0:T} \mid \boldsymbol{y}_{1:T})$ 到 $p_{\hat{\boldsymbol{\theta}}_\eta}(\boldsymbol{x}_{0:T} \mid \boldsymbol{y}_{1:T})$ 的 Kullback - Leibler(KL)信息测度，对于任意的 $\boldsymbol{\theta}$ 和 $\hat{\boldsymbol{\theta}}_\eta$，其值均为非负。因此，从式(1.9)可知，如果 $L(\boldsymbol{\theta},\hat{\boldsymbol{\theta}}_\eta) > L(\hat{\boldsymbol{\theta}}_\eta,\hat{\boldsymbol{\theta}}_\eta)$，那么 $\log p_{\boldsymbol{\theta}}(\boldsymbol{y}_{1:T}) > \log p_{\hat{\boldsymbol{\theta}}_\eta}(\boldsymbol{y}_{1:T})$。

基于上述内容，可通过估值序列 $\hat{\boldsymbol{\theta}}_\eta(\eta = 1,2,\cdots)$ 逼近 MLE$\boldsymbol{\theta}^*$。那么，标准的 EM 算法[42]可描述如下。

算法 1.1　EM 算法

(1)设定初始迭代次数为 $\eta = 0$ 和初始值 $\hat{\boldsymbol{\theta}}_0$。

(2)期望步(Expectation - step, E - step)：计算 $L(\boldsymbol{\theta},\hat{\boldsymbol{\theta}}_\eta)$。

(3)最大化步(Maximizition - step, M - step)：计算 $\hat{\boldsymbol{\theta}}_{\eta+1} = \underset{\theta}{\operatorname{argmax}} L(\boldsymbol{\theta},\hat{\boldsymbol{\theta}}_\eta)$。

(4)判断是否收敛，如果没有则令 $\eta = \eta + 1$，返回步骤(2)。

1.2.3　非线性滤波估计与平滑估计问题

参数化机动模型与量测模型大多数情况下具有非线性形式，那么由二者组成的状态空间模型也是非线性的。另外，当采用状态扩增法时，扩增后的状态空间模型通常也是非线性的。当给定时间序列量测和非线性状态空间模型时，要获得系统状态的滤波和平滑估计，就要采用非线性滤波算法和平滑算法。

在线性高斯系统中，KF 算法可获系统状态的最小方差估计或者最优贝叶斯后验均值估计。然而，KF 算法无法应用于非线性系统之中。为此，在 KF 算法框架基础上，学者们提出了多种非线性滤波算法。经典的 EKF 算法于 1972 年由 Alspach 和 Sorenson 提出，通过计算非线性函数的雅克比矩阵来局部线性逼近。由于 EKF 算法采用函数局部特性替代整体特性，因此在非线性较强的情

况下,EKF 算法将产生较大的线性化误差。为了改进 EKF 算法不足,统计线性化滤波算法(Statistically Linearized Filter,SLF)被提出来,然而该算法需要复杂的积分运算,很难应用于工程领域。1995 年,Juier 和 Uhlmann 以无迹变换(Unscented Transform,UT)为基础,提出了无迹卡尔曼滤波算法(Unscented Kalman Filter,UKF)。UKF 算法不需要计算非线性函数的雅克比矩阵,而利用无迹变换在估计值附近进行确定性采样,利用采样点的均值与协方差构建的高斯密度函数逼近系统状态的后验概率密度,从而避免了局部线性化的缺点。2009 年,Arasaratnam 提出了平方根容积卡尔曼滤波算法(Square Root Cubature Kalman Filter,SCKF),该算法与 UKF 算法类似,采用假设高斯密度函数逼近后验概率密度函数,不同之处在于采用容积变换获得固定采样点,且采样点具有相同的权重值。SCKF 算法被证明是一种特殊的 UKF 算法,可将 SCKF 算法与 UKF 算法均归结为一类高斯滤波算法。2015 年,Shi 将 SCKF 算法扩展至高阶 SCKF 算法,提高了协方差估计精度。不同于 KF 框架下的非线性滤波算法,Gordon 于 1993 年提出的粒子滤波(Particle Filter,PF)算法是一种基于蒙特卡洛(Monter Carlo,MC)随机采样技术的最优贝叶斯序贯滤波算法,该算法直接采用后验 MC 采样粒子的统计分布逼近状态后验概率密度函数,因此可处理非线性非高斯估计问题。然而,粒子滤波存在着粒子退化、样本贫化和计算复杂度较高等问题。针对这些问题,各种改进的 PF 算法被提出,如扩展粒子滤波(Extended Particle Filter,EPF)、无迹粒子滤波(Unscented Particle Filter,UPF)、容积粒子滤波(Cubature Particle Filter,CPF)、遗传粒子滤波(Genetic Particle Filter,GPF)等。但是每一种改进的 PF 算法仅能解决粒子滤波某一方面的问题,当前还没有提出在高维空间中具有性能较佳的 PF 算法。

RTSS 算法也称为卡尔曼平滑算法,可获得线性高斯模型的平滑估计的闭型解,但是不能直接地应用于非线性平滑估计问题中。为了获得非线性状态空间模型的贝叶斯平滑解,将 RTSS 算法基本方程中的预测方程采用线性函数逼近,可得到一阶扩展 RTSS 算法(Extended RTSS,ERTSS)。采用类似的方法也可推导出高阶扩展卡尔曼平滑器。当采用无迹变换进行高斯逼近时,可得到无迹 RTSS 算法(Unscented RTSS,URTSS)。与 URTSS 类似,若采用三阶球面容积逼近法近似估计量的后验高斯密度函数,则可得到容积 RTSS 算法(Cubature RTSS,CRTSS)。上述平滑算法均可解决一般的非线性或者非高斯平滑估计问题,其中 URTSS 算法和 CRTSS 算法具有相似的性能,优于 ERTSS 算法。为了获得更好的估计精度,可采用更高阶的逼近方法。当采用高阶(五阶)球面容积逼近的高阶容积 RTSS 算法(High - Oder Cubature Rauch - Tung - Striebel Smoother,HCRTSS)时,与三阶 CRTSS 算法相比,HCRTSS 算法具有更优秀的估计性能。然而,在一些具有强非线性与非高斯的问题中,利用高斯逼近方法,可能无法获得足够的估计精度。理论上,采用蒙特卡罗采样可逼近任意形式的平滑分布。但是,采用序贯重要性重采样(Sequential Important Resampling,SIR)算法得到的平滑分布逼近存在逐渐退化问题。文献[77]提出的后向模拟粒子平滑器(Backward - Simulation Particle Smoother)和 Rao - Blackwelllized 粒子平滑器能够缓解这种退化现象。

1.2.4 距离变化率量测的利用问题

距离变化率(Range Rate,RR)与目标运动状态之间存在着运动学与几何学关系。目前,距离变化率量测在不同的工程应用领域中逐渐得到开发和利用。在无源定位问题中,文献[78]基于高精度三阶泰勒展开,采用单个卫星的距离变化率量测,提高了运动目标的位置定位精度。在水下通信与导航任务中,文献[79]采用距离与距离变化率量测,结合状态延迟扩展卡尔曼滤波算法估计了水下航行器的状态。文献[80]将由 RR 推导的法向加速度统计量用于修正交互多模型(Interactive Multiple Models,IMM)算法的模型概率权重,提高了机动目标跟踪性能。在多基地雷达系统中,文献[81]将多个双基地雷达的距离和距离变化率量测用于机动目标的速度与位置的确定。

多普勒雷达可获得目标的距离变化率量测。利用距离变化率量测能够提高对空目标的运动状态估计精度。在仅利用距离与方位角量测的运动状态估计问题中,采用无偏的量测转换算法将极坐标中的距离与方位角量测转换到笛卡儿坐标中,并结合线性 KF 算法,可得到无偏量测转换 KF 算法,其估计效果要好于混合坐标系的 EKF 算法。在该算法的基础上,文献[83]将距离与方位角进行无偏转换,同时保留距离变化率量测的非线性形式;采用序贯滤波方法对距离与方位执行线性 KF 算法,对距离变化率量测执行 UKF 算法,从而提出了序贯 UKF 算法(Sequential UKF,SUKF)。同样,文献[84]也将距离与方位角进行无偏转换,将距离变化率与距离的乘积作为伪量测,以减少距离变化率量测的非线性程度;对距离与方位角执行线性 KF,对于伪量测执行二阶 EKF 算法,从而提出了序贯 EKF 算法(Sequential EKF,SEKF)。这两种采用量测转换的序贯滤波算法的估计效果,优于直接采用 UKF 算法与 EKF 算法。文献[85]提出了一种将距离、角度和 RR 转换为笛卡儿坐标系下位置与速度的量测转换方法(Converted Measurement Kalman Filtering algorithm with Range Rate,CMKFRR)。CMKFRR 算法采用了一个无信息的交叉距离变化率,因为交叉距离变化率不能被观测,因此需要采用先验信息来设定交叉距离变化率的概率分布。当给定合适的交叉距离变化率方差时,CMKFRR 算法的估计性能可相当或者优于 SUKF 算法和 SEKF 算法。

由于距离变化率量测包含了目标速度信息,因此相比位置量测,与机动状态的关系更加紧密。文献[86]研究表明,利用距离变化率量测能够提高目标机动检测性的能力。文献[87]采用几何关系及曲线运动原理,由距离变化率量测得到了法向加速度的统计量,并通过门限检测的方法实现了对目标机动的快速检测。文献[88]采用总加速度的统计量代替了文献[89]法向加速度的统计量,并将其应用于序贯检测中。文献[90]以马氏距离与欧式距离为目标函数,将 RR 作为参数,通过数值优化得到了法向加速度的统计量。文献[91-92]利用距离变化率量测对目标角速度进行了估计。由此可知,利用距离变化率量测与目标运动状态之间存在的运动学与几何学关系,可提高机动参数的估计精度。

1.3 本书主要工作和结构安排

本书后续章节的内容安排如下。

第 2 章在最小方差估计准则下,讨论如何采用状态扩增法对二维机动参数的估计问题。首先,针对匀速转弯运动的转弯率(二维情况下也可称为"角速度")滤波估计问题,建立采用笛卡儿速度的常转弯率机动(Cartesian Coordinate Velocity CT,CVCT)模型与采用极坐标速度的常转弯率机动(Polar Coordinate Velocity CT,PVCT)模型,并分别与非线性估计算法结合,提出了相应的角速度滤波估计算法。其次,针对变转弯率机动的切向/法向加速度滤波估计问题,将切向/法向加速度分别建模为维纳(Wiener)过程和零均值一阶马尔可夫(Zero Mean First Order Markov,ZFOM)过程而得到常切向/法向加速度(Constant TA and NA,CTNA)模型和 Singer 切向/法向加速度(Singer TA and NA,STNA)模型。将目标速度方向估计代入 CTNA 模型和 STNA 模型,得到了伪线性形式模型,并结合 EKF 算法,提出了 CTNA-PEKF 算法和 STNA-PEKF 算法。再次,针对机动参数的固定滞后估计问题,采用 URTSS 算法,提出了一种固定滞后 d 时长的机动参数的估计算法。

第 3 章在最大似然准则下,讨论给定未知相关系数的时间相关量测时如何采用 EM 算法对于二维机动参数的估计问题。针对给定未知相关系数的时间相关量测的匀速转弯运动的角速度估计问题,提出基于 EM 算法的时间相关量测噪声下角速度离线估计算法。针对给定未知相关系数的时间相关量测的变速曲线运动的恒定切向/法向加速度估计问题,提出基于 EM 算法的时间相关量测噪声下切向/法向加速度离线估计算法。

第 4 章基于最大混合相关熵准则诱导的代价函数设计了一种新的鲁棒递归非线性滤波和平滑器。在提出的鲁棒递归非线性滤波和平滑器中,采用 SLR 方法将非线性动态模型函数和量测函数进行线性化，并在所提出的鲁棒递归滤波和平滑器中分别引入一个额外的权重，以修正滤波和平滑增益。作为一个例子，通过采取三阶球面容积规则计算滤波器与平滑器中的遇到的多维高斯积分设计出了基于最大混合相关熵的卡尔曼滤波器和平滑器，并在不同非高斯噪声条件下的目标跟踪场景中，验证了该滤波和平滑器的有效性和优越性。

第 5 章开发利用距离变化率的目标运动状态估计算法，以提高目标的运动状态与机动参数估计精度。通过将距离、方位角和距离变化率进行无偏量测转换，并结合线性的 KF 算法，提出一种新的采用距离变化率量测的无偏量测转换算法。为了消除传统无偏量测转换算法中量测转换误差协方差和量测噪声之间的相关性引起的估计偏差，采用预测状态对量测转换误差协方差和量测噪声进行解耦，进而提出了一种采用距离变化率量测的去相关无偏量测转换算法。

第 6 章讨论如何利用距离变化率量测和运动状态之间的运动学与几何学关系对机动参数进行估计。首先，利用距离变化率量测获得两个速度方向角估计量，将第 4 章采用距离变化率量测的去相关无偏量测转换算法作为 IMM 算法的滤波器，提出了一种基于 IMM 的切向/法向加速度自适应融合估计算法。其次，从运动学与几何学关系出发，由 RR 推导了切向/法向加速度的统计量，采用 MC 仿真与高斯混合模型(Gaussian Mixture Models，GMM)拟合得到了切向/法向加速度近似联合分布函数，并将切向/法向加速度统计量应用于机动检测问题中，提出了一种多并行累积和(Multiple Culmulative Sum，M - CUSUM)机动检测与识别方法。再次，为了解决由单距离变化率计算目标速度方向角的两值模糊问题，依据目标和双多普勒雷达之间的几何关系，提出了由双多普勒雷达量测估计角速度的方法。

第 7 章讨论了三维空间中常见的一类垂直速度机动目标的机动参数估计问题。首先，由三维运动学关系，建立垂直速度机动模型，并通过设定目标速度向量的模是否变化，将垂直速度机动模型进一步分为平面常转弯机动模型和平面变转弯机动模型。其次，为了获得目标速度信息，提出了基于三部多普勒雷达量测的目标速度解算方法。再次，针对平面常转弯机动目标的转弯率估计问题，将机动约束转化为一个伪量测，提出了一种常转弯率序贯估计算法。最后，针对平面变转弯机动目标的转弯率估计问题，为了避免由于扩增法带来的高维强非线性，基于 IMM 算法，提出了一种适于工程应用的时变转弯角速率融合估计算法。

第 8 章通过将蛇形机动目标运动状态估计与转弯角速度解析辨识联合考虑，基于 EM 算法框架，提出了过程噪声与量测噪声异步相关条件下的联合估计与辨识算法。首先，该算法通过重构伪量测方程，解除了过程噪声与量测噪声之间的异步相关性，在此基础之上基于贝叶斯框架，提出了异步相关噪声条件下高斯近似滤波器与平滑器的框架形式，并采用五阶球径容积规则来近似计算高斯加权积分，从而给出了滤波器与平滑器的次优实现，并使用该滤波器与平滑器得到了蛇形机动目标的后验平滑概率密度和联合分布概率密度，进而获得了机动目标的状态估计量。其次，该算法采用重构系统状态方程的方法，解除了角速度与系统状态转移矩阵之间的耦合关系，重新构造了一个待辨识变量，并利用该辨识变量与转弯角速度之间的数学关系进，获得了转弯角速度闭环形式的解析解，避免了使用牛顿迭代法等数值方法近似辨识角速度所带来的精度损失。再次，将滑动窗口的思想引入 EM 算法框架当中，降低了算法的整体运行时间，提高了算法的运行效率；最后，将该算法应用于过程噪声与量测噪声异步相关条件下蛇形机动目标的目标运动状态估计与转弯角速度辨识当中，并进一步验证了该算法的性能优于基于牛顿迭代法搜索的传统 EM 算法、传统的扩维法及交互多模型算法。

第2章 最小方差准则下二维机动参数估计方法

本章依据最小方差准则,针对目标的二维平面转弯机动形式,采用状态扩增法,建立相应的扩增参数化机动模型,应用非线性估计算法,得到运动状态与机动参数的联合(近似)最小方差估计。首先,针对常转弯率(CT)机动的角速度滤波估计问题,建立笛卡儿速度的CT(CVCT)模型与极坐标速度的CT(PVCT)模型,提出角速度滤波估计算法。其次,针对变速曲线机动的切向/法向加速度滤波估计问题,将切向/法向加速度建模为维纳(Wiener)过程和ZFOM过程而得到两种参数化机动模型。将目标速度方向估计代入这两类模型中,得到了伪线性模型,提出基于伪线性EKF(Pseudo EKF,PEKF)的切向/法向加速度滤波估计算法。再次,针对机动参数的固定滞后估计问题,提出了一种固定滞后时长的机动参数的估计算法。最后,对本章工作进行了总结。

2.1 基于状态扩增法的角速度滤波估计

2.1.1 两类扩增的匀速转弯模型

CT机动是空中目标执行作战任务过程中经常采用的机动类型。角速度(转弯率)ω是描述这类机动形式的重要参数。对于CT机动的角速度估计在空中目标机动参数估计问题中占有重要地位。

在本节中,采用状态扩增法将ω作为状态变量以建立扩增的状态空间模型。目标运动的状态空间模型高度依赖所选取的状态分量。依据两种不同的速度表达,可分为CVCT模型和PVCT模型,对应的扩增状态向量分别为

$$\begin{cases} \boldsymbol{x}_{\mathrm{cv}}(t)=(x(t),y(t),\dot{x}(t),\dot{y}(t),\omega(t))^{\mathrm{T}} \\ \boldsymbol{x}_{\mathrm{pv}}(t)=(x(t),y(t),v(t),\alpha(t),\omega(t))^{\mathrm{T}} \end{cases} \tag{2.1}$$

在$\boldsymbol{x}_{\mathrm{cv}}$和$\boldsymbol{x}_{\mathrm{pv}}$中,$\omega$被建模为Wiener过程,即$\dot{\omega}(t)=w_{\omega}(t)$,式中$w_{\omega}(t)$为高斯白噪声随机过程。令式(1.1)中$a_{\mathrm{t}}=0$和$a_{\mathrm{n}}=C$($C$为非零常数),对$\boldsymbol{x}_{\mathrm{cv}}$和$\boldsymbol{x}_{\mathrm{pv}}$,可建立两种CT机动的连续时间状态转移方程为

$$
\begin{cases}
\boldsymbol{x}_{\mathrm{cv}}(t)=\underbrace{\begin{bmatrix}\dot{x}(t)\\ \dot{y}(t)\\ -\omega(t)\dot{y}(t)\\ \omega(t)\dot{x}(t)\\ 0\end{bmatrix}}_{f_{\mathrm{cv}}(\boldsymbol{x}_{\mathrm{cv}}(t))}+\underbrace{\begin{bmatrix}0&0&0\\0&0&0\\1&0&0\\0&1&0\\0&0&1\end{bmatrix}}_{\boldsymbol{B}}\underbrace{\begin{bmatrix}w_x(t)\\ w_y(t)\\ w_\omega(t)\end{bmatrix}}_{\boldsymbol{w}_{\mathrm{cv}}(t)}\\
\boldsymbol{x}_{\mathrm{pv}}(t)=\underbrace{\begin{bmatrix}v(t)\cos(\alpha(t))\\ v(t)\sin(\alpha(t))\\ 0\\ \omega(t)\\ 0\end{bmatrix}}_{f_{\mathrm{pv}}(\boldsymbol{x}_{\mathrm{pv}}(t))}+\underbrace{\begin{bmatrix}0&0\\0&0\\1&0\\0&0\\0&1\end{bmatrix}}_{\boldsymbol{C}}\underbrace{\begin{bmatrix}w_v(t)\\ w_\omega(t)\end{bmatrix}}_{\boldsymbol{w}_{\mathrm{pv}}(t)}
\end{cases}
\tag{2.2}
$$

其中：$w_x(t)\sim N(0,\sigma_x^2)$，$w_y(t)\sim N(0,\sigma_y^2)$，$w_\omega(t)\sim N(0,\sigma_\omega^2)$，$w_v(t)\sim N(0,\sigma_v^2)$；$\sigma_x^2,\sigma_y^2,\sigma_\omega^2,\sigma_v^2$ 为噪声方差。

两种 CT 机动的离散化状态转移模型为

$$
\boldsymbol{x}_k^{\mathrm{cv}}=\underbrace{\begin{bmatrix}x_{k-1}+\dfrac{\dot{x}_{k-1}\sin(\omega_{k-1}\Delta t)}{\omega_{k-1}}-\dfrac{\dot{y}_{k-1}(1-\cos(\omega_{k-1}\Delta t))}{\omega_{k-1}}\\ y_{k-1}+\dfrac{\dot{x}_{k-1}(1-\cos(\omega_{k-1}\Delta t))}{\omega_{k-1}}+\dfrac{\dot{y}_{k-1}\sin(\omega_{k-1}\Delta t)}{\omega_{k-1}}\\ \dot{x}_{k-1}\cos(\omega_{k-1}\Delta t)-\dot{y}_{k-1}\sin(\omega_{k-1}\Delta t)\\ \dot{x}_{k-1}\sin(\omega_{k-1}\Delta t)+\dot{y}_{k-1}\cos(\omega_{k-1}\Delta t)\\ \omega_{k-1}\end{bmatrix}}_{g_{\mathrm{cv}}(\boldsymbol{x}_{k-1}^{\mathrm{cv}})}+\boldsymbol{w}_{k-1}^{\mathrm{cv}}
\tag{2.3}
$$

$$
\boldsymbol{x}_k^{\mathrm{pv}}=\underbrace{\begin{bmatrix}x_{k-1}+\dfrac{2v_{k-1}}{\omega_{k-1}}\sin\left(\dfrac{\omega_{k-1}\Delta t}{2}\right)\cos\left(\alpha_{k-1}+\dfrac{\omega_{k-1}\Delta t}{2}\right)\\ y_{k-1}-\dfrac{2v_{k-1}}{\omega_{k-1}}\sin\left(\dfrac{\omega_{k-1}\Delta t}{2}\right)\sin\left(\alpha_{k-1}+\dfrac{\omega_{k-1}\Delta t}{2}\right)\\ v_{k-1}\\ \alpha_{k-1}+\omega_{k-1}\Delta t\\ \omega_{k-1}\end{bmatrix}}_{g_{\mathrm{pv}}(\boldsymbol{x}_{k-1}^{\mathrm{pv}})}+\boldsymbol{w}_{k-1}^{\mathrm{pv}}
\tag{2.4}
$$

式中：$\boldsymbol{g}_{\mathrm{cv}}(\boldsymbol{x}_{k-1}^{\mathrm{cv}})$ 和 $\boldsymbol{g}_{\mathrm{pv}}(\boldsymbol{x}_{k-1}^{\mathrm{pv}})$ 为 $\boldsymbol{f}_{\mathrm{cv}}(\boldsymbol{x}_{\mathrm{cv}}(t))$ 和 $\boldsymbol{f}_{\mathrm{pv}}(\boldsymbol{x}_{\mathrm{pv}}(t))$ 离散化后的状态转移函数；$\boldsymbol{w}_{k-1}^{\mathrm{cv}}$ 和 $\boldsymbol{w}_{k-1}^{\mathrm{pv}}$ 为 $\boldsymbol{w}_{\mathrm{cv}}(t)$ 和 $\boldsymbol{w}_{\mathrm{pv}}(t)$ 离散化后的高斯白噪声序列；$\boldsymbol{Q}_{k-1}^{\mathrm{cv}}$ 和 $\boldsymbol{Q}_{k-1}^{\mathrm{pv}}$ 为协方差矩阵。在本书中，分别依据文献[96]和文献[31]设定 $\boldsymbol{Q}_{k-1}^{\mathrm{cv}}$ 和 $\boldsymbol{Q}_{k-1}^{\mathrm{pv}}$。

通过雷达可探测到飞机的位置量测序列 $\boldsymbol{Z}_{1:T}=\{\boldsymbol{z}_1,\cdots,\boldsymbol{z}_T\}$，其中 $\boldsymbol{z}_k=(r_k,\theta_k)'$ 是由第 k 时刻目标相对于雷达的距离 r_k 和方位角 θ_k 所组成的列向量，并且 $1\leqslant k\leqslant T$。那么，目标的量测模型可建立为

$$\boldsymbol{z}_k=\underbrace{\begin{bmatrix}\sqrt{x_k^2+y_k^2}\\ \arctan(y_k/x_k)\end{bmatrix}}_{\boldsymbol{h}(\boldsymbol{x}_k)}+\boldsymbol{r}_k \tag{2.5}$$

式中：$\boldsymbol{r}_k\sim N(\boldsymbol{0},\boldsymbol{R}_k)$ 为高斯量测白噪声；$\boldsymbol{R}_k=\mathrm{diag}(\sigma_r^2,\sigma_\theta^2)$ 为量测噪声协方差矩阵。由式(2.3)和式(2.4)描述的两类状态转移模型与式(2.5)描述的量测方程组合，可得到非线性的 CVCT 机动模型和 PVCT 机动模型。

在 CVCT 机动模型和 PVCT 机动模型中，假设 ω 为时不变的。如果 ω 是时变的，则在采用 CVCT 模型和 PVCT 模型进行估计时将引入系统性的偏差。时变的 ω 一般在相邻的时间段内具有相关性，可将其建模为 ZFOM 过程，即 $\dot{\omega}(t)=\tau\omega(t)+w_\omega(t)$，对应的离散时间模型为 $\omega_{k+1}=\mathrm{e}^{\tau\Delta t}\omega_k+w_{\omega,k}$，$\tau$ 为常数。采用 ZFOM 过程替换 CVCT 模型和 PVCT 模型中的 Wiener 过程，即可得到两个更加适合于估计时变 ω 的状态空间模型，即 CVVT 机动模型和 PVVT 机动模型。τ 的取值与 ω 的变化规律有关，一般情况下是未知的，需依据多次量测信息来确定。

2.1.2 仿真实验

2.1.2.1 仿真实验一

仿真实验一的目的是测试 CVCT 模型与 PVCT 模型对于匀速转弯运动时不变的未知角速度的估计性能。将 EKF 算法、UKF 算法、SCKF 算法和 PF 算法用于 CVCT 模型和 PVCT 模型的联合滤波估计问题中，得到 8 种联合滤波估计算法，即 CVCT－EKF 算法、CVCT－UKF 算法、CVCT－SCKF 算法、CVCT－PF 算法、PVCT－EKF 算法、PVCT－UKF 算法、PVCT－SCKF 算法、PVCT－PF 算法。

目标真实的轨迹由第 1 章中曲线运动式(1.1)生成。初始状态 (x_0,y_0,v_0,α_0) 为 $(10\ \mathrm{km},10\ \mathrm{km},141.42\ \mathrm{m/s},\pi/4)$。在目标整个运动过程中，设定 $a_{\mathrm{n}}=7.4\ \mathrm{m/s^2}$ 与 $a_{\mathrm{t}}=0$，即目标以角速度 $\omega=-3(°)/\mathrm{s}$ 进行匀速恒定角速度圆周运动。仿真时长为 100 s，雷达的采样周期为 $\Delta t=1$ s。雷达的距离和方位角量测

噪声标准差分别为 $\sigma_r=100\ \text{m}$,$\sigma_\theta=1°$。状态噪声协方差矩阵 $\boldsymbol{Q}_{k-1}^{\text{cv}}$ 和 $\boldsymbol{Q}_{k-1}^{\text{pv}}$ 中,$\sigma_x=\sigma_y=\sqrt{10^3}\ \text{m}$,$\sigma_\omega=10^{-3}\ \text{rad}$,$\sigma_v=1\ \text{m/s}$。假设目标初始的角速度 $\omega_0=-1°/\text{s}$。在 PF 算法中,粒子数 $N=500$。UKF 算法的参数设定为 $n=5$,$\alpha=0.01$,$\kappa=0$,$\beta=2$。

图 2.1 给出了单次实验中 8 种算法对于目标位置的估计结果。图 2.2 给出了对应的角速度估计结果。可以看出,CVCT 模型与 PVCT 模型能够完成在未知角速度条件下匀速转弯运动状态估计和角速度的估计。8 种算法中,CVCT－UKF 算法和 PVCT－UKF 算法的估计效果优于其他的算法。

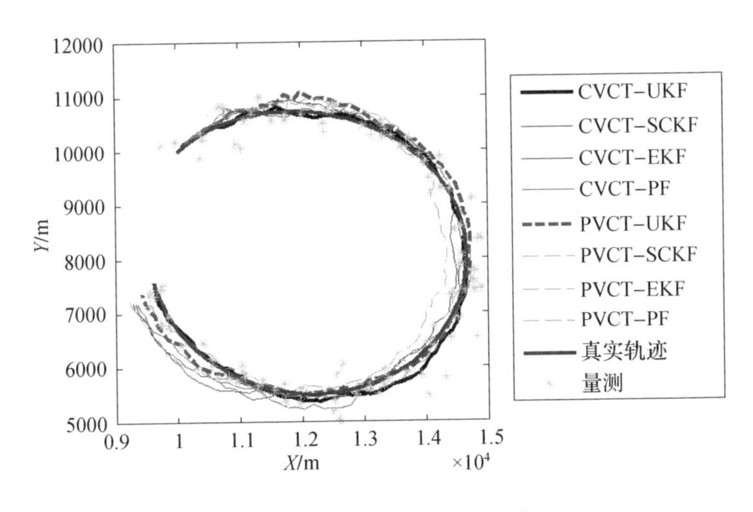

图 2.1　目标位置估计结果

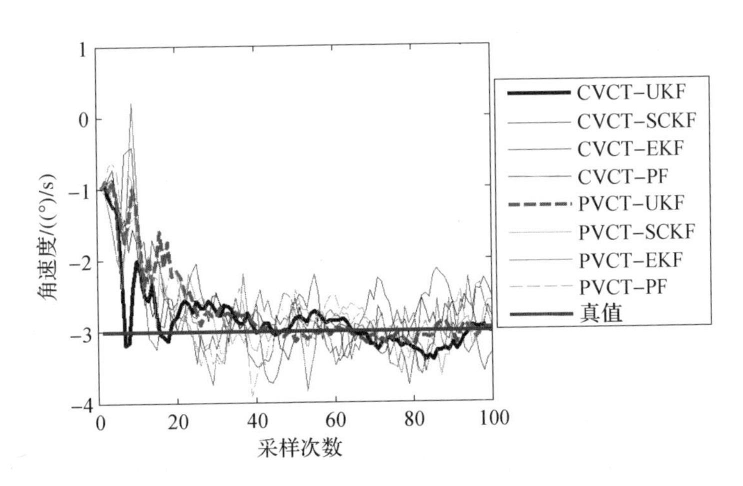

图 2.2　目标转弯角速度估计结果

为了进行更加清晰地比较,选取了 CVCT - UKF 算法、CVCT - EKF 算法、PVCT - UKF 算法和 PVCT - EKF 算法进行 100 次 MC 仿真实验。通过统计 100 次实验结果,获得了上述 4 种算法对于位置、速度和角速度估计的均方根误差(Root Mean Square Error,RMSE),如图 2.3 所示。从图 2.3 可知,在角速度估计方面,CVCT - UKF 算法的性能略优于 PVCT - UKF 算法;在位置估计方面,CVCT 模型优于 PVCT 模型;在速度估计方面,PVCT 模型优于 CVCT 模型。

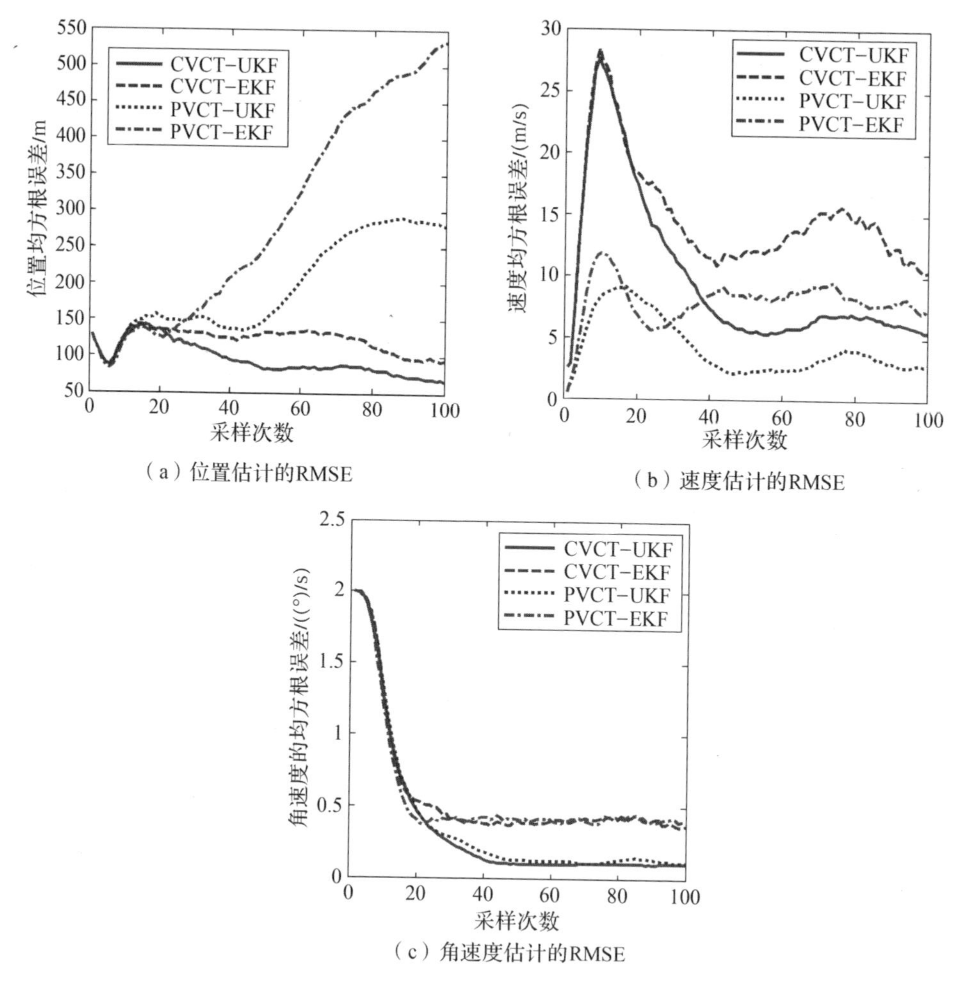

图 2.3　4 种算法的 100 次 MC 仿真的统计结果

2.1.2.2　仿真实验二

在仿真实验二中,对时变的角速度进行估计。假设目标角速度为斜坡函数,即 $\omega(t)=K\cdot t+b$,其中 b 为初始时刻目标角速度,K 为斜率,t 为时间变量。在本节中将 UKF 算法作为 CVCT 模型、PVCT 模型、CVVT 模型和 PVVT 模型的共用非线性滤波算法，来考察这 4 个模型对于时变角速度的估计性能。

目标真实的轨迹由式(1.1)生成。初始状态与 2.1.2.1 节相同。令斜坡函数的 $b=1°/\mathrm{s}$ 和 $K=0.002$。设定 $a_{\mathrm{n}}=(0.283t+2.47)\,\mathrm{m/s^2}$ 与 $a_{\mathrm{t}}=0$。仿真时长为 100 s，雷达的采样周期为 $\Delta t=1$ s。雷达的距离和方位角量测噪声标准差分别为 $\sigma_r=50$ m 和 $\sigma_\theta=1°$。状态噪声协方差矩阵 $\boldsymbol{Q}_{k-1}^{\mathrm{cv}}$ 和 $\boldsymbol{Q}_{k-1}^{\mathrm{pv}}$ 中 $\sigma_x=\sigma_y=\sqrt{10^3}$ m，$\sigma_\omega=0.005$ rad，$\sigma_v=2$ m/s。假设目标初始的转弯角速度 $\omega_0=2°$。

图 2.4～图 2.7 分别展示了 CVCT 模型、PVCT 模型、CVVT 模型和 PVVT 模型单次估计的结果。在图 2.6 和图 2.7 中，CVVT 模型与 PVVT 模型的相关系数 $\tau=0.01$。可以看出，在斜坡转弯角速度估计上，CVCT 模型与 PVCT 模型存在着明显的系统性的滞后误差。

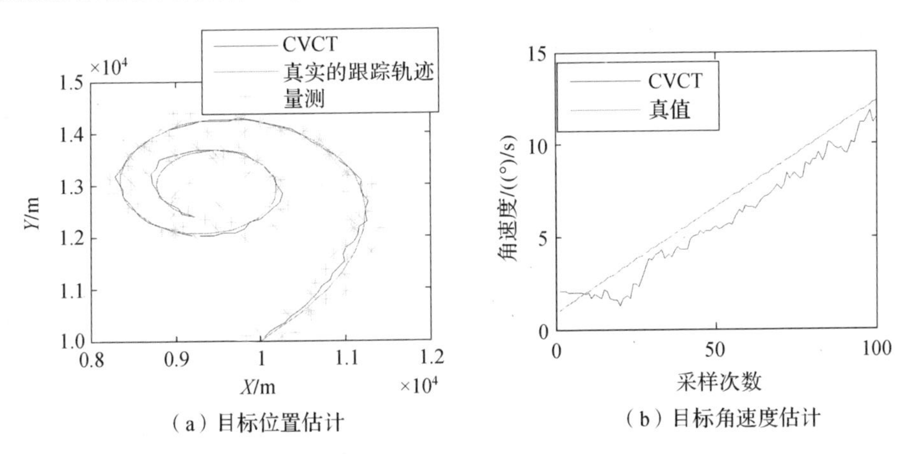

（a）目标位置估计　　（b）目标角速度估计

图 2.4　采用 CVCT 模型状态估计的结果

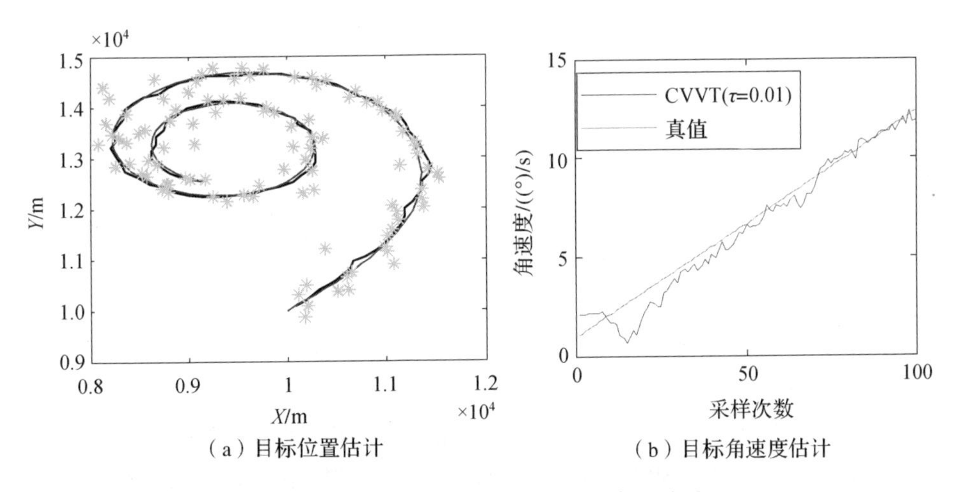

（a）目标位置估计　　（b）目标角速度估计

图 2.5　采用 PVCT 模型状态估计的结果

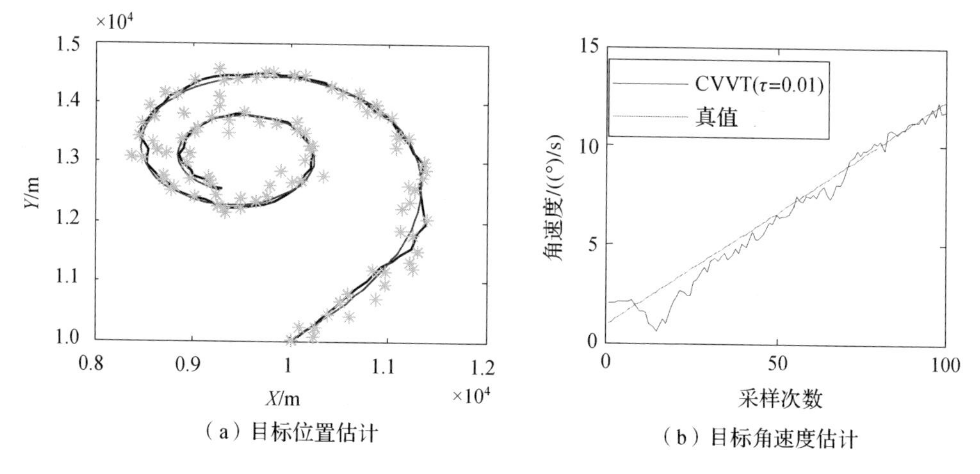

（a）目标位置估计　　（b）目标角速度估计

图 2.6　采用 CVVT 模型状态估计的结果

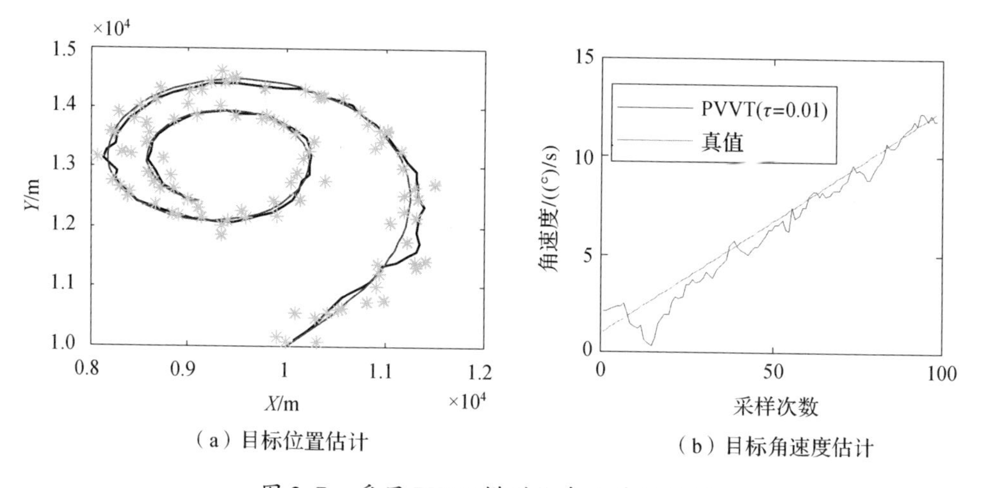

（a）目标位置估计　　（b）目标角速度估计

图 2.7　采用 PVVT 模型状态估计的结果

图 2.8 给出了 100 次 MC 仿真的位置、速度和角速度估计的 RMSE。从图 2.6、图 2.7 和图 2.8 来看，对于 CVVT 模型与 PVVT 模型，由于采用了具有相关性的角速度模型，减弱了系统性的滞后误差。可以看出，PVCT 模型和 PVVT 模型在速度估计精度上高于 CVCT 模型和 CVVT 模型，而在位置估计上 4 种模型相差不明显。

另外，设定 τ 的不同取值，考察其对模型性能的影响情况。具体上，对于本书的斜坡角速度，设定了 0.01、0.02 和 -0.01 三个值。图 2.9 给出了 CVVT 模型和 PVVT 模型中相关系数对应上述三个值时的 100 次 MC 仿真实验的位置、速度和角速度估计的 RMSE。可看出，相比 $\tau=-0.01$，给定 $\tau=0.01$ 和 $\tau=0.02$ 模型的估计精度更高。

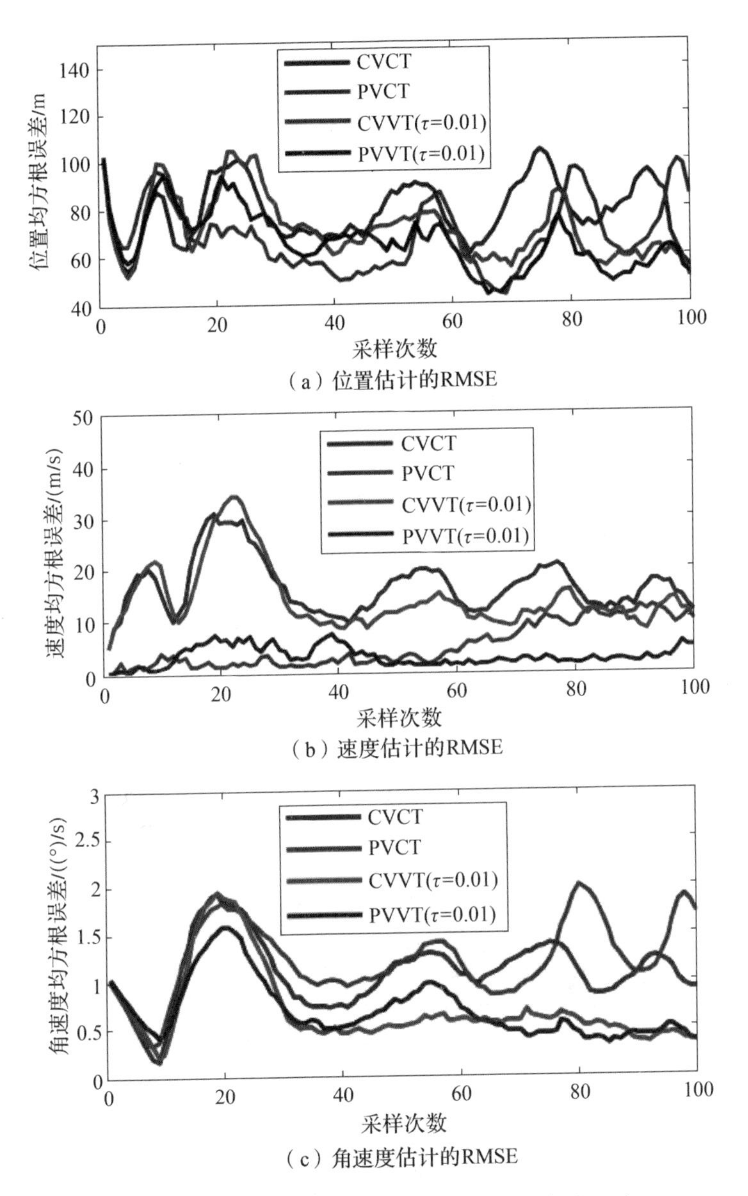

（a）位置估计的RMSE

（b）速度估计的RMSE

（c）角速度估计的RMSE

图 2.8　CVCT、PVCT、CVVT 和 PVVT 模型经过 100 次 MC 仿真后状态估计的 RMSE

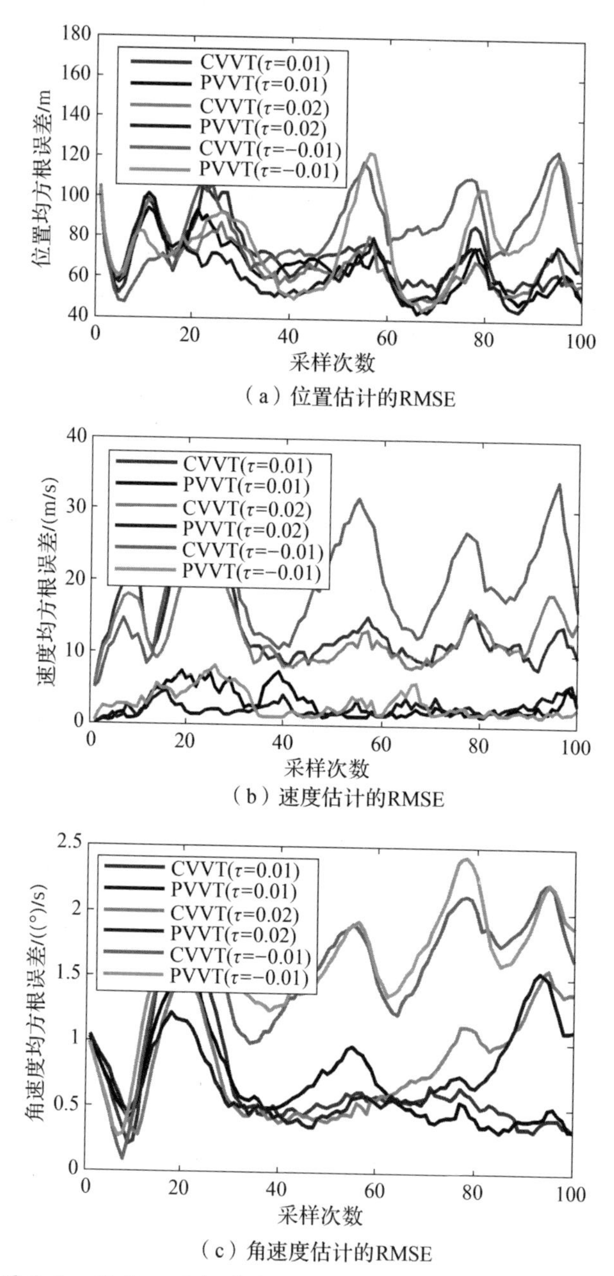

（a）位置估计的RMSE

（b）速度估计的RMSE

（c）角速度估计的RMSE

图 2.9 给定不同相关系数的 CVVT 和 PVVT 模型经过 100 次 MC 仿真后状态估计的 RMSE

2.2 基于状态扩增法的切向/法向加速度滤波估计

2.2.1 连续时间扩增状态空间模型

CT 机动仅是 $a_t=0$ 和 $a_n=C$ 条件下的一类特殊的机动模式。采用角速度 ω 这一参数可表征 CT 机动。然而，当 $a_n\neq 0$ 和 $a_t\neq 0$，由式(1.1)可知，目标的运动是 VT 机动模式。那么，仅仅采用 ω 不能表征 VT 机动。在本节中，选择目标的切向加速度 a_t 与法向加速度 a_n 作为 VT 机动的特征参数。将描述目标运动的状态向量扩增为

$$\bar{\boldsymbol{x}}(t)=(x(t),y(t),\dot{x}(t),\dot{y}(t),a_t(t),a_n(t))^{\mathrm{T}} \tag{2.6}$$

其中，变量的定义与式(1.1)相同。将式(1.1)中前两个等式对于时间 t 进行微分，并将后两个等式代入其中，忽略噪声项，可得

$$\begin{bmatrix}\ddot{x}(t)\\ \ddot{y}(t)\end{bmatrix}=\begin{bmatrix}a_t(t)\cos\alpha(t)-a_n(t)\sin\alpha(t)\\ a_t(t)\sin\alpha(t)+a_n(t)\cos\alpha(t)\end{bmatrix} \tag{2.7}$$

式中：$\ddot{x}$ 和 $\ddot{y}$ 为目标加速度在笛卡儿坐标中分量；$\sin\alpha=\dot{y}/\sqrt{\dot{x}^2+\dot{y}^2}$，$\cos\alpha=\dot{x}/\sqrt{\dot{x}^2+\dot{y}^2}$。

当目标机动情况未知时，将切向加速度与法向加速度建模为 Wiener 过程，即 $\dot{a}_t(t)=q_t(t)$，$\dot{a}_n(t)=q_n(t)$，其中 $q_t(t)\sim N(0,\sigma_t^2)$ 与 $q_n(t)\sim N(0,\sigma_n^2)$ 为零均值高斯白噪声，σ_t^2 和 σ_n^2 为方差。该模型假设目标具有常切向/法向加速度，本书称为 CTNA 模型。标准的 CA 模型将加速度在笛卡儿坐标轴上的分量建模为 Wiener 过程。CTNA 模型的连续时间状态转移方程为

$$\dot{\bar{\boldsymbol{x}}}(t)=\underbrace{\begin{bmatrix}\dot{x}(t)\\ \dot{y}(t)\\ \dot{x}(t)a_t(t)/\sqrt{\dot{x}(t)^2+\dot{y}(t)^2}-\dot{y}(t)a_n(t)/\sqrt{\dot{x}(t)^2+\dot{y}(t)^2}\\ \dot{x}(t)a_n(t)/\sqrt{\dot{x}(t)^2+\dot{y}(t)^2}+\dot{y}(t)a_t(t)/\sqrt{\dot{x}(t)^2+\dot{y}(t)^2}\\ 0\\ 0\end{bmatrix}}_{f_{\mathrm{CTNA}}(\bar{\boldsymbol{x}}(t))}+\underbrace{\begin{bmatrix}0&0\\0&0\\0&0\\0&0\\1&0\\0&1\end{bmatrix}}_{G}\underbrace{\begin{bmatrix}q_t(t)\\ q_n(t)\end{bmatrix}}_{\bar{\boldsymbol{q}}_C(t)} \tag{2.8}$$

当切向加速度和法向加速度为时变的且具有目标机动的先验知识时，可将切向/法向加速度建模为一类 ZFOM 随机过程，即 $\dot{a}_t(t)=-\alpha_t a_t(t)+q_t'(t)$，

$\dot{a}_{\mathrm{n}}(t)=-\alpha_{\mathrm{n}}a_{\mathrm{n}}(t)+q'_{\mathrm{n}}(t)$,$\alpha_{\mathrm{t}}$ 与 α_{n} 为目标机动时间常数 τ_{t} 和 τ_{n} 的倒数,$q'_{\mathrm{t}}(t)$和 $q'_{\mathrm{n}}(t)$为高斯白噪声,且方差分别为 $2\alpha_{\mathrm{t}}\sigma'^2_{\mathrm{t}}$ 与 $2\alpha_{\mathrm{n}}\sigma'^2_{\mathrm{n}}$,$\sigma'^2_{\mathrm{t}}=\sigma^2_{\mathrm{tmax}}(1+4p_{\mathrm{tmax}}-p_{\mathrm{t0}})/3$,$\sigma'^2_{\mathrm{n}}=\sigma^2_{\mathrm{nmax}}(1+4p_{\mathrm{nmax}}-p_{\mathrm{n0}})/3$,参数 σ_{tmax}、σ_{nmax}、p_{tmax}、p_{nmax} 与 p_{n0} 的定义可参考文献[28]。该模型实质上是将 Singer 模型扩展到描述切向/法向加速度的统计特性,标准的 Singer 模型用于描述加速度在笛卡儿坐标系中分量的统计特性。将该模型称为 STNA 模型。STNA 模型的连续时间状态转移方程为

$$\dot{\boldsymbol{x}}(t)=\underbrace{\begin{bmatrix}\dot{x}(t)\\ \dot{y}(t)\\ \dot{x}(t)a_{\mathrm{t}}(t)/\sqrt{\dot{x}(t)^2+\dot{y}(t)^2}-\dot{y}(t)a_{\mathrm{n}}(t)/\sqrt{\dot{x}(t)^2+\dot{y}(t)^2}\\ \dot{x}(t)a_{\mathrm{n}}(t)/\sqrt{\dot{x}(t)^2+\dot{y}(t)^2}+\dot{y}(t)a_{\mathrm{t}}(t)/\sqrt{\dot{x}(t)^2+\dot{y}(t)^2}\\ -\alpha_{\mathrm{t}}a_{\mathrm{t}}(t)\\ -\alpha_{\mathrm{n}}a_{\mathrm{n}}(t)\end{bmatrix}}_{\boldsymbol{f}_{\mathrm{STNA}}(\bar{\boldsymbol{x}}(t))}+\underbrace{\begin{bmatrix}0&0\\0&0\\0&0\\0&0\\1&0\\0&1\end{bmatrix}}_{\boldsymbol{G}}\underbrace{\begin{bmatrix}q'_{\mathrm{t}}(t)\\ q'_{\mathrm{n}}(t)\end{bmatrix}}_{\bar{\boldsymbol{q}}_{\mathrm{S}}(t)} \tag{2.9}$$

STNA 模型中的参数 α_{t}、α_{n}、σ_{tmax}、σ_{nmax}、p_{tmax}、p_{nmax} 与 p_{n0}需要从先验信息中提取,而 CNTA 模型只需要设定噪声标准差。对于一般先验信息未知的法向/切向加速度估计问题,采用 CNTA 模型是一种明智的选择。

雷达的量测模型与式(2.5)相同。

2.2.2 离散时间扩增状态空间模型

本节给出 CTNA 模型和 STNA 模型的离散时间形式。忽略噪声项,精确的离散时间状态转移模型的计算公式为

$$\bar{\boldsymbol{x}}(t+\Delta t)=\bar{\boldsymbol{x}}(t)+\int_{t}^{t+\Delta t}\boldsymbol{f}_{\mathrm{C(S)TNA}}(\bar{\boldsymbol{x}}(\tau))\mathrm{d}\tau \tag{2.10}$$

由于式(2.10)中积分难以解析计算,且采样周期较短,采用欧拉法可满足精度要求,即

$$\bar{\boldsymbol{x}}(t+\Delta t)\approx\bar{\boldsymbol{x}}(t)+\boldsymbol{f}_{\mathrm{C(S)TNA}}(\bar{\boldsymbol{x}}(t))\Delta t \tag{2.11}$$

令 $t=t_0+k\Delta t$,CTNA 模型与 STNA 模型的非线性离散时间状态方程可表示为

$$\bar{\boldsymbol{x}}_{k+1}=\boldsymbol{G}_{\mathrm{C(S)TNA}}(\Delta t,\bar{\boldsymbol{x}}_k)+\boldsymbol{u}_k^{\mathrm{C(S)}} \tag{2.12}$$

式中:$\boldsymbol{G}_{\mathrm{C(S)TNA}}(\Delta t,\bar{\boldsymbol{x}}_k)=\bar{\boldsymbol{x}}_k+\boldsymbol{f}_{\mathrm{C(S)TNA}}(\bar{\boldsymbol{x}}_k)\Delta t$;$\boldsymbol{u}_k^{\mathrm{C(S)}}$ 为离散时间白噪声序列;$\boldsymbol{Q}_k^{\mathrm{C(S)}}$ 为协方差矩阵。$\boldsymbol{Q}_k^{\mathrm{C(S)}}$ 的计算方法见附录 A。结合雷达量测方程式(2.5),即可

得 CTNA 模型与 STNA 模型的非线性离散时间状态空间模型。

2.2.3 PEKF 算法

虽然真实的情况下 α 是未知的，但可通过第 t 时刻的速度估计 $\hat{\dot{x}}(t)$ 和 $\hat{\dot{y}}(t)$ 获得 α 的估计值 $\hat{\alpha}(t)$ 的正弦函数 $\sin\hat{\alpha}(t)$ 和余弦函数 $\cos\hat{\alpha}(t)$。将其代入方程式(2.8)和方程式(2.9)中，可得两种伪线性的状态转移方程为

$$\dot{\boldsymbol{x}}(t)=\underbrace{\begin{bmatrix}0&0&1&0&0&0\\0&0&0&1&0&0\\0&0&0&0&\cos\hat{\alpha}&-\sin\hat{\alpha}\\0&0&0&0&\sin\hat{\alpha}&\cos\hat{\alpha}\\0&0&0&0&0&0\\0&0&0&0&0&0\end{bmatrix}}_{\boldsymbol{F}_{\text{CTNA}}}\overline{\boldsymbol{x}}(t)+\begin{bmatrix}0&0\\0&0\\0&0\\0&0\\1&0\\0&1\end{bmatrix}\begin{bmatrix}q_{\text{t}}\\q_{\text{n}}\end{bmatrix}\tag{2.13}$$

$$\dot{\boldsymbol{x}}(t)=\underbrace{\begin{bmatrix}0&0&1&0&0&0\\0&0&0&1&0&0\\0&0&0&0&\cos\hat{\alpha}&-\sin\hat{\alpha}\\0&0&0&0&\sin\hat{\alpha}&\cos\hat{\alpha}\\0&0&0&0&-\alpha_{\text{t}}&0\\0&0&0&0&0&-\alpha_{\text{n}}\end{bmatrix}}_{\boldsymbol{F}_{\text{STNA}}}\overline{\boldsymbol{x}}(t)+\begin{bmatrix}0&0\\0&0\\0&0\\0&0\\1&0\\0&1\end{bmatrix}\begin{bmatrix}q'_{\text{t}}\\q'_{\text{n}}\end{bmatrix}\tag{2.14}$$

通过离散化，可得 CTNA 模型与 STNA 模型的伪线性离散时间状态转移方程，即

$$\overline{\boldsymbol{x}}_{k+1}=\boldsymbol{\Phi}_{\text{C(S)}}(\Delta t)\overline{\boldsymbol{x}}_k+\boldsymbol{G}\boldsymbol{b}_k^{\text{C(S)}}\tag{2.15}$$

$$\boldsymbol{\Phi}_{\text{C}}(\Delta t)=\begin{bmatrix}1&0&\Delta t&0&\Delta t^2\cos\hat{\alpha}/2&-\Delta t^2\sin\hat{\alpha}/2\\0&1&0&\Delta t&\Delta t^2\sin\hat{\alpha}/2&\Delta t^2\cos\hat{\alpha}/2\\0&0&1&0&\Delta t\cos\hat{\alpha}&-\sin\hat{\alpha}\Delta t\\0&0&0&1&\Delta t\sin\hat{\alpha}&\Delta t\cos\hat{\alpha}\\0&0&0&0&1&0\\0&0&0&0&0&1\end{bmatrix}\tag{2.16}$$

$$
\boldsymbol{\Phi}_{\mathrm{S}}(\Delta t)=\begin{bmatrix}
1 & 0 & \Delta t & 0 & (\mathrm{e}^{-\alpha_{\mathrm{t}}\Delta t}+\alpha_{\mathrm{t}}\Delta t-1)\cos\hat{\alpha}/\alpha_{\mathrm{t}}^{2} & (-\mathrm{e}^{-\alpha_{\mathrm{n}}\Delta t}-\alpha_{\mathrm{n}}\Delta t+1)\sin\hat{\alpha}/\alpha_{\mathrm{n}}^{2} \\
0 & 1 & 0 & \Delta t & (\mathrm{e}^{-\alpha_{\mathrm{t}}\Delta t}+\alpha_{\mathrm{t}}\Delta t-1)\sin\hat{\alpha}/\alpha_{\mathrm{t}}^{2} & (\mathrm{e}^{-\alpha_{\mathrm{n}}\Delta t}+\alpha_{\mathrm{n}}\Delta t-1)\cos\hat{\alpha}/\alpha_{\mathrm{n}}^{2} \\
0 & 0 & 1 & 0 & (1-\mathrm{e}^{-\alpha_{\mathrm{t}}\Delta t})\cos\hat{\alpha}/\alpha_{\mathrm{t}} & (-1+\mathrm{e}^{-\alpha_{\mathrm{n}}\Delta t})\sin\hat{\alpha}/\alpha_{\mathrm{n}} \\
0 & 0 & 0 & 1 & (1-\mathrm{e}^{-\alpha_{\mathrm{t}}\Delta t})\sin\hat{\alpha}/\alpha_{\mathrm{t}} & (1-\mathrm{e}^{-\alpha_{\mathrm{n}}\Delta t})\cos\hat{\alpha}/\alpha_{\mathrm{n}} \\
0 & 0 & 0 & 0 & \mathrm{e}^{-\alpha_{\mathrm{t}}\Delta t} & 0 \\
0 & 0 & 0 & 0 & 0 & \mathrm{e}^{-\alpha_{\mathrm{n}}\Delta t}
\end{bmatrix}
\tag{2.17}
$$

$$
\boldsymbol{b}_{k}^{\mathrm{C(S)}}=\int_{kT}^{(k+1)T}\boldsymbol{\Phi}_{\mathrm{C(S)}}((k+1)\Delta t-\tau)\boldsymbol{G}\overline{\boldsymbol{q}}_{\mathrm{C(S)}}(\tau)\mathrm{d}\tau \tag{2.18}
$$

式中:$\boldsymbol{b}_k^{\mathrm{C}}$ 与 $\boldsymbol{b}_k^{\mathrm{S}}$ 为离散时间高斯白噪声序列;$\boldsymbol{Q}_{\mathrm{C}}^{\mathrm{L}}$ 和 $\boldsymbol{Q}_{\mathrm{S}}^{\mathrm{L}}$ 为协方差矩阵。$\boldsymbol{Q}_{\mathrm{C}}^{\mathrm{L}}$ 和 $\boldsymbol{Q}_{\mathrm{S}}^{\mathrm{L}}$ 的计算方法见附录 B。

将上述的伪线性离散时间状态转移方程与量测方程式(2.5)结合,可得非线性离散时间状态空间模型,即

$$
\begin{aligned}
\overline{\boldsymbol{x}}_{k+1}&=\boldsymbol{\Phi}_{\mathrm{C(S)}}(\Delta t)\overline{\boldsymbol{x}}_{k}+\boldsymbol{G}\boldsymbol{b}_{k}^{\mathrm{C(S)}}\\
\boldsymbol{z}_{k}&=\underbrace{\begin{bmatrix}\sqrt{x_k^2+y_k^2}\\ \arctan(y_k/x_k)\end{bmatrix}}_{\boldsymbol{h}(\overline{\boldsymbol{x}}_k)}+\boldsymbol{r}_{k}
\end{aligned}
\tag{2.19}
$$

针对上述状态空间模型,本书采用 EKF 算法进行状态估计,并称上述算法为伪 EKF 算法(PEKF),以区别标准的 EKF 算法。

算法 2.1　PEKF 算法

(1)从 $\boldsymbol{m}_{k-1}$ 中取出 $\hat{\dot{x}}_{k-1}$ 和 $\hat{\dot{y}}_{k-1}$ 计算 $\sin\hat{\alpha}_{k-1}$ 和 $\cos\hat{\alpha}_{k-1}$。

(2)由 $\sin\hat{\alpha}_{k-1}$ 和 $\cos\hat{\alpha}_{k-1}$ 计算 $\boldsymbol{\Phi}_{\mathrm{C(S)}}(\Delta t)$ 和 $\boldsymbol{Q}_{\mathrm{C(S)}}^{\mathrm{L}}$。

(3)预测,有

$$
\begin{aligned}
\boldsymbol{m}_k^{-}&=\boldsymbol{\Phi}_{\mathrm{C(S)}}(\Delta t)\boldsymbol{m}_{k-1}\\
\boldsymbol{P}_k^{-}&=\boldsymbol{\Phi}_{\mathrm{C(S)}}(\Delta t)\boldsymbol{P}_{k-1}\boldsymbol{\Phi}_{\mathrm{C(S)}}(\Delta t)+\boldsymbol{Q}_{\mathrm{C(S)}}^{\mathrm{L}}
\end{aligned}
$$

(4)更新,有

$$
\begin{aligned}
\boldsymbol{v}_k&=\boldsymbol{y}_k-\boldsymbol{h}(\boldsymbol{m}_k^{-})\\
\boldsymbol{S}_k&=\boldsymbol{H}(\boldsymbol{m}_k^{-})\boldsymbol{P}_k^{-}\boldsymbol{H}^{\mathrm{T}}(\boldsymbol{m}_k^{-})+\boldsymbol{R}_k\\
\boldsymbol{K}_k&=\boldsymbol{P}_k^{-}\boldsymbol{H}^{\mathrm{T}}(\boldsymbol{m}_k^{-})\boldsymbol{S}_k^{-1}
\end{aligned}
$$

$$\boldsymbol{m}_k = \boldsymbol{m}_k^- + \boldsymbol{K}_k \boldsymbol{v}_k$$

$$\boldsymbol{P}_k = \boldsymbol{P}_k^- - \boldsymbol{K}_k \boldsymbol{S}_k \boldsymbol{K}_k^{\mathrm{T}}$$

式中：$\boldsymbol{m}_k^-$ 和 $\boldsymbol{P}_k^-$ 分别为 $\boldsymbol{x}_k$ 的预测均值向量与协方差矩阵；$\boldsymbol{m}_k$ 和 $\boldsymbol{P}_k$ 分别为 $\boldsymbol{x}_k$ 的滤波估计均值向量与协方差矩阵；$\boldsymbol{H}(\boldsymbol{m}_k^-)$ 为量测函数 $\boldsymbol{h}(\cdot)$ 的雅克比矩阵。

PEKF 算法与标准 EKF 算法相比，在状态预测步骤中直接采用了线性 KF 算法的状态预测公式，而没有计算高维的状态转移函数 $\boldsymbol{G}_{\mathrm{C(S)TNA}}(\Delta t, \bar{\boldsymbol{x}}_k)$ 的雅克比矩阵。无论在手工计算还是在计算机编程中，该雅克比矩阵很容易地被写错并难以检查。

2.2.4 仿真实验

为了充分说明 CTNA 与 STNA 模型及 PEKF 算法的性能，本书设计了两个目标机动场景。第一个场景中切向加速度与法向加速度均为阶跃信号。第二场景中法向加速度为时变正弦信号，切向加速度恒定为零。

2.2.4.1 仿真实验一

在第一个场景中，目标的初始状态$(x_0, y_0, v_0, \alpha_0)$为(4 km,6 km,50 m/s,$\pi/6$)。在 0 ~ 50 s 时，$a_{\mathrm{n}} = 0$，$a_{\mathrm{t}} = 10\ \mathrm{m/s^2}$；在 51 ~ 125 s 时，$a_{\mathrm{n}} = 20\ \mathrm{m/s^2}$，$a_{\mathrm{t}} = -5\ \mathrm{m/s^2}$；在 126 ~ 200 s 时，$a_{\mathrm{n}} = -20\ \mathrm{m/s^2}$，$a_{\mathrm{t}} = 5\ \mathrm{m/s^2}$。目标的真实轨迹由式(1.1)生成。由于目标的切向加速度与法向加速度在非阶跃段上为恒定值，CTNA 模型更适合于第一个场景。将常用的非线性滤波算法与 CTNA 模型结合，即得 CTNA - EKF、CTNA - UKF、CTNA - SCKF、CTNA - PF 和 CTNA - PEKF。将上述算法与 CA - EKF 算法在 6 组实验条件进行性能比较。假设雷达的采样周期为 $\Delta t = 1$ s。

三种水平的量测噪声与两种水平的模型噪声组成了 6 组实验条件。三种水平的雷达量测噪声的协方差矩阵分别为 $\boldsymbol{R}_1 = \mathrm{diag}\{100\ \mathrm{m^2}, 1 \times 10^{-4}\ \mathrm{rad^2}\}$，$\boldsymbol{R}_2 = \mathrm{diag}\{600\ \mathrm{m^2}, 4 \times 10^{-4}\ \mathrm{rad^2}\}$，$\boldsymbol{R}_3 = \mathrm{diag}\{2\ 000\ \mathrm{m^2}, 3 \times 10^{-3}\ \mathrm{rad^2}\}$。CTNA 模型的两种水平的噪声标准差设定为 $\sigma_{\mathrm{t}} = \sigma_{\mathrm{n}} = \{1\ \mathrm{m/s^2}, 10\ \mathrm{m/s^2}\}$。CA 模型的系统噪声标准差与 CTNA 模型相同。由于 CA - EKF 算法只能估计加速度坐标轴上的分量$\hat{\ddot{x}}$和$\hat{\ddot{y}}$，因此合成切向加速度与法向加速度估计 $\hat{a}_{\mathrm{t}}$ 和 $\hat{a}_{\mathrm{n}}$ 可表示为

$$\begin{bmatrix} \hat{a}_{\mathrm{t}} \\ \hat{a}_{\mathrm{n}} \end{bmatrix} = \begin{bmatrix} \hat{\dot{x}}\hat{\ddot{x}} / \sqrt{\hat{\dot{x}}^2 + \hat{\dot{y}}^2} + \hat{\dot{y}}\hat{\ddot{y}} / \sqrt{\hat{\dot{x}}^2 + \hat{\dot{y}}^2} \\ -\hat{\ddot{x}}\hat{\dot{y}} / \sqrt{\hat{\dot{x}}^2 + \hat{\dot{y}}^2} + \hat{\ddot{y}}\hat{\dot{x}} / \sqrt{\hat{\dot{x}}^2 + \hat{\dot{y}}^2} \end{bmatrix} \tag{2.20}$$

经过 100 次 MC 仿真实验,6 种算法在 6 组实验条件下的位置估计和速度估计的时间平均 RMSE 记录在表 2.1 中;切向加速度估计与法向加速度估计的时间平均 RMSE 记录在表 2.2 中。

表 2.1 位置和速度的时间平均 RMSE

过程噪声标准差/(m/s^2)	1						10					
量测噪声	$\boldsymbol{R}_1$		$\boldsymbol{R}_2$		$\boldsymbol{R}_3$		$\boldsymbol{R}_1$		$\boldsymbol{R}_2$		$\boldsymbol{R}_3$	
变量	Pos/m	Vel/(m/s)	Pos/m	Vel/(m/s)	Pos/m	Vel/(m/s)	Pos/m	Vel/(m/s)	Pos/m	Vel/(m/s)	Pos/m	Vel/(m/s)
CTNA - EKF	14.5	18.2	131.9	59.6	253.0	89.6	12.1	16.1	99.7	45.1	186.4	65.5
CTNA - UKF	12.7	13.8	110.0	38.3	214.8	57.8	12.1	14.6	94.7	37.8	174.4	53.7
CTNA - SCKF	12.8	13.8	112.7	38.6	221.2	58.6	12.1	14.7	95.8	38.1	177.5	54.3
CTNA - PF	13.7	15.9	121.8	46.1	237.2	64.3	12.1	15.0	96.5	40.1	175.6	56.2
CTNA - PEKF	12.5	8.3	103.3	32.5	197.7	49.8	12.0	9.7	94.7	33.5	173.1	48.8
CA - EKF	14.0	13.9	127.6	50.9	246.9	78.0	12.2	15.2	97.4	39.0	181.9	56.8

表 2.2 切向加速度和法向加速度的时间平均 RMSE

过程噪声标准差/(m/s^3)	1						10					
量测噪声	$\boldsymbol{R}_1$		$\boldsymbol{R}_2$		$\boldsymbol{R}_3$		$\boldsymbol{R}_1$		$\boldsymbol{R}_2$		$\boldsymbol{R}_3$	
变量	TA/(m/s^2)	NA/(m/s^2)	TA/(m/s^2)	NA/(m/s^2)	TA/(m/s^2)	NA/(m/s^2)	TA/(m/s^2)	NA/(m/s^2)	TA/(m/s^2)	NA/(m/s^2)	TA/(m/s^2)	NA/(m/s^2)
CTNA - EKF	8.4	16.1	8.2	16.0	8.1	15.9	8.9	16.6	9.3	17.0	9.5	17.1
CTNA - UKF	2.0	2.2	3.8	4.4	4.8	5.6	2.7	3.0	4.4	5.0	5.2	6.0
CTNA - SCKF	2.0	2.2	3.8	4.5	4.8	5.7	2.7	3.0	4.4	5.1	5.2	6.1
CTNA - PF	4.0	2.9	5.5	5.0	5.3	6.1	5.4	3.8	6.5	6.8	7.0	6.5
CTNA - PEKF	1.8	2.2	3.2	4.3	4.0	5.4	2.6	3.0	4.2	4.6	4.9	5.3
CA - EKF	4.0	2.3	7.5	4.7	8.6	5.9	3.7	3.2	6.7	5.3	8.0	6.2

从整体上看,在 6 种算法中,CTNA - PEKF 获得最佳的加速度估计性能;其次是 CTNA - UKF 算法,CTNA - SCKF 算法的实验结果与 CTNA - UKF 算法相近;再次是 CTNA - PF 算法,其性能优于 CTNA - EKF 算法和 CA - EKF 算法。对于量测噪声较小的 $\boldsymbol{R}_1$,CA - EKF 算法的位置估计和速度估计精度与 CTNA - UKF 算法相近。图 2.10 给出了$\boldsymbol{R}_2$ 和 $\sigma_t = \sigma_n = 1\ \mathrm{m/s^2}$ 时第 50 次 MC 仿真的切向加速度和法向加速度估计值。

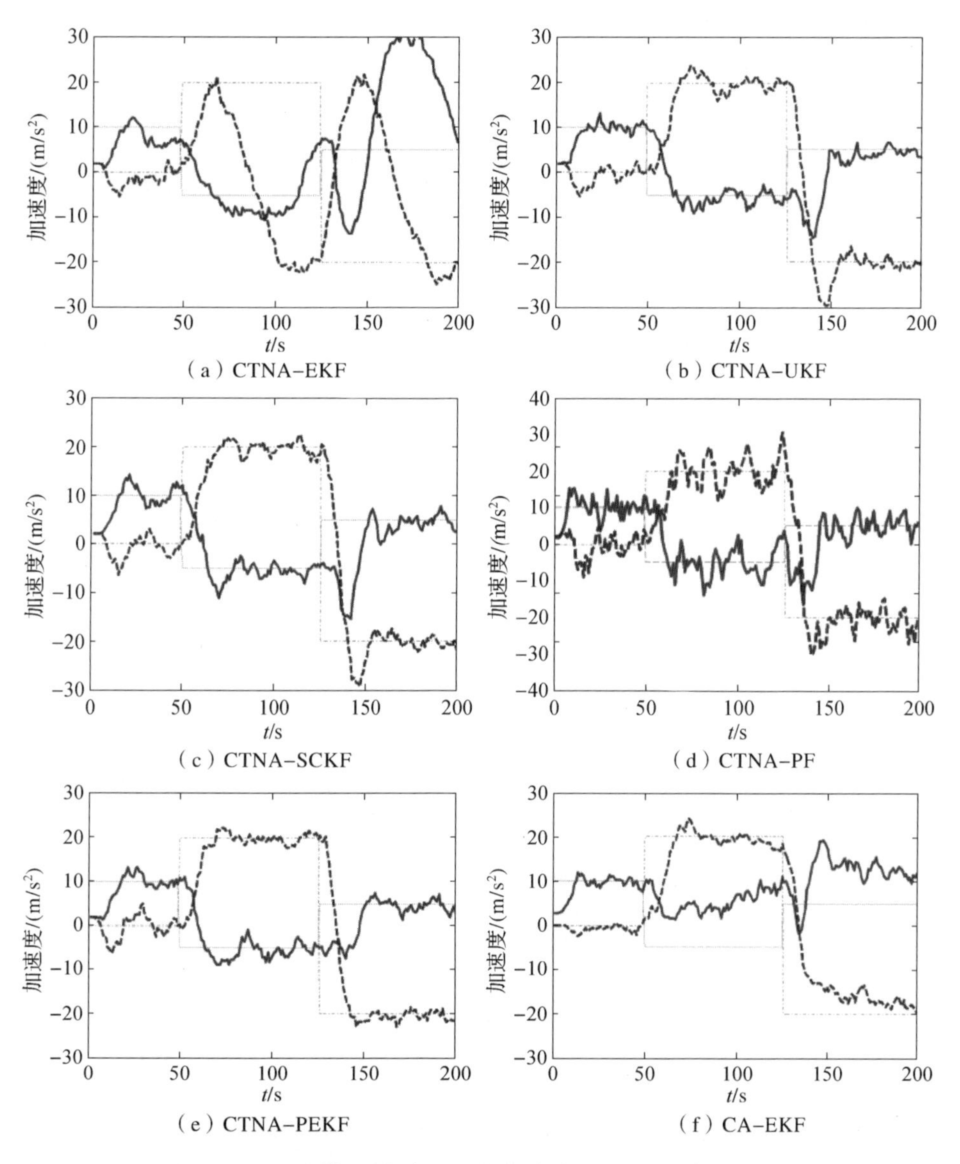

(a) CTNA-EKF

(b) CTNA-UKF

(c) CTNA-SCKF

(d) CTNA-PF

(e) CTNA-PEKF

(f) CA-EKF

图 2.10　6 种算法得到的切向加速度与法向加速度估计

在图 2.11 ~ 图 2.14 中,分别给出了该实验条件下采用 CTNA - EKF、CTNA - UKF、CTNA - SCKF、CTNA - PF、CTNA - PEKF 和 CA - EKF 算法进行 100 次 MC 仿真的位置、速度、切向加速度与法向加速度估计的 RMSE。图中的纵坐标均采用 log 函数。从图 2.11 ~ 图 2.14 可以看出,在目标曲线运动阶段,CA - EKF 算法的估计性能劣于 CTNA - PEKF、CTNA - UKF、CTNA - SCKF 算法和 CNTA - PF 算法;CTNA - PEKF 算法在目标曲线运动阶段具有最佳的估计性能,且能够快速地适应目标加速的切换。

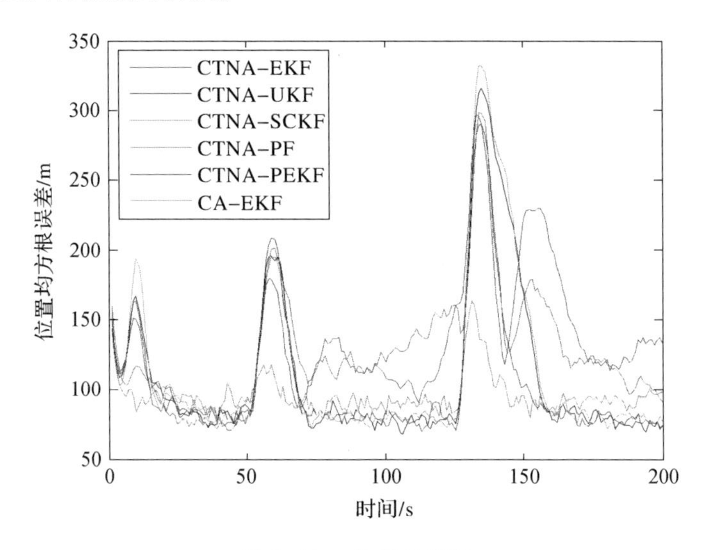

图 2.11 位置 RMSE

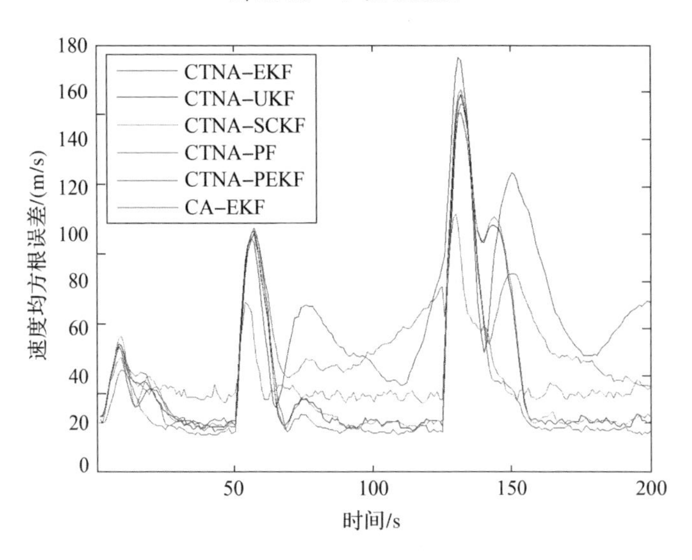

图 2.12 速度 RMSE

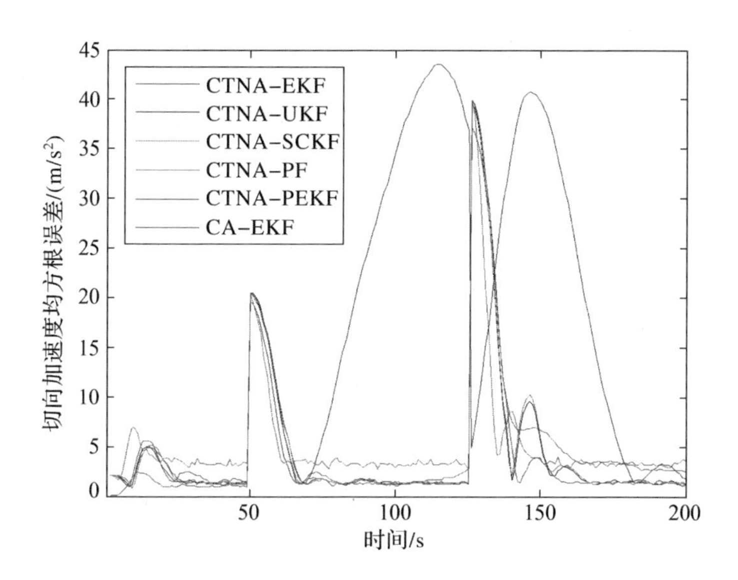

图 2.13　切向加速度估计 RMSE

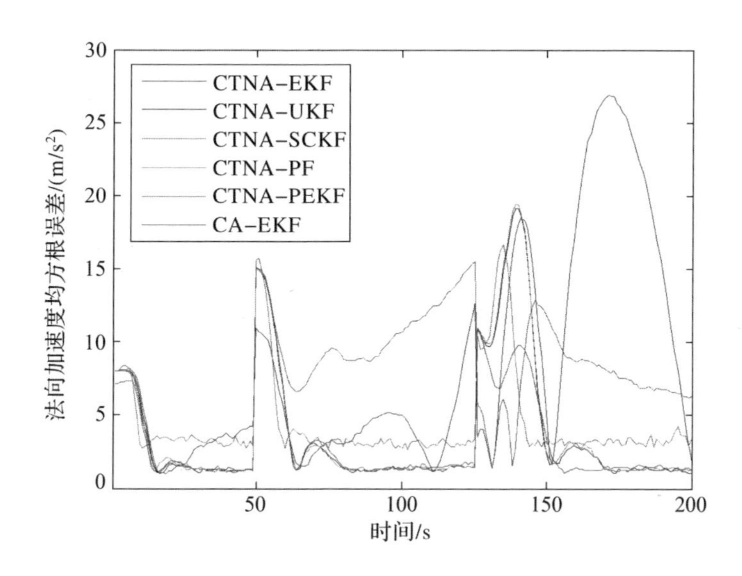

图 2.14　法向加速度估计 RMSE

2.2.4.2　仿真实验二

在第二个场景中,a_n 设定为时变的正弦信号,a_t 恒定为零。当已知目标的运动模式时,可依据先验信息设定合理的 STNA 模型。STNA－PEKF、STNA－UKF、CTNA－PEKF,还有传统的 Singer－EKF 和 CA－EKF,在仿真实验中进行对比。

目标真实的初始状态(x_0,y_0,v_0,α_0)为(4 km,6 km,200 m/s,π/6),标准差与第一个场景相同。在整个运动中,$a_t=0$ 和 $a_n=r\sin\omega t$(m/s^2),其中 $r=30$ m/s^2,$\omega=0.05$ rad/s。由此先验信息,对于 STNA 模型,可设定 $\sigma_{nmax}=r,P_{nmax}=0$,$P_{n0}=0$,那么可计算 $\sigma_n'^2=r^2/3$,并设定 $\sigma_t'^2=r^2/3$。对于参数 α_t 与 α_n,可设定三种水平来测试,即 $\alpha_t=\alpha_n=\{0.1,0.01,0.001\}$。

在实验中 Singer 模型的参数设定与 STNA 模型相同。雷达量测噪声的协方差矩阵设定两种水平 $\boldsymbol{R}_1$ 和 $\boldsymbol{R}_3$。对于 CTNA 模型与 CA 模型的过程噪声标准差均设定为 10 m/s^2。

表 2.3 给出了不同实验水平组合下每一种算法在 100 次 MC 仿真实验中的位置、速度、切向加速度和法向加速度的时间平均 RMSE。从表 2.3 可看出,随着 α_t 和 α_n 减小,STNA 模型与 Singer 模型的估计精度逐渐提高,但幅度越来越小。$\alpha_{t(n)}=0.001$ 的 STNA-UKF 获得了最好的目标状态估计性能;其次是 $\alpha_{t(n)}=0.001$ 的 STNA-PEKF 算法;再次是 CTNA-PEKF 算法,且优于 $\alpha_{t(n)}=0.001$ 的 Singer-EKF 算法。

表 2.3 不同实验水平下每种算法的时间平均 RMSE

算法	$\alpha_{t(n)}$	$\boldsymbol{R}_1$				$\boldsymbol{R}_3$			
		Pos /m	Vel /(m/s)	TA /(m/s^2)	NA /(m/s^2)	Pos /m	Vel /(m/s)	TA /(m/s^2)	NA /(m/s^2)
STNA-PEKF	0.1	58.7	39.1	7.2	12.9	111.7	61.5	10.1	17.2
STNA-UKF		56.0	28.9	3.3	9.1	103.3	42.2	5.3	10.5
Singer-EKF		61.4	45.7	17.1	8.4	119.0	72.7	22.9	9.4
STNA-PEKF	0.01	54.1	28.6	5.0	6.1	100.8	42.0	5.8	7.5
STNA-UKF		54.5	27.3	4.6	5.7	101.4	44.3	5.0	7.0
Singer-EKF		58.3	37.0	10.7	5.7	111.2	56.8	12.7	7.1
STNA-PEKF	0.001	52.4	27.3	4.1	5.0	98.4	38.2	4.4	6.5
STNA-UKF		51.9	26.2	4.0	3.8	98.2	36.8	4.1	6.0
Singer-EKF		58.0	36.5	10.2	5.7	111.5	55.9	12.0	7.2
CTNA-PEKF		54.7	27.4	4.3	5.8	100.7	41.8	4.9	6.9
CA-EKF		60.5	38.8	10.2	6.0	117.9	60.5	12.0	7.6

图 2.15 ~ 图 2.19 展示了给定 $\boldsymbol{R}_3$ 和 $\alpha_{t(n)}=0.001$ 时 STNA - PEKF、STNA - UKF、Singer - EKF 及 CTNA - PEKF、CA - EKF 第 50 次 MC 仿真的估计结果。图 2.20 ~ 图 2.23 给出了 100 次 MC 仿真实验的位置、速度、切向加速度与法向加速度估计的 RMSE。可以看出，STNA - PEKF、STNA - UKF 和 CTNA - PEKF 算法对目标的切向加速度和法向加速度具有较小估计误差，而采用 Singer - EKF 和 CA - EKF 仅能对法向加速度实现跟随，而在切向加速度估计上存在较大的误差。

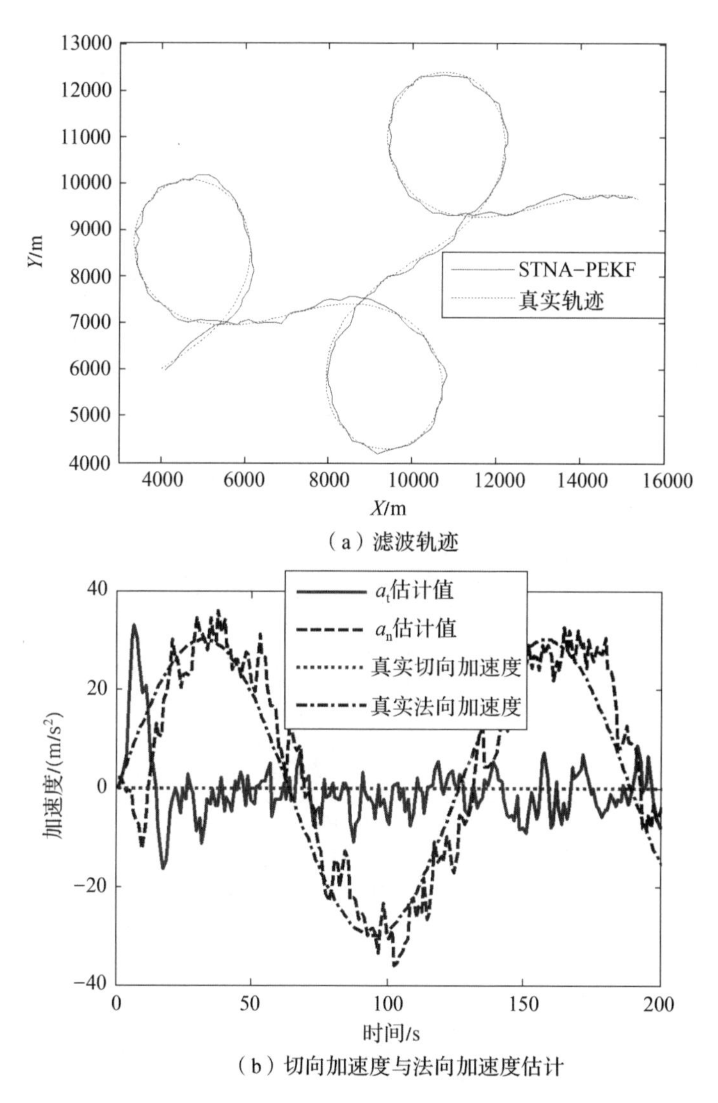

（a）滤波轨迹

（b）切向加速度与法向加速度估计

图 2.15　STNA - PKF 算法的滤波估计结果

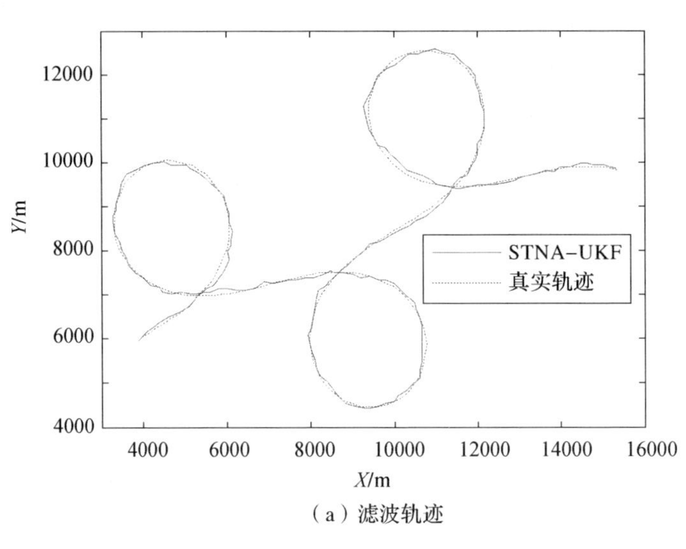

（a）滤波轨迹

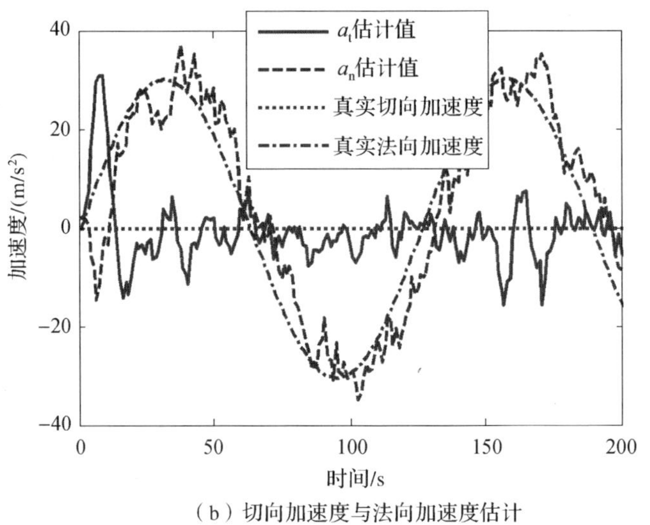

（b）切向加速度与法向加速度估计

图 2.16　STNA－UKF 算法的滤波结果

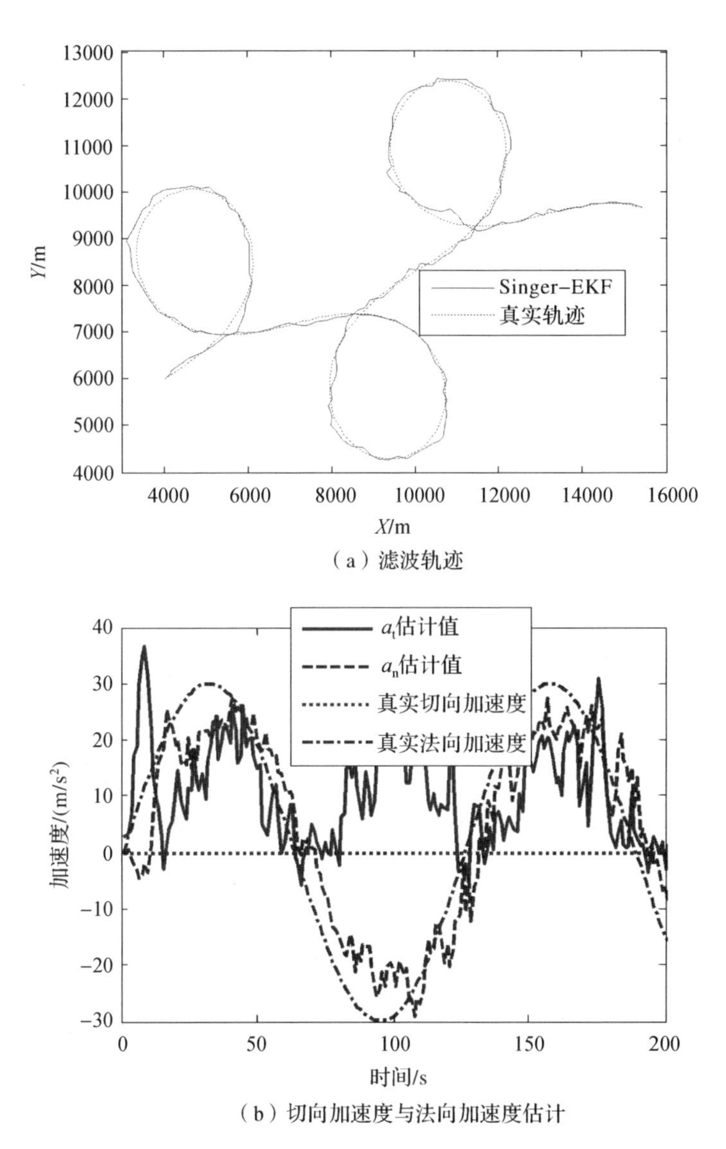

（a）滤波轨迹

（b）切向加速度与法向加速度估计

图 2.17 Singer－EKF 算法的滤波结果

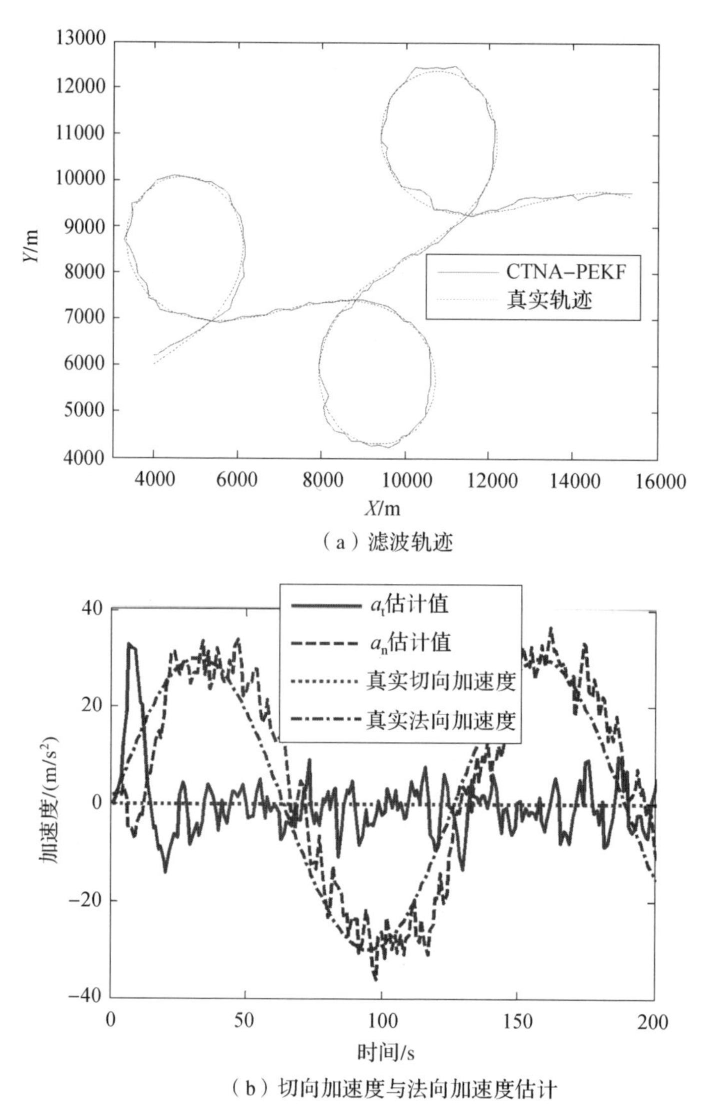

（a）滤波轨迹

（b）切向加速度与法向加速度估计

图 2.18　CTNA－PEKF 的滤波结果

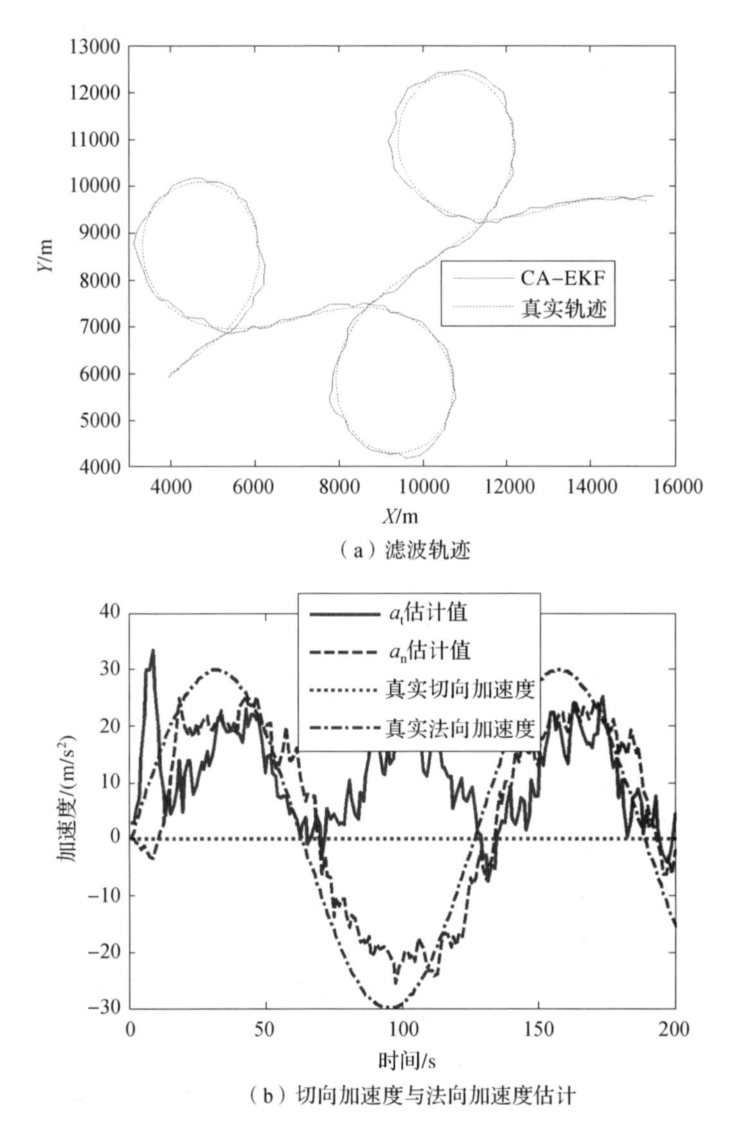

（a）滤波轨迹

（b）切向加速度与法向加速度估计

图 2.19　CA－EKF 的滤波结果

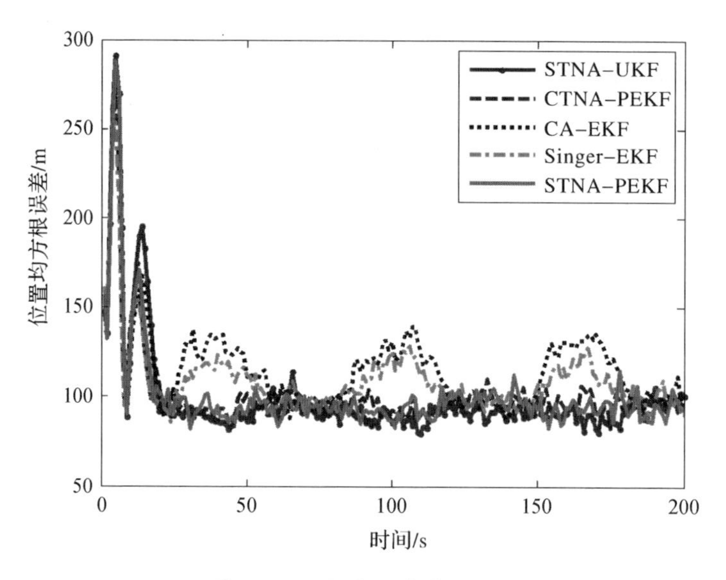

图 2.20 位置估计的 RMSE

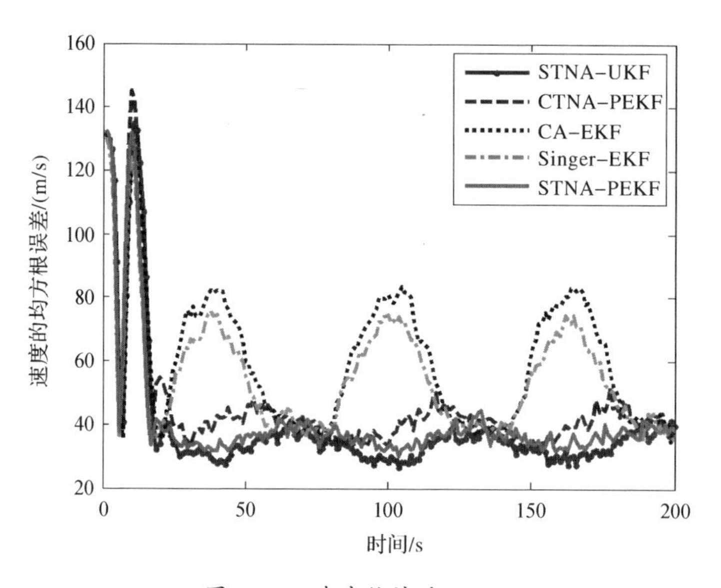

图 2.21 速度估计的 RMSE

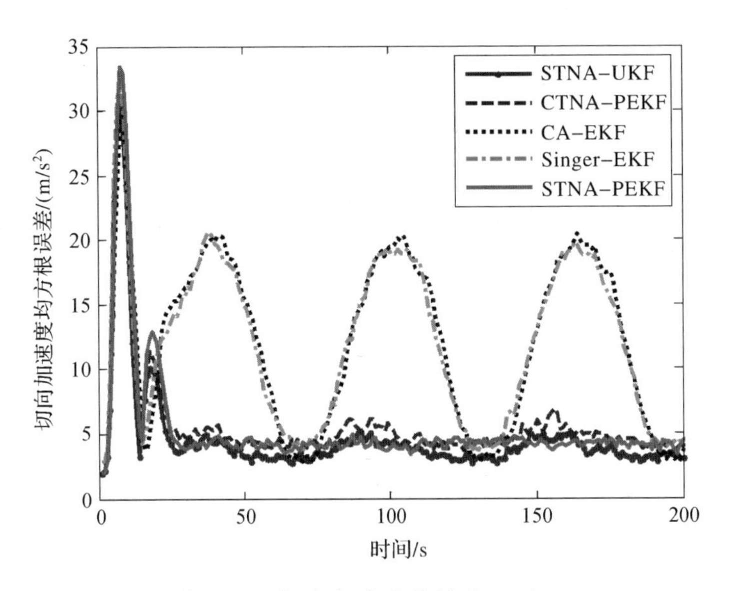

图 2.22　切向加速度估计的 RMSE

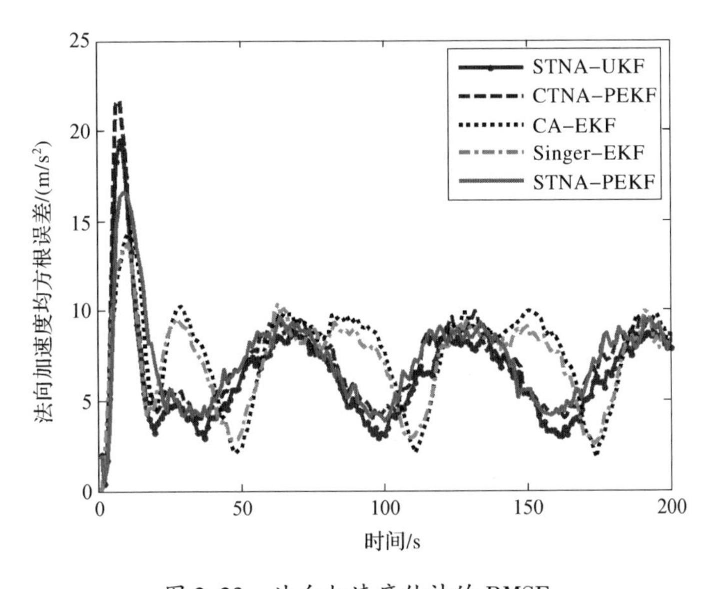

图 2.23　法向加速度估计的 RMSE

从图 2.23 可以看出,Singer 模型与 CA 模型的法向加速度误差波动形式也同 STNA 与 CTNA 模型误差波动形式不同。当存在先验信息可利用时,通过设定恰当的模型参数,STNA 模型的估计性能要优于 CTNA 模型。坐标系耦合的 STNA 与 CTNA 模型,相比坐标系解耦的 Singer 与 CA 模型,可实现切向加速度与法向加速度的闭环滤波估计,因此可获得优良的估计精度。

2.3 基于状态扩增法的机动参数固定滞后估计

2.3.1 AURTSS – d 算法

在2.1节和2.2节中,提出了基于状态扩增法的机动参数滤波估计方法。滤波估计方法利用了当前以及过去所获得的量测量,估计当前的目标状态和机动参数,具有在线估计的优点。然而,在某些对抗性较弱的空中态势下,轻微的滞后估计对态势的判断影响并不大,反而比滤波估计能提高目标状态和机动参数的估计精度。这是因为对过去某时刻的估计,利用了该时刻之前和之后的量测信息。固定滞后估计可通过固定区间平滑算法实现。

在2.1节和2.2节中提出的状态空间模型均为非线性,采用无迹变换来逼近状态量的后验平滑分布,可得到性能良好的无迹RTSS算法(Unscented Rauch – Tung – Striebel Smoother,URTSS)。

算法2.2 URTSS算法

(1)构造sigma点,有

$$\begin{cases}\boldsymbol{\chi}_k^{(0)}=\boldsymbol{m}_k\\ \boldsymbol{\chi}_k^{(i)}=\boldsymbol{m}_k+\sqrt{n+\lambda}\left[\sqrt{\boldsymbol{P}_k}\right]_i\\ \boldsymbol{\chi}_k^{(i+n)}=\boldsymbol{m}_k-\sqrt{n+\lambda}\left[\sqrt{\boldsymbol{P}_k}\right]_i\\ i=1,2,3,\cdots,n\end{cases} \tag{2.21}$$

参数定义参见文献[63]。

(2)将sigma点代入动态模型,依照状态转移方程传播sigma点,有

$$\hat{\boldsymbol{\chi}}_{k+1}^{(i)}=\boldsymbol{f}(\boldsymbol{\chi}_k^{(i)}),\quad i=0,1,2,3,\cdots,2n \tag{2.22}$$

(3)计算预测均值 $\boldsymbol{m}_{k+1}^-$,预测方程 $\boldsymbol{P}_{k+1}^-$ 以及互协方差 $\boldsymbol{D}_{k+1}$,有

$$\begin{cases}\boldsymbol{m}_{k+1}^-=\sum\limits_{i=0}^{2n}\boldsymbol{W}_i^{(\mathrm{m})}\hat{\boldsymbol{\chi}}_{k+1}^{(i)}\\ \boldsymbol{P}_{k+1}^-=\sum\limits_{i=0}^{2n}\boldsymbol{W}_i^{(\mathrm{c})}(\hat{\boldsymbol{\chi}}_{k+1}^{(i)}-\boldsymbol{m}_{k+1}^-)(\hat{\boldsymbol{\chi}}_{k+1}^{(i)}-\boldsymbol{m}_{k+1}^-)'+\boldsymbol{Q}_k\\ \boldsymbol{D}_{k+1}=\sum\limits_{i=0}^{2n}\boldsymbol{W}_i^{(\mathrm{c})}(\hat{\boldsymbol{\chi}}_k^{(i)}-\boldsymbol{m}_k^-)(\hat{\boldsymbol{\chi}}_{k+1}^{(i)}-\boldsymbol{m}_{k+1}^-)'\end{cases} \tag{2.23}$$

权值定义参见文献[63]。

(4)计算平滑增益 $\boldsymbol{G}_k$,平滑均值 $\boldsymbol{m}_k^{\mathrm{s}}$ 以及协方差 $\boldsymbol{P}_k^{\mathrm{s}}$,有

$$
\begin{cases}
\boldsymbol{G}_k = \boldsymbol{D}_{k+1}[\boldsymbol{P}_{k+1}^-]^{-1} \\
\boldsymbol{m}_k^{\mathrm{s}} = \boldsymbol{m}_k + \boldsymbol{G}_k[\boldsymbol{m}_{k+1}^{\mathrm{s}} - \boldsymbol{m}_{k+1}^-] \\
\boldsymbol{P}_k^{\mathrm{s}} = \boldsymbol{P}_k + \boldsymbol{G}_k(\boldsymbol{P}_{k+1}^{\mathrm{s}} - \boldsymbol{P}_{k+1}^-)\boldsymbol{G}_k^{\mathrm{T}}
\end{cases}
\tag{2.24}
$$

在 URTSS 算法中，$\boldsymbol{m}_k$ 和 $\boldsymbol{P}_k$ 是由 UKF 算法得到的均值与协方差。那么，采用 URTSS 算法的前提是首先运行 UKF 算法至当前时刻 k。当前时刻 k 的平滑分布与滤波分布是相同的，即 $\boldsymbol{m}_k^{\mathrm{s}} = \boldsymbol{m}_k$ 和 $\boldsymbol{P}_k^{\mathrm{s}} = \boldsymbol{P}_k$。

上述算法仅为从 k 时刻的平滑分布到 $k-1$ 时刻的平滑分布的递推。若定义 d 为从当前时刻 k 向后的时间区间宽度，那么滞后 d 步的目标状态与机动参数估计为 URTSS 算法经过 d 次迭代得到的第 $k-d$ 时刻的平滑估计。

由此，本节提出一种基于状态扩增法的固定滞后 d 时长的机动参数的估计算法，称为 AURTSS $-d$ 算法，其中 A 表示状态扩增法(Augmented)，d 表示固定滞后 d 时长。图 2.24 给出了 AURTSS $-d$ 算法的流程图。

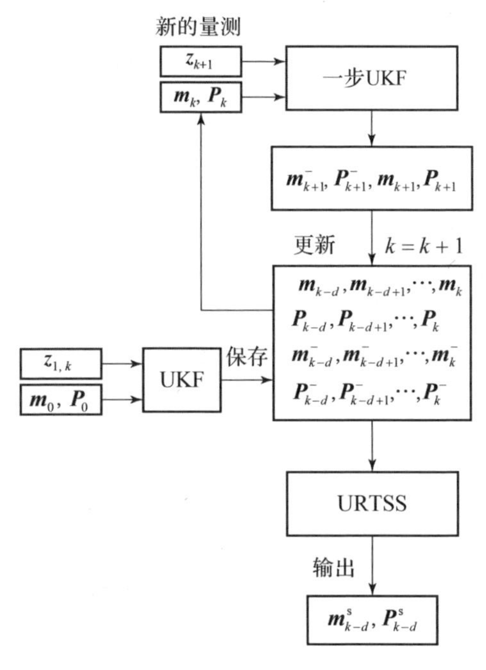

图 2.24　AURTSS $-d$ 算法的流程图

算法 2.3　AURTSS $-d$ 算法

(1)初始化参数。

设定初始的扩增状态估计向量 $\boldsymbol{m}_0$ 和协方差 $\boldsymbol{P}_0$。令当前时刻为 $k=d$，d 为固定滞后时长，并给定当前量测序列 $z_{1,k}=(z_1, z_2, \cdots, z_k)$。

(2)向前滤波估计。

给定量测 $z_{1,k}$，运行 UKF 算法获得滤波状态估计分布与预测分布。存储从 $k-d$ 到 k 时刻的估计和预测分布，即 $\boldsymbol{m}_{k-d}^{-},\boldsymbol{m}_{k-d+1}^{-},\cdots,\boldsymbol{m}_{k}^{-}$ 和 $\boldsymbol{m}_{k-d},\boldsymbol{m}_{k-d+1},\cdots,\boldsymbol{m}_{k}$ 及协方差矩阵 $\boldsymbol{P}_{k-d}^{-},\boldsymbol{P}_{k-d+1}^{-},\cdots,\boldsymbol{P}_{k}^{-}$ 和 $\boldsymbol{P}_{k-d},\boldsymbol{P}_{k-d+1},\cdots,\boldsymbol{P}_{k}$。

(3)向后平滑估计。

令 $\boldsymbol{m}_{k}^{s}=\boldsymbol{m}_{k}$ 和 $\boldsymbol{P}_{k}^{s}=\boldsymbol{P}_{k}$。依据步骤(2)中存储的信息，开始从 k 时刻向 $k-d$ 时刻执行 URTSS 算法。

(4)输出。

输出第 $k-d$ 时刻的扩增状态平滑估计 $\boldsymbol{m}_{k-d}^{s}$ 和 $\boldsymbol{P}_{k-d}^{s}$。

(5)滤波估计更新。

当 $k+1$ 时刻的量测 z_{k+1} 到来时，执行一步 UKF 估计，存储新的 $\boldsymbol{m}_{k+1}^{-}$ 和 $\boldsymbol{m}_{k+1}$，及 $\boldsymbol{P}_{k+1}^{-}$ 和 $\boldsymbol{P}_{k+1}$。同时，删除第 $k-d$ 时刻的 $\boldsymbol{m}_{k-d}^{-}$ 和 $\boldsymbol{m}_{k-d}$，以及 $\boldsymbol{P}_{k-d}^{-}$ 和 $\boldsymbol{P}_{k-d}$。

(6)令 $k=k+1$，返回步骤(3)。

2.3.2 仿真实验

2.3.2.1 角速度固定滞后估计

在本节中，将 AURTSS－d 算法用于角速度的固定滞后估计。仿真实验设定与 2.1.2.1 节相同。选择 CVCT 模型为角速度估计的状态空间模型，并且将 UKF 算法的估计结果作为对比基准。对于 AURTSS－d 算法，选择 d 为 5，10，20 为三种固定滞后时长，仅将前 100 s 的状态估计进行对比分析。UKF 算法和 AURTSS－d 算法中的参数设定参考文献[63]。

图 2.25～图 2.27 给出了单次运行 AURTSS－d 算法和 UKF 算法所得到的估计结果。可以看出，采用固定滞后平滑的方式，能够提高状态估计的精度，并且随着固定滞后时长 d 的增大，精度得到不断的提高。

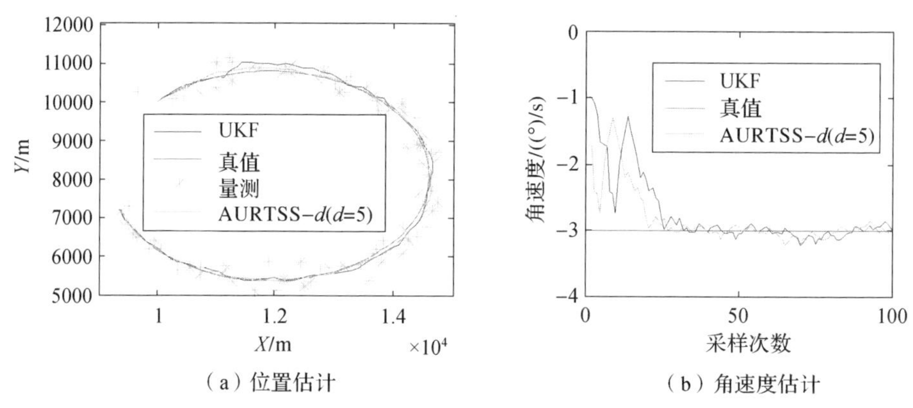

(a) 位置估计　　(b) 角速度估计

图 2.25　AURTSS－d($d=5$)算法与 UKF 算法的单次估计结果对比

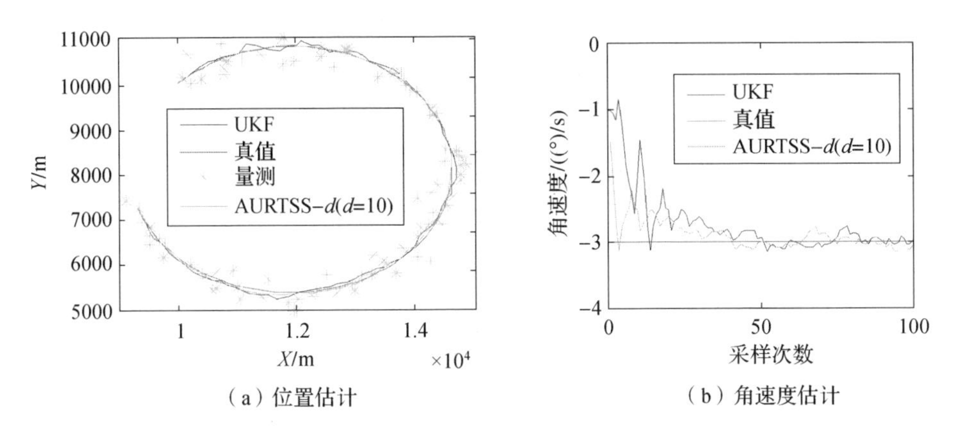

（a）位置估计　　（b）角速度估计

图 2.26　AURTSS－d（d＝10）算法与 UKF 算法的单次估计结果对比

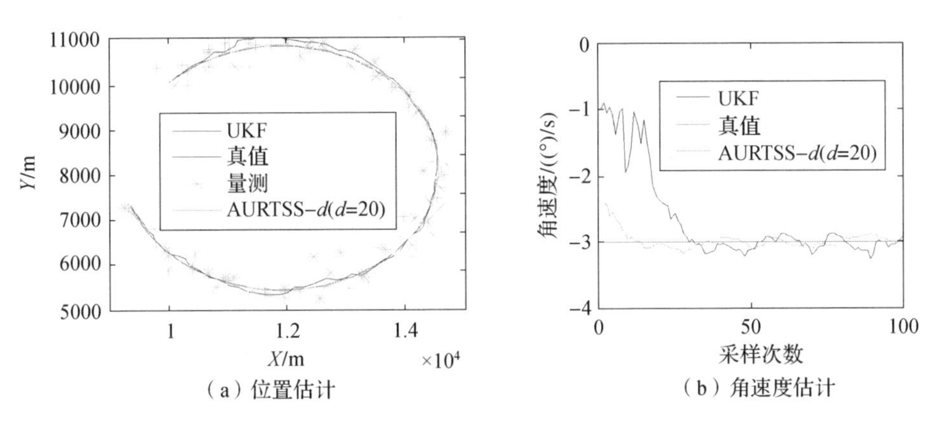

（a）位置估计　　（b）角速度估计

图 2.27　AURTSS－d（d＝20）算法与 UKF 算法的单次估计结果对比

图 2.28 给出了 100 次 MC 仿真实验中位置、速度和角速度估计的 RMSE。可以看出，AURTSS－d 算法相比 UKF 算法在系统初始阶段的状态上有着更加显著的优势。特别地，对于角速度的估计上，AURTSS－d 算法能够更快速地收敛于真实值。

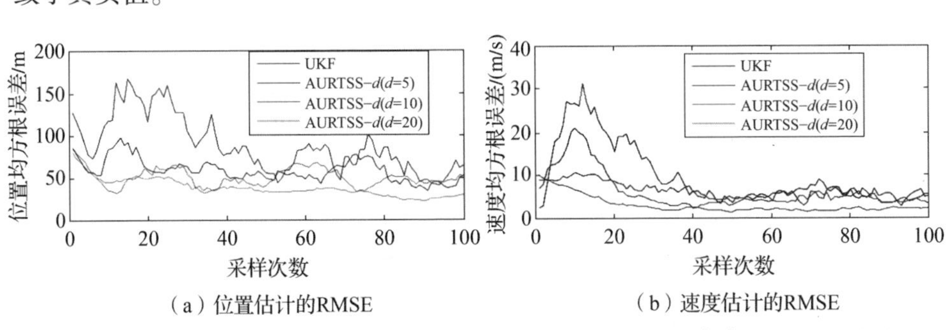

（a）位置估计的RMSE　　（b）速度估计的RMSE

图 2.28　AURTSS－d（d 为 5，10，20）算法在 100 次 MC 仿真中的 RMSE 结果

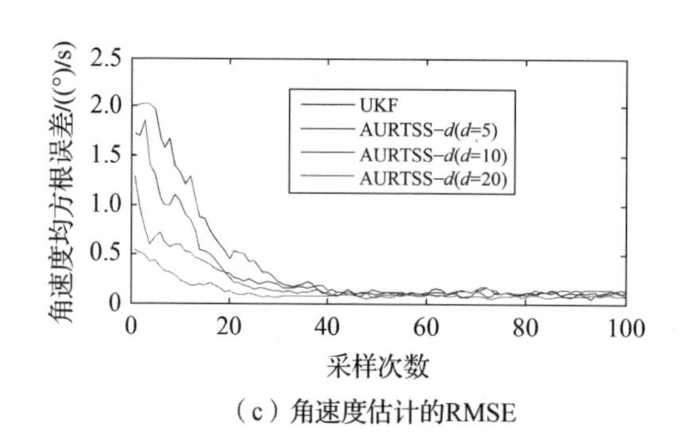

（c）角速度估计的RMSE

图 2.28　AURTSS－d(d 为 5,10,20)算法在 100 次 MC 仿真中的 RMSE 结果(续)

2.3.2.2　切向/法向加速度固定滞后估计

在本节中,AURTSS－d 算法用于切向/法向加速度的固定滞后估计。目标的真实运动与 2.2.4.1 节相同。目标的运动时长设定为 220 s。采用 CTNA 模型,并且将 UKF 算法的估计结果作为对比基准。雷达量测噪声的协方差矩阵为 $\boldsymbol{R}=\mathrm{diag}\{100\ \mathrm{m}^2, 10^{-4}\ \mathrm{rad}^2\}$,系统噪声的标准差为 $\sigma_{\mathrm{t}}=\sigma_{\mathrm{n}}=1\ \mathrm{m/s}^2$。其他的参数设定参见 2.2.4.1 节和 2.3.2.1 节。

图 2.29 ~ 图 2.31 分别给出了固定滞后时长为 d 为 5,10,20 时单次运行 AURTSS－d 算法和 UKF 算法所得到的状态估计结果。在图 2.29 ~ 图 2.31 中,“at”表示切向加速度,“an”表示法向加速度。可以看出,AURTSS－d 算法的估计结果波动误差小于 UKF 算法的估计结果。

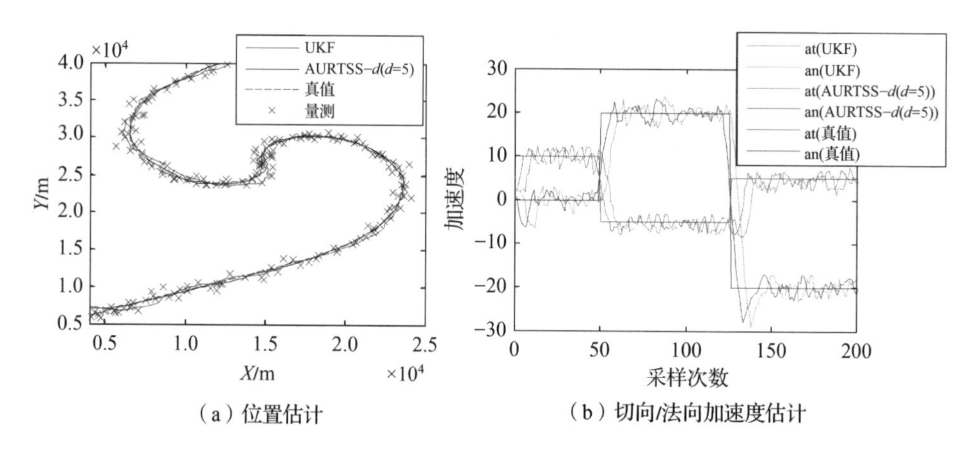

（a）位置估计　　（b）切向/法向加速度估计

图 2.29　AURTSS－d(d＝5)算法与 UKF 算法的单次估计结果对比

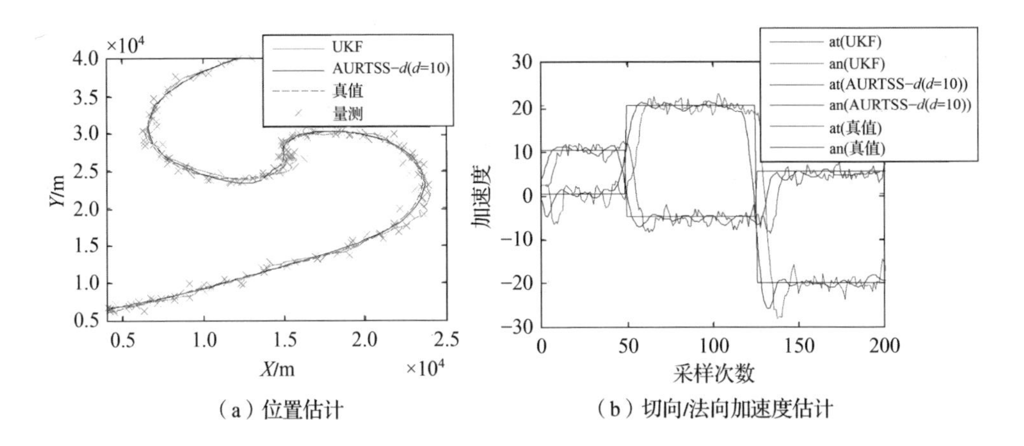

（a）位置估计　　（b）切向/法向加速度估计

图 2.30　AURTSS - d(d = 10)算法与 UKF 算法的单次估计结果对比

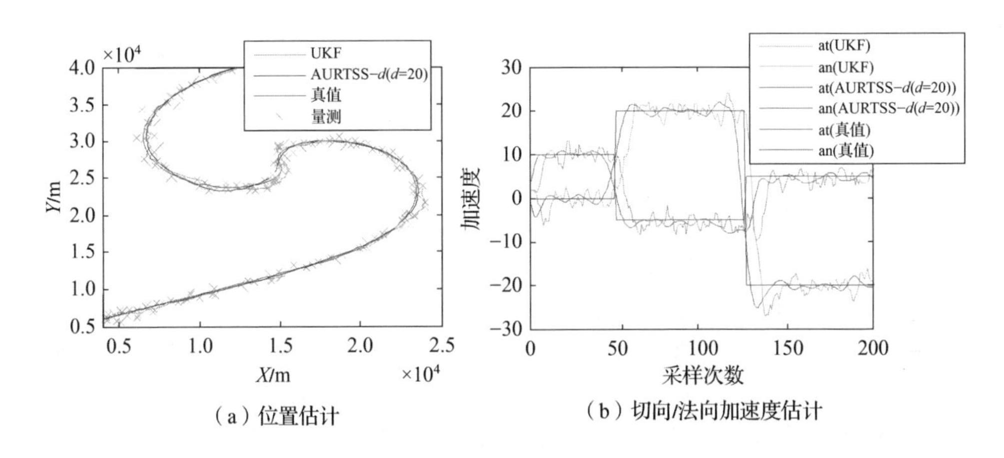

（a）位置估计　　（b）切向/法向加速度估计

图 2.31　AURTSS - d(d = 20)算法与 UKF 算法的单次估计结果对比

图 2.32 中分别给出了在 100 次 MC 仿真实验中由 AURTSS - d 算法和 UKF 算法获得的位置、速度、法向加速度和切向加速度估计的 RMSE。可以看出，在阶跃点之前的时刻，固定滞后时长 d = 20 的 AURTSS - d 算法的估计精度要低于固定滞后时长 d = 10 的 AURTSS - d 算法。这是因为更多阶跃后的量测信息被用于估计阶跃前的参数值。因此，对于阶跃参数，固定滞后时长的选择还需要综合权衡稳定阶段和阶跃附近的估计精度。

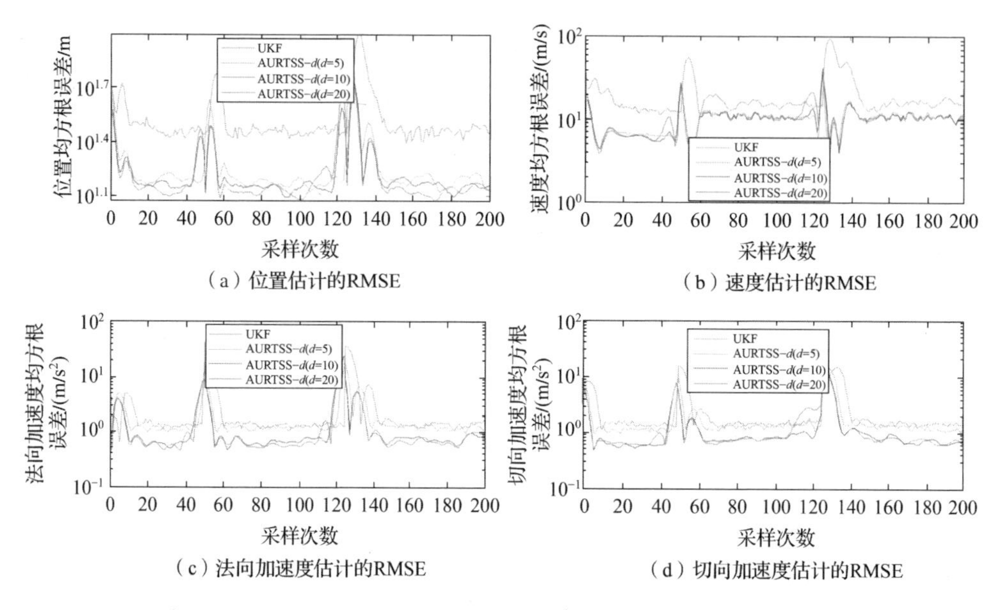

(a) 位置估计的RMSE

(b) 速度估计的RMSE

(c) 法向加速度估计的RMSE

(d) 切向加速度估计的RMSE

图 2.32　AURTSS - d(d = 5,10,20) 算法与 UKF 的 RMSE 对比

2.4　本章小结

本章重点依据最小方差估计准则，针对机动参数估计问题，提出了基于状态扩增法的机动参数估计方法。

(1) 对于 CT 机动目标的时不变角速度估计问题，将未知角速度假设为 Wiener 过程。以笛卡儿速度为状态变量时，建立了笛卡儿速度的匀速转弯运动模型(CVCT)；以极坐标速度为状态变量时，建立了极坐标速度的匀速转弯运动模型(PVCT)。将 CVCT 模型和 PVCT 模型与当前流行的非线性滤波算法结合得到了 8 种基于状态扩增法的角速度滤波估计算法。经过仿真实验进行考察可以发现，CVCT - UKF 算法和 PVCT - UKF 算法性能优于其他算法，其中：在位置估计方面，CVCT 模型优于 PVCT 模型；在速度估计方面，PVCT 模型优于 CVCT 模型。

(2) 对于匀速转弯机动目标的时变角速度估计问题，将其假设为一个 ZFOM 过程，建立了 CVVT 模型和 PVVT 模型。仿真实验结果表明，当角速度为时变的斜坡函数时，PVVT - UKF 模型在角速度、位置、速度估计方面具有更高的精度。

(3) 对于 VT 机动目标的时不变切向/法向加速度估计问题，将未知的切向/法向加速度假设为一个 Wiener 过程，建立常切向/法向加速度机动模型

(CTNA);若切向/法向加速度为时变的,将其假设为 ZFOM 模型,建立 Singer 切向/法向加速度模型(STNA)。将速度方向角估计值代入其中,经过离散化处理,获得了 CTNA 模型与 STNA 模型的近似伪线性离散时间状态模型,并提出了 PEKF 算法。仿真实验表明,CTNA - PEKF 算法与 STNA - PEKF 算法可获得同等或者优于 CTNA - UKF 算法与 STNA - UKF 算法的估计性能。

(4)对于机动参数的固定滞后估计问题,采用 URTSS 算法,提出了一种基于状态扩增法的固定滞后 d 时长的机动参数的估计算法,即 AURTSS - d 算法。仿真实验表明,对于时不变的机动参数,随着固定滞后时长 d 的增大,AURTSS - d 算法估计精度不断提高,且明显优于滤波估计算法;对于时变的阶跃机动参数,固定滞后时长的选择需要综合权衡稳定阶段和阶跃附近的估计精度。

第 3 章　最大似然准则下相关量测二维机动参数估计方法

本章依据最大似然估计准则，在未知相关系数的时间相关量测噪声条件下，研究机动参数估计算法。首先，分析了具有未知相关系数的时间相关量测噪声的状态估计问题。然后，对于未知相关系数的时间相关量测的 CT 机动的角速度估计问题和 VT 机动的切向/法向加速度估计问题，分别提出了基于 EM 算法的时间相关量测噪声下机动参数估计算法。最后，对本章工作进行了总结。

3.1　时间相关量测噪声的状态估计问题分析

在第 2 章的机动参数估计问题中，假设量测噪声是相互独立的高斯白噪声。但是当雷达的采样频率较高时，量测噪声在时域中具有相关性。这种时间相关性影响着运动状态与机动参数的估计精度，不能被忽略。那么，需要建立一个具有时间相关量测噪声的机动模型，有

$$\begin{cases} \boldsymbol{x}_k = \boldsymbol{f}(\boldsymbol{x}_{k-1}, \boldsymbol{\theta}) + \boldsymbol{q}_{k-1} \\ \boldsymbol{y}_k = \boldsymbol{h}(\boldsymbol{x}_k, \boldsymbol{\theta}) + \boldsymbol{r}_k \\ \boldsymbol{r}_k = \boldsymbol{\psi} \boldsymbol{r}_{k-1} + \boldsymbol{\delta}_{k-1} \end{cases} \tag{3.1}$$

可以看出，在模型式(3.1)中时间相关量测噪声建模为一阶自回归过程。与模型式(1.2)中定义不同，$\boldsymbol{r}_k$ 不再是高斯白噪声而是时间相关误差，$\boldsymbol{\psi}$ 是时间相关误差的转移矩阵，$\boldsymbol{\delta}_{k-1} \sim N(\boldsymbol{0}, \boldsymbol{R}_{k-1})$ 是零均值高斯白噪声，$\boldsymbol{R}_{k-1}$ 是协方差矩阵，且 $\boldsymbol{\delta}_{k-1}$ 与 $\boldsymbol{q}_{k-1}$ 相互独立。采用基于 KF 滤波框架的算法实现状态估计，前提是去除相邻量测之间的相关性。

时间差分法是去除量测相关性的常用方法。具体上，构建人工量测，有

$$\boldsymbol{y}_{k-1}^{*} = \boldsymbol{y}_k - \boldsymbol{\psi} \boldsymbol{y}_{k-1} = \boldsymbol{h}(\boldsymbol{x}_k) - \boldsymbol{\psi} \boldsymbol{h}(\boldsymbol{x}_{k-1}) + \boldsymbol{\delta}_{k-1} \tag{3.2}$$

其中，$\boldsymbol{y}_{k-1}^{*}$ 仅具有高斯白噪声 $\boldsymbol{\delta}_{k-1}$。文献[102]证明采用人工量测 $\boldsymbol{y}_k^{*}$ 得到的状态估计分布与采用原始量测 $\boldsymbol{y}_k$ 得到状态估计分布在最小均方误差意义下是相同的。用式(3.2)来替代模型式(3.1)中的量测方程与一阶自回归方程可得到

一个基于时间差分法的状态空间模型，即

$$\begin{cases}\boldsymbol{x}_k=\boldsymbol{f}(\boldsymbol{x}_{k-1},\boldsymbol{\theta})+\boldsymbol{q}_{k-1}\\ \boldsymbol{y}_{k-1}^*=\boldsymbol{h}(\boldsymbol{x}_k)-\boldsymbol{\psi}\boldsymbol{h}(\boldsymbol{x}_{k-1})+\boldsymbol{\delta}_{k-1}\end{cases}\tag{3.3}$$

然而，采用时间差分法的滤波存在以下问题。

(1)基于时间差分法的滤波存在量测更新一步滞后问题，因为第 $k-1$ 时刻人工量测需要采用第 k 时刻的真实量测来计算。

(2)虽然采用人工量测解决了量测噪声之间相关性，但是在式(3.3)中引入了新的状态量之间的相关性，这在许多研究中被忽略。

(3)推导时间差分平滑算法相比推导标准的高斯平滑算法需要一个更加严格的高斯假设，即假设前一时刻的状态、当前时刻状态和人工量测的联合后验概率密度服从高斯分布，对应的固定区间平滑算法的推导更为复杂，需要基于一步滞后滤波与平滑。

(4)一般情况下，时间相关误差的转移矩阵 $\boldsymbol{\psi}$ 是未知的，因此人工量测不能直接构建。将 $\boldsymbol{\psi}$ 并入未知参数 $\boldsymbol{\theta}$ 的描述范围里，可采用 EM 算法进行估计。然而，在 EM 迭代中，由于 $\boldsymbol{\psi}$ 估计值不断变更，人工量测也将随之变化。这种具有不确定量测信息将引起滤波器的不稳定，进而可能导致估计发散。

在本书的问题中，$\boldsymbol{\psi}$ 是未知的，时间差分法不能适用。

去除量测相关性的另外一种方法是第 2 章中的状态扩增法。具体上，将时间相关误差 $\boldsymbol{r}_k$ 作为状态量，扩增后的状态空间模型为

$$\begin{cases}\begin{bmatrix}\boldsymbol{x}_k\\ \boldsymbol{r}_k\end{bmatrix}=\begin{bmatrix}\boldsymbol{f}(\boldsymbol{x}_{k-1},\boldsymbol{\theta})\\ \boldsymbol{\psi}\boldsymbol{r}_{k-1}\end{bmatrix}+\begin{bmatrix}\boldsymbol{q}_{k-1}\\ \boldsymbol{\delta}_{k-1}\end{bmatrix}\\ \boldsymbol{y}_k=\boldsymbol{h}(\boldsymbol{x}_k,\boldsymbol{\theta})+\boldsymbol{r}_k\end{cases}\tag{3.4}$$

令 $\overline{\boldsymbol{x}}_k=(\boldsymbol{x}_k,\boldsymbol{r}_k)^{\mathrm{T}}$，$\overline{\boldsymbol{q}}_{k-1}=(\boldsymbol{q}_{k-1},\boldsymbol{\delta}_{k-1})^{\mathrm{T}}$ 且未知参数 $\boldsymbol{\theta}$ 包含 $\boldsymbol{\psi}$，上述状态空间模型可重新表示为

$$\begin{cases}\overline{\boldsymbol{x}}_k=\overline{\boldsymbol{f}}(\overline{\boldsymbol{x}}_{k-1},\boldsymbol{\theta})+\overline{\boldsymbol{q}}_{k-1}\\ \boldsymbol{y}_k=\overline{\boldsymbol{h}}(\overline{\boldsymbol{x}}_k,\boldsymbol{\theta})\end{cases}\tag{3.5}$$

从模型式(3.5)可知，通过状态扩增法，去除量测的相关性后，得到了无噪声的量测，即量测噪声的协方差矩阵为零矩阵。由于零量测噪声协方差矩阵会引起奇异的量测预测误差协方差矩阵，可导致潜在的病态(ill - conditioned)问题。

文献[105]研究发现对于线性系统扩增模型，若奇异的量测预测误差协方差矩阵出现在系统状态全观测中，则可在状态误差估计协方差矩阵的更新过程中引入一个小的正定扰动项，保证 KF 滤波正常运行。

另外,文献[106]也验证了对基于状态扩增法的时间相关的量测噪声估计问题采用粒子滤波算法,能够得到相比基于时间差分法更好的估计效果。

与粒子滤波相近的固定采样点高阶 CKF 算法(High - Oder CKF,HCKF)也可用于模型式(3.5),并能始终保持量测预测误差协方差矩阵为非奇异矩阵,使得滤波正常运行。虽然 HCKF 算法采样点的个数与状态维数的平方成比例,但相比 PF 算法所需的粒子数量少得多,并且 HCKF(五阶)算法相比 SCKF(三阶)算法具有更好的非线性近似性能。对于 UKF,量测预测协方差的中心 sigma 点权值为负,存在量测预测误差协方差矩阵变为奇异矩阵的风险。

因此,在本书中,基于状态扩增法,HCKF 可被用于具有未知相关系数的时间相关量测噪声状态估计问题中。这是采用状态扩增法的优势之一。另一个优势就是原始量测数据被直接应用于状态估计,在 EM 算法的迭代中是不变的,这提高了滤波的稳定性。

3.2 基于 EM 的时间相关量测噪声条件下角速度估计算法

3.2.1 时间相关量测噪声条件下匀速转弯机动模型

时间相关量测噪声条件下建立 CT 状态空间模型为

$$
\begin{cases}
\boldsymbol{x}_k = \begin{bmatrix} 1 & 0 & \dfrac{\sin(\omega\Delta t)}{\omega} & \dfrac{\cos(\omega\Delta t)-1}{\omega} \\ 0 & 1 & \dfrac{1-\cos(\omega\Delta t)}{\omega} & \dfrac{\sin(\omega\Delta t)}{\omega} \\ 0 & 0 & \cos(\omega\Delta t) & -\sin(\omega\Delta t) \\ 0 & 0 & \sin(\omega\Delta t) & \cos(\omega\Delta t) \end{bmatrix} \boldsymbol{x}_{k-1} + \boldsymbol{q}_{k-1} \\
\boldsymbol{z}_k = \begin{bmatrix} \sqrt{x_k^2 + y_k^2} \\ \arctan(y_k/x_k) \end{bmatrix} + \boldsymbol{r}_k \\
\boldsymbol{r}_k = \begin{bmatrix} \psi_r & 0 \\ 0 & \psi_\theta \end{bmatrix} \boldsymbol{r}_{k-1} + \boldsymbol{\delta}_{k-1}
\end{cases}
\tag{3.6}
$$

式中:$\boldsymbol{r}_k$ 为时间相关误差;ψ_r 和 ψ_θ 为时间相关误差的转移系数;$\boldsymbol{\delta}_{k-1} \sim N(\boldsymbol{0}, \boldsymbol{R}_{k-1})$ 为零均值高斯白噪声;$\boldsymbol{R}_{k-1}$ 为协方差矩阵;其他变量的定义参见式(2.2)与式(2.3)。基于状态扩增法,将 $\boldsymbol{r}_k$ 作为系统状态的一部分,扩增后的状态空间模型为

$$
\begin{cases}
\underbrace{\begin{bmatrix} \boldsymbol{x}_k \\ \boldsymbol{r}_k \end{bmatrix}}_{\bar{\boldsymbol{x}}_k} = \underbrace{\begin{bmatrix} 1 & 0 & \dfrac{\sin(\omega\Delta t)}{\omega} & \dfrac{\cos(\omega\Delta t)-1}{\omega} & 0 & 0 \\ 0 & 1 & \dfrac{1-\cos(\omega\Delta t)}{\omega} & \dfrac{\sin(\omega\Delta t)}{\omega} & 0 & 0 \\ 0 & 0 & \cos(\omega\Delta t) & -\sin(\omega\Delta t) & 0 & 0 \\ 0 & 0 & \sin(\omega\Delta t) & \cos(\omega\Delta t) & 0 & 0 \\ 0 & 0 & 0 & 0 & \psi_r & 0 \\ 0 & 0 & 0 & 0 & 0 & \psi_\theta \end{bmatrix}}_{\boldsymbol{A}(\boldsymbol{\theta})} \underbrace{\begin{bmatrix} \boldsymbol{x}_{k-1} \\ \boldsymbol{r}_{k-1} \end{bmatrix}}_{\bar{\boldsymbol{x}}_{k-1}} + \underbrace{\begin{bmatrix} \boldsymbol{q}_{k-1} \\ \boldsymbol{\delta}_{k-1} \end{bmatrix}}_{\bar{\boldsymbol{q}}_{k-1}} \\
z_k = \underbrace{\begin{bmatrix} \sqrt{x_k^2 + y_k^2} \\ \arctan(y_k/x_k) \end{bmatrix} + \boldsymbol{r}_k}_{\bar{\boldsymbol{h}}(\bar{\boldsymbol{x}}_k)}
\end{cases}
\tag{3.7}
$$

可进一步表示为

$$
\begin{cases}
\bar{\boldsymbol{x}}_k = \boldsymbol{A}(\boldsymbol{\theta})\bar{\boldsymbol{x}}_{k-1} + \bar{\boldsymbol{q}}_{k-1} \\
z_k = \bar{\boldsymbol{h}}(\bar{\boldsymbol{x}}_k)
\end{cases}
\tag{3.8}
$$

式中：$\bar{\boldsymbol{q}}_{k-1} \sim N(\boldsymbol{0}, \bar{\boldsymbol{Q}}_{k-1})$为高斯白噪声，其中$\bar{\boldsymbol{Q}}_{k-1}$为协方差矩阵，即

$$
\bar{\boldsymbol{Q}}_{k-1} = \begin{bmatrix} \boldsymbol{Q}_{k-1} & \boldsymbol{0} \\ \boldsymbol{0} & \boldsymbol{R}_{k-1} \end{bmatrix}
\tag{3.9}
$$

未知参数$\omega, \psi_r, \psi_\theta$均包含在矩阵$\boldsymbol{A}$中，采用符号$\boldsymbol{\theta}$统一表示，即$\boldsymbol{A}(\boldsymbol{\theta})$。通过计算$\boldsymbol{A}$的最大似然估计$\boldsymbol{A}^*$就能够得到$\boldsymbol{\theta}$的最大似然估计$\boldsymbol{\theta}^*$。

注意：虽然模型式(3.7)在本节中描述了一个角速度估计模型。若假设$\boldsymbol{A}(\boldsymbol{\theta})$为包含任意未知系统参数的状态转移矩阵，$\bar{\boldsymbol{h}}(\cdot)$为任意非线性函数，那么模型式(3.8)可描述一个未知相关系数的时间相关噪声条件下包含乘性未知参数的状态空间模型，即模型式(3.8)。本节接下来提出的EM算法可适用于该状态空间模型的乘性未知参数的最大似然估计问题。

命题3.1 $\boldsymbol{\theta}$为未知统计参数，$z_{1:T} = \{z_1, z_2, \cdots, z_T\}$为量测序列，$\bar{\boldsymbol{x}}_{0:T} = \{\bar{\boldsymbol{x}}_0, \bar{\boldsymbol{x}}_1, \cdots, \bar{\boldsymbol{x}}_T\}$为系统状态序列。对于模型式(3.8)，有

$$
\log p_{\boldsymbol{\theta}}(z_{1:T}) = \log p_{\boldsymbol{\theta}}(\bar{\boldsymbol{x}}_{0:T}) - \log p_{\boldsymbol{\theta}}(\bar{\boldsymbol{x}}_{0:T} \mid z_{1:T})
\tag{3.10}
$$

证明：

由贝叶斯定理可知，$p_{\boldsymbol{\theta}}(z_{1:T}) = p_{\boldsymbol{\theta}}(\bar{\boldsymbol{x}}_{0:T}, z_{1:T}) / p_{\boldsymbol{\theta}}(\bar{\boldsymbol{x}}_{0:T} \mid z_{1:T})$。那么，有

$$\begin{aligned}\log p_{\boldsymbol{\theta}}(z_{1:T}) &= \log p_{\boldsymbol{\theta}}(\bar{\boldsymbol{x}}_{0:T}, z_{1:T}) - \log p_{\boldsymbol{\theta}}(\bar{\boldsymbol{x}}_{0:T} \mid z_{1:T}) \\ &= \log[p_{\boldsymbol{\theta}}(z_{1:T} \mid \bar{\boldsymbol{x}}_{0:T}) p_{\boldsymbol{\theta}}(\bar{\boldsymbol{x}}_{0:T})] - \log p_{\boldsymbol{\theta}}(\bar{\boldsymbol{x}}_{0:T} \mid z_{1:T}) \\ &= \log[p_{\boldsymbol{\theta}}(\bar{\boldsymbol{h}}(\bar{\boldsymbol{x}}_{0:T}) \mid \bar{\boldsymbol{x}}_{0:T}) p_{\boldsymbol{\theta}}(\bar{\boldsymbol{x}}_{0:T})] - \log p_{\boldsymbol{\theta}}(\bar{\boldsymbol{x}}_{0:T} \mid z_{1:T}) \\ &= \log[1 \times p_{\boldsymbol{\theta}}(\bar{\boldsymbol{x}}_{0:T})] - \log p_{\boldsymbol{\theta}}(\bar{\boldsymbol{x}}_{0:T} \mid z_{1:T}) \\ &= \log p_{\boldsymbol{\theta}}(\bar{\boldsymbol{x}}_{0:T}) - \log p_{\boldsymbol{\theta}}(\bar{\boldsymbol{x}}_{0:T} \mid z_{1:T}) \end{aligned} \tag{3.11}$$

证明完毕

EM 算法的第 η 次迭代过程中,$\boldsymbol{\theta}$ 的估计值为 $\hat{\boldsymbol{\theta}}_\eta$。对于式(3.10)两端同时取关于条件后验概率分布 $p_{\hat{\boldsymbol{\theta}}_\eta}(\bar{\boldsymbol{x}}_{0:T} \mid z_{1:T})$的期望,即

$$\begin{aligned}\log p_\theta(z_{1:T}) &= \int p_{\hat{\boldsymbol{\theta}}_\eta}(\bar{\boldsymbol{x}}_{0:T} \mid z_{1:T}) \log p_\theta(z_{1:T}) \mathrm{d}\bar{\boldsymbol{x}}_{0:T} \\ &= \int p_{\hat{\boldsymbol{\theta}}_\eta}(\bar{\boldsymbol{x}}_{0:T} \mid z_{1:T}) \log p_\theta(\bar{\boldsymbol{x}}_{0:T}) \mathrm{d}\bar{\boldsymbol{x}}_{0:T} - \\ &\quad \int p_{\hat{\boldsymbol{\theta}}_\eta}(\bar{\boldsymbol{x}}_{0:T} \mid z_{1:T}) \log p_\theta(\bar{\boldsymbol{x}}_{0:T} \mid z_{1:T}) \mathrm{d}\bar{\boldsymbol{x}}_{0:T} \end{aligned} \tag{3.12}$$

那么,相应的 CEF 定义为

$$L(\boldsymbol{\theta}, \hat{\boldsymbol{\theta}}_\eta) = \int p_{\hat{\boldsymbol{\theta}}_\eta}(\bar{\boldsymbol{x}}_{0:T} \mid z_{1:T}) \log p_{\boldsymbol{\theta}}(\bar{\boldsymbol{x}}_{0:T}) \mathrm{d}\bar{\boldsymbol{x}}_{0:T} \tag{3.13}$$

$$\begin{aligned}\log p_{\boldsymbol{\theta}}(z_{1:T}) - \log p_{\hat{\boldsymbol{\theta}}_\eta}(z_{1:T}) &= L(\boldsymbol{\theta}, \hat{\boldsymbol{\theta}}_\eta) - L(\hat{\boldsymbol{\theta}}_\eta, \hat{\boldsymbol{\theta}}_\eta) + \\ &\quad \int p_{\hat{\boldsymbol{\theta}}_\eta}(\bar{\boldsymbol{x}}_{0:T} \mid z_{1:T}) \log \frac{p_{\hat{\boldsymbol{\theta}}_\eta}(\bar{\boldsymbol{x}}_{0:T} \mid z_{1:T})}{p_{\boldsymbol{\theta}}(\bar{\boldsymbol{x}}_{0:T} \mid z_{1:T})} \mathrm{d}\bar{\boldsymbol{x}}_{0:T} \end{aligned} \tag{3.14}$$

式(3.14)右端最后一项为 KL 信息测度[109],是非负的。因此,对于模型式(3.8),可采用 EM 算法进行参数估计,$L(\boldsymbol{\theta}, \hat{\boldsymbol{\theta}}_\eta)$可分解为

$$\begin{aligned}L(\boldsymbol{\theta}, \hat{\boldsymbol{\theta}}_\eta) &= \int p_{\hat{\boldsymbol{\theta}}_\eta}(\bar{\boldsymbol{x}}_{0:T} \mid z_{1:T}) \log p_{\boldsymbol{\theta}}(\bar{\boldsymbol{x}}_{0:T}) \mathrm{d}\bar{\boldsymbol{x}}_{0:T} \\ &= \int p_{\hat{\boldsymbol{\theta}}_\eta}(\bar{\boldsymbol{x}}_{0:T} \mid z_{1:T}) \log \left[p_{\boldsymbol{\theta}}(\bar{\boldsymbol{x}}_{0:T}) \prod_{k=1}^{T} p_{\boldsymbol{\theta}}(\bar{\boldsymbol{x}}_k \mid \bar{\boldsymbol{x}}_{k-1})\right] \mathrm{d}\bar{\boldsymbol{x}}_{0:T} \\ &= \int p_{\hat{\boldsymbol{\theta}}_\eta}(\bar{\boldsymbol{x}}_0 \mid z_{1:T}) \log p_{\boldsymbol{\theta}}(\bar{\boldsymbol{x}}_0) \mathrm{d}\bar{\boldsymbol{x}}_0 + \\ &\quad \sum_{k=1}^{T} \iint p_{\hat{\boldsymbol{\theta}}_\eta}(\bar{\boldsymbol{x}}_k, \bar{\boldsymbol{x}}_{k-1} \mid z_{1:T}) \log p_{\boldsymbol{\theta}}(\bar{\boldsymbol{x}}_k \mid \bar{\boldsymbol{x}}_{k-1}) \mathrm{d}\bar{\boldsymbol{x}}_k \mathrm{d}\bar{\boldsymbol{x}}_{k-1} \\ &= L_0 + L_1 \end{aligned} \tag{3.15}$$

$$L_0 = \int p_{\hat{\boldsymbol{\theta}}_\eta}(\bar{\boldsymbol{x}}_0 \mid \boldsymbol{z}_{1:T}) \log p_{\boldsymbol{\theta}}(\bar{\boldsymbol{x}}_0) \mathrm{d}\bar{\boldsymbol{x}}_0 \tag{3.16}$$

$$L_1 = \sum_{k=1}^{T} \iint p_{\hat{\boldsymbol{\theta}}_\eta}(\bar{\boldsymbol{x}}_k, \bar{\boldsymbol{x}}_{k-1} \mid \boldsymbol{z}_{1:T}) \log p_{\boldsymbol{\theta}}(\bar{\boldsymbol{x}}_k \mid \bar{\boldsymbol{x}}_{k-1}) \mathrm{d}\bar{\boldsymbol{x}}_k \mathrm{d}\bar{\boldsymbol{x}}_{k-1} \tag{3.17}$$

由以上公式可知,计算 L_0 和 L_1 需要状态的平滑分布,这将在下一节给出。

3.2.2 高阶(五阶)容积卡尔曼滤波与平滑

对于模型式(3.8),采用 HCRTSS(五阶)算法来进行状态平滑。下面先给出对于针对模型式(3.8)的 HCKF 滤波算法,再在 RTSS 算法基础上,给出 HCRTSS 平滑算法。

算法 3.1 HCKF 算法

(1)由 $\boldsymbol{m}_k$ 和 $\boldsymbol{P}_k$ 计算容积点 $\boldsymbol{\chi}_k^i$ 及相应的权重 w_i,有

$$\begin{cases} \boldsymbol{P}_k = \boldsymbol{S}_k \boldsymbol{S}_k^{\mathrm{T}} \\ \boldsymbol{\chi}_k^i = \boldsymbol{\xi}_i \boldsymbol{S}_k + \boldsymbol{m}_k \end{cases} \tag{3.18}$$

$$\boldsymbol{\xi}_i = \begin{cases} [0,0,\cdots 0]^{\mathrm{T}}, & i=0 \\ \sqrt{n+2}\boldsymbol{s}_i^+, & i=1,2,\cdots,n(n-1)/2 \\ -\sqrt{n+2}\boldsymbol{s}_{i-n(n-1)/2}^+, & i=n(n-1)/2+1,n(n-1)/2+2,\cdots,n(n-1) \\ \sqrt{n+2}\boldsymbol{s}_{i-n(n-1)}^-, & i=n(n-1)+1,n(n-1)+2,\cdots,3n(n-1)/2 \\ -\sqrt{n+2}\boldsymbol{s}_{i-3n(n-1)/2}^-, & i=3n(n-1)/2+1,3n(n-1)/2+2,\cdots,2n(n-1) \\ \sqrt{n+2}\boldsymbol{e}_{i-2n(n-1)}, & i=2n(n-1)+1,2n(n-1)+2,\cdots,n(2n-1) \\ -\sqrt{n+2}\boldsymbol{e}_{i-n(2n-1)}, & i=n(2n-1)+1,n(2n-1)+2,\cdots,2n^2 \end{cases} \tag{3.19}$$

$$\begin{cases} \{\boldsymbol{s}_j^+\} = \left\{\sqrt{\dfrac{1}{2}}(\boldsymbol{e}_k+\boldsymbol{e}_l):k<l,k,l=1,2,\cdots,n\right\} \\ \{\boldsymbol{s}_j^-\} = \left\{\sqrt{\dfrac{1}{2}}(\boldsymbol{e}_k-\boldsymbol{e}_l):k<l,k,l=1,2,\cdots,n\right\} \end{cases} \tag{3.20}$$

式中:$\boldsymbol{e}_i$ 为 n 维单位向量且其第 i 个元素为 1。

容积点所对应的权重 w_i 分别为

$$w_i = \begin{cases} 2/(n+2), & i=0 \\ 1/(n+2)^2, & i=1,2,\cdots,2n(n-1) \\ (4-n)/2(n+2)^2, & i=2n(n-1)+1,2n(n-1)+2,\cdots,2n^2 \end{cases} \tag{3.21}$$

(2)计算由扩增系统模型转移后的容积点 $\boldsymbol{\chi}_{k+1|k}^i$,即

$$\boldsymbol{\chi}_{k+1|k}^{i} = \boldsymbol{A}(\boldsymbol{\theta})\boldsymbol{\chi}_{k}^{i} \tag{3.22}$$

(3)计算 $k+1$ 时刻状态的一步预测值 $\boldsymbol{m}_{k+1}^{-}$ 和一步预测协方差矩阵 $\boldsymbol{P}_{k+1}^{-}$，即

$$\boldsymbol{m}_{k+1}^{-} = \sum_{i=0}^{2n^2} w_i \boldsymbol{\chi}_{k+1|k}^{i} \tag{3.23}$$

$$\boldsymbol{P}_{k+1}^{-} = \sum_{i=0}^{2n^2} w_i (\boldsymbol{\chi}_{k+1|k}^{i} - \boldsymbol{m}_{k+1|k})(\boldsymbol{\chi}_{k+1|k}^{i} - \boldsymbol{m}_{k+1|k})^{\mathrm{T}} + \boldsymbol{\Sigma}_k \tag{3.24}$$

(4)计算第 k 时刻状态估计与第 $k+1$ 时刻一步预测值协方差矩阵 $\boldsymbol{P}_{k,k+1|k}$，即

$$\boldsymbol{P}_{k,k+1|k} = \sum_{i=0}^{2n^2} w_i (\boldsymbol{\chi}_{k}^{i} - \boldsymbol{m}_k)(\boldsymbol{\chi}_{k+1|k}^{i} - \boldsymbol{m}_{k+1}^{-})^{\mathrm{T}} \tag{3.25}$$

(5)由 $\boldsymbol{m}_{k+1}^{-}$ 和 $\boldsymbol{P}_{k+1}^{-}$ 计算容积点 $\boldsymbol{\gamma}_{k+1|k}^{i}$，即

$$\boldsymbol{\gamma}_{k+1|k}^{i} = \boldsymbol{\xi}_i \boldsymbol{S}_{k+1|k} + \boldsymbol{m}_{k+1}^{-} \tag{3.26}$$

式中：$\boldsymbol{P}_{k+1}^{-} = \boldsymbol{S}_{k+1|k}\boldsymbol{S}_{k+1|k}^{\mathrm{T}}$，并且容积点 $\boldsymbol{\gamma}_{k+1|k}^{i}$ 对应的权重与 $\boldsymbol{\chi}_{k+1|k}^{i}$ 对应的权重相同。

(6)计算经非线性量测函数传播后的容积点 $\boldsymbol{z}_{k+1|k}^{i}$，即

$$\boldsymbol{z}_{k+1|k}^{i} = \bar{\boldsymbol{h}}(\boldsymbol{\gamma}_{k+1|k}^{i}) \tag{3.27}$$

(7)计算 $k+1$ 时刻量测预测均值 $\boldsymbol{z}_{k+1|k}$，量测预测协方差矩阵 $\boldsymbol{S}_{k+1}$ 和状态与量测量之间的互协方差 $\boldsymbol{C}_{k+1}$，即

$$\boldsymbol{z}_{k+1|k} = \sum_{i=0}^{2n^2} w_i \boldsymbol{z}_{k+1|k}^{i} \tag{3.28}$$

$$\boldsymbol{S}_{k+1} = \sum_{i=0}^{2n^2} w_i (\boldsymbol{z}_{k+1|k}^{i} - \boldsymbol{z}_{k+1|k})(\boldsymbol{z}_{k+1|k}^{i} - \boldsymbol{z}_{k+1|k})^{\mathrm{T}} \tag{3.29}$$

$$\boldsymbol{C}_{k+1} = \sum_{i=0}^{2n^2} w_i (\boldsymbol{\gamma}_{k+1|k}^{i} - \boldsymbol{m}_{k+1|k})(\boldsymbol{z}_{k+1|k}^{i} - \boldsymbol{z}_{k+1|k})^{\mathrm{T}} \tag{3.30}$$

(8)结合已知的量测值 $\boldsymbol{z}_{k+1}$，计算 $\boldsymbol{K}_{k+1}$，$\boldsymbol{m}_{k+1}$ 和 $\boldsymbol{P}_{k+1}$，即

$$\boldsymbol{K}_{k+1} = \boldsymbol{C}_{k+1}\boldsymbol{S}_{k+1}^{-1} \tag{3.31}$$

$$\boldsymbol{m}_{k+1} = \boldsymbol{m}_{k+1}^{-} + \boldsymbol{K}_{k+1}(\boldsymbol{z}_{k+1} - \boldsymbol{z}_{k+1|k}) \tag{3.32}$$

$$\boldsymbol{P}_{k+1} = \boldsymbol{P}_{k+1}^{-} - \boldsymbol{K}_{k+1}\boldsymbol{S}_{k+1}\boldsymbol{K}_{k+1}' \tag{3.33}$$

针对模型式(3.8)的 HCKF 滤波算法与标准的 HCKF 算法在计算量测量预测协方差矩阵时，由于量测无噪声，因此对应的量测误差协方差均值为零。当线性条件下，并且满足状态量完全可观时，对于这种线性扩增系统模型，量测预测协方差矩阵将为奇异矩阵且不可逆。然而对于模型式(3.8)，至少存在不可观的状态 $\boldsymbol{r}_k$，因此不会导致该问题。

下面基于 RTSS 算法框架和上述 HCKF 算法，给出 HCRTSS 算法。

算法 3.2　HCRTSS 算法

依据 HCKF 滤波算法计算得到的第 k 时刻的状态估计 $\boldsymbol{m}_k$，状态估计协方差矩阵 $\boldsymbol{P}_k$，第 $k+1$ 时刻的一步预测状态估计 $\boldsymbol{m}_{k+1}^-$，一步预测协方差矩阵 $\boldsymbol{P}_{k+1}^-$ 和状态估计与一步预测互协方差矩阵 $\boldsymbol{P}_{k,k+1|k}$ 来计算平滑增益 $\boldsymbol{G}_k$、平滑均值 $\boldsymbol{m}_k^*$ 以及协方差 $\boldsymbol{P}_k^*$，即

$$\boldsymbol{G}_k=\boldsymbol{P}_{k,k+1|k}\boldsymbol{P}_{k+1|k}^{-1} \tag{3.34}$$

$$\boldsymbol{m}_k^*=\boldsymbol{m}_k+\boldsymbol{G}_k(\boldsymbol{m}_{k+1}^*-\boldsymbol{m}_{k+1}^-) \tag{3.35}$$

$$\boldsymbol{P}_k^*=\boldsymbol{P}_k+\boldsymbol{G}_k(\boldsymbol{P}_{k+1}^*-\boldsymbol{P}_{k+1}^-)\boldsymbol{G}_k' \tag{3.36}$$

因为不涉及观测量，针对模型式(3.8)的 HCRTSS 平滑算法与标准的 HCRTSS 平滑算法一致。

3.2.3　E－step

给定 $\hat{\boldsymbol{\theta}}_\eta$ 和 $z_{1:T}$，执行 HCKF 与 HCRTSS 算法，可得

$$p_{\hat{\boldsymbol{\theta}}_\eta}(\bar{\boldsymbol{x}}_0\mid z_{1:T})=N(\boldsymbol{m}_0^*,\boldsymbol{P}_0^*) \tag{3.37}$$

为了计算 $p_{\hat{\boldsymbol{\theta}}_\eta}(\bar{\boldsymbol{x}}_{k+1},\bar{\boldsymbol{x}}_k\mid z_{1:T})$，首先给出引理 3.1 和引理 3.2[93]。

引理 3.1　假设随机变量 $\boldsymbol{d}\in\mathbb{R}^n$ 和 $\boldsymbol{e}\in\mathbb{R}^m$ 服从高斯概率分布，即

$$\begin{cases}p(\boldsymbol{d})=N(\hat{\boldsymbol{d}},\boldsymbol{D})\\ p(\boldsymbol{e}\mid\boldsymbol{d})=N(\boldsymbol{H}\boldsymbol{d}+\boldsymbol{u},\boldsymbol{E})\end{cases} \tag{3.38}$$

则 $\boldsymbol{d}$ 和 $\boldsymbol{e}$ 的联合概率分布为

$$p(\boldsymbol{d},\boldsymbol{e})=N\left(\begin{pmatrix}\hat{\boldsymbol{d}}\\ \boldsymbol{H}\hat{\boldsymbol{d}}+\boldsymbol{u}\end{pmatrix},\begin{pmatrix}\boldsymbol{D} & \boldsymbol{D}\boldsymbol{H}'\\ \boldsymbol{H}\boldsymbol{D} & \boldsymbol{H}\boldsymbol{D}\boldsymbol{H}'+\boldsymbol{E}\end{pmatrix}\right) \tag{3.39}$$

引理 3.2　假设随机变量 $\boldsymbol{d}\in\mathbb{R}^n$ 和 $\boldsymbol{e}\in\mathbb{R}^m$ 具有联合高斯分布为

$$p(\boldsymbol{d},\boldsymbol{e})=N\left(\begin{pmatrix}\hat{\boldsymbol{d}}\\ \hat{\boldsymbol{e}}\end{pmatrix},\begin{pmatrix}\boldsymbol{D} & \boldsymbol{F}\\ \boldsymbol{F}' & \boldsymbol{E}\end{pmatrix}\right) \tag{3.40}$$

则随机变量 $\boldsymbol{d}$ 和 $\boldsymbol{e}$ 的边缘及条件分布为

$$\begin{cases}p(\boldsymbol{d})=N(\hat{\boldsymbol{d}},\boldsymbol{D})\\ p(\boldsymbol{e})=N(\hat{\boldsymbol{e}},\boldsymbol{E})\end{cases} \tag{3.41}$$

$$p(\boldsymbol{d}\mid\boldsymbol{e})=N(\hat{\boldsymbol{d}}+\boldsymbol{F}\boldsymbol{E}^{-1}(\boldsymbol{e}-\hat{\boldsymbol{e}}),\boldsymbol{D}-\boldsymbol{F}\boldsymbol{E}^{-1}\boldsymbol{F}') \tag{3.42}$$

引理 3.1 和引理 3.2 的证明可由高斯分布的定义与性质得到。

命题 3.2　对于状态空间模型(3.8)，给定量测 $z_{1:T}$ 和 $\hat{\boldsymbol{\theta}}_\eta$ 条件下，$\bar{\boldsymbol{x}}_{k+1}$ 和 $\bar{\boldsymbol{x}}_k$

的联合概率分布为

$$p_{\hat{\boldsymbol{\theta}}_\eta}(\bar{\boldsymbol{x}}_{k+1},\bar{\boldsymbol{x}}_k \mid z_{1:T})=N\left(\begin{pmatrix}\boldsymbol{m}_{k+1}^*\\ \boldsymbol{m}_k^*\end{pmatrix},\begin{pmatrix}\boldsymbol{P}_{k+1}^* & \boldsymbol{P}_{k+1}^*\boldsymbol{G}_k'\\ \boldsymbol{G}_k\boldsymbol{P}_{k+1}^* & \boldsymbol{P}_k^*\end{pmatrix}\right) \tag{3.43}$$

式中：$\boldsymbol{G}_k=\boldsymbol{P}_k\boldsymbol{A}'(\boldsymbol{A}\boldsymbol{P}_k\boldsymbol{A}'+\boldsymbol{\Sigma}_k)^{-1}$。

证明：

由于贝叶斯条件概率可知

$$\begin{aligned}p_{\hat{\boldsymbol{\theta}}_\eta}(\bar{\boldsymbol{x}}_{k+1},\bar{\boldsymbol{x}}_k \mid z_{1:T})&=p_{\hat{\boldsymbol{\theta}}_\eta}(\bar{\boldsymbol{x}}_k \mid \bar{\boldsymbol{x}}_{k+1},z_{1:T})p_{\hat{\boldsymbol{\theta}}_\eta}(\bar{\boldsymbol{x}}_{k+1} \mid z_{1:T})\\ &=\underbrace{p_{\hat{\boldsymbol{\theta}}_\eta}(\bar{\boldsymbol{x}}_k \mid \bar{\boldsymbol{x}}_{k+1},z_{1:k})}_{1}\underbrace{p_{\hat{\boldsymbol{\theta}}_\eta}(\bar{\boldsymbol{x}}_{k+1} \mid z_{1:T})}_{2}\end{aligned} \tag{3.44}$$

根据引理 3.1 可知，$\bar{\boldsymbol{x}}_k$ 和 $\bar{\boldsymbol{x}}_{k+1}$关于量测 $\boldsymbol{z}_{1:k}$的联合概率分布为

$$\begin{aligned}p_{\hat{\boldsymbol{\theta}}_\eta}(\bar{\boldsymbol{x}}_k,\bar{\boldsymbol{x}}_{k+1} \mid z_{1:k})&=p_{\hat{\boldsymbol{\theta}}_\eta}(\bar{\boldsymbol{x}}_{k+1} \mid \bar{\boldsymbol{x}}_k)p_{\hat{\boldsymbol{\theta}}_\eta}(\bar{\boldsymbol{x}}_k \mid \boldsymbol{z}_{1:k})\\ &=N(\boldsymbol{A}(\hat{\boldsymbol{\theta}}_\eta)\bar{\boldsymbol{x}}_k,\boldsymbol{\Sigma}_k)N(\boldsymbol{m}_k,\boldsymbol{P}_k)\\ &=N\left(\begin{pmatrix}\boldsymbol{m}_k\\ \boldsymbol{A}\boldsymbol{m}_k\end{pmatrix},\begin{pmatrix}\boldsymbol{P}_k & \boldsymbol{P}_k\boldsymbol{A}^{\mathrm{T}}\\ \boldsymbol{A}\boldsymbol{P}_k & \boldsymbol{A}\boldsymbol{P}_k\boldsymbol{A}^{\mathrm{T}}+\boldsymbol{\Sigma}_k\end{pmatrix}\right)\end{aligned} \tag{3.45}$$

$$\boldsymbol{A}=\boldsymbol{A}(\hat{\boldsymbol{\theta}}_\eta)$$

根据引理 3.2 可知，式(3.44)中右边相乘的第一项为

$$p_{\hat{\boldsymbol{\theta}}_\eta}(\bar{\boldsymbol{x}}_k \mid \bar{\boldsymbol{x}}_{k+1},z_{1:k})=N(\boldsymbol{m}_k+\boldsymbol{G}_k(\bar{\boldsymbol{x}}_{k+1}-\boldsymbol{A}\boldsymbol{m}_k),\boldsymbol{P}_k-\boldsymbol{G}_k\boldsymbol{A}\boldsymbol{P}_k) \tag{3.46}$$

式中：$\boldsymbol{G}_k=\boldsymbol{P}_k\boldsymbol{A}'(\boldsymbol{A}\boldsymbol{P}_k\boldsymbol{A}'+\boldsymbol{\Sigma}_k)^{-1}$。

式(3.44)中右边相乘项的第二项为平滑分布

$$p_{\hat{\boldsymbol{\theta}}_\eta}(\bar{\boldsymbol{x}}_{k+1} \mid z_{1:T})=N(\boldsymbol{m}_{k+1}^*,\boldsymbol{P}_{k+1}^*) \tag{3.47}$$

将式(3.46)和式(3.47)代入式(3.44)中，依据引理 3.1，可得

$$\begin{aligned}p_{\hat{\boldsymbol{\theta}}_\eta}(\bar{\boldsymbol{x}}_{k+1},\bar{\boldsymbol{x}}_k \mid z_{1:T})&=N(\boldsymbol{m}_k+\boldsymbol{G}_k(\boldsymbol{m}_{k+1}^*-\boldsymbol{A}\boldsymbol{m}_k),\boldsymbol{P}_k-\boldsymbol{G}_k\boldsymbol{A}\boldsymbol{P}_k)N(\boldsymbol{m}_{k+1}^*,\boldsymbol{P}_{k+1}^*)\\ &=N\left(\begin{matrix}\begin{pmatrix}\boldsymbol{m}_{k+1}^*\\ \boldsymbol{m}_k+\boldsymbol{G}_k(\boldsymbol{m}_{k+1}^*-\boldsymbol{A}\boldsymbol{m}_k)\end{pmatrix},\\ \begin{pmatrix}\boldsymbol{P}_{k+1}^* & \boldsymbol{P}_{k+1}^*\boldsymbol{G}'_k\\ \boldsymbol{G}_k\boldsymbol{P}_{k+1}^* & \boldsymbol{G}_k\boldsymbol{P}_{k+1k}^*\boldsymbol{G}_k+\boldsymbol{P}_k-\boldsymbol{G}_k\boldsymbol{A}\boldsymbol{P}_k\end{pmatrix}\end{matrix}\right)\end{aligned} \tag{3.48}$$

由引理 3.2 可知

$$p_{\hat{\boldsymbol{\theta}}_\eta}(\bar{\boldsymbol{x}}_k \mid z_{1:T})=N(\boldsymbol{m}_k+\boldsymbol{G}_k(\boldsymbol{m}_{k+1}^*-\boldsymbol{B}\boldsymbol{m}_k),\boldsymbol{G}_k\boldsymbol{P}_{k+1k}^*\boldsymbol{G}_k+\boldsymbol{P}_k-\boldsymbol{G}_k\boldsymbol{B}\boldsymbol{P}_k) \tag{3.49}$$

式(3.49)为$\bar{\boldsymbol{x}}_k$关于时间序列量测$\boldsymbol{z}_{1:T}$的平滑分布。那么,式(3.48)进一步可表示为

$$p_{\hat{\boldsymbol{\theta}}_\eta}(\bar{\boldsymbol{x}}_{k+1},\bar{\boldsymbol{x}}_k \mid \boldsymbol{z}_{1:T}) = N\left(\begin{pmatrix}\boldsymbol{m}_{k+1}^* \\ \boldsymbol{m}_k^*\end{pmatrix},\begin{pmatrix}\boldsymbol{P}_{k+1}^* & \boldsymbol{P}_{k+1}^*\boldsymbol{G}_k' \\ \boldsymbol{G}_k\boldsymbol{P}_{k+1}^* & \boldsymbol{P}_k^*\end{pmatrix}\right) \tag{3.50}$$

证明完毕

假设$\bar{\boldsymbol{x}}_0$服从一个未知的高斯分布$p_{\boldsymbol{\theta}}(\bar{\boldsymbol{x}}_0) = N(\boldsymbol{m}_0,\boldsymbol{P}_0)$,其中$\boldsymbol{m}_0$为未知均值向量,$\boldsymbol{P}_0$为未知协方差函数。将其与式(3.37)代入式(3.16)中,定义运算$\|\boldsymbol{x}\|_{\boldsymbol{A}}^2 \triangleq \boldsymbol{x}'\boldsymbol{A}\boldsymbol{x}$,可得

$$\begin{aligned}
L_0 &= \int p_{\hat{\boldsymbol{\theta}}_\eta}(\bar{\boldsymbol{x}}_0 \mid \boldsymbol{z}_{1:T})\log p_\theta(\bar{\boldsymbol{x}}_0)\,\mathrm{d}\boldsymbol{X}_0 \\
&= -\frac{1}{2}\underbrace{\int p_{\hat{\boldsymbol{\theta}}_\eta}(\bar{\boldsymbol{x}}_0 \mid \boldsymbol{z}_{1:T})(\|\bar{\boldsymbol{x}}_0 - \boldsymbol{m}_0\|_{\boldsymbol{P}_0^{-1}}^2)\,\mathrm{d}\bar{\boldsymbol{x}}_0}_{1} - \frac{1}{2}\log|\boldsymbol{P}_0| + \text{const} \\
&= -\frac{1}{2}\underbrace{\mathrm{tr}\left\{\boldsymbol{P}_0^{-1}\int(\bar{\boldsymbol{x}}_0 - \boldsymbol{m}_0)(\bar{\boldsymbol{x}}_0 - \boldsymbol{m}_0)'p_{\hat{\boldsymbol{\theta}}_\eta}(\bar{\boldsymbol{x}}_0 \mid \boldsymbol{z}_{1:T})\,\mathrm{d}\bar{\boldsymbol{x}}_0\right\}}_{2} - \frac{1}{2}\log|\boldsymbol{P}_0| + \text{const} \\
&= -\frac{1}{2}\underbrace{\mathrm{tr}\{\boldsymbol{P}_0^{-1}(\boldsymbol{P}_0^* + (\boldsymbol{m}_0^* - \boldsymbol{m}_0)(\boldsymbol{m}_0^* - \boldsymbol{m}_0)')\}}_{3} - \frac{1}{2}\log|\boldsymbol{P}_0| + \text{const}
\end{aligned} \tag{3.51}$$

式(3.51)中,由项"1"推导项"2",采用了引理3.3。

引理3.3 假设$\boldsymbol{x}$为n维随机向量,$\boldsymbol{A}$为$n\times n$维矩阵,则有

$$E[\|\boldsymbol{x}\|_{\boldsymbol{A}}^2] = \mathrm{tr}\{E[\boldsymbol{A}\boldsymbol{x}\boldsymbol{x}']\} = \mathrm{tr}\{\boldsymbol{A}E[\boldsymbol{x}\boldsymbol{x}']\} \tag{3.52}$$

式中:$E[\cdot]$为期望运算;$\mathrm{tr}\{\cdot\}$为矩阵的迹运算。

式(3.51)中,由项"2"推导项"3",采用了随机向量一阶矩与二阶矩之间的关系,即

$$E[\boldsymbol{x}\boldsymbol{x}'] = \mathrm{Cov}(\boldsymbol{x}) + E[\boldsymbol{x}]E[\boldsymbol{x}'] \tag{3.53}$$

式中:$\mathrm{Cov}(\boldsymbol{x})$为计算随机向量的协方差矩阵。由于$\bar{\boldsymbol{x}}_0 \sim N(\boldsymbol{m}_0^*,\boldsymbol{P}_0^*)$,那么$(\bar{\boldsymbol{x}}_0 - \boldsymbol{m}_0) \sim N(\boldsymbol{m}_0^* - \boldsymbol{m}_0,\boldsymbol{P}_0^*)$。

由模型式(3.8),可知$p_{\boldsymbol{\theta}}(\bar{\boldsymbol{x}}_{k+1} \mid \bar{\boldsymbol{x}}_k) = N(\boldsymbol{A}\bar{\boldsymbol{x}}_k,\bar{\boldsymbol{Q}}_k)$。假设未知参数$\boldsymbol{\theta}$为恒定的,将式(3.43)和$p_{\boldsymbol{\theta}}(\bar{\boldsymbol{x}}_{k+1} \mid \bar{\boldsymbol{x}}_k) = N(\boldsymbol{A}\bar{\boldsymbol{x}}_k,\bar{\boldsymbol{Q}}_k)$代入式(3.17)中,可得

$$\begin{aligned}
L_1 &= \sum_{k=0}^{T-1}\iint p_{\hat{\boldsymbol{\theta}}_\eta}(\bar{\boldsymbol{x}}_{k+1},\bar{\boldsymbol{x}}_k \mid \boldsymbol{z}_{1:T})\log p_{\boldsymbol{\theta}}(\bar{\boldsymbol{x}}_{k+1} \mid \bar{\boldsymbol{x}}_k)\,\mathrm{d}\bar{\boldsymbol{x}}_{k+1}\mathrm{d}\bar{\boldsymbol{x}}_k \\
&= -\frac{1}{2}\sum_{k=0}^{T-1}\iint p_{\hat{\boldsymbol{\theta}}_\eta}(\bar{\boldsymbol{x}}_{k+1},\bar{\boldsymbol{x}}_k \mid \boldsymbol{z}_{1:T})(\|\bar{\boldsymbol{x}}_{k+1} - \boldsymbol{A}\bar{\boldsymbol{x}}_k\|_{\bar{\boldsymbol{Q}}_k^{-1}}^2)\,\mathrm{d}\bar{\boldsymbol{x}}_{k+1}\mathrm{d}\bar{\boldsymbol{x}}_k + \text{const}
\end{aligned}$$

$$
\begin{aligned}
&= -\frac{1}{2}\sum_{k=0}^{T-1}\operatorname{tr}\Big\{\bar{\boldsymbol{Q}}_k^{-1}\iint p_{\hat{\boldsymbol{\theta}}_\eta}(\bar{\boldsymbol{x}}_{k+1},\bar{\boldsymbol{x}}_k \mid z_{1:T})(\bar{\boldsymbol{x}}_{k+1}-\boldsymbol{A}\bar{\boldsymbol{x}}_k)\times \\
&\quad (\bar{\boldsymbol{x}}_{k+1}-\boldsymbol{A}\bar{\boldsymbol{x}}_k)'\mathrm{d}\bar{\boldsymbol{x}}_{k+1}\mathrm{d}\bar{\boldsymbol{x}}_k\Big\} + \text{const} \\
&= \underbrace{-\frac{1}{2}\sum_{k=0}^{T-1}\operatorname{tr}\{\bar{\boldsymbol{Q}}_k^{-1}(E_{\hat{\boldsymbol{\theta}}_\eta}[\bar{\boldsymbol{x}}_{k+1}\bar{\boldsymbol{x}}'_{k+1}\mid z_{1:T}])\}}_{1} + \\
&\quad \frac{1}{2}\sum_{k=0}^{T-1}\operatorname{tr}\{\bar{\boldsymbol{Q}}_k^{-1}(E_{\hat{\boldsymbol{\theta}}_\eta}[\bar{\boldsymbol{x}}_{k+1}\bar{\boldsymbol{x}}'_k\mid z_{1:T}])\boldsymbol{A}'\} + \\
&\quad \frac{1}{2}\sum_{k=0}^{T-1}\operatorname{tr}\{\bar{\boldsymbol{Q}}_k^{-1}\boldsymbol{A}(E_{\hat{\boldsymbol{\theta}}_\eta}[\bar{\boldsymbol{x}}_{k+1}\bar{\boldsymbol{x}}'_{k+1}\mid z_{1:T}])\} - \\
&\quad \frac{1}{2}\sum_{i=0}^{T-1}\operatorname{tr}\{\bar{\boldsymbol{Q}}_k^{-1}\boldsymbol{A}E_{\hat{\boldsymbol{\theta}}_\eta}[\bar{\boldsymbol{x}}_{k+1}\bar{\boldsymbol{x}}'_k\mid z_{1:T}]\boldsymbol{A}'\} + \text{const} \\
&= \sum_{k=0}^{T-1}\operatorname{tr}\{\bar{\boldsymbol{Q}}_k^{-1}(\boldsymbol{P}^*_{i+1}\boldsymbol{G}'_i+\boldsymbol{m}^*_{i+1}\boldsymbol{m}'^*_i)\boldsymbol{A}'\} - \\
&\quad \frac{1}{2}\sum_{k=0}^{T-1}\operatorname{tr}\{\bar{\boldsymbol{Q}}_k^{-1}\boldsymbol{A}(\boldsymbol{P}^*_i+\boldsymbol{m}^*_i\boldsymbol{m}'^*_i)\boldsymbol{A}'\} + \text{const}
\end{aligned}
\tag{3.54}
$$

在式(3.54)中,由于项“1”没有包含未知参数,因此被吸收到了 const 中。式(3.54)中期望运算计算公式为

$$
\begin{aligned}
E_{\hat{\boldsymbol{\theta}}_\eta}[\bar{\boldsymbol{x}}_{k+1}\bar{\boldsymbol{x}}'_k\mid z_{1:T}] &= E_{\hat{\boldsymbol{\theta}}_\eta}[(\bar{\boldsymbol{x}}_{k+1}-\boldsymbol{m}^*_{i+1})(\bar{\boldsymbol{x}}'_k-\boldsymbol{m}^*_i)'\mid z_{1:T}]+\boldsymbol{m}^*_{k+1}\boldsymbol{m}'^*_k \\
&= \operatorname{Cov}_{\hat{\boldsymbol{\theta}}_\eta}(\bar{\boldsymbol{x}}_{k+1},\bar{\boldsymbol{x}}_k\mid z_{1:k})+\boldsymbol{m}^*_{k+1}\boldsymbol{m}'^*_k \\
&= \boldsymbol{P}^*_{k+1}\boldsymbol{G}'_k+\boldsymbol{m}^*_{k+1}\boldsymbol{m}'^*_k
\end{aligned}
\tag{3.55}
$$

$$
\begin{aligned}
E_{\hat{\boldsymbol{\theta}}_\eta}[\bar{\boldsymbol{x}}_k\bar{\boldsymbol{x}}'_{k+1}\mid z_{1:T}] &= E_{\hat{\boldsymbol{\theta}}_\eta}[(\bar{\boldsymbol{x}}'_k-\boldsymbol{m}^*_i)(\bar{\boldsymbol{x}}_{k+1}-\boldsymbol{m}^*_{i+1})'\mid z_{1:T}]+\boldsymbol{m}^*_k\boldsymbol{m}'^*_{k+1} \\
&= \operatorname{Cov}_{\hat{\boldsymbol{\theta}}_\eta}(\bar{\boldsymbol{x}}_k,\bar{\boldsymbol{x}}'_{k+1}\mid z_{1:T})+\boldsymbol{m}^*_k\boldsymbol{m}'^*_{k+1} \\
&= \boldsymbol{G}_k\boldsymbol{P}^*_{k+1}+\boldsymbol{m}^*_k\boldsymbol{m}'^*_{k+1}
\end{aligned}
\tag{3.56}
$$

$$
\begin{aligned}
E_{\hat{\boldsymbol{\theta}}_\eta}[\bar{\boldsymbol{x}}_k\bar{\boldsymbol{x}}'_k\mid z_{1:T}] &= E_{\hat{\boldsymbol{\theta}}_\eta}[(\bar{\boldsymbol{x}}_k-\boldsymbol{m}^*_k)(\bar{\boldsymbol{x}}_k-\boldsymbol{m}^*_k)'\mid z_{1:T}]+\boldsymbol{m}^*_k\boldsymbol{m}'^*_k \\
&= \operatorname{Cov}_{\hat{\boldsymbol{\theta}}_\eta}(\bar{\boldsymbol{x}}_k,\bar{\boldsymbol{x}}_k\mid z_{1:T})+\boldsymbol{m}^*_k\boldsymbol{m}'^*_k \\
&= \boldsymbol{P}^*_k+\boldsymbol{m}^*_k\boldsymbol{m}'^*_k
\end{aligned}
\tag{3.57}
$$

3.2.4 M－step

在 E－step 步,给出了 $L(\boldsymbol{\theta},\hat{\boldsymbol{\theta}}_\eta)$ 关于未知参数 $\boldsymbol{\theta}$ 的显式表达。在 M－step

中,通过最大化 $L(\boldsymbol{\theta},\hat{\boldsymbol{\theta}}_\eta)$ 来获得第 $\eta+1$ 次迭代 $\hat{\boldsymbol{\theta}}_{\eta+1}$。未知 $\boldsymbol{m}_0$ 和 $\boldsymbol{P}_0$,仅出现在 L_0 中。从式(3.51)可知,最优的 $\boldsymbol{m}_0$ 为初始时刻的平滑均值 $\boldsymbol{m}_0^*$。那么,将 $\boldsymbol{m}_0=\boldsymbol{m}_0^*$ 代入式(3.51)中,可得

$$L_0 = -\frac{1}{2}(\mathrm{tr}\{\boldsymbol{P}_0^{-1}\boldsymbol{P}_0^*\} + \log|\boldsymbol{P}_0|) + \mathrm{const} \tag{3.58}$$

引理 3.4 定义以下函数,即

$$\phi(\boldsymbol{Z}) = \mathrm{tr}\{\boldsymbol{Z}^{-1}\boldsymbol{A}\} + \log|\boldsymbol{Z}|$$

式中:$\boldsymbol{Z}$ 和 $\boldsymbol{A}$ 为正定对称矩阵。那么使得上述函数最小化 $\boldsymbol{Z}=\boldsymbol{A}$。

引理 3.4 的证明过程见参考文献[59]。由引理 3.4 可知,在式(3.58)中,当 $\boldsymbol{P}_0=\boldsymbol{P}_0^*$ 时,L_0 最大。未知参数 $\boldsymbol{\theta}$ 包含于状态转移矩阵 $\boldsymbol{A}$ 中,仅出现在 L_1,并且 L_1 是 $\boldsymbol{A}$ 函数,即 $L_1=L_1(\boldsymbol{A})$。

命题 3.3 定义

$$\boldsymbol{A}^* = \underset{\boldsymbol{A}}{\mathrm{argmax}} L_1(\boldsymbol{A}) \tag{3.59}$$

则有

$$\boldsymbol{A}^* = \left(\sum_{k=0}^{T-1}(\boldsymbol{P}_{k+1}^*\boldsymbol{G}_k' + \boldsymbol{m}_{k+1}^*\boldsymbol{m}_k'^*)\right)\left(\sum_{k=0}^{T-1}(\boldsymbol{P}_k^* + \boldsymbol{m}_k^*\boldsymbol{m}_k'^*)\right)^{-1} \tag{3.60}$$

证明:

将 L_1 对 $\boldsymbol{A}$ 求导,有

$$\begin{aligned}
\frac{\delta L_1}{\delta \boldsymbol{A}} &= \sum_{k=0}^{T-1}\frac{\delta\left\{\iint p_{\hat{\boldsymbol{\theta}}_\eta}(\bar{\boldsymbol{x}}_{k+1},\bar{\boldsymbol{x}}_k\mid z_{1:T})\log p_{\boldsymbol{\theta}}(\bar{\boldsymbol{x}}_{k+1}\mid\bar{\boldsymbol{x}}_k)\mathrm{d}\bar{\boldsymbol{x}}_{k+1}\mathrm{d}\bar{\boldsymbol{x}}_k\right\}}{\delta\boldsymbol{A}} \\
&= \frac{1}{2}\sum_{k=0}^{T-1}\frac{\delta\{\mathrm{tr}\{\bar{\boldsymbol{Q}}_k^{-1}(\boldsymbol{P}_{k+1}^*\boldsymbol{G}_k' + \boldsymbol{m}_{k+1}^*\boldsymbol{m}_k'^*)\boldsymbol{A}'\}\}}{\delta\boldsymbol{A}} + \\
&\quad \frac{1}{2}\sum_{k=0}^{T-1}\frac{\delta\{\mathrm{tr}\{\bar{\boldsymbol{Q}}_k^{-1}\boldsymbol{A}(\boldsymbol{G}_k\boldsymbol{P}_{k+1}^* + \boldsymbol{m}_k^*\boldsymbol{m}_{k+1}'^*)\}\}}{\delta\boldsymbol{A}} - \\
&\quad \frac{1}{2}\sum_{k=0}^{T-1}\frac{\delta\{\mathrm{tr}\{\bar{\boldsymbol{Q}}_k^{-1}\boldsymbol{A}(\boldsymbol{P}_k^* + \boldsymbol{m}_k^*\boldsymbol{m}_k'^*)\boldsymbol{A}'\}\}}{\delta\boldsymbol{A}} \\
&= \sum_{k=0}^{T-1}\bar{\boldsymbol{Q}}_k^{-1}(\boldsymbol{P}_{k+1}^*\boldsymbol{G}_k' + \boldsymbol{m}_{k+1}^*\boldsymbol{m}_k'^*) - \sum_{k=0}^{T-1}\bar{\boldsymbol{Q}}_k^{-1}\boldsymbol{A}(\boldsymbol{P}_k^* + \boldsymbol{m}_k^*\boldsymbol{m}_k'^*)
\end{aligned} \tag{3.61}$$

令$\frac{\delta L_1}{\delta \boldsymbol{A}}=0$,可得

$$\boldsymbol{A}^* = \left(\sum_{k=0}^{T-1} (\boldsymbol{P}_{k+1}^* \boldsymbol{G}_k' + \boldsymbol{m}_{k+1}^* \boldsymbol{m}_k'^*) \right) \left(\sum_{k=0}^{T-1} (\boldsymbol{P}_k^* + \boldsymbol{m}_k^* \boldsymbol{m}_k'^*) \right)^{-1} \quad (3.62)$$

$$\frac{\delta^2 L_1}{\delta \boldsymbol{A}^2} = - \sum_{k=0}^{T-1} \bar{\boldsymbol{Q}}_k^{-1} (\boldsymbol{P}_k^* + \boldsymbol{m}_k^* \boldsymbol{m}_k'^*) \quad (3.63)$$

由式(3.63)可知,Hessian 矩阵为负定矩阵,$\boldsymbol{A}^*$ 为 $L_1(\boldsymbol{A})$ 的唯一极大值,即最大值。

证明完毕

那么,可直接从 $\boldsymbol{A}^*$ 中得出第 $\eta+1$ 次迭代过程中 $\boldsymbol{\theta}$ 的值 $\hat{\boldsymbol{\theta}}_{\eta+1}$。而对于更加一般的问题,直接将 $\boldsymbol{A}^*$ 代入模型式(3.8)中进行迭代。

3.2.5 降维估计算法

实际上真正需要估计的变量是 $\boldsymbol{A}$ 中包含系统未知参数的元素,而并非它的全部元素。那么,估计 $\boldsymbol{A}$ 无疑扩大了寻优空间,增加了搜索的计算量。本节通过降维处理,缩小 MLE 的寻优空间维数,以降低计算量。

一方面,在 $\boldsymbol{A}$ 中,可能包含了零元素,如式(3.7);另一方面,$\boldsymbol{A}$ 可能包含已知元素。那么,对于矩阵 $\boldsymbol{A}$ 中已知的元素(包括零元素),不需要在 EM 算法中迭代估计,而仅对未知的元素进行估计。这样仅针对 $\boldsymbol{A}$ 的未知元素进行寻优,可减小寻优空间的维数,提高收敛速度。

注意:下面描述的降维处理方法,同样适用于形如模型式(3.8)的一般性状态空间模型。为了便于描述,假设 $\bar{\boldsymbol{x}}_k \in \mathbb{R}^n$。将 $\boldsymbol{A}$ 中的未知元素排列为一个列向量 $\boldsymbol{b}$,$\boldsymbol{b}=[b_1,b_2,\cdots,b_e]'$,$1 \leqslant e \leqslant n^2$,$b_1,b_2,\cdots,b_e$ 为 $\boldsymbol{A}$ 中未知的待估计的元素;e 为未知元素的总个数。将模型式(3.8)的状态方程转化为

$$\bar{\boldsymbol{x}}_k = \boldsymbol{\Phi}(\bar{\boldsymbol{x}}_{k-1})\boldsymbol{b} + \boldsymbol{K}(\bar{\boldsymbol{x}}_{k-1}) + \bar{\boldsymbol{q}}_{k-1} \quad (3.64)$$

$$\boldsymbol{\Phi}(\bar{\boldsymbol{x}}_{k-1}) = \sum_{w=1}^{n} \boldsymbol{\Pi}^w \bar{x}_{k-1}^w \quad (3.65)$$

$$\boldsymbol{K}(\bar{\boldsymbol{x}}_{k-1}) = \sum_{v=1}^{n} \boldsymbol{\rho}^v \bar{x}_{k-1}^v \quad (3.66)$$

$$\bar{\boldsymbol{x}}_k = \sum_{t=1}^{n} \boldsymbol{e}_t \bar{x}_k^t \quad (3.67)$$

式中:$\boldsymbol{\Pi}^w \in \mathbb{R}^{n\times e}$ 为常数矩阵;$\bar{x}_{k-1}^w \in \mathbb{R}$ 为 $\bar{\boldsymbol{x}}_{k-1}$ 中第 w 个元素;$\boldsymbol{\rho}^v \in \mathbb{R}^n$ 为常数向量;$\boldsymbol{e}_t$ 为 n 维单位向量且其第 t 个元素为 1。利用上述变换可重新推导 L_1,有

$$
\begin{aligned}
L_1 &= \sum_{k=0}^{T-1} \iint p_{\hat{\boldsymbol{\theta}}_\eta}(\bar{\boldsymbol{x}}_{k+1}, \bar{\boldsymbol{x}}_k \mid z_{1:T}) \log p_{\boldsymbol{\theta}}(\bar{\boldsymbol{x}}_{k+1} \mid \bar{\boldsymbol{x}}_k) \mathrm{d}\bar{\boldsymbol{x}}_{k+1} \mathrm{d}\bar{\boldsymbol{x}}_k \\
&= -\frac{1}{2} \sum_{k=0}^{T-1} \iint p_{\hat{\boldsymbol{\theta}}_\eta}(\bar{\boldsymbol{x}}_{k+1}, \bar{\boldsymbol{x}}_k \mid z_{1:T}) \times \\
&\quad (\| \bar{\boldsymbol{x}}_{k+1} - (\sum_{w=1}^{n} \boldsymbol{\Pi}^w \bar{x}_k^w) \boldsymbol{b} - \sum_{v=1}^{n} \boldsymbol{\rho}^v \bar{x}_k^v \|^2_{\bar{Q}_k^{-1}}) \mathrm{d}\bar{\boldsymbol{x}}_{k+1} \mathrm{d}\bar{\boldsymbol{x}}_k + \text{const}
\end{aligned} \tag{3.68}
$$

由于上述公式中,$\boldsymbol{b}$ 不是积分变量,依据求导法则有

$$
\begin{aligned}
\frac{\delta L_1}{\delta \boldsymbol{b}} &= -\frac{1}{2} \sum_{k=0}^{T-1} \frac{\delta \left\{ \iint p_{\hat{\boldsymbol{\theta}}_\eta}(\bar{\boldsymbol{x}}_{k+1}, \bar{\boldsymbol{x}}_k \mid z_{1:T}) \left(\| \bar{\boldsymbol{x}}_{k+1} - \left(\sum_{w=1}^{n} \boldsymbol{\Pi}^w \bar{x}_k^w \right) \boldsymbol{b} - \sum_{v=1}^{n} \boldsymbol{\rho}^v \bar{x}_k^v \|^2_{\bar{Q}_k^{-1}} \right) \mathrm{d}\bar{\boldsymbol{x}}_{k+1} \mathrm{d}\bar{\boldsymbol{x}}_k \right\}}{\delta \boldsymbol{b}} \\
&= \sum_{k=0}^{T-1} \iint \left(\sum_{w=1}^{n} \boldsymbol{\Pi}^w \bar{x}_k^w \right)' \bar{\boldsymbol{Q}}_k^{-1} \left(\left(\sum_{w=1}^{n} \boldsymbol{\Pi}^w \bar{x}_k^w \right) \boldsymbol{b} - \sum_{t=1}^{n} \boldsymbol{e}_t \bar{x}_{k+1}^t + \sum_{v=1}^{n} \boldsymbol{\rho}^v \bar{x}_k^v \right) p_{\hat{\boldsymbol{\theta}}_\eta}(\bar{\boldsymbol{x}}_{k+1}, \bar{\boldsymbol{x}}_k \mid z_{1:T}) \mathrm{d}\bar{\boldsymbol{x}}_{k+1} \mathrm{d}\bar{\boldsymbol{x}}_k \\
&= \left[\sum_{k=0}^{T-1} \int \left(\sum_{w=1}^{n} \boldsymbol{\Pi}^w \bar{x}_k^w \right)' \bar{\boldsymbol{Q}}_k^{-1} \left(\sum_{w=1}^{n} \boldsymbol{\Pi}^w \bar{x}_k^w \right) p_{\hat{\boldsymbol{\theta}}_\eta} \left(\bar{\boldsymbol{x}}_k \mid z_{1:T} \right) \mathrm{d}\bar{\boldsymbol{x}}_k \right] \boldsymbol{b} - \\
&\quad \sum_{k=0}^{T-1} \iint \left(\sum_{w=1}^{n} \boldsymbol{\Pi}^w \bar{x}_k^w \right)' \bar{\boldsymbol{Q}}_k^{-1} \left(\sum_{t=1}^{n} \boldsymbol{e}_t \bar{x}_{k+1}^t - \sum_{v=1}^{n} \boldsymbol{\rho}^v \bar{x}_k^v \right) p_{\hat{\boldsymbol{\theta}}_\eta}(\bar{\boldsymbol{x}}_{k+1}, \bar{\boldsymbol{x}}_k \mid z_{1:T}) \mathrm{d}\bar{\boldsymbol{x}}_{k+1} \mathrm{d}\bar{\boldsymbol{x}}_k
\end{aligned} \tag{3.69}
$$

令$\dfrac{\delta L_1}{\delta \boldsymbol{b}} = 0$,可得

$$
\begin{aligned}
\boldsymbol{b} &= \left[\sum_{k=0}^{T-1} \int \left(\sum_{w=1}^{n} \boldsymbol{\Pi}^w \bar{x}_k^w \right)' \bar{\boldsymbol{Q}}_k^{-1} \left(\sum_{w=1}^{n} \boldsymbol{\Pi}^w \bar{x}_k^w \right) p_{\hat{\boldsymbol{\theta}}_\eta}(\bar{\boldsymbol{x}}_k \mid z_{1:T}) \mathrm{d}\bar{\boldsymbol{x}}_k \right]^{-1} \times \\
&\quad \sum_{k=0}^{T-1} \iint \left(\sum_{w=1}^{n} \boldsymbol{\Pi}^w \bar{x}_k^w \right)' \bar{\boldsymbol{Q}}_k^{-1} \left(\sum_{t=1}^{n} \boldsymbol{e}_t \bar{x}_{k+1}^t - \sum_{v=1}^{n} \boldsymbol{\rho}^v \bar{x}_k^v \right) p_{\hat{\boldsymbol{\theta}}_\eta}(\bar{\boldsymbol{x}}_{k+1}, \bar{\boldsymbol{x}}_k \mid z_{1:T}) \mathrm{d}\bar{\boldsymbol{x}}_{k+1} \mathrm{d}\bar{\boldsymbol{x}}_k \\
&= \left[\sum_{k=0}^{T-1} \sum_{w=1}^{n} \sum_{v=1}^{n} (\boldsymbol{\Pi}^w)' \bar{\boldsymbol{Q}}_k^{-1} \boldsymbol{\Pi}^v (E_{\hat{\boldsymbol{\theta}}_\eta} [\bar{x}_k^w \bar{x}_k^v \mid z_{1:T}]) \right]^{-1} \times \\
&\quad \begin{pmatrix} \sum_{k=0}^{T-1} \sum_{w=1}^{n} \sum_{t=1}^{n} (\boldsymbol{\Pi}^w)' \bar{\boldsymbol{Q}}_k^{-1} \boldsymbol{e}_t (E_{\hat{\boldsymbol{\theta}}_\eta} [\bar{x}_k^w \bar{x}_{k+1}^t \mid z_{1:T}]) - \\ \sum_{k=0}^{T-1} \sum_{w=1}^{n} \sum_{v=1}^{n} (\boldsymbol{\Pi}^w)' \bar{\boldsymbol{Q}}_k^{-1} \boldsymbol{\rho}^v (E_{\hat{\boldsymbol{\theta}}_\eta} [\bar{x}_k^w \bar{x}_k^v \mid z_{1:T}]) \end{pmatrix} \\
&= \left[\sum_{k=0}^{T-1} \sum_{w=1}^{n} \sum_{v=1}^{n} (\boldsymbol{\Pi}^w)' \boldsymbol{\Pi}^v (\boldsymbol{P}_k^* + \boldsymbol{m}_k^* \boldsymbol{m}_k'^*)_{wv} \right]^{-1} \times \\
&\quad \begin{pmatrix} \sum_{k=0}^{T-1} \sum_{w=1}^{n} \sum_{t=1}^{n} (\boldsymbol{\Pi}^w)' \boldsymbol{e}_t (\boldsymbol{G}_k \boldsymbol{P}_{k+1}^* + \boldsymbol{m}_k^* \boldsymbol{m}_{k+1}'^*)_{wt} - \\ \sum_{k=0}^{T-1} \sum_{w=1}^{n} \sum_{v=1}^{n} (\boldsymbol{\Pi}^w)' \boldsymbol{\rho}^v (\boldsymbol{P}_k^* + \boldsymbol{m}_k^* \boldsymbol{m}_k'^*)_{wv} \end{pmatrix}
\end{aligned} \tag{3.70}
$$

式中：$(\boldsymbol{P}_k^* + \boldsymbol{m}_k^* \boldsymbol{m}_k'^*)_{wv}$ 为 $\boldsymbol{P}_k^* + \boldsymbol{m}_k^* \boldsymbol{m}_k'^*$ 的第 w 行第 v 列的元素。由式(3.70)求解的 $\boldsymbol{b}$ 是否为最大值，需要进一步判断 $L_1(\boldsymbol{b})$ 的 Hessen 矩阵的负定性，有

$$\frac{\delta^2 L_1}{\delta \boldsymbol{b} \delta \boldsymbol{b}^{\mathrm{T}}} = -\left[\sum_{k=0}^{T-1} \sum_{w=1}^{n} \sum_{v=1}^{n} (\boldsymbol{\Pi}^w)' \boldsymbol{\Sigma}^{-1} \boldsymbol{\Pi}^v (\boldsymbol{P}_k^* + \boldsymbol{m}_k^* \boldsymbol{m}_k'^*)_{wv}\right] \tag{3.71}$$

然而，上述 Hessen 矩阵的负定性无法判断，式(3.71)中表达的 $\boldsymbol{b}$ 不一定是最大值点。在此，采用基于梯度的牛顿法来计算 $\hat{\boldsymbol{b}}_{\eta+1}$，具体的迭代公式如下。

令 $\frac{\delta L_1}{\delta \boldsymbol{b}} \triangleq \nabla L_1(\boldsymbol{b})$，$\frac{\delta^2 L_1}{\delta \boldsymbol{b} \delta \boldsymbol{b}^{\mathrm{T}}} \triangleq \nabla^2 L_1(\boldsymbol{b})$，则有

$$\hat{\boldsymbol{b}}_{\eta+1} = \hat{\boldsymbol{b}}_{\eta} - \nabla^2 L_1(\boldsymbol{b})^{-1} \nabla L_1(\hat{\boldsymbol{b}}_{\eta}) \tag{3.72}$$

基于上述内容，当给定 $\boldsymbol{z}_{1:T}$，并假设 $\boldsymbol{b}$ 为时不变的，对于降维的模型式(3.64)～式(3.67)，本书提出了一个基于 EM 算法的联合估计算法，简称为 DRHCRTSS－EM 算法。图 3.1 展示了 DRHCRTSS－EM 算法的流程图。

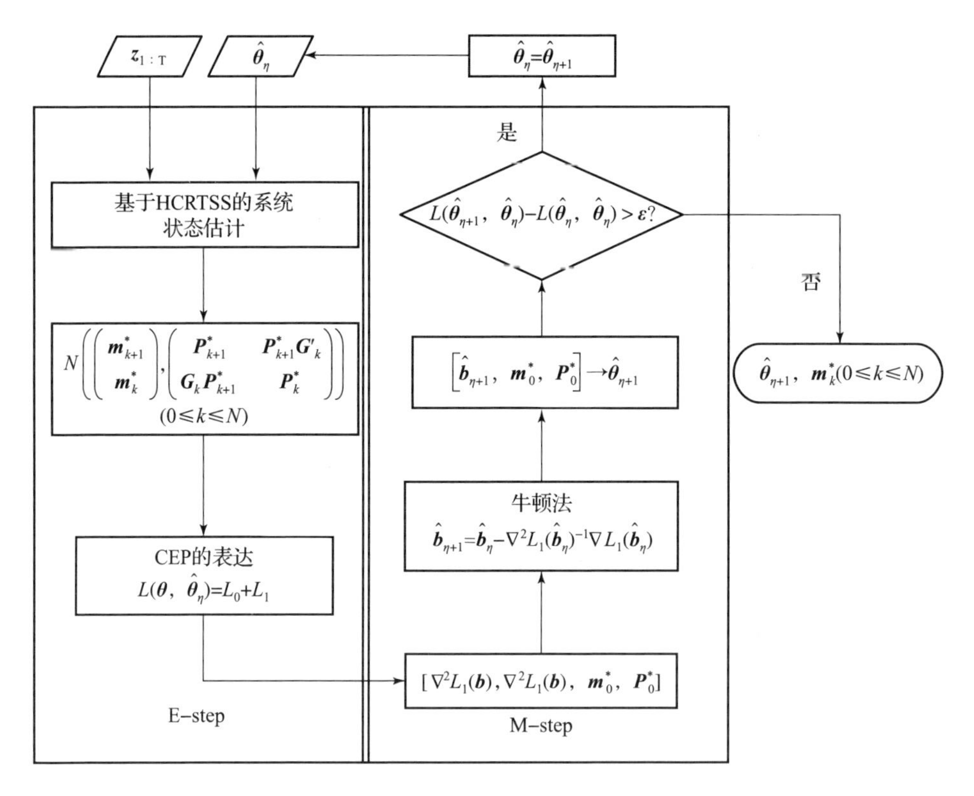

图 3.1　DRHCRTSS－EM 算法的流程图

算法 3.3　DRHCRTSS – EM 算法

(1)初始化变量。

设定参数 $\hat{\boldsymbol{b}}_\eta$ 的初始值为 $\hat{\boldsymbol{b}}_0$,设定初始的状态估计为 $\boldsymbol{m}_0$ 和 $\boldsymbol{P}_0$,那么有 $\hat{\boldsymbol{\theta}}_0 = \{\boldsymbol{m}_0, \boldsymbol{P}_0, \hat{\boldsymbol{b}}_0\}$。

(2)在 E – step 中计算 CEF。

给定全量测 $z_{1:T}$和参数 $\hat{\boldsymbol{\theta}}_\eta$。运行 HCRTSS 算法来获得状态平滑分布。将状态平滑分布代入 L_0 和 L_1 中计算 CEF 的解析表达。

(3)在 M – step 中最大化 CEF。

由式(3.69)和式(3.71)分别计算一阶微分$\nabla L_1(\boldsymbol{b})$和 Hessen 矩阵$\nabla^2 L_1(\boldsymbol{b})$。将 $\boldsymbol{b} = \hat{\boldsymbol{b}}_\eta$ 分别代入$\nabla L_1(\boldsymbol{b})$和$\nabla^2 L_1(\boldsymbol{b})$,由式(3.72)得到下一次迭代值 $\hat{\boldsymbol{b}}_{\eta+1}$,那么有 $\hat{\boldsymbol{\theta}}_{\eta+1} = \{\boldsymbol{m}_0^*, \boldsymbol{P}_0^*, \hat{\boldsymbol{b}}_{\eta+1}\}$。

(4)判断收敛性。

如果 $L(\hat{\boldsymbol{\theta}}_{\eta+1}, \hat{\boldsymbol{\theta}}_\eta) - L(\hat{\boldsymbol{\theta}}_\eta, \hat{\boldsymbol{\theta}}_\eta) > \varepsilon(\varepsilon > 0)$,那么更新 $\eta = \eta + 1$ 并且返回步骤(2);否则,输出 $\hat{\boldsymbol{\theta}}_{\eta+1}$和 $\boldsymbol{m}_0^*, \boldsymbol{m}_1^*, \cdots, \boldsymbol{m}_N^*$。

由于门限值 ε 在实际中难以选取,一种替代的方法是设定 EM 算法的最大迭代次数,用于控制计算量和估计精度。

DRHCRTSS – EM 算法的前提条件是模型式(3.8)中 $\boldsymbol{\theta}$ 是时不变的常数。当 $\boldsymbol{\theta}$ 是时变的,DRHCRTSS – EM 算法将不能采用。这是基于 EM 算法的联合估计算法的共同缺点。

然而,将 DRHCRTSS – EM 算法与滑动窗口技术结合,可估计未知的阶跃参数。接下来,本节设计了一种结合滑动窗口的 DRHCRTSS – EM 算法来估计阶跃参数,称为 DRHCRTSS – EM – SW 算法,其流程如图 3.2 所示。滑动窗口的宽度设定为 s。

算法 3.4　DRHCRTSS – EM – SW 算法

(1)初始化变量。

设定参数 $\hat{\boldsymbol{b}}_\eta^k$ 的初始值为 $\hat{\boldsymbol{b}}_0$,设定初始的状态估计为 $\boldsymbol{m}_0$ 和 $\boldsymbol{P}_0$,那么有 $\hat{\boldsymbol{\theta}}_0^k = \{\boldsymbol{m}_0, \boldsymbol{P}_0, \hat{\boldsymbol{b}}_0\}$。给定全量测 $\boldsymbol{z}_{1:T}$,设定滑动窗口 $s < T$ 和时间索引 $k = 0$。

(2)在 E – step 中滑动窗口$[k, k+s]$内计算 CEF。

给定滑动窗口内的量测序列 $\boldsymbol{z}_k, \boldsymbol{z}_{k+1}, \cdots, \boldsymbol{z}_{k+s}$和参数 $\hat{\boldsymbol{\theta}}_\eta^k$,运行 HCRTSS 算法获得状态平滑分布。将状态平滑分布代入 L_0 和 L_1 来计算 CEF。

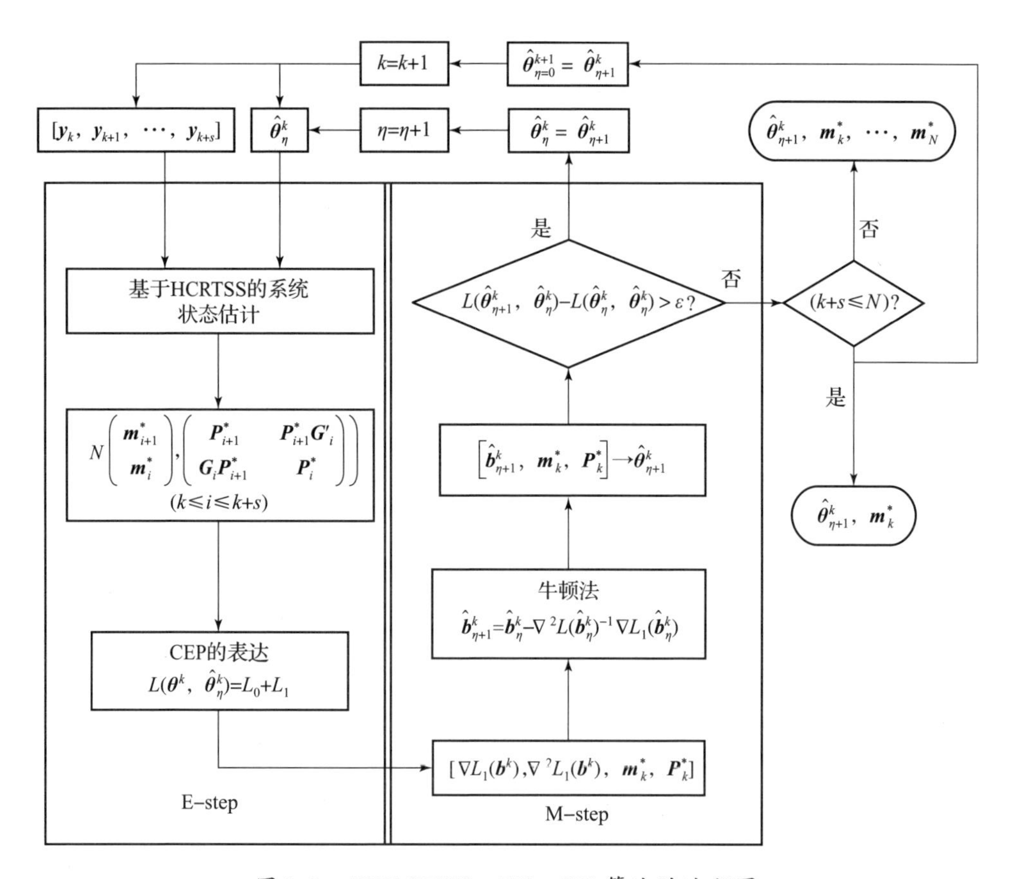

图 3.2 DRHCRTSS－EM－SW 算法的流程图

（3）在 M－step 中滑动窗口$[k,k+s]$内最大化 CEF。

由式（3.69）和式（3.71）分别计算一阶微分$\nabla L_1(\boldsymbol{b})$和 Hessen 矩阵$\nabla^2 L_1(\boldsymbol{b})$。将$\boldsymbol{b}=\hat{\boldsymbol{b}}_{\eta}^{k}$分别代入$\nabla L_1(\boldsymbol{b})$和$\nabla^2 L_1(\boldsymbol{b})$，由式（3.72）得到下一次迭代值$\hat{\boldsymbol{b}}_{\eta+1}^{k}$，那么有$\hat{\boldsymbol{\theta}}_{\eta+1}^{k}=\{\boldsymbol{m}_0^*,\boldsymbol{P}_0^*,\hat{\boldsymbol{b}}_{\eta+1}^{k}\}$。

（4）判断收敛性。

如果$L(\hat{\boldsymbol{\theta}}_{\eta+1}^{k},\hat{\boldsymbol{\theta}}_{\eta}^{k})-L(\hat{\boldsymbol{\theta}}_{\eta}^{k},\hat{\boldsymbol{\theta}}_{\eta}^{k})>\varepsilon(\varepsilon>0)$，那么更新$\eta=\eta+1$，并且返回步骤（2）；否则，继续执行步骤（5）。

（5）判断输出。

如果$k+s\leqslant T$，那么输出$\hat{\boldsymbol{\theta}}_{\eta+1}^{k}$和$\boldsymbol{m}_k^*$，令$\hat{\boldsymbol{\theta}}_{\eta=0}^{k+1}=\hat{\boldsymbol{\theta}}_{\eta+1}^{k}$和$k=k+1$，返回步骤（2）；否则，输出$\hat{\boldsymbol{\theta}}_{\eta+1}^{k},\boldsymbol{m}_k^*,\boldsymbol{m}_{k+1}^*,\cdots,\boldsymbol{m}_T^*$，并结束算法。

如果滑动窗口$s=N$，DRHCRTSS－EM－SW 算法将退化为 DRHCRTSS－EM 算法。滑动窗口的宽度不能过小，因为需要足够数量的量测来保证 MLE

的精度。滑动窗口的宽度对于 DRHCRTSS - EM - SW 算法的性能具有较大的影响。

3.2.6 时间相关量测噪声条件下的角速度估计

到目前为止,EM 算法可用于解决时间相关噪声条件下模型式(3.8)中乘性未知参数估计的一般性问题。现在回到时间相关量测噪声条件下角速度估计问题上。模型式(3.7)中的矩阵 $\boldsymbol{A}$ 共有 36 个元素,那么采用 EM 算法直接地计算矩阵 $\boldsymbol{A}$ 的 MLE,需要在 36 维参数空间中进行遍历,这将非常耗费时间。依据 3.2.5 节提出的降维估计算法,可有效降低搜索空间。具体上,将模型式(3.7)中的状态转移方程转换为

$$\bar{\boldsymbol{x}}_k = \sum_{w=1}^{n} \boldsymbol{\Pi}^w \bar{x}_{k-1}^w \boldsymbol{b} + \sum_{v=1}^{n} \boldsymbol{\rho}^v \bar{x}_{k-1}^v + \bar{\boldsymbol{q}}_{k-1} \tag{3.73}$$

$$\boldsymbol{b} = [b_1, b_2, \cdots, b_6]', b_1 = \sin(\omega\Delta t)/\omega, b_2 = \cos(\omega\Delta t), b_3 = [1-\cos(\omega\Delta t)]/\omega,$$
$$b_4 = \sin(\omega\Delta t), b_5 = \psi_r, b_6 = \psi_\theta$$

$$\boldsymbol{\Pi}^1 = \boldsymbol{\Pi}^2 = \boldsymbol{0}_{6\times 6}$$

$$\boldsymbol{\Pi}^3 = \begin{bmatrix} 1 & 0 & 0 & 0 & 0 & 0 \\ 0 & 0 & 1 & 0 & 0 & 0 \\ 0 & 1 & 0 & 0 & 0 & 0 \\ 0 & 0 & 0 & 1 & 0 & 0 \\ 0 & 0 & 0 & 0 & 0 & 0 \\ 0 & 0 & 0 & 0 & 0 & 0 \end{bmatrix}$$

$$\boldsymbol{\Pi}^4 = \begin{bmatrix} 0 & 0 & -1 & 0 & 0 & 0 \\ 1 & 0 & 0 & 0 & 0 & 0 \\ 0 & 0 & 0 & -1 & 0 & 0 \\ 0 & 1 & 0 & 0 & 0 & 0 \\ 0 & 0 & 0 & 0 & 0 & 0 \\ 0 & 0 & 0 & 0 & 0 & 0 \end{bmatrix}$$

$$\boldsymbol{\Pi}^5 = \begin{bmatrix} 0 & 0 & 0 & 0 & 0 & 0 \\ 0 & 0 & 0 & 0 & 0 & 0 \\ 0 & 0 & 0 & 0 & 0 & 0 \\ 0 & 0 & 0 & 0 & 0 & 0 \\ 0 & 0 & 0 & 0 & 1 & 0 \\ 0 & 0 & 0 & 0 & 0 & 0 \end{bmatrix}$$

$$\boldsymbol{\Pi}^6=\begin{bmatrix}0&0&0&0&0&0\\0&0&0&0&0&0\\0&0&0&0&0&0\\0&0&0&0&0&0\\0&0&0&0&0&0\\0&0&0&0&0&1\end{bmatrix}$$

$$\boldsymbol{\rho}^1=[1,0,0,0,0,0]',\boldsymbol{\rho}^2=[0,1,0,0,0,0]',\boldsymbol{\rho}^{3,4,5,6}=[0,0,0,0,0,0]'$$

由上述转换可将36维寻优空间缩小为6维寻优空间。当角速度为时变参数时,采用DRHCRTSS – EM算法;当角速度为阶跃参数时,采用DRHCRTSS – EM – SW算法。

3.2.7 仿真实验

在本节实验中,采用降维估计算法中的DRHCRTSS – EM算法和DRH-CRTSS – EM – SW算法分别对时不变角速度和阶跃角速度进行估计,以验证算法的有效性。采用第2章的状态扩增法作为一种对比基准。具体上,基于状态扩增法建立目标转弯运动模型为

$$\begin{cases}\boldsymbol{x}_{k+1}^s=\begin{bmatrix}\boldsymbol{A}(\omega)&\mathbf{0}&\mathbf{0}\\\mathbf{0}&\boldsymbol{H}&\mathbf{0}\\\mathbf{0}&\mathbf{0}&\boldsymbol{E}_{3\times3}\end{bmatrix}\boldsymbol{x}_k^s+\boldsymbol{w}_k^s\\\boldsymbol{z}_k=\begin{bmatrix}\sqrt{x_k^2+y_k^2}\\\arctan(y_k/x_k)\end{bmatrix}+\boldsymbol{r}_k\end{cases}\tag{3.74}$$

式中:$\boldsymbol{x}_k^s=[x_k,\dot{x}_k,y_k,\dot{y}_k,v_k^r,v_k^\theta,\omega,\psi_r,\psi_\theta]'$;$\boldsymbol{w}_k^s$为零均值高斯白噪声;$\boldsymbol{\Gamma}_k=\mathrm{diag}(\boldsymbol{Q}_k,\boldsymbol{R}_k,\boldsymbol{\Theta}_k)$为协方差矩阵,其中$\boldsymbol{Q}_k=\mathrm{diag}(\lambda\boldsymbol{M},\lambda\boldsymbol{M})$,$\boldsymbol{M}=\begin{bmatrix}T^3/3&T^2/2\\T^2/2&T\end{bmatrix}$,$\boldsymbol{R}_k=\mathrm{diag}(\sigma_r^2,\sigma_\theta^2)$,$\boldsymbol{\Theta}_k=\mathrm{diag}(\sigma_\omega^2,\sigma_{\psi_r}^2,\sigma_{\psi_\theta}^2)$,$\lambda$为功率谱密度(Power Spectral Density,PSD),$\sigma_r,\sigma_\theta,\sigma_\omega,\sigma_{\psi_r}$和$\sigma_{\psi_\theta}$为对应高斯白噪声的标准方差。基于上述扩增模型,结合HCKF算法和HCRTSS算法,可实现状态估计与参数的联合估计,记为AT – HCKF算法和AT – HCRTSS算法。

在仿真实验中,令$\Delta t=1$ s、$\lambda=1$ W/Hz和$\boldsymbol{x}_0=[7000\ \mathrm{m},100\ \mathrm{m/s},7000\ \mathrm{m},100\ \mathrm{m/s}]'$。$\psi_r$和$\psi_\theta$的真实值为0.3,$\boldsymbol{v}_0=[10,0.001]'$。量测标准差为$\sigma_r=10$ m和$\sigma_\theta=0.002$ rad。对于AT – HCKF和AT – HCRTSS,扩增状态的标准差为$\sigma_\omega=1^0$,$\sigma_{\psi_r}=0.1$和$\sigma_{\psi_\theta}=0.1$。初始的状态估计设定为$\boldsymbol{m}_0^1$,服从高斯分布$N(\boldsymbol{x}_0^1,\boldsymbol{P}_0^1)$,其中$\boldsymbol{x}_0^1=[\boldsymbol{x}_0',\boldsymbol{v}_0',\boldsymbol{\Omega}_0,\boldsymbol{\psi}_{r0},\boldsymbol{\psi}_{\theta0}]'$和$\boldsymbol{P}_0^1=\mathrm{diag}(100,10,100,10,100,$

$0.003^2, 1, 0.01, 0.01$)。

对于 DRHCRTSS－EM(－SW),初始的状态估计设定为 $\boldsymbol{m}_0^2$,初始的状态协方差矩阵设定为 $\boldsymbol{P}_0^2$。$\boldsymbol{P}_0^2$ 和 $\boldsymbol{\Sigma}$ 可从 $\boldsymbol{m}_0^1$,$\boldsymbol{P}_0^1$ 和 $\boldsymbol{\Gamma}$ 去除扩增状态 ω,ψ_r 和 ψ_θ 获得。EM 算法的最大迭代次数设定为 I。设定两个场景来验证 DRHCRTSS－EM 算法和 DRHCRTSS－EM－SW 算法。

1. 第一个场景

在这个场景中,转弯角速度 ω 为时不变的参数,具体上 $\omega = -3^\circ$,仿真时长为 100 s。初始的 ω_0、ψ_{r0} 和 $\psi_{\theta 0}$ 分别服从均匀分布 $U(-6^0, 0^0)$,$U(0,1)$ 和 $U(0,1)$。

图 3.3 分别给出了在 100 次 MC 仿真中采用 AT－HCKF 与在线 DRHCRTSS－EM 目标轨迹估计结果。从图 3.3 中可看出,AT－HCKF 算法相比在线 DRH－CRTSS－EM 算法在目标运动初始阶段具有更高的估计精度,而在目标运动中期估计精度逐渐下降,并且在运动后期出现了滤波发散情况。从图 3.5 给出的对应的目标位置与速度估计的 RMSE 可直接地看出,在线 DRHCRTSS－EM($I=2$)算法在大概 0～40 s 上 RMSE 高于 AT－HCKF 算法,而在 40 s 之后,RMSE 明显低于 AT－HCKF。

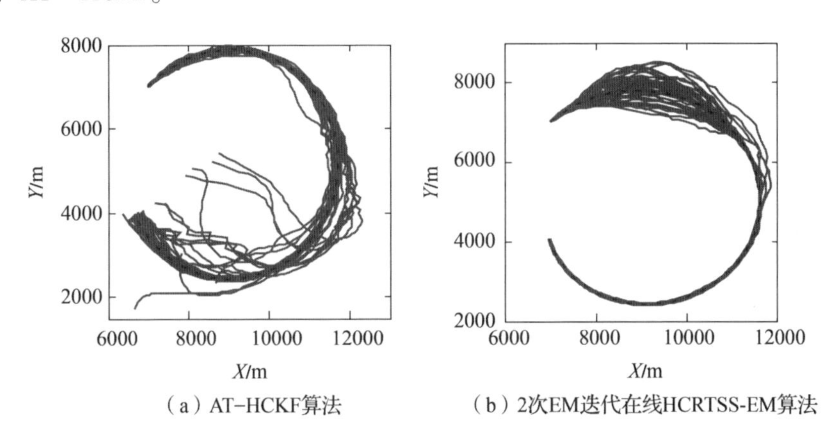

图 3.3 经过 100 次 MC 仿真实验获得的目标轨迹的估计
(点线是目标真实运动轨迹)

进一步,本节通过增大在线 DRHCRTSS－EM 的 EM 迭代次数($I=5,10,20$)进行 MC 仿真实验,实验结果发现 RMSE 仍然在 0～40 s 上高于 AT－HCKF。因此,并非是 EM 迭代次数少($I=2$)而导致在线 DRHCRTSS－EM 算法在状态估计初始阶段效果不佳。那么,另一个可能是由少量的量测信息获得的 ω、ψ_r 和 ψ_θ 最大似然估计与真实值之间具有较大的误差,状态转移矩阵是不准确的。毫无疑问,不准确的状态转移矩阵不会获得准确的状态估计。如图 3.6 所示,在目标运动初始阶段,在线 DRHCRTSS－EM 算法获得系统参数估计的 RMSE 高于

AT－HCKF 算法；而在目标运动中后期，明显低于 AT－HCKF 算法。另外，由图 3.3、图 3.5 和图 3.6 可见，当量测积累到一定数量后，在线 DRHCRTSS－EM 算法可获得相比 AT－HCKF 算法更加准确的系统参数的最大似然估计，提高状态方程的准确性，进而在 E－step 步骤中由 HCKF 与 HCRTSS 算法获得更加精确的状态估计；反过来，更加精确的状态估计在 M－step 步骤中又可提高系统参数估计精度。

在全量测条件下，离线 DRHCRTSS－EM 算法的位置与速度估计的 RMSE 明显低于 AT－HCRTSS，如图 3.4 和图 3.5 所示。随着迭代次数由 2 增大到 10，其状态估计精度也不断地提高。在图 3.7 中，离线 DRHCRTSS－EM 算法的参数 ω 的估计 RMSE 在前 5 次迭代中收敛，ψ_r 和 ψ_θ 估计的 RMSE 大约在第 10 次迭代之后收敛。那么，当参数估计收敛后，增加 EM 算法的迭代次数并不能提高估计精度。

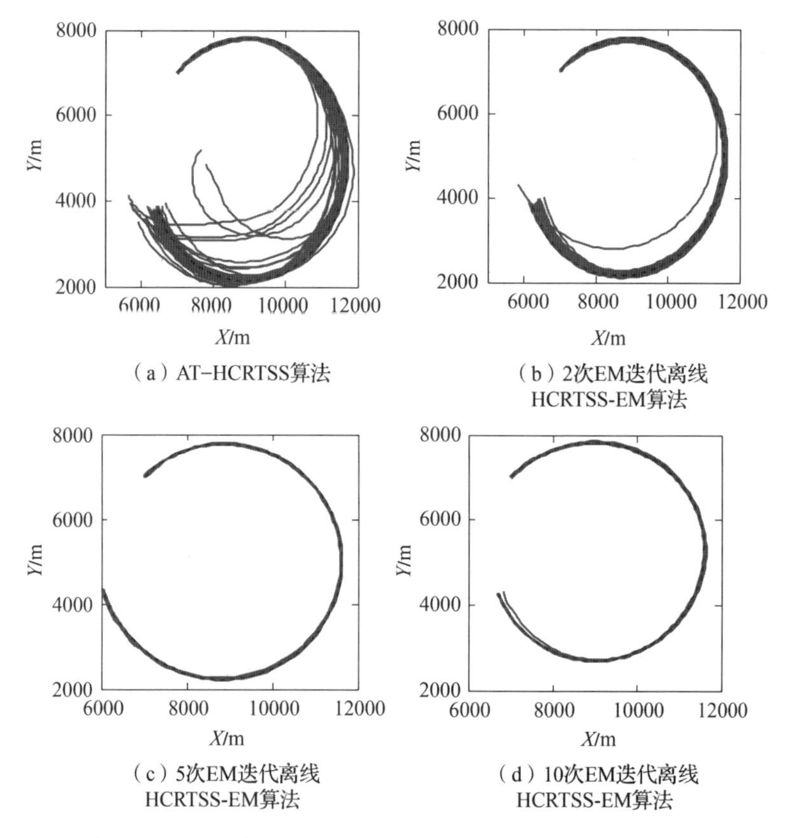

图 3.4　基于全量测信息经过 100 次 MC 仿真实验获得的目标轨迹的估计（点线是目标真实运动轨迹）

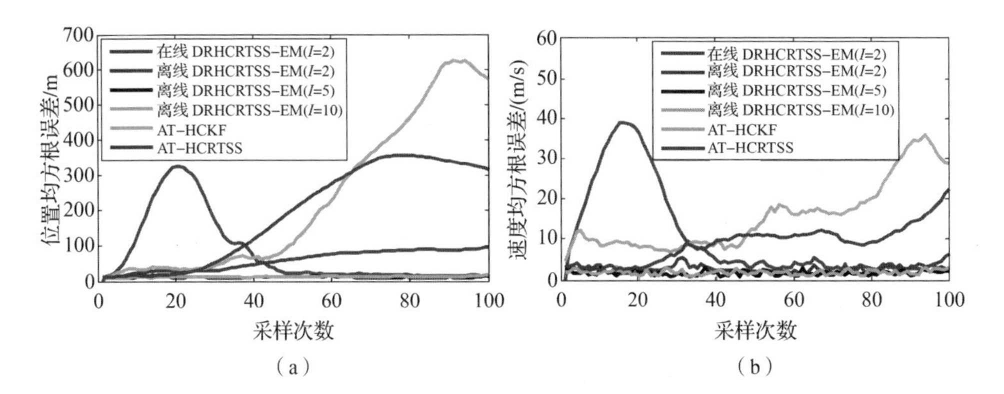

图 3.5 由 100 次 MC 仿真获得的目标的位置估计和速度估计的 RMSE

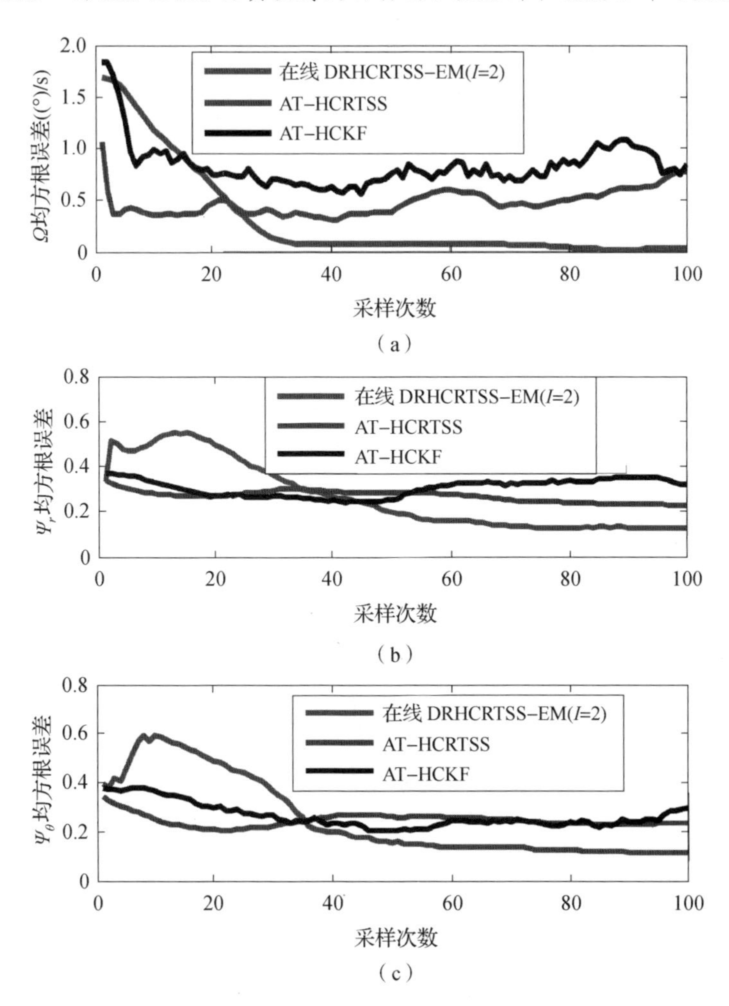

图 3.6 由 100 次 MC 仿真获得的 ω,ψ_r 和 ψ_θ 估计的 RMSE

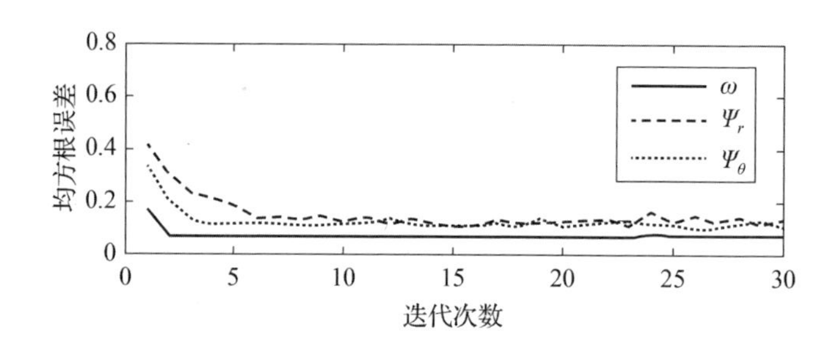

图 3.7 由 100 次 MC 仿真通过离线 DRHCRTSS－EM 算法获得的 ω,ψ_r 和 ψ_θ 估计的 RMSE 随着 EM 算法的迭代次数的变化曲线

2. 第二个场景

在这个场景中,角速度为一个阶跃参数。具体上,真实的角速度 ω 在 0～100 s 中为 －3°/s,在 101 s～200 s 中为 3°/s。对于 DRHCRTSS－EM－SW 算法,在每一个窗口中进行 10 次 EM 算法迭代。同时,将 DRHCRTSS－EM－SW 算法与具有相同的滑动窗口的 AT－HCRTSS 算法进行比较,称为 AT－HCRTSS－SW 算法。

在实验中,设定三个滑动窗口长度 $s=5,10,20$ 来分析滑动窗口的长度对于阶跃角速度参数的估计性能。在图 3.8 和图 3.9 中,EM－SW 表示 DRHCRTSS－EM－SW,AT－SW 表示 AT－HCRTSS－SW。从图 3.8 和图 3.9 可看出,在角速度非阶跃阶段上,DRHCRTSS－EM－SW 和 AT－HCRTSS－SW 随着窗口由 5 变大到 20,角速度的估计精度均得到了提高,在同等的滑动窗口的宽度中 DRHCRTSS－EM－SW 的估计精度高于 AT－HCRTSS－SW。

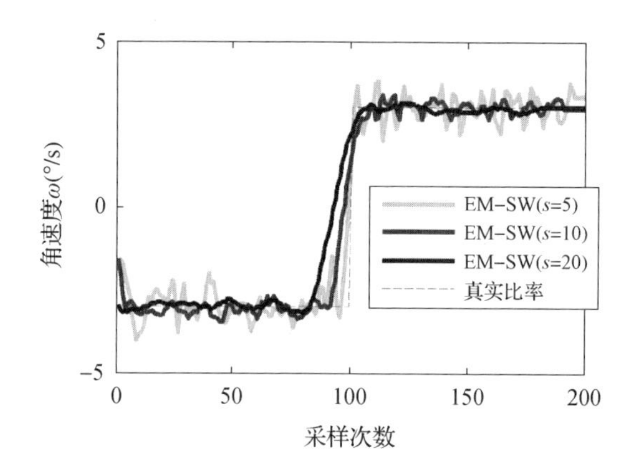

图 3.8 采用 DRHCRTSS－EM－SW 算法获得的角速度估计

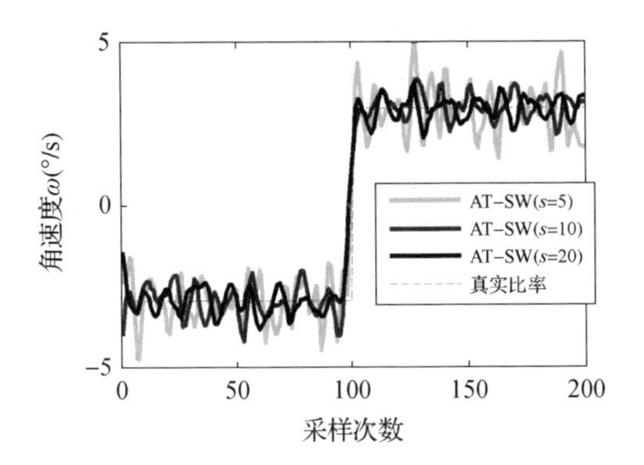

图 3.9 采用 AT－HCRTSS－SW 算法获得的角速度估计

3.3 基于EM算法的时间相关噪声条件下切向/法向加速度估计

3.3.1 时间相关量测噪声条件下切向/法向加速度估计模型

在二维平面内，若将切向/法向加速度作为机动参数，由式(1.1)可建立连续时间状态转移模型为

$$\dot{\boldsymbol{x}}(t)=\underbrace{\begin{bmatrix}\dot{x}(t)\\ \dot{y}(t)\\ \dot{x}(t)a_{\mathrm{t}}(t)/\sqrt{\dot{x}(t)^2+\dot{y}(t)^2}-\dot{y}(t)a_{\mathrm{n}}(t)/\sqrt{\dot{x}(t)^2+\dot{y}(t)^2}\\ \dot{x}(t)a_{\mathrm{n}}(t)/\sqrt{\dot{x}(t)^2+\dot{y}(t)^2}+\dot{y}(t)a_{\mathrm{t}}(t)/\sqrt{\dot{x}(t)^2+\dot{y}(t)^2}\end{bmatrix}}_{\boldsymbol{f}(\boldsymbol{x}(t),a_{\mathrm{t}}(t),a_{\mathrm{n}}(t))}+\underbrace{\begin{bmatrix}0&0\\0&0\\1&0\\0&1\end{bmatrix}}_{\boldsymbol{G}}\underbrace{\begin{bmatrix}q_x(t)\\q_y(t)\end{bmatrix}}_{\boldsymbol{q}(t)} \tag{3.75}$$

其中，$\dot{\boldsymbol{x}}=(x,y,\dot{x},\dot{y})^{\mathrm{T}}$，$q_x\sim N(0,\sigma_x^2)$与$q_y\sim N(0,\sigma_y^2)$为零均值高斯白噪声，$\sigma_x^2$和$\sigma_y^2$为方差，$\boldsymbol{q}(t)\sim N(0,\boldsymbol{Q})$，$\boldsymbol{Q}=\mathrm{diag}\{\sigma_x^2,\sigma_y^2\}$，其他变量定义与式(2.8)相同。采用欧拉法将式(3.75)转换为

$$\boldsymbol{x}(t+\Delta t) \approx \boldsymbol{x}(t)+\boldsymbol{f}(\boldsymbol{x}(t), a_{\mathrm{t}}, a_{\mathrm{n}}) \Delta t \tag{3.76}$$

令 $t=t_0+k\Delta t$，$\boldsymbol{f}(\boldsymbol{x}(t), a_{\mathrm{t}}, a_{\mathrm{n}}, \Delta t)=\boldsymbol{x}(t)+\boldsymbol{f}(\boldsymbol{x}(t), a_{\mathrm{t}}, a_{\mathrm{n}}) \Delta t$，那么离散时间状态转移模型可表示为

$$\boldsymbol{x}_{k+1}=\boldsymbol{f}(\boldsymbol{x}_k, a_{\mathrm{t}}, a_{\mathrm{n}}, \Delta t)+\boldsymbol{u}_k \tag{3.77}$$

式中：$\boldsymbol{u}_k$ 为离散时间白噪声序列，它的协方差定义为 $\boldsymbol{Q}_k$。$\boldsymbol{u}_k$ 计算公式可表示为

$$\boldsymbol{u}_k=\int_{k\Delta t}^{(k+1)\Delta t} \boldsymbol{J}((k+1)\Delta t-\tau, \boldsymbol{x}_k) \boldsymbol{G} \boldsymbol{q}(\tau) \mathrm{d}\tau \tag{3.78}$$

其中，$\boldsymbol{J}(\Delta t, \boldsymbol{x}_k)$ 为 $\boldsymbol{f}(\boldsymbol{x}_k, a_{\mathrm{t}}, a_{\mathrm{n}}, \Delta t)$ 对于状态变量的雅克比矩阵，即

$$\boldsymbol{J}(\Delta t, \boldsymbol{x}_k)=\begin{bmatrix} 1 & 0 & \Delta t & 0 \\ 0 & 1 & 0 & \Delta t \\ 0 & 0 & 1+j_{33}\Delta t & j_{34}\Delta t \\ 0 & 0 & j_{43}\Delta t & 1+j_{44}\Delta t \end{bmatrix} \tag{3.79}$$

式中：

$$j_{33}=(\dot{y}^2 a_{\mathrm{t}}+\dot{x}\dot{y} a_{\mathrm{n}})/(\dot{x}^2+\dot{y}^2)^{3/2}$$

$$j_{34}=\dot{x}^2(\dot{x} a_{\mathrm{n}}+\dot{y} a_{\mathrm{t}})/(\dot{x}^2+\dot{y}^2)^{3/2}$$

$$j_{43}=-\dot{y}(\dot{x} a_{\mathrm{t}}-\dot{y} a_{\mathrm{n}})/(\dot{x}^2+\dot{y}^2)^{3/2}$$

$$j_{44}=1+(\dot{x}^2 a_{\mathrm{t}}-\dot{x}\dot{y} a_{\mathrm{n}})/(\dot{x}^2+\dot{y}^2)^{3/2}$$

协方差矩阵 $\boldsymbol{Q}_k$ 的计算公式为

$$\begin{aligned} \boldsymbol{Q}_k &= E[\boldsymbol{u}_k(\boldsymbol{u}_k)^{\mathrm{T}}] \\ &= E\left[\int_{k\Delta t}^{(k+1)\Delta t}\int_{k\Delta t}^{(k+1)\Delta t} \boldsymbol{J}((k+1)\Delta t-\tau) \boldsymbol{G} \boldsymbol{q}(\tau) \boldsymbol{q}^{\mathrm{T}}(s)(\boldsymbol{J}((k+1)\Delta t-s)\boldsymbol{G})^{\mathrm{T}} \mathrm{d}\tau \mathrm{d}s\right] \\ &= \int_{k\Delta t}^{(k+1)\Delta t} \boldsymbol{J}((k+1)\Delta t-\tau) \boldsymbol{G} \boldsymbol{Q} (\boldsymbol{J}((k+1)\Delta t-\tau)\boldsymbol{G})^{\mathrm{T}} \mathrm{d}\tau \end{aligned} \tag{3.80}$$

其中，$\boldsymbol{Q}_k=\{q_{ij}\}(i,j=1,2,3,4)$ 为对称矩阵，且有

$$q_{11}=\frac{1}{3}\Delta t^3 \sigma_x^2$$

$$q_{12}=0$$

$$q_{13}=\frac{1}{2}\Delta t^2 \sigma_x^2+\frac{1}{3}\Delta t^3 \sigma_x^2 j_{33}$$

$$q_{14}=\frac{1}{3}\Delta t^3 \sigma_x^2 j_{43}$$

$$q_{22}=\frac{1}{3}\Delta t^3 \sigma_y^2$$

$$q_{23}=\frac{1}{3}\Delta t^3 \sigma_y^2 j_{34}$$

$$q_{24} = \frac{1}{2}\Delta t^2 \sigma_y^2 + \frac{1}{3}\Delta t^3 \sigma_y^2 j_{44}$$

$$q_{33} = \Delta t \sigma_x^2 + \Delta t^2 \sigma_x^2 j_{33} + \frac{1}{3}\Delta t^3 \sigma_x^2 j_{33}^2 + \frac{1}{3}\Delta t^3 \sigma_y^2 j_{34}^2$$

$$q_{34} = \frac{1}{2}\Delta t^2 \sigma_x^2 j_{43} + \frac{1}{2}\Delta t^2 \sigma_y^2 j_{34} + \frac{1}{3}\Delta t^3 \sigma_x^2 j_{33} j_{43} + \frac{1}{3}\Delta t^3 \sigma_y^2 j_{34} j_{44}$$

$$q_{44} = \Delta t \sigma_y^2 + \Delta t^2 \sigma_y^2 j_{44} + \frac{1}{3}\Delta t^3 \sigma_y^2 j_{44}^2 + \frac{1}{3}\Delta t^3 \sigma_x^2 j_{43}^2$$

当给定具有时间相关性的量测时,将 $\boldsymbol{r}_k$ 作为状态量的状态空间模型为

$$\begin{cases} \underbrace{\begin{bmatrix} \boldsymbol{x}_{k+1} \\ \boldsymbol{r}_{k+1} \end{bmatrix}}_{\bar{\boldsymbol{x}}_{k+1}} = \underbrace{\begin{bmatrix} \boldsymbol{f}(\boldsymbol{x}_k, a_{\mathrm{t}}, a_{\mathrm{n}}, \Delta t) \\ \boldsymbol{\psi} \boldsymbol{r}_k \end{bmatrix}}_{\bar{\boldsymbol{f}}(\bar{\boldsymbol{x}}_k, \boldsymbol{\theta})} + \underbrace{\begin{bmatrix} \boldsymbol{u}_k \\ \boldsymbol{\delta}_k \end{bmatrix}}_{\bar{\boldsymbol{q}}_k} \\ \boldsymbol{z}_k = \underbrace{\begin{bmatrix} \sqrt{x_k^2 + y_k^2} \\ \arctan(y_k / x_k) \end{bmatrix} + \boldsymbol{r}_k}_{\bar{\boldsymbol{h}}(\bar{\boldsymbol{x}}_k)} \end{cases} \tag{3.81}$$

其中,$\boldsymbol{\psi}, \boldsymbol{r}_k, \boldsymbol{\delta}_k, z_k$ 定义与式(3.7)相同,且 $a_{\mathrm{t}}, a_{\mathrm{n}}, \psi_r, \psi_\theta$ 均统一由 $\boldsymbol{\theta}$ 描述。

3.3.2 E-step

给定 $z_{1:T}$,模型式(3.81)中第 η 次 EM 迭代过程的 CEF 为

$$L(\boldsymbol{\theta}, \hat{\boldsymbol{\theta}}_\eta) = L_0 + L_1 \tag{3.82}$$

$$L_0 = \int p_{\hat{\boldsymbol{\theta}}_\eta}(\bar{\boldsymbol{x}}_0 \mid z_{1:T}) \log p_{\boldsymbol{\theta}}(\bar{\boldsymbol{x}}_0) \mathrm{d}\bar{\boldsymbol{x}}_0 \tag{3.83}$$

$$L_1 = \sum_{k=1}^{T} \iint p_{\hat{\boldsymbol{\theta}}_\eta}(\bar{\boldsymbol{x}}_k, \bar{\boldsymbol{x}}_{k-1} \mid z_{1:T}) \log p_{\boldsymbol{\theta}}(\bar{\boldsymbol{x}}_k \mid \bar{\boldsymbol{x}}_{k-1}) \mathrm{d}\bar{\boldsymbol{x}}_k \mathrm{d}\bar{\boldsymbol{x}}_{k-1} \tag{3.84}$$

式中:$p_{\hat{\boldsymbol{\theta}}_\eta}(\bar{\boldsymbol{x}}_k \mid z_{1:T})$可由 3.2.2 节给出的 HCRTSS 算法得到;$p_{\hat{\boldsymbol{\theta}}_\eta}(\bar{\boldsymbol{x}}_k, \bar{\boldsymbol{x}}_{k-1} \mid z_{1:T})$可由式(3.43)计算。假设 $\bar{\boldsymbol{x}}_0$ 服从一个未知的高斯分布 $p_{\boldsymbol{\theta}}(\bar{\boldsymbol{x}}_0) = N(\boldsymbol{m}_0, \boldsymbol{P}_0)$,其中 $\boldsymbol{m}_0$ 为未知均值向量,$\boldsymbol{P}_0$ 为未知协方差函数。L_0 的计算与式(3.51)相同。由于 $p_{\boldsymbol{\theta}}(\bar{\boldsymbol{x}}_k \mid \bar{\boldsymbol{x}}_{k-1}) = N(\bar{\boldsymbol{f}}(\bar{\boldsymbol{x}}_{k-1}, \theta), \bar{\boldsymbol{Q}}_{k-1})$,$L_1$ 可表示为

$$\begin{aligned} L_1 &= \sum_{k=1}^{T} \iint p_{\hat{\boldsymbol{\theta}}_\eta}(\bar{\boldsymbol{x}}_k, \bar{\boldsymbol{x}}_{k-1} \mid z_{1:T}) \log N(\bar{\boldsymbol{f}}(\bar{\boldsymbol{x}}_{k-1}, \theta), \bar{\boldsymbol{Q}}_{k-1}) \mathrm{d}\bar{\boldsymbol{x}}_k \mathrm{d}\bar{\boldsymbol{x}}_{k-1} \\ &= -\frac{1}{2} \sum_{k=1}^{T} \iint p_{\hat{\boldsymbol{\theta}}_\eta}(\bar{\boldsymbol{x}}_k, \bar{\boldsymbol{x}}_{k-1} \mid z_{1:T}) (\| \bar{\boldsymbol{x}}_k - \bar{\boldsymbol{f}}(\bar{\boldsymbol{x}}_{k-1}, \theta) \|_{\bar{\boldsymbol{Q}}_{k-1}^{-1}}^2) \mathrm{d}\bar{\boldsymbol{x}}_k \mathrm{d}\bar{\boldsymbol{x}}_{k-1} + \mathrm{const} \end{aligned}$$

$$= -\frac{1}{2}\sum_{k=1}^{T}\operatorname{tr}\Big\{\bar{\boldsymbol{Q}}_{k-1}^{-1}\iint p_{\hat{\boldsymbol{\theta}}_\eta}(\bar{\boldsymbol{x}}_k,\bar{\boldsymbol{x}}_{k-1}\mid z_{1:T})(\bar{\boldsymbol{x}}_k-\bar{\boldsymbol{f}}(\bar{\boldsymbol{x}}_{k-1},\theta))\times$$

$$(\bar{\boldsymbol{x}}_k-\bar{\boldsymbol{f}}(\bar{\boldsymbol{x}}_{k-1},\theta))'\mathrm{d}\bar{\boldsymbol{x}}_k\mathrm{d}\bar{\boldsymbol{x}}_{k-1}\Big\}+\mathrm{const}$$

$$=\underbrace{-\frac{1}{2}\sum_{k=1}^{T}\operatorname{tr}\Big\{\bar{\boldsymbol{Q}}_{k-1}^{-1}\iint p_{\hat{\boldsymbol{\theta}}_\eta}(\bar{\boldsymbol{x}}_k\mid z_{1:T})(\bar{\boldsymbol{x}}_k\bar{\boldsymbol{x}}_k')\mathrm{d}\bar{\boldsymbol{x}}_k\mathrm{d}\bar{\boldsymbol{x}}_{k-1}\Big\}}_{1}+$$

$$\sum_{k=1}^{T}\operatorname{tr}\Big\{\bar{\boldsymbol{Q}}_{k-1}^{-1}\iint p_{\hat{\boldsymbol{\theta}}_\eta}(\bar{\boldsymbol{x}}_k,\bar{\boldsymbol{x}}_{k-1}\mid z_{1:T})(\bar{\boldsymbol{x}}_k\bar{\boldsymbol{f}}(\bar{\boldsymbol{x}}_{k-1},\theta)')\mathrm{d}\bar{\boldsymbol{x}}_k\mathrm{d}\bar{\boldsymbol{x}}_{k-1}\Big\}-$$

$$\frac{1}{2}\sum_{k=1}^{T}\operatorname{tr}\Big\{\bar{\boldsymbol{Q}}_{k-1}^{-1}\int p_{\hat{\boldsymbol{\theta}}_\eta}(\bar{\boldsymbol{x}}_{k-1}\mid z_{1:T})(\bar{\boldsymbol{f}}(\bar{\boldsymbol{x}}_{k-1},\theta)\bar{\boldsymbol{f}}(\bar{\boldsymbol{x}}_{k-1},\theta)')\mathrm{d}\bar{\boldsymbol{x}}_{k-1}\Big\}+\mathrm{const}$$

(3.85)

其中,标记“1”的项由于不含有未知参数 $\boldsymbol{\theta}$,可合并入 const 中。式(3.85)中的积分无法被解析地计算。上述积分运算,实质上是求解 $\bar{\boldsymbol{x}}_k$ 和 $\bar{\boldsymbol{x}}_{k-1}$随机变量函数的期望。$L_1$ 可进一步表示为

$$L_1=L_{11}+L_{12}+\mathrm{const} \tag{3.86}$$

$$L_{11}=\sum_{k-1}^{T}\operatorname{tr}\{\bar{\boldsymbol{Q}}_{k-1}^{-1}E_{\hat{\boldsymbol{\theta}}_\eta}[\bar{\boldsymbol{x}}_k\bar{\boldsymbol{f}}(\bar{\boldsymbol{x}}_{k-1},\theta)'\mid z_{1:T}]\} \tag{3.87}$$

$$L_{12}=-\frac{1}{2}\sum_{k=1}^{T}\operatorname{tr}\{\bar{\boldsymbol{Q}}_{k-1}^{-1}E_{\hat{\boldsymbol{\theta}}_\eta}[\bar{\boldsymbol{f}}(\bar{\boldsymbol{x}}_{k-1},\theta)\bar{\boldsymbol{f}}(\bar{\boldsymbol{x}}_{k-1},\theta)'\mid z_{1:T}]\} \tag{3.88}$$

对于上述非线性随机变量函数期望值,最直接的方法是采用泰勒序列进行线性逼近,然而一阶泰勒展开近似误差较大,而高阶泰勒展开计算复杂而难以被应用。MC 法可从概率分布中抽取样本以近似任意随机变量函数的期望,然而只有在样本充足的条件下才能获得较高精度的逼近。在此,本书采用五阶球面容积积分来近似公式(3.87)和式(3.88)的期望,即

$$\begin{cases}\boldsymbol{M}_k^*=(\boldsymbol{m}_k^*,\boldsymbol{m}_{k-1}^*)\\ \boldsymbol{O}_k^*=\begin{pmatrix}\boldsymbol{P}_k^* & \boldsymbol{P}_k^*\boldsymbol{G}_k'\\ \boldsymbol{G}_k\boldsymbol{P}_k^* & \boldsymbol{P}_{k-1}^*\end{pmatrix}\end{cases} \tag{3.89}$$

式中:$\boldsymbol{m}_k^*$、$\boldsymbol{P}_k^*$ 和 $\boldsymbol{G}_k$ 的定义见算法 3.2。

定义容积点 $\boldsymbol{\gamma}_k^i$ 为

$$\begin{cases}\boldsymbol{O}_k^*=\boldsymbol{\Omega}_k\boldsymbol{\Omega}_k^{\mathrm{T}}\\ \boldsymbol{\gamma}_k^i=\boldsymbol{\varepsilon}_i\boldsymbol{\Omega}_k+\boldsymbol{M}_k^*\end{cases} \tag{3.90}$$

式中:$\boldsymbol{\varepsilon}_i$ 定义为

$$
\boldsymbol{\varepsilon}_i=\begin{cases}[0,0,\cdots 0]^{\mathrm{T}}, & i=0\\ \sqrt{2n+2}\boldsymbol{s}_i^+, & i=1,2,\cdots,n(2n-1)\\ -\sqrt{2n+2}\boldsymbol{s}_{i-n(2n-1)}^+, & i=n(2n-1)+1,n(2n-1)+2,\cdots,2n(2n-1)\\ \sqrt{2n+2}\boldsymbol{s}_{i-2n(2n-1)}^-, & i=2n(2n-1)+1,2n(2n-1)+2,\cdots,3n(2n-1)\\ -\sqrt{2n+2}\boldsymbol{s}_{i-3n(2n-1)}^-, & i=3n(2n-1)+1,3n(2n-1)+2,\cdots,4n(2n-1)\\ \sqrt{2n+2}\boldsymbol{e}_{i-4n(2n-1)}, & i=4n(2n-1)+1,4n(2n-1)+2,\cdots,2n(4n-1)\\ -\sqrt{2n+2}\boldsymbol{e}_{i-2n(4n-1)}, & i=2n(4n-1)+1,2n(4n-1)+2,\cdots,8n^2\end{cases} \tag{3.91}
$$

$$
\begin{aligned}\{\boldsymbol{s}_j^+\}&=\left\{\sqrt{\frac{1}{2}}(\boldsymbol{e}_k+\boldsymbol{e}_l):k<l,k,l=1,2,\cdots,2n\right\}\\ \{\boldsymbol{s}_j^-\}&=\left\{\sqrt{\frac{1}{2}}(\boldsymbol{e}_k-\boldsymbol{e}_l):k<l,k,l=1,2,\cdots,2n\right\}\end{aligned} \tag{3.92}
$$

式中:$\boldsymbol{e}_i$ 为 $2n$ 维单位向量,且其第 i 个元素为1。

容积点所对应的权重 $\hat{w}_i$ 分别为

$$
\hat{w}_i=\begin{cases}1/(n+1), & i=0\\ 1/(2n+2)^2, & i=1,2,\cdots,4n(2n-1)\\ (2-n)/(4n+2)^2, & i=4n(2n-1)+1,4n(2n-1)+2,\cdots,8n^2\end{cases} \tag{3.93}
$$

那么,对于 L_{11} 中的期望,采用五阶球面容积积分的近似结果为

$$
E_{\hat{\boldsymbol{\theta}}_\eta}[\bar{\boldsymbol{x}}_k\bar{\boldsymbol{f}}(\bar{\boldsymbol{x}}_{k-1},\theta)'\mid z_{1:T}]=\sum_{i=0}^{8n^2}\hat{w}_i\widehat{\boldsymbol{\gamma}}_k^i\bar{\boldsymbol{f}}(\breve{\boldsymbol{\gamma}}_k^i,\theta)' \tag{3.94}
$$

式中:$\widehat{\boldsymbol{\gamma}}_k^i$ 和 $\breve{\boldsymbol{\gamma}}_k^i$ 分别为容积点 $\boldsymbol{\gamma}_k^i$ 中前 n 个元素和后 n 个元素组成的列向量。由于 L_{12} 中的随机变量函数仅关于 $\bar{\boldsymbol{x}}_{k-1}$,五阶球面容积积分的容积点 $\boldsymbol{\tau}_{k-1}^i$ 为

$$
\begin{cases}\boldsymbol{P}_{k-1}^*=\boldsymbol{\Phi}_{k-1}\boldsymbol{\Phi}_{k-1}^{\mathrm{T}}\\ \boldsymbol{\tau}_{k-1}^i=\boldsymbol{\xi}_i\boldsymbol{\Phi}_{k-1}+\boldsymbol{m}_{k-1}^*\end{cases} \tag{3.95}
$$

式中:$\boldsymbol{\xi}_i$ 与式(3.19)相同,相应的权重值 w_i 与式(3.21)相同。那么,L_{12} 中的期望可近似为

$$
E_{\hat{\boldsymbol{\theta}}_\eta}[\bar{\boldsymbol{f}}(\bar{\boldsymbol{x}}_{k-1},\boldsymbol{\theta})\bar{\boldsymbol{f}}(\bar{\boldsymbol{x}}_{k-1},\boldsymbol{\theta})'\mid z_{1:T}]=\sum_{i=0}^{2n^2}w_i\bar{\boldsymbol{f}}(\boldsymbol{\tau}_{k-1}^i,\boldsymbol{\theta})\bar{\boldsymbol{f}}(\boldsymbol{\tau}_{k-1}^i,\boldsymbol{\theta})' \tag{3.96}
$$

将式(3.94)和式(3.96)代入式(3.86)中,可得

$$L_1 \approx \sum_{k=1}^{T} \mathrm{tr}\{\bar{\boldsymbol{Q}}_{k-1}^{-1} \sum_{i=0}^{8n^2} \hat{w}_i \breve{\boldsymbol{\gamma}}_k^i \bar{\boldsymbol{f}}(\breve{\boldsymbol{\gamma}}_k^i,\theta)'\} -$$

$$\frac{1}{2} \sum_{k=1}^{T} \mathrm{tr}\{\bar{\boldsymbol{Q}}_{k-1}^{-1} \sum_{i=0}^{2n^2} w_i \bar{\boldsymbol{f}}(\boldsymbol{\tau}_{k-1}^i,\boldsymbol{\theta}) \bar{\boldsymbol{f}}(\boldsymbol{\tau}_{k-1}^i,\boldsymbol{\theta})'\} + \mathrm{const} \tag{3.97}$$

3.3.3 M – step

在 E – step 中,给出了 $L(\boldsymbol{\theta},\hat{\boldsymbol{\theta}}_\eta)$ 的计算方法,接下来的任务是最大化 $L(\boldsymbol{\theta},\hat{\boldsymbol{\theta}}_\eta)$ 以获得第 $\eta+1$ 次迭代值 $\hat{\boldsymbol{\theta}}_{\eta+1}$。对于 L_0,由 3.2.4 节内容可知,初始状态的平滑估计均值与协方差使得 L_0 取最大值。对于 L_1,采用基于梯度的牛顿法用来计算 $\hat{\boldsymbol{\theta}}_{\eta+1}$。

令$\frac{\delta L_1}{\delta \boldsymbol{\theta}} \triangleq \nabla L_1(\boldsymbol{\theta})$,$\frac{\delta^2 L_1}{\delta \boldsymbol{\theta}^2} \triangleq \nabla^2 L_1(\boldsymbol{\theta})$,则有

$$\hat{\boldsymbol{\theta}}_{\eta+1} = \hat{\boldsymbol{\theta}}_\eta - \nabla^2 L_1(\hat{\boldsymbol{\theta}}_\eta)^{-1} \nabla L_1(\hat{\boldsymbol{\theta}}_\eta) \tag{3.98}$$

只要找到 $\hat{\boldsymbol{\theta}}_{\eta+1}$使得 $L(\hat{\boldsymbol{\theta}}_{\eta+1},\hat{\boldsymbol{\theta}}_\eta) > L(\hat{\boldsymbol{\theta}}_\eta,\hat{\boldsymbol{\theta}}_\eta)$,就可令 $p_{\hat{\boldsymbol{\theta}}_{\eta+1}}(\boldsymbol{y}_{1:T}) > \log p_{\hat{\boldsymbol{\theta}}_\eta}(\boldsymbol{y}_{1:T})$。

3.3.4 时间相关量测噪声条件下切向/法向加速度估计算法

总结上述内容,可获得基于 EM 算法的时间相关量测噪声条件下切向/法向加速度估计算法,称为 HCRTSS – EM – TN 算法。

算法 3.4 HCRTSS – EM – TN 算法

(1)初始化。

设定一个时间窗口宽度 T 和采样周期 Δt,给定时间相关量测序列 $z_{1:T}$;设定初始状态 $\bar{\boldsymbol{x}}_0$ 和协方差矩阵 $\bar{\boldsymbol{P}}_0$,系统噪声协方差矩阵 $\boldsymbol{Q}$ 和量测噪声协方差矩阵 $\boldsymbol{R}$;设定初始系统参数 $\boldsymbol{\theta}_0 = \{a_{t0}, a_{n0}, \psi_{t0}, \psi_{\theta0}\}$,EM 算法迭代次数索引 $\eta=0$。

(2)E – step。

运行 HCRTSS 算法获得系统状态的平滑分布 $p_{\hat{\boldsymbol{\theta}}_\eta}(\bar{\boldsymbol{x}}_k \mid z_{1:T})$;通过式(3.43)计算双平滑分布 $p_{\hat{\boldsymbol{\theta}}_\eta}(\bar{\boldsymbol{x}}_{k+1},\bar{\boldsymbol{x}}_k \mid z_{1:T})$;通过式(3.97)采用五阶球面容积积分计算 L_1。

(3)M – step。

计算$\nabla L_1(\hat{\boldsymbol{\theta}}_\eta)$;计算$\nabla^2 L_1(\hat{\boldsymbol{\theta}}_\eta)$;由式(3.98)计算 $\hat{\boldsymbol{\theta}}_{\eta+1}$;判断收敛性,如果不收敛,令 $\eta=\eta+1$ 并且返回步骤(2);否则,输出 $\hat{\boldsymbol{\theta}}_{\eta+1}$。

3.3.5 仿真实验

在本节的仿真实验中，验证 HCRTSS－EM－TN 算法的性能。基于状态扩增法，在状态空间模型式(3.81)的基础上，将切向加速度 a_t、法向加速度 a_n 和量测噪声相关系数 $\psi_r \psi_\theta$ 作为系统状态并采用 HCRTSS 估计，称该算法为 AT－HCRTSS－TN 算法。

设定目标初始状态为 $\boldsymbol{x}_0=[40\ \text{km},60\ \text{km},86.6\ \text{m/s},50\ \text{m/s}]'$。$\psi_r$ 和 ψ_θ 的真实值为 0.3，$\boldsymbol{v}_0=[10,0.001]'$。量测标准差为 $\boldsymbol{\sigma}_r=10\ \text{m}$ 和 $\boldsymbol{\sigma}_\theta=0.002\ \text{rad}$。仿真进行 50 s，$\Delta t=1\ \text{s}$，$a_t=3\ \text{m/s}^2$ 和 $a_n=10\ \text{m/s}^2$。在 AT－HCRTSS－TN 算法中，$\boldsymbol{\sigma}_t=1\ \text{m/s}^2$，$\boldsymbol{\sigma}_n=1\ \text{m/s}^2$，$\boldsymbol{\sigma}_{\psi_r}=0.1$ 和 $\boldsymbol{\sigma}_{\psi_\theta}=0.1$，初始的状态估计设定为 $\boldsymbol{m}_0^1$，服从高斯分布 $N(\boldsymbol{x}_0^1,\boldsymbol{P}_0^1)$，其中 $\boldsymbol{x}_0^1=[\boldsymbol{x}_0',\boldsymbol{v}_0',a_t,a_n,\psi_{r0},\psi_{\theta0}]'$，初始状态协方差为

$$\boldsymbol{P}_0^1=\text{diag}(1\ 000,1\ 000,20,20,10,0.03^2,1,1,0.01,0.01)$$

通过从 $\boldsymbol{m}_0^1$ 和 $\boldsymbol{P}_0^1$ 中去除扩增状态 a_t,a_n,ψ_r 和 ψ_θ 可获得 HCRTSS－EM－TN 的初始的状态估计 $\boldsymbol{m}_0^2$ 和初始的状态协方差矩阵 $\boldsymbol{P}_0^2$。

由图 3.10 可看出，HCRTSS－EM－TN 算法的估计精度随着 EM 算法的迭代次数而不断提高。在图 3.11 中，给出图 3.10 的 100 次 MC 仿真实验对应的位置和速度的 RMSE。对于 AT－HCRTSS－TN 算法，图 3.12 给出了 a_t,a_n,ψ_r 和 ψ_θ 估计的 RMSE。可以看出，AT－HCRTSS－TN 算法并不能随着量测信息的增加而获得 a_t,a_n,ψ_r 和 ψ_θ 稳定的估计，并且估计量存在发散的趋势。在图 3.13 中，对于 HCRTSS－EM－TN 算法，随着 EM 迭代次数的增加，a_t,a_n,ψ_r 和 ψ_θ 估计的 RMSE 不断收敛。

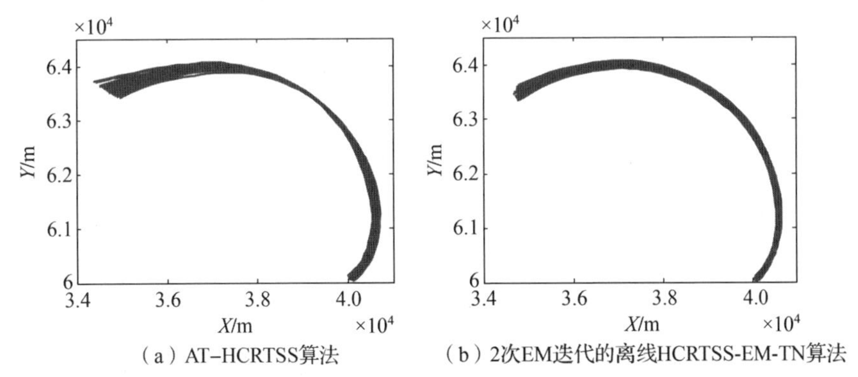

图 3.10　基于全量测信息经过 100 次 MC 仿真实验获得的目标轨迹的估计
（点线是目标真实运动轨迹）

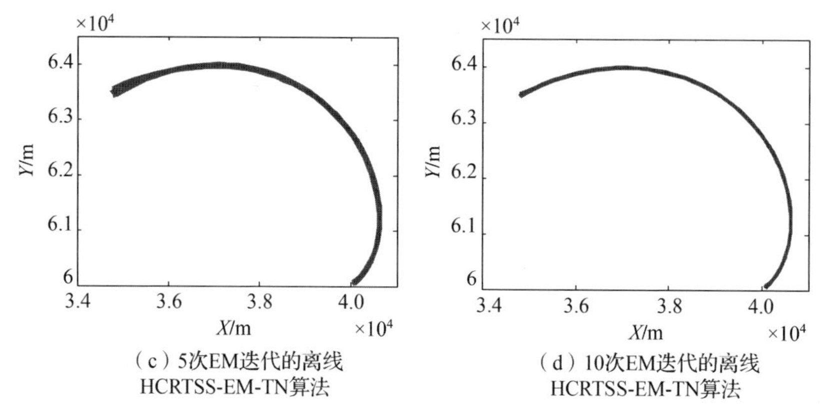

图 3.10　基于全量测信息经过 100 次 MC 仿真实验获得的目标轨迹的估计（点线是目标真实运动轨迹）（续）

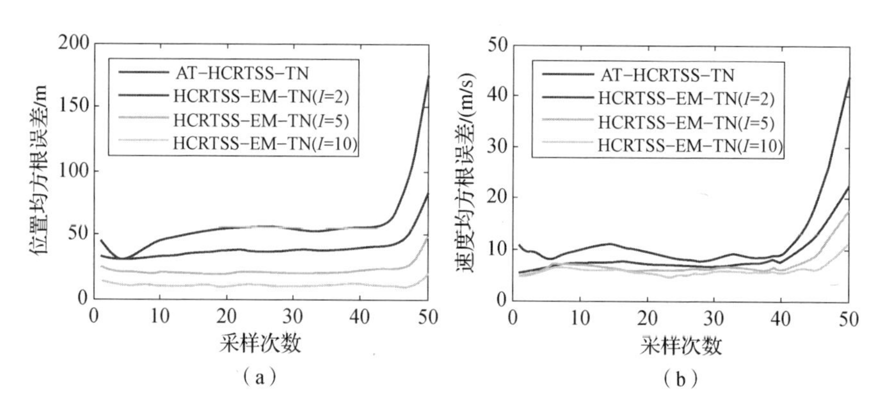

图 3.11　由 100 次 MC 仿真获得的目标的位置估计和速度估计的 RMSE

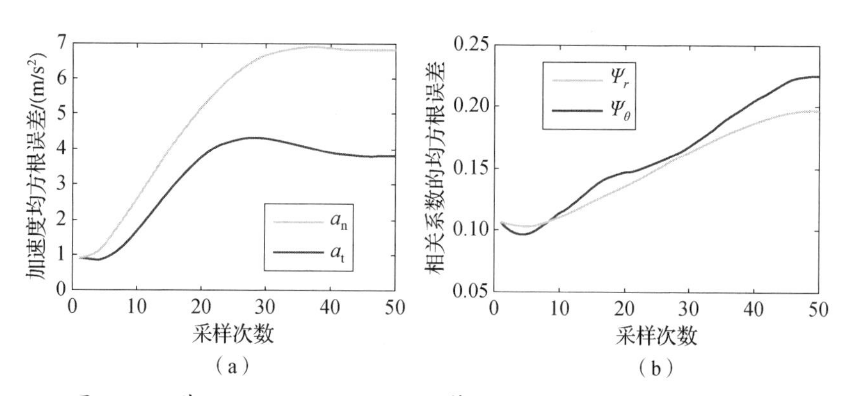

图 3.12　基于 AT－HCRTSS－TN 算法由 100 次 MC 仿真获得的目标的 a_t，a_n，ψ_r 和 ψ_θ 的 RMSE

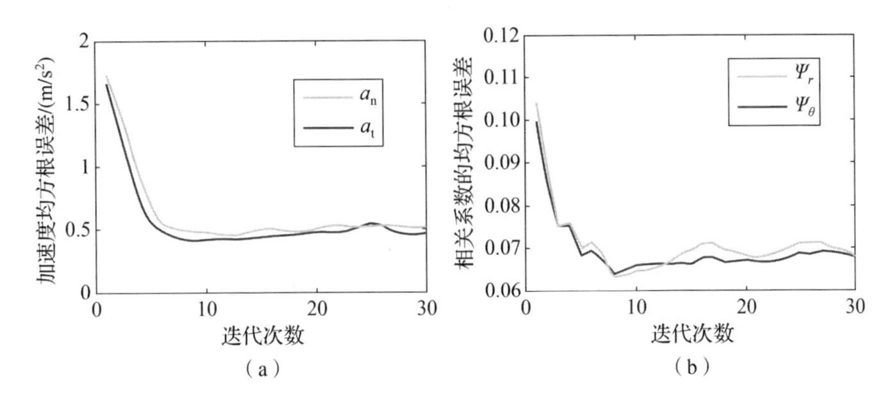

图 3.13 基于 HCRTSS－EM－TN 算法由 100 次 MC 仿真获得的 a_t，a_n，ψ_r 和 ψ_θ 估计的 RMSE 随着 EM 算法的迭代次数的变化曲线

3.4 本章小结

本章以 EM 算法为核心框架，结合 HCRTSS 算法，提出了未知相关系数的时间相关量测条件下的机动参数估计算法。

(1)对于未知相关系数的时间相关量测的匀速转弯运动的时不变角速度估计问题，依据最大似然估计准则，采用降维处理技术，将 EM 算法与 HCRTSS 算法结合，提出了 DRHCRTSS－EM 算法。仿真实验表明，在全量测条件下，DRHCRTSS－EM 算法的估计性能明显优于状态扩增法。

(2)对于未知相关系数的时间相关量测的匀速转弯运动的时变的阶跃角速度估计问题，结合滑动窗口技术，提出了 DRHCRTSS－EM－SW 算法。仿真实验表明，当给定恰当窗口宽度时，DRHCRTSS－EM－SW 算法能够对阶跃参数进行准确的估计。

(3)对于未知相关系数的时间相关量测的 VT 机动的恒定切向/法向加速度估计问题，建立了以切向/法向加速度为参数化的机动模型，提出了 HCRTSS－EM－TN 算法。在 E－step 中，五阶球面容积积分被用于近似条件期望函数中不可解析计算的积分；在 M－step 中，采用了基于梯度的牛顿法搜索迭代值。仿真实验表明，HCRTSS－EM－TN 算法相比状态扩增法，能够大幅地提高切向/法向加速度的估计精度，且具有良好的稳定性。

第4章　噪声异步相关下蛇形机动目标运动状态估计与角速度辨识的期望最大化算法

4.1　引言

为了提高噪声异步相关条件下蛇形机动目标转弯角速度辨识与运动状态估计的精度,获得蛇形机动目标转弯角速度的解析解,进而为下一步蛇形机动模式识别、意图识别打下坚实的基础,本章通过将蛇形机动目标运动状态估计与转弯角速度解析辨识联合考虑,基于EM算法框架,提出了过程噪声与量测噪声异步相关条件下的联合估计与辨识算法。首先,该算法通过重构伪量测方程,解除了过程噪声与量测噪声之间的异步相关性,在此基础之上基于贝叶斯框架,提出了异步相关噪声条件下高斯近似滤波器与平滑器的框架形式,并采用五阶球径容积规则来近似计算高斯加权积分,从而给出了滤波器与平滑器的次优实现,并使用该滤波器与平滑器获得了蛇形机动目标的后验平滑概率密度和联合分布概率密度,进而获得了机动目标的状态估计量。其次,该算法采用重构系统状态方程的方法解除了角速度与系统状态转移矩阵之间的耦合关系,重新构造了一个待辨识变量,并利用该辨识变量与转弯角速度之间的数学关系,进而获得了转弯角速度闭环形式的解析解,避免了使用牛顿迭代法等数值方法近似辨识角速度所带来的精度损失。再次,将滑动窗口的思想引入EM算法框架中,降低了算法的整体运行时间,提高了算法的运行效率。最后,将该算法应用于过程噪声与量测噪声异步相关条件下蛇形机动目标的目标运动状态估计与转弯角速度辨识中,并进一步验证了该算法的性能优于基于牛顿迭代法搜索的传统EM算法、传统的扩维法及交互多模型算法。

4.2　问题描述

在带异步相关噪声背景下,假设目标在二维平面中运动,转弯机动模型状态方程及量测方程为

$$\boldsymbol{x}_{k+1}=f_k(\boldsymbol{x}_k,\omega_k)+\boldsymbol{w}_k \tag{4.1}$$

$$\boldsymbol{z}_{k+1}=\boldsymbol{h}_{k+1}(\boldsymbol{x}_{k+1})+\boldsymbol{\gamma}_{k+1} \tag{4.2}$$

$$f_k(\boldsymbol{x}_k,\omega_k)=\begin{bmatrix} 1 & \dfrac{\sin(\omega_k T)}{w_k} & 0 & \dfrac{\cos(\omega_k T)-1}{\omega_k} \\ 0 & \cos(\omega_k T) & 0 & -\sin(\omega_k T) \\ 0 & \dfrac{1-\cos(\omega_k T)}{\omega_k} & 1 & \dfrac{\sin(\omega_k T)}{\omega_k} \\ 0 & \sin(\omega_k T) & 0 & \cos(\omega_k T) \end{bmatrix}\boldsymbol{x}_k$$

式中：$\boldsymbol{x}_k \in \mathbb{R}^n$是状态变量；$\boldsymbol{w}_k$ 为待辨识的转弯角速度，$\boldsymbol{x}_k=[x_k,\dot{x}_k,y_k,\dot{y}_k]^{\mathrm{T}}$；$\boldsymbol{z}_{k+1}\in\mathbb{R}^m$为量测向量；$\boldsymbol{h}_{k+1}(\cdot)$为非线性量测函数；$\boldsymbol{w}_k\in\mathbb{R}^n$和 $\boldsymbol{\gamma}_{k+1}\in\mathbb{R}^m$均为零均值高斯白噪声，满足 $E[\boldsymbol{\omega}_k\boldsymbol{\omega}_l^{\mathrm{T}}]=\boldsymbol{Q}_k\delta_{kl}$，$E[\boldsymbol{\gamma}_k\boldsymbol{\gamma}_l^{\mathrm{T}}]=\boldsymbol{R}_k\delta_{kl}$，$E[\boldsymbol{\omega}_k\boldsymbol{\gamma}_{l+1}^{\mathrm{T}}]=\boldsymbol{S}_k\delta_{kl}$；$\boldsymbol{Q}_k$ 和 $\boldsymbol{R}_k$ 分别为 k 时刻过程噪声和量测噪声的协方差矩阵；$\boldsymbol{S}_k$ 为上述噪声间异步相关矩阵，且 $\boldsymbol{S}_k\neq\boldsymbol{0}$；$\delta_{kl}$为克罗尼克 δ 函数。初始状态 δ 与 $\boldsymbol{\omega}_k$ 和 $\boldsymbol{\gamma}_{k+1}$无关，满足 $\boldsymbol{x}_0\sim N(\boldsymbol{x}_0;\hat{\boldsymbol{x}}_0,\boldsymbol{P}_0)$。

4.2.1 基于量测重构的异步相关噪声解耦策略

在过程噪声与量测噪声异步相关条件下，传统的高斯近似滤波器估计性能不佳，甚至发散，这将导致 EM 算法的数据输入不可靠，进而增大 EM 算法的辨识风险，因此为了实现状态的精确估计和转弯角速度的准确辨识，需要解除过程噪声与量测噪声之间的相关性，并基于贝叶斯框架，重新设计一种新的高斯近似滤波器与平滑器。本节采用“去相关”框架，在原有的量测模型的基础上，通过对量测模型进行相应地转换，重构了一个伪量测方程，进而解除了过程噪声与量测噪声之间的相关性。

在量测方程式(4.2)右边加上一项等于零的项，有

$$\boldsymbol{z}_{k+1}^*=k_{k+1}(\boldsymbol{x}_{k+1})+\boldsymbol{\gamma}_{k+1}+\boldsymbol{G}_{k+1}(\boldsymbol{x}_{k+1}-f_k(\boldsymbol{x}_k,\boldsymbol{\omega}_k)-\boldsymbol{w}_k) \tag{4.3}$$

式中：$\boldsymbol{G}_{k+1}$为待定矩阵。记

$$\boldsymbol{h}_{k+1}^*(\boldsymbol{x}_{k+1},\boldsymbol{x}_k)=\boldsymbol{h}_{k+1}(\boldsymbol{x}_{k+1})+\boldsymbol{G}_{k+1}(\boldsymbol{x}_{k+1}-f_k(\boldsymbol{x}_k,\boldsymbol{\omega}_k)) \tag{4.4}$$

$$\boldsymbol{\gamma}_{k+1}^*=\boldsymbol{\gamma}_{k+1}-\boldsymbol{G}_{k+1}\boldsymbol{w}_k \tag{4.5}$$

则量测方程可转换为

$$\boldsymbol{z}_{k+1}^*=\boldsymbol{h}_{k+1}^*(\boldsymbol{x}_{k+1},\boldsymbol{x}_k)+\boldsymbol{\gamma}_{k+1}^* \tag{4.6}$$

$$E[\boldsymbol{\gamma}_{k+1}^*]=\boldsymbol{0} \tag{4.7}$$

$$\begin{aligned}\boldsymbol{R}_{k+1}^{*}&=E[\boldsymbol{\gamma}_{k+1}^{*}(\boldsymbol{\gamma}_{k+1}^{*})^{\mathrm{T}}]=E[(\boldsymbol{\gamma}_{k+1}-\boldsymbol{G}_{k+1}\boldsymbol{w}_{k})(\boldsymbol{\gamma}_{k+1}-\boldsymbol{G}_{k+1}\boldsymbol{w}_{k})^{\mathrm{T}}]\\&=E[\boldsymbol{\gamma}_{k+1}\boldsymbol{\gamma}_{k+1}^{\mathrm{T}}]-\boldsymbol{G}_{k+1}E[\boldsymbol{w}_{k}\boldsymbol{w}_{k}^{\mathrm{T}}]\boldsymbol{G}_{k+1}^{\mathrm{T}}\\&=\boldsymbol{R}_{k+1}-\boldsymbol{G}_{k+1}\boldsymbol{Q}_{k}\boldsymbol{G}_{k+1}^{\mathrm{T}}\end{aligned}\tag{4.8}$$

式中:z_{k+1}^{*}为重新构造的伪量测;$\boldsymbol{\gamma}_{k+1}^{*}$为伪量测白噪声。由于$\boldsymbol{\gamma}_{k+1}^{*}$与$\boldsymbol{w}_k$无关,则满足$E[\boldsymbol{w}_k(\boldsymbol{\gamma}_{k+1}^{*})^{\mathrm{T}}]=\boldsymbol{0}$,即

$$E[\boldsymbol{w}_k(\boldsymbol{\gamma}_{k+1}^{*})^{\mathrm{T}}]=E[\boldsymbol{w}_k(\boldsymbol{\gamma}_{k+1}-\boldsymbol{G}_{k+1}\boldsymbol{w}_k)^{\mathrm{T}}]=\boldsymbol{S}_k-\boldsymbol{Q}_k\boldsymbol{G}_{k+1}^{\mathrm{T}}=\boldsymbol{0}\tag{4.9}$$

则可得

$$\boldsymbol{G}_{k+1}=\boldsymbol{S}_k^{\mathrm{T}}\boldsymbol{Q}_k^{-1}\tag{4.10}$$

将式(4.10)代入式(4.9)可得伪量测噪声$\boldsymbol{\gamma}_{k+1}^{*}$的方差为

$$\boldsymbol{R}_{k+1}^{*}=\boldsymbol{R}_{k+1}-\boldsymbol{G}_{k+1}\boldsymbol{Q}_k\boldsymbol{G}_{k+1}^{\mathrm{T}}=\boldsymbol{R}_{k+1}-\boldsymbol{S}_k^{\mathrm{T}}\boldsymbol{Q}_k^{-1}\boldsymbol{Q}_k\boldsymbol{Q}_k^{-1}\boldsymbol{S}_k=\boldsymbol{R}_{k+1}-\boldsymbol{S}_k^{\mathrm{T}}\boldsymbol{Q}_k^{-1}\boldsymbol{S}_k\tag{4.11}$$

由此就得到了量测噪声与过程噪声无关的伪量测$\boldsymbol{z}_{k+1}^{*}$。

通过重构伪量测的方法解除了过程噪声与量测噪声之间的相关性,带异步相关噪声量测$\boldsymbol{z}_{k+1}^{*}$的蛇形机动目标运动状态估计与转弯角速度辨识问题,相应地等价转化为基于伪量测z_{k+1}^{*}的蛇形机动目标运动状态估计与转弯角速度辨识问题。

4.2.2 基于系统重构的角速度解耦策略

由于蛇形机动目标(Zigzag Maneuver Targer,ZMT)的转弯角速度$\boldsymbol{w}_k$这一未知参数非线性耦合在状态转移矩阵$\boldsymbol{f}_k(\boldsymbol{x}_k,\boldsymbol{w}_k)$中,导致传统的辨识算法仅能依靠数值方法获得转弯角速度的近似解,辨识精度受限,因此为了获取转弯角速度的解析解,进一步提高角速度辨识的精度,就需要解除转弯角速度与状态转移矩阵之间的非线性耦合关系。本节在原有系统模型的基础上,通过重新构造了一个待辨识变量$\boldsymbol{\theta}$,将转弯角速度从状态转移矩阵中提取出来,重新构造了一个状态方程,从而解除了这种耦合性,有

$$\boldsymbol{x}_{k+1}=\boldsymbol{F}(\boldsymbol{x}_k)\boldsymbol{\theta}+\boldsymbol{x}_k+\boldsymbol{w}_k\tag{4.12}$$

式中:

$$\boldsymbol{F}(\boldsymbol{x}_k)=\begin{bmatrix}\dot{x}_k & -\dot{y}_k & 0 & 0\\ 0 & 0 & \dot{x}_k & -\dot{y}_k\\ \dot{y}_k & \dot{x}_k & 0 & 0\\ 0 & 0 & \dot{y}_k & \dot{x}_k\end{bmatrix}$$

$$\boldsymbol{\theta}=[\boldsymbol{\theta}_1\quad\boldsymbol{\theta}_2\quad\boldsymbol{\theta}_3\quad\boldsymbol{\theta}_4]^{\mathrm{T}}$$

且$\boldsymbol{\theta}_1=\sin(\omega_kT)/\omega_k$;$\boldsymbol{\theta}_2=(1-\cos(\omega_kT))/\omega_k$;$\boldsymbol{\theta}_3=1-\cos(\omega_kT)$;$\boldsymbol{\theta}_4=\sin(\omega_kT)$,则首先辨识出参数$\boldsymbol{\theta}$,进而根据$\hat{\boldsymbol{w}}_k=\hat{\boldsymbol{\theta}}_{k,4}/\hat{\boldsymbol{\theta}}_{k,1}$,可以获得转弯角速度$\omega_k$的解析解。

4.3 基于 HCKS - EM 的联合估计与辨识算法

基于最大似然估计准则,本章提出了一种带异步相关噪声的联合估计与辨识算法,该算法主要包括 E - step 和 M - step 两个部分。其中,E - step 基于当前估计的角速度并利用带异步相关噪声的高斯近似滤波器与平滑器获得的后验平滑概率密度和联合分布概率密度,近似计算完整数据似然函数的条件期望,进而实现了机动目标的状态估计;M - step 通过极大化条件期望函数进而更新获得参数 $\boldsymbol{\theta}$ 的辨识量,并将其应用于下一次迭代 E - step 的状态估计中,不断迭代直到满足设定的要求为止,最终实现了参数 $\boldsymbol{\theta}$ 与目标运动状态的联合估计与辨识。辨识得到参数 $\boldsymbol{\theta}$ 后,再依据转弯角速度与参数 $\boldsymbol{\theta}$ 之间的数学关系,求得转弯角速度 ω_k 的解析解。

基于 EM 算法的联合估计与辨识的框架已在第 3 章进行了总结,在此就不再赘述。本章所提出的联合估计与辨识算法的流程图如图 4.1 所示。

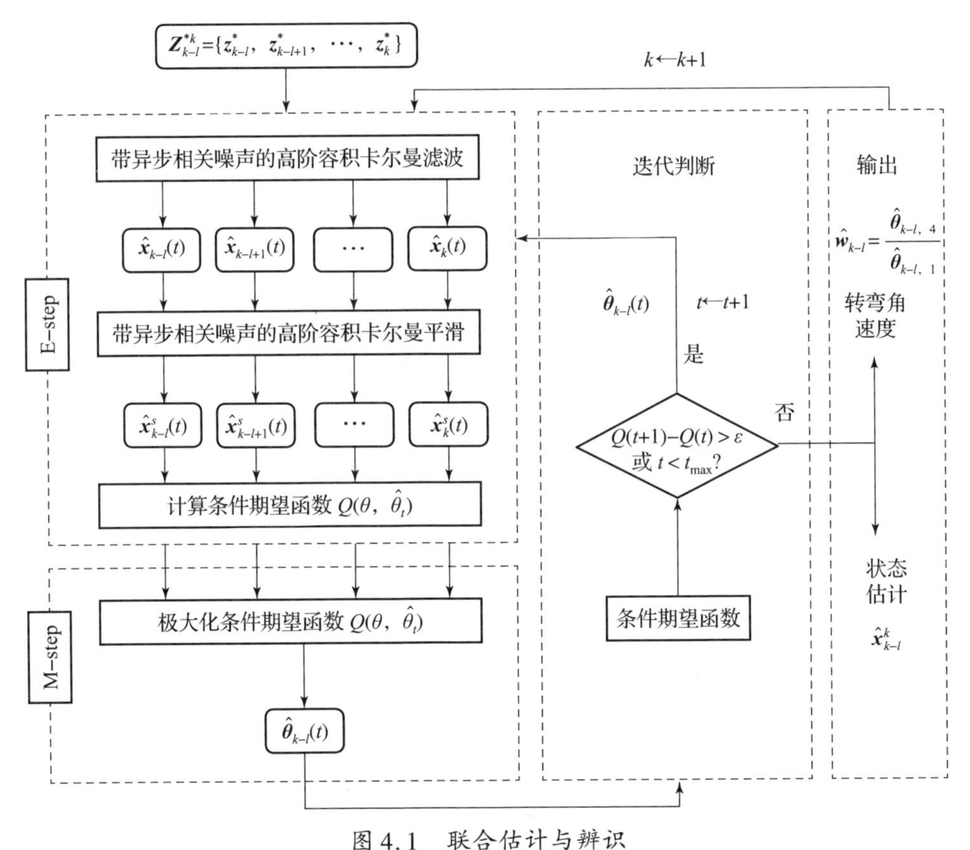

图 4.1 联合估计与辨识

根据贝叶斯准则可知

$$p_\theta(\boldsymbol{X}_{k-l-1}^k,\boldsymbol{Z}_{k-l}^{*k}\mid \boldsymbol{Z}_1^{*k-l-1}) = p_\theta(\boldsymbol{Z}_{k-l}^{*k}\mid \boldsymbol{Z}_1^{*k-l-1})p_\theta(\boldsymbol{X}_{k-l-1}^k\mid \boldsymbol{Z}_1^{*k})$$
$$= p_{\boldsymbol{\theta}}(\boldsymbol{x}_{k-l-1}\mid \boldsymbol{Z}_1^{*k-l-1})\prod_{i=0}^{l} p_{\boldsymbol{\theta}}(\boldsymbol{x}_{k-i}\mid \boldsymbol{x}_{k-i-1})\prod_{i=0}^{l} p_{\boldsymbol{\theta}}(\boldsymbol{z}_{k-i}^*\mid \boldsymbol{x}_{k-i}) \tag{4.13}$$

则完备数据对数似然函数可以分解为

$$L_\theta(\boldsymbol{X}_{k-l-1}^k,\boldsymbol{Z}_{k-l}^{*k}\mid \boldsymbol{Z}_1^{*k-l-1}) = \ln(p_{\boldsymbol{\theta}}(\boldsymbol{x}_{k-l-1}\mid \boldsymbol{Z}_1^{*k-l-1})) + \sum_{i=0}^{l}\ln(p_{\boldsymbol{\theta}}(\boldsymbol{x}_{k-i}\mid \boldsymbol{x}_{k-i-1})) + \sum_{i=0}^{l}\ln(p_{\boldsymbol{\theta}}(\boldsymbol{z}_{k-i}^*\mid \boldsymbol{x}_{k-i})) \tag{4.14}$$

给定第 t 次迭代后得到参数 $\boldsymbol{\theta}$ 的估计值 $\hat{\boldsymbol{\theta}}_t$，则完备数据的对数似然函数的条件期望为

$$Q(\boldsymbol{\theta},\hat{\boldsymbol{\theta}}_t) = I_1 + I_2 + I_3 \tag{4.15}$$

$$I_1 = \int \log p_{\boldsymbol{\theta}}(\boldsymbol{x}_{k-l-1}\mid \boldsymbol{Z}_1^{*k-l-1})p_{\hat{\boldsymbol{\theta}}_t}(\boldsymbol{x}_{k-l-1}\mid \boldsymbol{Z}_1^{*k})\mathrm{d}\boldsymbol{x}_{k-l-1} \tag{4.16}$$

$$I_2 = \sum_{i-0}^{l}\iint \log p_{\boldsymbol{\theta}}(\boldsymbol{x}_{k-i}\mid \boldsymbol{x}_{k-i-1})p_{\hat{\boldsymbol{\theta}}_t}(\boldsymbol{x}_{k-i},\boldsymbol{x}_{k-i-1}\mid \boldsymbol{Z}_1^{*k})\mathrm{d}\boldsymbol{x}_{k-i}\mathrm{d}\boldsymbol{x}_{k-i-1} \tag{4.17}$$

$$I_3 = \sum_{i=0}^{l}\iint \log p_{\boldsymbol{\theta}}(\boldsymbol{z}_{k-i}^*\mid \boldsymbol{x}_{k-i},\boldsymbol{x}_{k-i-1})p_{\hat{\boldsymbol{\theta}}_t}(\boldsymbol{x}_{k-i},\boldsymbol{x}_{k-i-1}\mid \boldsymbol{Z}_1^{*k})\mathrm{d}\boldsymbol{x}_{k-i}\mathrm{d}\boldsymbol{x}_{k-i-1} \tag{4.18}$$

当 $l=k-1$ 时，I_1 是一个常数，与待辨识量 $\boldsymbol{\theta}$ 无关；当 $0\leqslant l<k-1$ 时，I_1 与 $\boldsymbol{\theta}$ 相关性较弱。同时，为了降低运行时间成本，辨识算法应尽量关注当前时刻的数据或者邻近时刻的数据，所以在本书中仅仅考虑 I_2 和 I_3 对条件期望函数的影响。

根据式(4.1)和式(4.2)的 Markov 特性可知

$$p_{\boldsymbol{\theta}}(\boldsymbol{x}_{k-i}\mid \boldsymbol{x}_{k-i-1}) \sim N(\boldsymbol{x}_{k-i};F(\boldsymbol{x}_{k-i-1})\boldsymbol{\theta}+\boldsymbol{x}_{k-i-1},\boldsymbol{Q}) \tag{4.19}$$

$$p_{\boldsymbol{\theta}}(\boldsymbol{z}_{k-i}^*\mid \boldsymbol{x}_{k-i},\boldsymbol{x}_{k-i-1}) \sim N(\boldsymbol{z}_{k-i}^*;\boldsymbol{h}_{k-i}^*(\boldsymbol{x}_{k-i},\boldsymbol{x}_{k-i-1}),\boldsymbol{R}_{k-i}^*) \tag{4.20}$$

将式(4.19)和式(4.20)分别代入 I_2 和 I_3 中，可知 I_3 明显与未知参数 $\boldsymbol{\theta}$ 无关。因此，在辨识参数 $\boldsymbol{\theta}$ 时，仅仅考虑 I_2 对条件期望函数的影响，即条件期望函数 $Q(\boldsymbol{\theta},\hat{\boldsymbol{\theta}}_t)$ 的大小仅取决于 I_2 的大小。

EM 算法通过不断迭代求得 $Q(\boldsymbol{\theta},\hat{\boldsymbol{\theta}}_t)$ 的最大似然估计，每次迭代过程包含两个部分：E - step 和 M - step。下面分别给出 E - step 和 M - step 的计算方法。

4.3.1 E－step

E－step 的主要任务是给定第 t 次迭代时的角速度估计值 $\hat{\boldsymbol{\theta}}_t$ 的前提下，计算条件期望函数 $Q(\boldsymbol{\theta},\hat{\boldsymbol{\theta}}_t)$。从式(4.16)～式(4.18)可以看出，条件期望函数$Q(\boldsymbol{\theta},\hat{\boldsymbol{\theta}}_t)$的计算依赖于后验平滑概率密度 $p_{\hat{\boldsymbol{\theta}}_t}(\boldsymbol{x}_{k-l-1}|\boldsymbol{Z}_1^{*k})$ 和 $p_{\hat{\boldsymbol{\theta}}_t}(\boldsymbol{x}_{k-i},\boldsymbol{x}_{k-i-1}|\boldsymbol{Z}_1^{*k})$。因此，为了计算条件期望函数 $Q(\boldsymbol{\theta},\hat{\boldsymbol{\theta}}_t)$，本章针对过程噪声与量测噪声的异步相关特性，提出了带异步相关噪声的高阶容积卡尔曼滤波器和平滑器。

4.3.1.1 带异步相关噪声的高阶容积卡尔曼滤波器和平滑器

1. 带异步相关噪声的高斯近似滤波器

引理 4.1 假设矩阵 $\boldsymbol{A}\in\mathbb{R}^n,\boldsymbol{B}\in\mathbb{R}^{m\times n},\boldsymbol{C}\in\mathbb{R}^m$，如果 $\boldsymbol{A}$ 和 $\boldsymbol{C}$ 为对称可逆阵，且 $\boldsymbol{A}-\boldsymbol{B}\boldsymbol{C}^{-1}\boldsymbol{B}^{\mathrm{T}}$ 可逆，则有以下结论成立。

(1) $\boldsymbol{C}-\boldsymbol{B}^{\mathrm{T}}\boldsymbol{A}^{-1}\boldsymbol{B}$ 以及 $\boldsymbol{D}=\begin{bmatrix}\boldsymbol{A} & \boldsymbol{B}\\ \boldsymbol{B}^{\mathrm{T}} & \boldsymbol{C}\end{bmatrix}$均可逆。

(2) $\boldsymbol{D}^{-1}=\begin{bmatrix}(\boldsymbol{A}-\boldsymbol{B}\boldsymbol{C}^{-1}\boldsymbol{B}^{\mathrm{T}})^{-1} & -\boldsymbol{A}^{-1}\boldsymbol{B}(\boldsymbol{C}-\boldsymbol{B}^{\mathrm{T}}\boldsymbol{A}^{-1}\boldsymbol{B})^{-1}\\ -\boldsymbol{C}^{-1}\boldsymbol{B}^{\mathrm{T}}(\boldsymbol{A}-\boldsymbol{B}\boldsymbol{C}^{-1}\boldsymbol{B}^{\mathrm{T}})^{-1} & (\boldsymbol{C}-\boldsymbol{B}^{\mathrm{T}}\boldsymbol{A}^{-1}\boldsymbol{B})^{-1}\end{bmatrix}$

(3) $\boldsymbol{D}^{-1}-\begin{bmatrix}0 & 0\\ 0 & \boldsymbol{C}^{-1}\end{bmatrix}=[\boldsymbol{I}_n \quad -\boldsymbol{B}\boldsymbol{C}^{-1}]^{\mathrm{T}}(\boldsymbol{A}-\boldsymbol{B}\boldsymbol{C}^{-1}\boldsymbol{B}^{\mathrm{T}})^{-1}[\boldsymbol{I}_n \quad -\boldsymbol{B}\boldsymbol{C}^{-1}]$

假设 4.1 状态 $\boldsymbol{x}_{k+1}$在伪量测集合 $\boldsymbol{Z}_1^{*k}$ 条件下的概率分布 $p(\boldsymbol{x}_{k+1}|\boldsymbol{Z}_1^{*k})$服从高斯分布，即

$$p(\boldsymbol{x}_{k+1}|\boldsymbol{Z}_1^{*k})=N(\boldsymbol{x}_{k+1};\hat{\boldsymbol{x}}_{k+1|k},\boldsymbol{P}_{k+1|k}),\quad k\geqslant 0 \tag{4.21}$$

假设 4.2 伪量测 $\boldsymbol{z}_{k+1}^*$在伪量测集合 $\boldsymbol{Z}_1^{*k}$ 条件下的概率分布 $p(\boldsymbol{z}_{k+1}^*|\boldsymbol{Z}_1^{*k})$服从高斯分布，即

$$p(\boldsymbol{z}_{k+1}^*|\boldsymbol{Z}_1^{*k})=N(\boldsymbol{z}_{k+1}^*;\hat{\boldsymbol{z}}_{k+1|k}^*,\boldsymbol{P}_{k+1|k}^{z^*z^*}),\quad k\geqslant 0 \tag{4.22}$$

根据假设 4.1 和假设 4.2 可知，状态 $\boldsymbol{x}_{k+1}$ 和伪量测 $\boldsymbol{z}_{k+1}^*$ 在伪量测集合 $\boldsymbol{Z}_1^{*k}$ 条件下的联合概率分布 $p(\boldsymbol{x}_{k+1},\boldsymbol{z}_{k+1}^*|\boldsymbol{Z}_1^{*k})$亦服从高斯分布，即

$$p(\boldsymbol{x}_{k+1},\boldsymbol{z}_{k+1}^*|\boldsymbol{Z}_1^{*k})=N\left(\begin{bmatrix}\boldsymbol{x}_{k+1}\\ \boldsymbol{z}_{k+1}^*\end{bmatrix};\begin{bmatrix}\hat{\boldsymbol{x}}_{k+1|k}\\ \hat{\boldsymbol{z}}_{k+1|k}^*\end{bmatrix},\begin{bmatrix}\boldsymbol{P}_{k+1|k} & \boldsymbol{P}_{k+1|k}^{xz^*}\\ (\boldsymbol{P}_{k+1|k}^{xz^*})^T & \boldsymbol{P}_{k+1|k}^{z^*z^*}\end{bmatrix}\right) \tag{4.23}$$

假设 4.3 $\boldsymbol{P}_{k+1|k},\boldsymbol{P}_{k+1|k}^{z^*z^*},\boldsymbol{P}_{k+1|k}-\boldsymbol{P}_{k,k+1|k}^{xz^*}\boldsymbol{P}_{k+1|k}^{z^*z^*}(\boldsymbol{P}_{k+1|k}^{xz^*})^{\mathrm{T}}$ 均可逆

在给出带异步相关噪声的高斯近似滤波器之前，首先给出定义为

$$\begin{cases}\hat{\boldsymbol{x}}_{k|k}=E[\boldsymbol{x}_k|\boldsymbol{Z}_1^{*k}] & \boldsymbol{P}_{k|k}=E[\tilde{\boldsymbol{x}}_{k|k}\tilde{\boldsymbol{x}}_{k|k}^{\mathrm{T}}|\boldsymbol{Z}_1^{*k}]\\ \hat{\boldsymbol{x}}_{k+1|k}=E[\boldsymbol{x}_{k+1}|\boldsymbol{Z}_1^{*k}] & \boldsymbol{P}_{k+1|k}=E[\tilde{\boldsymbol{x}}_{k+1|k}\tilde{\boldsymbol{x}}_{k+1|k}^{\mathrm{T}}|\boldsymbol{Z}_1^{*k}]\\ \hat{z}_{k+1|k}^{*}=E[z_{k+1}^{*}|\boldsymbol{Z}_1^{*k}] & \boldsymbol{P}_{k+1|k}^{z^*z^*}=E[\tilde{z}_{k+1|k}^{*}(\tilde{z}_{k+1|k}^{*})^{\mathrm{T}}|\boldsymbol{Z}_1^{*k}]\\ \boldsymbol{P}_{k+1,k|k}=E[\tilde{\boldsymbol{x}}_{k+1|k}\tilde{\boldsymbol{x}}_{k|k}^{\mathrm{T}}|\boldsymbol{Z}_1^{*k}] & \boldsymbol{P}_{k,k+1|k+1}=E[\tilde{\boldsymbol{x}}_{k|k+1}\tilde{\boldsymbol{x}}_{k+1|k+1}^{\mathrm{T}}|\boldsymbol{Z}_1^{*k+1}]\\ \boldsymbol{P}_{k,k+1|k}^{xz^*}=E[\tilde{\boldsymbol{x}}_{k|k}(\tilde{z}_{k+1|k}^{*})^{\mathrm{T}}|\boldsymbol{Z}_1^{*k}] & \boldsymbol{P}_{k+1|k}^{xz^*}=E[\tilde{\boldsymbol{x}}_{k+1|k}(\tilde{z}_{k+1|k}^{*})^{\mathrm{T}}|\boldsymbol{Z}_1^{*k}]\end{cases}\tag{4.24}$$

根据式(4.3)~式(4.5)可知,伪量测 z_{k+1}^{*} 是 $\boldsymbol{x}_k$ 和 $\boldsymbol{x}_{k+1}$ 的函数,因此为了计 $\hat{z}_{k+1|k}^{*}$,$\boldsymbol{P}_{k+1|k}^{z^*z^*}$ 和 $\boldsymbol{P}_{k+1|k}^{xz^*}$ 必须对状态进行扩维,从而重新构造了一个状态变量,即

$$\boldsymbol{x}_{k+1}^{a}=[\boldsymbol{x}_{k+1}^{\mathrm{T}}\quad \boldsymbol{x}_k^{\mathrm{T}}]^{\mathrm{T}}\tag{4.25}$$

则在伪量测 $\boldsymbol{Z}_1^{*k}$ 集合的条件下,扩维状态 $\boldsymbol{x}_{k+1}^{a}$ 的概率分布服从均值为 $\hat{\boldsymbol{x}}_{k+1|k}^{a}$、协方差为 $\boldsymbol{P}_{k+1|k}^{a}$ 的高斯分布,即

$$\begin{cases}\hat{\boldsymbol{x}}_{k+1|k}^{a}=[\hat{\boldsymbol{x}}_{k+1|k}^{\mathrm{T}}\quad \hat{\boldsymbol{x}}_{k|k}^{\mathrm{T}}]^{\mathrm{T}}\\ \boldsymbol{P}_{k+1|k}^{a}=\begin{bmatrix}\boldsymbol{P}_{k+1|k} & \boldsymbol{P}_{k,k+1|k}^{\mathrm{T}}\\ \boldsymbol{P}_{k,k+1|k} & \boldsymbol{P}_{k|k}\end{bmatrix}\end{cases}\tag{4.26}$$

定理 4.1 基于最小方差估计准则和伪量测值 $\boldsymbol{Z}_1^{*k+1}=\{z_1^{*},z_2^{*},\cdots,z_{k+1}^{*}\}$,以及假设 4.1 的前提下,带异步相关噪声的高斯近似滤波框架为

状态预测为

$$\begin{cases}\hat{\boldsymbol{x}}_{k+1|k}=\int \boldsymbol{f}_k(\boldsymbol{x}_k,\omega_k)N(\boldsymbol{x}_k;\hat{\boldsymbol{x}}_{k|k},\boldsymbol{P}_{k|k})\mathrm{d}\boldsymbol{x}_k\\ \boldsymbol{P}_{k+1|k}=\int \boldsymbol{f}_k(\boldsymbol{x}_k,\omega_k)\boldsymbol{f}_k^{\mathrm{T}}(\boldsymbol{x}_k,\omega_k)N(\boldsymbol{x}_k;\hat{\boldsymbol{x}}_{k|k},\boldsymbol{P}_{k|k})\mathrm{d}\boldsymbol{x}_k-\hat{\boldsymbol{x}}_{k+1|k}\hat{\boldsymbol{x}}_{k+1|k}^{\mathrm{T}}+\boldsymbol{Q}\\ \boldsymbol{P}_{k+1,k|k}=\int \boldsymbol{f}_k(\boldsymbol{x}_k,\omega_k)\boldsymbol{x}_k^{\mathrm{T}}(\boldsymbol{x}_k,\omega_k)N(\boldsymbol{x}_k;\hat{\boldsymbol{x}}_{k|k},\boldsymbol{P}_{k|k})\mathrm{d}\boldsymbol{x}_k-\hat{\boldsymbol{x}}_{k+1|k}\hat{\boldsymbol{x}}_{k|k}^{\mathrm{T}}\end{cases}\tag{4.27}$$

伪量测预测以及误差协方差矩阵为

$$\begin{cases}\hat{z}_{k+1|k}^{*}=\int \boldsymbol{h}_{k+1}^{*}(\boldsymbol{x}_{k+1}^{a})N(\boldsymbol{x}_{k+1}^{a};\hat{\boldsymbol{x}}_{k+1|k}^{a},\boldsymbol{P}_{k+1|k}^{a})\mathrm{d}\boldsymbol{x}_{k+1}^{a}\\ \boldsymbol{P}_{k+1|k}^{z^*z^*}=\int \boldsymbol{h}_{k+1}^{*}(\boldsymbol{x}_{k+1}^{a})(\boldsymbol{h}_{k+1}^{*}(\boldsymbol{x}_{k+1}^{a}))^{\mathrm{T}}N(\boldsymbol{x}_{k+1}^{a};\hat{\boldsymbol{x}}_{k+1|k}^{a},\boldsymbol{P}_{k+1|k}^{a})\mathrm{d}\boldsymbol{x}_{k+1}^{a}-\hat{z}_{k+1|k}^{*}(\hat{z}_{k+1|k}^{*})^{\mathrm{T}}+\boldsymbol{R}_{k+1}^{*}\\ \boldsymbol{P}_{k+1|k}^{xz^*}=\int \boldsymbol{x}_{k+1}(\boldsymbol{h}_{k+1}^{*}(\boldsymbol{x}_{k+1}^{a}))^{\mathrm{T}}N(\boldsymbol{x}_{k+1}^{a};\hat{\boldsymbol{x}}_{k+1|k}^{a},\boldsymbol{P}_{k+1|k}^{a})\mathrm{d}\boldsymbol{x}_{k+1}^{a}-\hat{\boldsymbol{x}}_{k+1|k}(\hat{z}_{k+1|k}^{*})^{\mathrm{T}}\end{cases}\tag{4.28}$$

滤波更新为

$$
\begin{cases}
\hat{\boldsymbol{x}}_{k+1} = \hat{\boldsymbol{x}}_{k+1|k} + \boldsymbol{K}_{k+1}^{x}(\boldsymbol{z}_{k+1}^{*} - \hat{\boldsymbol{z}}_{k+1|k}^{*}) \\
\boldsymbol{P}_{k+1} = \boldsymbol{P}_{k+1|k} - \boldsymbol{K}_{k+1}^{x}\boldsymbol{P}_{k+1|k}^{z^{*}z^{*}}(\boldsymbol{K}_{k+1}^{x})^{\mathrm{T}} \\
\boldsymbol{K}_{k+1}^{x} = \boldsymbol{P}_{k+1|k}^{xz^{*}}(\boldsymbol{P}_{k+1|k}^{z^{*}z^{*}})^{-1}
\end{cases} \tag{4.29}
$$

式中:$\boldsymbol{K}_{k+1}^{x}$为滤波增益矩阵。

证明:

根据贝叶斯准则可知

$$
p(\boldsymbol{x}_{k+1} | \boldsymbol{Z}_1^{*k}) = \frac{p(\boldsymbol{x}_{k+1}, \boldsymbol{z}_{k+1}^{*} | \boldsymbol{Z}_1^{*k})}{p(\boldsymbol{z}_{k+1}^{*} | \boldsymbol{Z}_1^{*k})} \tag{4.30}
$$

根据引理4.1,假设4.1以及假设4.2可知

$$
\begin{aligned}
p(\boldsymbol{x}_{k+1}, \boldsymbol{z}_{k+1}^{*} | \boldsymbol{Z}_1^{*k}) = & \frac{1}{((2\pi)^n |\boldsymbol{P}_{k+1|k} - \boldsymbol{P}_{k,k+1|k}^{xz^{*}}\boldsymbol{P}_{k+1|k}^{z^{*}z^{*}}(\boldsymbol{P}_{k+1|k}^{xz^{*}})^{\mathrm{T}}|)^{\frac{1}{2}}} \times \\
& \exp\left[-\frac{1}{2}\begin{pmatrix}\tilde{\boldsymbol{x}}_{k+1|k} \\ \tilde{\boldsymbol{z}}_{k+1|k}^{*}\end{pmatrix}^{\mathrm{T}}\left(\begin{bmatrix}\boldsymbol{P}_{k+1|k} & \boldsymbol{P}_{k+1|k}^{xz^{*}} \\ (\boldsymbol{P}_{k+1|k}^{xz^{*}})^{\mathrm{T}} & \boldsymbol{P}_{k+1|k}^{z^{*}z^{*}}\end{bmatrix}^{-1} - \right.\right. \\
& \left.\left.\begin{bmatrix}0 & 0 \\ 0 & (\boldsymbol{P}_{k+1|k}^{z^{*}z^{*}})^{-1}\end{bmatrix}\right)\begin{pmatrix}\tilde{\boldsymbol{x}}_{k+1|k} \\ \tilde{\boldsymbol{z}}_{k+1|k}^{*}\end{pmatrix}\right] p(\boldsymbol{z}_{k+1}^{*} | \boldsymbol{Z}_1^{*k})
\end{aligned} \tag{4.31}
$$

式中:$\tilde{\boldsymbol{x}}_{k+1|k} = \boldsymbol{x}_{k+1} - \hat{\boldsymbol{x}}_{k+1}$, $\tilde{\boldsymbol{z}}_{k+1|k}^{*} = \boldsymbol{z}_{k+1}^{*} - \hat{\boldsymbol{z}}_{k+1|k}^{*}$。

将式(4.31)代入式(4.30)中,并结合引理4.1可得

$$
p(\boldsymbol{x}_{k+1} | Z_1^{*k}) = N(\boldsymbol{x}_{k+1}; \hat{\boldsymbol{x}}_{k+1}, \boldsymbol{P}_{k+1}) \tag{4.32}
$$

证明完毕

通过将状态转移函数式(4.1)代入式(4.32)中的$\hat{\boldsymbol{x}}_{k+1|k}$,$\boldsymbol{P}_{k+1|k}$,$\boldsymbol{P}_{k+1,k|k}$的相关定义中,可得

$$
\hat{\boldsymbol{x}}_{k+1|k} = E[\boldsymbol{f}_k(\boldsymbol{x}_k, \omega_k) + \boldsymbol{w}_k | Z_1^{*k}] \tag{4.33}
$$

$$
\begin{aligned}
\boldsymbol{P}_{k+1|k} &= E[\tilde{\boldsymbol{x}}_{k+1|k}\tilde{\boldsymbol{x}}_{k+1|k}^{\mathrm{T}} | Z_1^{*k}] \\
&= E[\boldsymbol{f}_k(\boldsymbol{x}_k, \omega_k)\boldsymbol{f}_k^{\mathrm{T}}(\boldsymbol{x}_k, \omega_k) | Z_1^{*k}] + E[\boldsymbol{v}_k\boldsymbol{w}_k^{\mathrm{T}} | Z_1^{*k}] - \hat{\boldsymbol{x}}_{k+1|k}\hat{\boldsymbol{x}}_{k+1|k}^{\mathrm{T}}
\end{aligned} \tag{4.34}
$$

$$
\boldsymbol{P}_{k,k+1|k} = E[\tilde{\boldsymbol{x}}_k, \tilde{\boldsymbol{x}}_{k+1|k}^{\mathrm{T}} | Z_1^{*k}] = E[\boldsymbol{x}_k\boldsymbol{f}_k^{\mathrm{T}}(\boldsymbol{x}_k, \omega_k) | Z_1^{*k}] - \hat{\boldsymbol{x}}_{k|k}\hat{\boldsymbol{x}}_{k+1|k}^{r\mathrm{T}} \tag{4.35}
$$

已知高斯分布$p(\boldsymbol{x}_k | \boldsymbol{Z}_1^{*k})$的均值$\hat{\boldsymbol{x}}_k$和协方差$\boldsymbol{P}_k$,结合式(4.33)和式(4.35),可以计算得到式(4.27)。

将状态转移函数式(4.1)以及量测函数式(4.6)代入式(4.24)中的$\hat{z}_{k+1|k}^{*}$,$\boldsymbol{P}_{k+1|k}^{z^{*}z^{*}}$和$\boldsymbol{P}_{k+1|k}^{xz^{*}}$的相关定义中,可得

$$
\hat{\boldsymbol{z}}_{k+1|k}^{*} = E[\boldsymbol{z}_{k+1}^{*} | Z_1^{*}] = E[\boldsymbol{h}_{k+1}^{*}(\boldsymbol{x}_{k+1}, \boldsymbol{x}_k) + \boldsymbol{\gamma}_{k+1}^{*} | Z_1^{*k}] \tag{4.36}
$$

$$\begin{aligned}\boldsymbol{P}_{k+1|k}^{z^*z^*} &= E[\tilde{\boldsymbol{z}}_{k+1|k}^*(\tilde{\boldsymbol{z}}_{k+1|k}^*)^{\mathrm{T}} \mid Z_1^{*k}] \\ &= E[\boldsymbol{h}_{k+1}^*(\boldsymbol{x}_{k+1},\boldsymbol{x}_k)(\boldsymbol{h}_{k+1}^*(\boldsymbol{x}_{k+1},\boldsymbol{x}_k))^{\mathrm{T}} \mid Z_1^{*k}] + \\ &\quad E[\gamma_{k+1}^*(\gamma_{k+1}^*)^{\mathrm{T}} \mid Z_1^{*k}] - \tilde{\boldsymbol{z}}_{k+1|k}^*(\tilde{\boldsymbol{z}}_{k+1|k}^*)^{\mathrm{T}}\end{aligned} \tag{4.37}$$

$$\begin{aligned}\boldsymbol{P}_{k+1|k}^{xz^*} &= E[\tilde{\boldsymbol{x}}_{k+1|k}(\tilde{\boldsymbol{z}}_{k+1|k}^*)^{\mathrm{T}} \mid Z_1^{*k}] \\ &= E[\boldsymbol{x}_{k+1}(\boldsymbol{h}_{k+1}^*(\boldsymbol{x}_{k+1},\boldsymbol{x}_k))^{\mathrm{T}} \mid Z_1^{*k}] - \hat{\boldsymbol{x}}_{k+1|k}(\hat{\boldsymbol{z}}_{k+1|k}^*)^{\mathrm{T}}\end{aligned} \tag{4.38}$$

已知高斯分布 $p(\boldsymbol{x}_{k+1}^a \mid \boldsymbol{Z}_1^{*k})$ 的均值为 $\hat{\boldsymbol{x}}_{k+1|k}^a$、协方差为 $\boldsymbol{P}_{k+1|k}^a$，结合式(4.36)和式(4.38)，可以计算得到式(4.28)。

证明完毕

2. 带异步相关噪声的高斯近似平滑器

引理 4.2 给定适当维矩阵 $\boldsymbol{F},\boldsymbol{d},\boldsymbol{Q},\boldsymbol{m},\boldsymbol{P}$，并且 $\boldsymbol{Q}$ 和 $\boldsymbol{P}$ 是正定矩阵，则有

$$\int N(\boldsymbol{x};\boldsymbol{F}\boldsymbol{\xi}+\boldsymbol{d},\boldsymbol{Q})N(\boldsymbol{\xi};\boldsymbol{m},\boldsymbol{P})\mathrm{d}\boldsymbol{\xi} = N(\boldsymbol{x};\boldsymbol{F}\boldsymbol{m}+\boldsymbol{d},\boldsymbol{Q}+\boldsymbol{F}\boldsymbol{P}\boldsymbol{F}^{\mathrm{T}})$$

根据贝叶斯准则可知，过程噪声与量测噪声异步相关条件下平滑概率密度函数 $p(\boldsymbol{x}_k \mid \boldsymbol{Z}_1^{*N})$ 可以写为

$$p(\boldsymbol{x}_k \mid \boldsymbol{Z}_1^{*N}) = \int p(\boldsymbol{x}_k,\boldsymbol{x}_{k+1} \mid \boldsymbol{Z}_1^{*N})\mathrm{d}\boldsymbol{x}_{k+1} = \int p(\boldsymbol{x}_k \mid \boldsymbol{x}_{k+1},\boldsymbol{Z}_1^{*N})p(\boldsymbol{x}_{k+1} \mid \boldsymbol{Z}_1^{*N})\mathrm{d}\boldsymbol{x}_{k+1} \tag{4.39}$$

$$p(\boldsymbol{x}_k \mid \boldsymbol{x}_{k+1},\boldsymbol{Z}_1^{*N}) = p(\boldsymbol{x}_k \mid \boldsymbol{x}_{k+1},\boldsymbol{Z}_1^{*k+1}) = \frac{p(\boldsymbol{x}_k,\boldsymbol{x}_{k+1} \mid \boldsymbol{Z}_1^{*k+1})}{p(\boldsymbol{x}_{k+1} \mid \boldsymbol{Z}_1^{*k+1})} \tag{4.40}$$

式中：$p(\boldsymbol{x}_{k+1} \mid \boldsymbol{Z}_1^{*N})$ 为 $k+1$ 时刻的平滑概率密度函数；$p(\boldsymbol{x}_{k+1} \mid \boldsymbol{Z}_1^{*k+1})$ 为滤波估计。

从式(4.39)和式(4.40)可以看出，求解平滑概率密度函数 $p(\boldsymbol{x}_k \mid \boldsymbol{Z}_1^{*N})$ 的关键在于滤波密度 $p(\boldsymbol{x}_k \mid \boldsymbol{x}_{k+1},\boldsymbol{Z}_1^{*k+1})$ 以及平滑概率密度 $p(\boldsymbol{x}_{k+1} \mid \boldsymbol{Z}_1^{*N})$ 的获取。其中，平滑概率密度 $p(\boldsymbol{x}_{k+1} \mid \boldsymbol{Z}_1^{*N})$ 服从高斯分布，即

$$p(\boldsymbol{x}_{k+1} \mid \boldsymbol{Z}_1^{*N}) = N(\boldsymbol{x}_{k+1};\hat{\boldsymbol{x}}_{k+1|N},\boldsymbol{P}_{k+1|N}) \tag{4.41}$$

因此为了求出平滑概率密度函数 $p(\boldsymbol{x}_k \mid \boldsymbol{Z}_1^{*N})$，给出以下两个定理。

定理 4.2 基于假设 4.2 以及高斯概率密度函数 $p(\boldsymbol{x}_k \mid \boldsymbol{Z}_1^{*k})$ 可知，一步后验平滑概率分布函数 $p(\boldsymbol{x}_k \mid \boldsymbol{Z}_1^{*k+1})$ 服从均值为 $\hat{\boldsymbol{x}}_{k|k+1}$、协方差矩阵为 $\boldsymbol{P}_{k|k+1}$ 的高斯分布，其中均值 $\hat{\boldsymbol{x}}_{k|k+1}$、协方差矩阵 $\boldsymbol{P}_{k|k+1}$ 可分别表示为

$$\hat{\boldsymbol{x}}_{k|k+1} = \hat{\boldsymbol{x}}_{k|k} + \boldsymbol{K}_k^s(\boldsymbol{z}_{k+1}^* - \hat{\boldsymbol{z}}_{k+1|k}^*) \tag{4.42}$$

$$\boldsymbol{P}_{k|k+1} = \boldsymbol{P}_{k|k} - \boldsymbol{K}_k^s\boldsymbol{P}_{k+1|k}^{z^*z^*}(\boldsymbol{K}_k^s)^{\mathrm{T}} \tag{4.43}$$

$$\boldsymbol{K}_k^s = \boldsymbol{P}_{k,k+1|k}^{xz^*}(\boldsymbol{P}_{k+1/k}^{z^*z^*})^{-1} \tag{4.44}$$

$$P_{k,k+1|k}^{xz^*} = \int x_k (h_{k+1}^*(x_{k+1}^a))^{\mathrm{T}} N(x_{k+1}^a; \hat{x}_{k+1|k}^a, P_{k+1|k}^a) \mathrm{d}x_{k+1}^a - \hat{x}_{k|k} (\hat{z}_{k+1|k}^*)^{\mathrm{T}} \tag{4.45}$$

式中:K_k^s 为一步平滑增益矩阵;$P_{k,k+1|k}^{xz^*}$为互协方差矩阵。

证明:

基于假设 4.2 以及高斯概率密度函数 $p(x_k | Z_1^{*k})$ 可知,状态 x_k 和伪量测 z_{k+1}^* 在伪量测集合 Z_1^{*k} 条件下的联合概率分布 $p(x_k, z_{k+1}^* | Z_1^{*k})$ 服从高斯分布,即

$$p(x_k, z_{k+1}^* | Z_1^{*k}) = N\left(\begin{bmatrix} x_k \\ z_{k+1}^* \end{bmatrix}; \begin{bmatrix} \hat{x}_{k|k} \\ \hat{z}_{k+1|k}^* \end{bmatrix}, \begin{bmatrix} P_{k|k} & P_{k,k+1|k}^{xz^*} \\ (P_{k,k+1|k}^{xz^*})^T & P_{k+1|k}^{z^*z^*} \end{bmatrix}\right) \tag{4.46}$$

根据贝叶斯准则可知

$$p(x_k | Z_1^{*k+1}) = \frac{p(x_k, z_{k+1}^* | Z_1^{*k})}{p(z_{k+1}^* | Z_1^{*k})}, \quad k \geqslant 0 \tag{4.47}$$

即 $p(x_k | Z_1^{*k+1})$ 服从高斯分布,通过将式(4.46)和式(4.22)代入式(4.46)中可求得 $p(x_k | Z_1^{*k+1})$ 的均值和协方差,如式(4.42) ~ 式(4.44)所示。

根据式(4.24)关于 $P_{k,k+1|k}^{xz^*}$的相关定义可得

$$\begin{aligned} P_{k,k+1|k}^{xz^*} &= E[\tilde{x}_{k|k} (\tilde{z}_{k+1|k}^*)^{\mathrm{T}} | Z_1^{*k}] \\ &= \int x_k (h_{k+1}^*(x_{k+1}^a))^{\mathrm{T}} N(x_{k+1}^a; \hat{x}_{k+1|\kappa}^a, P_{k+1|k}^a) \mathrm{d}x_{k+1}^a - \hat{x}_{k|k} (\hat{z}_{k+1}^*)^{\mathrm{T}} \end{aligned} \tag{4.48}$$

证明完毕

定理 4.3 基于假设 4.1、假设 4.2 及定理 4.2 可知,平滑概率密度函数 $p(x_k | Y_N)$ 的高斯近似估计的固定区间平滑状态为 $\hat{x}_{k|N}$、协方差矩阵为 $P_{k|N}$,$\hat{x}_{k|N}$ 和 $P_{k|N}$可表示为

$$\hat{x}_{k|N} = \hat{x}_{k|k+1} + A_k [\hat{x}_{k+1|N} - \hat{x}_{k+1}] \tag{4.49}$$

$$P_{k|N} = P_{k|k+1} - A_k [P_{k+1|N} - P_{k+1|k+1}]^{-1} A_k^{\mathrm{T}} \tag{4.50}$$

$$A_k = P_{k,k+1|k+1} P_{k+1|k+1}^{-1} \tag{4.51}$$

式中:A_k 为固定区间平滑增益。

$$P_{k,k+1|k+1} = P_{k,k+1|k} - K_k^s P_{k+1|k}^{z^*z^*} (K_{k+1}^x)^{\mathrm{T}} \tag{4.52}$$

证明:

根据式(4.31)和式(4.47)可知,状态量 x_k 和状态量 x_{k+1} 在伪量测集合 Z_1^{*k+1} 条件下的联合分布服从高斯分布,即

$$p(x_k, x_{k+1} | Z_1^{*k+1}) = N\left(\begin{bmatrix} x_k \\ x_{k+1} \end{bmatrix}, \begin{bmatrix} \hat{x}_{k|k+1} \\ \hat{x}_{k+1} \end{bmatrix} \middle| \begin{bmatrix} P_{k|k+1} & P_{k,k+1|k+1} \\ P_{k,k+1|k+1}^{\mathrm{T}} & P_{k+1} \end{bmatrix}\right) \tag{4.53}$$

则概率密度函数 $p(\boldsymbol{x}_k \mid \boldsymbol{x}_{k+1}, \boldsymbol{Z}_1^{*k+1})$ 满足

$$p(\boldsymbol{x}_k \mid \boldsymbol{x}_{k+1}, \boldsymbol{Z}_1^{*k+1}) = \frac{p(\boldsymbol{x}_k, \boldsymbol{x}_{k+1} \mid \boldsymbol{Z}_1^{*k+1})}{p(\boldsymbol{x}_{k+1} \mid \boldsymbol{Z}_1^{*k+1})} = N(\boldsymbol{x}_k; \hat{\boldsymbol{x}}_{k|k+1,k+1}, \boldsymbol{P}_{k|k+1,k+1}) \tag{4.54}$$

$$\hat{\boldsymbol{x}}_{k|k+1,k+1} = \hat{\boldsymbol{x}}_{k|k+1} + \boldsymbol{A}_k[\boldsymbol{x}_{k+1} - \hat{\boldsymbol{x}}_{k+1}] \tag{4.55}$$

$$\boldsymbol{P}_{k|k+1,k+1} = \boldsymbol{P}_{k|k+1} - \boldsymbol{A}_k \boldsymbol{P}_{k+1} \boldsymbol{A}_k^{\mathrm{T}} \tag{4.56}$$

将式(4.54)及式(4.41)代入式(4.39)中,并结合引理4.2,可得到式(4.49)~式(4.51)。又因为

$$\tilde{\boldsymbol{x}}_{k|k+1} = \tilde{\boldsymbol{x}}_{k|k} - \boldsymbol{K}_k^s(\boldsymbol{z}_{k+1}^* - \hat{\boldsymbol{z}}_{k+1|k}^*) \tag{4.57}$$

$$\tilde{\boldsymbol{x}}_{k+1|k+1} = \tilde{\boldsymbol{x}}_{k+1|k} - \boldsymbol{K}_{k+1}^x(\boldsymbol{z}_{k+1}^* - \hat{\boldsymbol{z}}_{k+1|k}^*) \tag{4.58}$$

将式(4.57)和式(4.58)代入式(4.24)关于 $\boldsymbol{P}_{k,k+1|k+1}$ 的相关定义中可得

$$\begin{aligned}
\boldsymbol{P}_{k,k+1|k+1} &= E[\tilde{\boldsymbol{x}}_{k|k+1}\tilde{\boldsymbol{x}}_{k+1|k+1}^{\mathrm{T}} \mid \boldsymbol{Z}_1^{*k+1}] \\
&= E[\tilde{\boldsymbol{x}}_{k|k}\tilde{\boldsymbol{x}}_{k+1|k}^{\mathrm{T}} \mid \boldsymbol{Z}_1^{*k+1}] - E[\tilde{\boldsymbol{x}}_{k|k}(\boldsymbol{z}_{k+1}^* - \hat{\boldsymbol{z}}_{k+1|k}^*)^{\mathrm{T}} \mid \boldsymbol{Z}_1^{*k+1}](\boldsymbol{K}_{k+1}^x)^{\mathrm{T}} - \\
&\quad \boldsymbol{K}_k^s E[(\boldsymbol{z}_{k+1}^* - \hat{\boldsymbol{z}}_{k+1|k}^*)\tilde{\boldsymbol{x}}_{k+1|k}^{\mathrm{T}} \mid \boldsymbol{Z}_1^{*k+1}] + \\
&\quad \boldsymbol{K}_k^s E[(\boldsymbol{z}_{k+1}^* - \hat{\boldsymbol{z}}_{k+1|k}^*)(\boldsymbol{z}_{k+1}^* - \hat{\boldsymbol{z}}_{k+1|k}^*)^{\mathrm{T}} \mid \boldsymbol{Z}_1^{*k+1}](\boldsymbol{K}_{k+1}^x)^{\mathrm{T}} \\
&= \boldsymbol{P}_{k,k+1|k} - \boldsymbol{P}_{k,k+1|k}^{xz^*}(\boldsymbol{K}_{k+1}^x)^{\mathrm{T}} - \boldsymbol{K}_k^s(\boldsymbol{P}_{k+1|k}^{xz^*})^{\mathrm{T}} + \boldsymbol{K}_k^s \boldsymbol{P}_{k+1|k}^{z^*z^*}(\boldsymbol{K}_{k+1}^x)^{\mathrm{T}}
\end{aligned} \tag{4.59}$$

结合式(4.29)和式(4.44)可知

$$\boldsymbol{K}_k^s \boldsymbol{P}_{k+1|k}^{z^*z^*}(\boldsymbol{K}_{k+1}^x)^{\mathrm{T}} = \boldsymbol{P}_{k,k+1|k}^{xz^*}(\boldsymbol{K}_{k+1}^x)^{\mathrm{T}} = \boldsymbol{K}_k^s(\boldsymbol{P}_{k+1|k}^{xz^*})^{\mathrm{T}} \tag{4.60}$$

则将式(4.60)代入式(4.59)中可得式(4.52)成立。

证明完毕

3. 算法实现过程

基于五阶球面相径容积规则的带异步相关噪声的高阶容积卡尔曼滤波器和平滑器的具体实现步骤,如表4.1和表4.2所列。

表4.1 带异步相关噪声的高阶容积卡尔曼滤波器

算法4.1　带异步相关噪声的高阶容积卡尔曼波器
1:初始化,即 $\hat{\boldsymbol{x}}_{0|0} = E[\boldsymbol{x}_0]$,$\boldsymbol{P}_{0|0} = E[\tilde{\boldsymbol{x}}_{0|0}\tilde{\boldsymbol{x}}_{0|0}^{\mathrm{T}}]$ 2:计算容积点 $\boldsymbol{x}_{k,i}(i=0,1,\cdots,2n^2)$,有 $\boldsymbol{P}_{k|k} = \boldsymbol{S}_{k|k}\boldsymbol{S}_{k|k}^{\mathrm{T}}$ $\boldsymbol{x}_{k,i} = \hat{\boldsymbol{x}}_{k|k} + \boldsymbol{\xi}_i \boldsymbol{S}_{k|k}$

续表

$$\boldsymbol{\xi}_i=\begin{cases}[0\ \ 0\ \ \cdots\ \ 0]^{\mathrm{T}}, & i=0\\ \sqrt{n+2}\boldsymbol{s}_i^{+}, & i=1,2,\cdots,n(n-1)/2\\ -\sqrt{n+2}\boldsymbol{s}_{i-n(n-1)/2}^{+}, & i=n(n-1)/2+1,\ n(n-1)/2+2,\cdots,n(n-1)\\ \sqrt{n+2}\boldsymbol{s}_{i-n(n-1)}^{-}, & i=n(n-1)+1,\ n(n-1)+2,\cdots,3n(n-1)/2\\ -\sqrt{n+2}\boldsymbol{s}_{i-3n(n-1)/2}^{-}, & i=3n(n-1)/2+1,\ 3n(n-1)/2+2,\cdots,2n(n-1)\\ \sqrt{n+2}e_{i-2n(n-1)}, & i=2n(n-1)+1,\ 2n(n-1)+2,\cdots,n(2n-1)\\ -\sqrt{n+2}e_{i-n(2n-1)}, & i=n(2n-1)+1,\ n(2n-1)+2,\cdots,2n^2\end{cases}$$

3:计算容积点所对应的权重 ω_i,即

$$\omega_i=\begin{cases}2/(n+2), & i=0\\ 1/(n+2)^2, & i=1,2,\cdots,2n(n-1)\\ (4-n)/2\,(n+2)^2, & i=2n(n-1)+1,2n(n-1)+2,\cdots,2n^2\end{cases}$$

4:计算经状态方程传递的容积点 $\boldsymbol{\chi}_{i,k+1/k}$,即

$$\boldsymbol{\chi}_{i,k+1/k}=f_k(\boldsymbol{x}_{k,i})$$

5:计算状态一步预测量 $\hat{\boldsymbol{x}}_{k+1|k}$ 及状态误差协方差矩阵 $\boldsymbol{P}_{k+1|k}$,即

$$\hat{\boldsymbol{x}}_{k+1|k}=\sum_{i=0}^{2n^2}w_i\boldsymbol{\chi}_{i,k+1|k}$$

$$\boldsymbol{P}_{k+1|k}=\sum_{i=0}^{2n^2}w_i(\boldsymbol{\chi}_{i,k+1|k}-\hat{\boldsymbol{x}}_{k+1|k})(\boldsymbol{\chi}_{i,k+1|k}-\hat{\boldsymbol{x}}_{k+1|k})^{\mathrm{T}}+\boldsymbol{Q}_k$$

6:计算互协方差矩阵 $\boldsymbol{P}_{k,k+1|k}$,即

$$\boldsymbol{P}_{k,k+1|k}=\sum_{i=0}^{2n^2}w_i(\boldsymbol{x}_{k,i}-\hat{\boldsymbol{x}}_{k|k})(\boldsymbol{\chi}_{i,k+1|k}-\hat{\boldsymbol{x}}_{k+1|k})^{\mathrm{T}}$$

7:计算容积点引 $\boldsymbol{\zeta}_{i,k+1|k}^{\alpha}(i=0,1,\cdots,2n^2)$,有

$$\boldsymbol{P}_{k+1|k}^{\alpha}=\boldsymbol{S}_{k+1|k}^{\alpha}(\boldsymbol{S}_{k+1|k}^{\alpha})^{\mathrm{T}}$$

$$\boldsymbol{\zeta}_{i,k+1|k}^{\alpha}=\hat{\boldsymbol{x}}_{k+1|k}^{\alpha}+\boldsymbol{\xi}_i\boldsymbol{S}_{k+1|k}^{\alpha}$$

8:计算经非线性量测函数传递的容积点 $\boldsymbol{Z}_{i,k+1|k}$,即

$$\boldsymbol{Z}_{i,k+1|k}=\boldsymbol{h}_{k+1}^{*}(\boldsymbol{\zeta}_{i,k+1|k}^{a})$$

9:计算 $k+1$ 时刻的量测预测值 $\hat{z}_{k+1|k}$,量测误差协方差矩阵 $\boldsymbol{P}_{k+1|k}^{z^*z^*}$,互协方差 $\boldsymbol{P}_{k+1|k}^{xz^*}$ 以及互协方差矩阵 $\boldsymbol{P}_{k,k+1|k}^{xz^*}$,即

$$\hat{z}_{k+1|k}=\sum_{i=0}^{2n^2}w_i\boldsymbol{Z}_{i,k+1|k}$$

$$\boldsymbol{P}_{k+1|k}^{z^*z^*}z=\sum_{i=0}^{2n^2}w_i(\boldsymbol{Z}_{i,k+1|k}-\hat{z}_{k+1|k})(\boldsymbol{Z}_{i,k+1|k}-\hat{z}_{k+1|k})^{\mathrm{T}}+\boldsymbol{R}_{k+1}^{*}$$

续表

$$\boldsymbol{P}^{xz^*}_{k+1\|k}=\sum_{i=0}^{2n^2}w_i(\boldsymbol{\chi}_{i,k+1\|k}-\hat{\boldsymbol{x}}_{k+1\|k})(\boldsymbol{Z}_{i,k+1\|k}-\hat{z}_{k+1\|k})^{\mathrm{T}}\boldsymbol{P}^{xz^*}_{k,k+1\|k}$$ $$=\sum_{i=0}^{2n^2}w_i(\zeta^{\hat{x}_{k\|k}}_{i,k+1\|k}-\hat{\boldsymbol{x}}_{k\|k})(\boldsymbol{Z}_{i,k+1\|k}-\hat{z}_{k+1\|k})^{\mathrm{T}}$$
10:计算 $k+1$ 时刻的滤波增益矩阵 $\boldsymbol{K}^x_{k+1}$,即
$\boldsymbol{K}^x_{k+1}=\boldsymbol{P}^{xz^*}_{k+1\|k}(\boldsymbol{P}^{z^*z^*}_{k+1\|k})^{-1}$
11:计算 $k+1$ 时刻的状态估计值 $\hat{\boldsymbol{x}}_{k+1}$ 及误差协方差 $\boldsymbol{P}_{k+1}$,即
$\hat{\boldsymbol{x}}_{k+1}=\hat{\boldsymbol{x}}_{k+1\|k}+\boldsymbol{K}^x_{k+1}(z^*_{k+1}-\hat{z}^*_{k+1\|k})$
$\boldsymbol{P}_{k+1}=\boldsymbol{P}_{k+1\|k}-\boldsymbol{K}^x_{k+1}\boldsymbol{P}^{z^*z^*}_{k+1\|k}(\boldsymbol{K}^x_{k+1})^{\mathrm{T}}$

表 4.2 带异步相关噪声的高斯近似平滑器

算法 4.2 带异步相关噪声的高阶近似平滑器
1:For $k=N-1$:0
2: 将通过上述带异步相关噪声的高阶容积卡尔曼滤波器计算得到的 $\hat{z}^*_{k+1\|k}$,$\boldsymbol{P}^{z^*z^*}_{k+1\|k}$,$\boldsymbol{P}^{xz^*}_{k,k+1\|k}$代入定理 4.1 中求得 k 时刻的一步平滑状态量 $\hat{\boldsymbol{x}}_{k\|k+1}$、误差协方差 $\boldsymbol{P}_{k\|k+1}$以及一步平滑增益 $\boldsymbol{K}^s_k$。
3: 将通过上述带异步相关噪声的高阶容积卡尔曼滤波器计算得到的 $\hat{\boldsymbol{x}}_{k+1}$,$\boldsymbol{P}_{k+1}$,$\boldsymbol{P}_{k,k\|k+1}$,$\boldsymbol{P}^{z^*z^*}_{k+1\|k}$,$K^x_{k+1}$以及通过一步平滑所获得的 $\hat{\boldsymbol{x}}_{k\|k+1}$,$\boldsymbol{P}_{k\|k+1}$,$\boldsymbol{K}^s_k$ 代入定理 4.2 中求得 k 时刻的固定区间平滑状态量 $\hat{\boldsymbol{x}}_{k\|N}$,误差协方差 $\boldsymbol{P}_{k\|N}$以及固定区间平滑增益 $\boldsymbol{A}_k$。
4:End For

为了保证带异步相关噪声滤波算法的收敛性,状态转移函数 $\boldsymbol{f}_k(\cdot)$ 和量测函数 $\boldsymbol{h}_{k+1}(\cdot)$ 不能具有高度的非线性,噪声 $\boldsymbol{Q}_k$ 和 $\boldsymbol{R}^*_{k+1}$ 也不宜设置太大。此外,在计算协方差 $\boldsymbol{P}_{k-i\|k-i-1}$ 和 $\boldsymbol{P}^{zz}_{k-i\|k-i-1}$ 时,可以引入正定矩阵 $\Delta\boldsymbol{Q}_k$ 和 $\Delta\boldsymbol{R}^*_{k+1}$ 用于改善滤波算法的收敛性。

4.3.1.2 期望函数的计算

基于通过带异步相关噪声的高阶容积卡尔曼滤波器与平滑器所获得的平滑概率密度 $p_{\hat{\boldsymbol{\theta}}_t}(\boldsymbol{x}_{k-l-1}\mid \boldsymbol{Z}^{*k}_1)$ 和 $p_{\hat{\boldsymbol{\theta}}_t}(\boldsymbol{x}_{k-i},\boldsymbol{x}_{k-i-1}\mid \boldsymbol{Z}^{*k}_1)$,开始计算条件期望函数 $Q(\boldsymbol{\theta},\hat{\boldsymbol{\theta}}_t)$。由于条件期望函数 $Q(\boldsymbol{\theta},\hat{\boldsymbol{\theta}}_t)$ 的各个分量中,仅仅 I_2 与待辨识量 $\boldsymbol{\theta}$ 相关,故为了简化计算量,在此仅求取 I_2 的值。将式(4.19)代入式(4.17)中,可得

$$I_2 = \sum_{i=0}^{l} \iint \log p_{\boldsymbol{\theta}}(\boldsymbol{x}_{k-i} \mid \boldsymbol{x}_{k-i-1}) p_{\hat{\boldsymbol{\theta}}_t}(\boldsymbol{x}_{k-i}, \boldsymbol{x}_{k-i-1} \mid \boldsymbol{Z}_1^{*k}) \mathrm{d}\boldsymbol{x}_{k-i} \mathrm{d}\boldsymbol{x}_{k-i-1}$$

$$= C_2 + \frac{1}{2} \sum_{i=0}^{l} \iint (\boldsymbol{x}_{k-i} - \boldsymbol{x}_{k-i-1})^{\mathrm{T}} \boldsymbol{Q}^{-1} F(\boldsymbol{x}_{k-i-1}) p_{\hat{\boldsymbol{\theta}}_t}(\boldsymbol{x}_{k-i}, \boldsymbol{x}_{k-i-1} \mid \boldsymbol{Z}_1^{*k}) \mathrm{d}\boldsymbol{x}_{k-i} \mathrm{d}\boldsymbol{x}_{k-i-1} \boldsymbol{\theta} +$$

$$\frac{1}{2} \boldsymbol{\theta}^{\mathrm{T}} \sum_{i=0}^{l} \iint F(\boldsymbol{x}_{k-i-1})^{\mathrm{T}} \boldsymbol{Q}^{-1} (\boldsymbol{x}_{k-i} - \boldsymbol{x}_{k-i-1}) p_{\hat{\boldsymbol{\theta}}_t}(\boldsymbol{x}_{k-i}, \boldsymbol{x}_{k-i-1} \mid \boldsymbol{Z}_1^{*k}) \mathrm{d}\boldsymbol{x}_{k-i} \mathrm{d}\boldsymbol{x}_{k-i-1} -$$

$$\frac{1}{2} \boldsymbol{\theta}^{\mathrm{T}} \sum_{i=0}^{l} \int F(\boldsymbol{x}_{k-i-1})^{\mathrm{T}} \boldsymbol{Q}^{-1} F(\boldsymbol{x}_{k-i-1}) p_{\hat{\boldsymbol{\theta}}_t}(\boldsymbol{x}_{k-i-1} \mid \boldsymbol{Z}_1^{*k}) \mathrm{d}\boldsymbol{x}_{k-i-1} \boldsymbol{\theta} \tag{4.61}$$

为了求解 I_2,首先定义两种积分函数,即

$$\Gamma(\boldsymbol{x}_{k-i-1}) = \int F(\boldsymbol{x}_{k-i-1})^{\mathrm{T}} \boldsymbol{Q}^{-1} F(\boldsymbol{x}_{k-i-1}) p_{\hat{\boldsymbol{\theta}}_t}(\boldsymbol{x}_{k-i-1} \mid \boldsymbol{Z}_1^{*k}) \mathrm{d}\boldsymbol{x}_{k-i-1} \tag{4.62}$$

$$\Delta(\boldsymbol{x}_{k-i}, \boldsymbol{x}_{k-i-1}) = \iint F(\boldsymbol{x}_{k-i-1})^{\mathrm{T}} \boldsymbol{Q}^{-1} (\boldsymbol{x}_{k-i} - \boldsymbol{x}_{k-i-1}) p_{\hat{\boldsymbol{\theta}}_t}(\boldsymbol{x}_{k-i}, \boldsymbol{x}_{k-i-1} \mid \boldsymbol{Z}_1^{*k}) \mathrm{d}\boldsymbol{x}_{k-i-1} \mathrm{d}\boldsymbol{x}_{k-i} \tag{4.63}$$

然后分别将 $F(\boldsymbol{x}_i)$、$\boldsymbol{x}_i$ 按 $\boldsymbol{x}_i$ 的分量进行分解,有

$$F(\boldsymbol{x}_i) = \sum_{j=1}^{n} \Lambda_j \boldsymbol{x}_i^j, \ \boldsymbol{x}_i = \sum_{j=1}^{n} \Psi_j \boldsymbol{x}_i^j$$

式中:Λ_j 为常数矩阵;$\boldsymbol{x}_i^j$为 $\boldsymbol{x}_i$ 的第 j 个分量;Ψ_j 为 $n \times n$ 单位矩阵的第 j 列,其中 n 为 $\boldsymbol{x}_i$ 的维数。$\Gamma(\boldsymbol{x}_{k-i-1})$ 和 $\Delta(\boldsymbol{x}_{k-i}, \boldsymbol{x}_{k-i-1})$ 可分别表示为

$$\Gamma(\boldsymbol{x}_{k-i-1}) = \sum_{j=1}^{n} \sum_{d=1}^{n} \Lambda_j \boldsymbol{Q}^{-1} \Lambda_d \int (\boldsymbol{x}_{k-i-1}^j)^{\mathrm{T}} \boldsymbol{x}_{k-i-1}^d p_{\hat{\boldsymbol{\theta}}_t}(\boldsymbol{x}_{k-i-1} \mid \boldsymbol{Z}_1^{*k}) \mathrm{d}\boldsymbol{x}_{k-i-1} \tag{4.64}$$

$$\Delta(\boldsymbol{x}_{k-i}, \boldsymbol{x}_{k-i-1}) = \sum_{j=1}^{n} \sum_{d=1}^{n} \Lambda_j \boldsymbol{Q}^{-1} \Psi_d \iint (\boldsymbol{x}_{k-i-1}^j)^{\mathrm{T}} \boldsymbol{x}_{k-i}^j p_{\hat{\boldsymbol{\theta}}_t}(\boldsymbol{x}_{k-i}, \boldsymbol{x}_{k-i-1} \mid \boldsymbol{Z}_1^{*k}) \mathrm{d}\boldsymbol{x}_{k-i-1} \mathrm{d}\boldsymbol{x}_{k-i} -$$

$$\sum_{j=1}^{n} \sum_{d=1}^{n} \Lambda_j \boldsymbol{Q}^{-1} \Psi_d \iint \boldsymbol{x}_{k-i-1}^j)^{\mathrm{T}} \boldsymbol{x}_{k-i-1}^j p_{\hat{\boldsymbol{\theta}}_t}(\boldsymbol{x}_{k-i}, \boldsymbol{x}_{k-i-1} \mid \boldsymbol{Z}_1^{*k}) \mathrm{d}\boldsymbol{x}_{k-i-1} \mathrm{d}\boldsymbol{x}_{k-i} \tag{4.65}$$

根据状态平滑量 $\hat{\boldsymbol{x}}_{k-i-1|k-l:k}$的误差协方差 $\boldsymbol{P}_{k-i-1|k-l:k}(i=0,\cdots,l)$ 相关定义,进一步推导可得

$$\Xi_{k-i-1} = \int \boldsymbol{x}_{k-i-1} \boldsymbol{x}_{k-i-1}^{\mathrm{T}} p_{\hat{\boldsymbol{\theta}}_t}(\boldsymbol{x}_{k-i-1} \mid \boldsymbol{Z}_1^{*k}) \mathrm{d}\boldsymbol{x}_{k-i-1}$$

$$= \boldsymbol{P}_{k-i-1|k-l:k} + \hat{\boldsymbol{x}}_{k-i-1|k-l:k} (\hat{\boldsymbol{x}}_{k-i-1|k-l:k})^{\mathrm{T}} \tag{4.66}$$

$$Y_{k-i,k-i-1} = \iint \boldsymbol{x}_{k-i-1} \boldsymbol{x}_{k-i}^{\mathrm{T}} p_{\hat{\boldsymbol{\theta}}_t}(\boldsymbol{x}_{k-i-1}, \boldsymbol{x}_{k-i} \mid \boldsymbol{Z}_1^{*k}) \mathrm{d}\boldsymbol{x}_{k-i-1} \mathrm{d}\boldsymbol{x}_{k-i}$$

$$= \boldsymbol{P}_{k-i-1,k-i|k-l:k} + \hat{\boldsymbol{x}}_{k-i-1|k-l:k} (\hat{\boldsymbol{x}}_{k-i-1|k-l:k})^{\mathrm{T}} \tag{4.67}$$

则有

$$\Gamma(\boldsymbol{x}_{k-i-1}) = \sum_{j=1}^{n}\sum_{d=1}^{n}\Lambda_j^{\mathrm{T}}\boldsymbol{Q}^{-1}\Lambda_d\Xi_{k-i-1}(j,d) \tag{4.68}$$

$$\Delta(\boldsymbol{x}_{k-i},\boldsymbol{x}_{k-i-1}) = \sum_{j=1}^{n}\sum_{d=1}^{n}\Lambda_j^{\mathrm{T}}\boldsymbol{Q}^{-1}\Psi_d Y_{k-i,k-i-1}(j,d) - \sum_{j=1}^{n}\sum_{d=1}^{n}\Lambda_j^{\mathrm{T}}\boldsymbol{Q}^{-1}\Psi_d\Xi_{k-i-1}(j,d) \tag{4.69}$$

将式(4.68)和式(4.69)代入式(4.61)中,即可求得 I_2 关于 $\boldsymbol{\theta}$ 的表达式。

4.3.2 M－step

M－step 的主要任务是解决 $Q(\boldsymbol{\theta},\hat{\boldsymbol{\theta}}_t)$ 的极大化问题,即求解使 $Q(\boldsymbol{\theta},\hat{\boldsymbol{\theta}}_t)$ 满足极大值时所对应的 $\hat{\boldsymbol{\theta}}_{t+1}$ 值,用于 EM 算法的下一次迭代更新。在此使用 I_2 代替 $Q(\boldsymbol{\theta},\hat{\boldsymbol{\theta}}_t)$,有

$$\hat{\boldsymbol{\theta}}_{t+1} = \arg\max_{\boldsymbol{\theta}} I_2 \tag{4.70}$$

当 I_2 取得极大值时满足

$$\frac{\partial I_2}{\partial \boldsymbol{\theta}} = \sum_{i=0}^{l}\Delta(\boldsymbol{x}_{k-i},\boldsymbol{x}_{k-i-1}) - \left(\sum_{i=0}^{l}\Gamma(\boldsymbol{x}_{k-i-1})\right)\boldsymbol{\theta} = \boldsymbol{0} \tag{4.71}$$

则可求得参数 $\boldsymbol{\theta}$ 的迭代表达式,即

$$\begin{aligned}\hat{\boldsymbol{\theta}}_{t+1} &= \left(\sum_{i=0}^{l}\Gamma(\boldsymbol{x}_{k-i-1})\right)^{-1}\sum_{i=0}^{l}\Delta(\boldsymbol{x}_{k-i},\boldsymbol{x}_{k-i-1}) \\ &= \left[\sum_{j=1}^{n}\sum_{d=1}^{n}\Lambda_j^{\mathrm{T}}\boldsymbol{Q}^{-1}\Lambda_d\Xi_{k-i-1}(j,d)\right]^{-1}\left[\sum_{j=1}^{n}\sum_{d=1}^{n}\Lambda_j^{\mathrm{T}}\boldsymbol{Q}^{-1}\Psi_d Y_{k-i,k-i-1}(j,d) - \right. \\ &\quad \left.\sum_{j=1}^{n}\sum_{d=1}^{n}\Lambda_j^{\mathrm{T}}\boldsymbol{Q}^{-1}\Psi_d\Xi_{k-i-1}(j,d)\right]\end{aligned} \tag{4.72}$$

本节依然采用滑动滞后窗口,具体算法如表 4.3 所列。

表 4.3　基于 HCKS－EM 的联合估计与辨识算法

算法 4.3　基于 HCKS－EM 的联合估计与识算法
1:给定量测集合 $\mathbf{Z}_{k-l}^{*k}$,$k-l-1$ 时刻目标运动状态和协方差以及参数 $\boldsymbol{\theta}$ 的值分别为 $\hat{\boldsymbol{x}}_{k-l-1}$,$\boldsymbol{P}_{k-l-1}$,$\hat{\boldsymbol{\theta}}_{k-l-1}$,滑动窗为 l 迭代次数最大为 $t_{\max}$,辨识 $k-l$ 时刻的参数 $\boldsymbol{\theta}$ 的值。
2:For $t=1:t_{\max}$
3:**E－step**

4: 已知第 t 次迭代后参数 $\boldsymbol{\theta}$ 的估计值为 $\hat{\boldsymbol{\theta}}_t$ 运行带异步相关噪声的前向滤波器获得状态估计量 $\hat{\boldsymbol{X}}_{k-l}^{k}$ 及协方差 $\boldsymbol{P}_{k-l}^{k}$。
5: For $i=0:l$
6: $[\hat{\boldsymbol{x}}_{k-i},\boldsymbol{P}_{k-i},\boldsymbol{K}_{k-i}^{*}]=\text{HCKF}(\hat{\boldsymbol{x}}_{k-i-l},\boldsymbol{P}_{k-i-l},\boldsymbol{Z}_{k-i}^{*},\boldsymbol{S}_k,\hat{\boldsymbol{\theta}}_t,\boldsymbol{Q},\boldsymbol{R})$
7: End For
8: 运行带异步相关噪声的后向平滑器获得状态的平滑量 $\hat{\boldsymbol{x}}_{k-i-l\mid k-l:k}$ 及协方差 $\boldsymbol{P}_{k-i-l\mid k-l:k}$。
9: For $i=0:l$
10: $[\hat{\boldsymbol{x}}_{k-i-l\mid k-l:k},\boldsymbol{P}_{k-i-l\mid k-l:k}]=\text{HCKF}(\hat{\boldsymbol{x}}_{k-i-l},\boldsymbol{P}_{k-i-l},\hat{\boldsymbol{x}}_{k-i-l\mid k-l:k},\boldsymbol{P}_{k-i-1\mid k-i:k},\boldsymbol{K}_{k-i}^{x},\boldsymbol{P}_{k-i-1,k-i\mid k-i-1},\boldsymbol{P}_{k-i-1,k-i\mid k-i-1}^{xz\,*},\boldsymbol{Z}_{k-i}^{*},\boldsymbol{z}_{k-i\mid k-i-1}^{*})$
11: End For
12: 将式(4－66)～式(4－69)代入式(4－17)中计算 I_2 的值。
13: M－step
14: 根据式(4－70)～式(4－72)极大化 I_2，获得参数 $\boldsymbol{\theta}$ 估计值 $\hat{\boldsymbol{\theta}}_{t+1}$。
15: $t \leftarrow t+1$
16: End For

4.4 仿真分析

本章利用水平方向上的转弯机动非线性动态模型，仿真出一条蛇形机动轨迹。假设机动目标在 1～120 s 以 $\boldsymbol{w}_1=-2(°)/\text{s}$ 作转弯运动，在 $k=121$ s 时转弯角速度突变为 $\boldsymbol{w}_2=3(°)/\text{s}$ 作转弯运动，并持续到 240 s；在 $k=241$ s 时转弯角速度突变为 $\boldsymbol{w}_2=-2(°)/\text{s}$ 作转弯运动，并持续到 300 s。设置转弯角速度初始值为 $\Omega_0=-1(°)/\text{s}$，采样周期 $T=1$，$q_1=0.1\ \text{m}^2/\text{s}^3$，$\boldsymbol{w}_k$ 是零均值高斯白噪声，其协方差 $\boldsymbol{Q}$ 为

$$\boldsymbol{Q}=\text{diag}(q_1\boldsymbol{M},q_1\boldsymbol{M})$$

$$\boldsymbol{M}=\begin{bmatrix} T^3/3 & T^2/2 \\ T^2/2 & T \end{bmatrix}$$

通过载机雷达可以获得目标与载机之间的相对距离 r、方向角 φ 的信息，则可获得系统的非线性量测方程为

$$\boldsymbol{z}_k=k(x_k)+\boldsymbol{v}_k=\begin{bmatrix} \sqrt{x_k^2+y_k^2} \\ \arctan(y_k/x_k) \end{bmatrix}+\boldsymbol{v}_k$$

式中：$\boldsymbol{v}_k$ 为高斯白噪声；$\boldsymbol{R}_k = [\sigma_r^2 \quad \sigma_\varphi^2]$ 为协方差；$\sigma_r = 10$ m；$\sigma_\varphi = \sqrt{10} \times 10^{-3}$ mrad。在本章仿真中，过程噪声与量测噪声之间的相关矩阵为

$$\boldsymbol{S}_k = \begin{bmatrix} 0.5 & 0.5 & 0.2 & 0.2 & 0.1 \\ 0 & 0 & 0 & 0 & 0 \end{bmatrix}^{\mathrm{T}}$$

本章提出的联合估计与辨识算法和扩维法的初始状态以及协方差分别设置为

$$\boldsymbol{x}_0 = [10\ \mathrm{km} \quad 0.3\ \mathrm{km/s} \quad 10\ \mathrm{km} \quad 0.3\ \mathrm{km/s}]^{\mathrm{T}}$$

$$\boldsymbol{P}_0 = \mathrm{diag}[100\ \mathrm{m}^2 \quad 10\ \mathrm{m}^2/\mathrm{s}^2 \quad 100\ \mathrm{m}^2 \quad 10\ \mathrm{m}^2/\mathrm{s}^2]$$

扩维法初始状态和协方差的设置为

$$\boldsymbol{x}_0^a = [10\ \mathrm{km} \quad 0.3\ \mathrm{km/s} \quad 10\ \mathrm{km} \quad 0.3\ \mathrm{km/s} \quad -0.5(°)/\mathrm{s}]^{\mathrm{T}}$$

$$\boldsymbol{P}_0^a = \mathrm{diag}[100\ \mathrm{m}^2 \quad 10\ \mathrm{m}^2/\mathrm{s}^2 \quad 100\ \mathrm{m}^2 \quad 10\ \mathrm{m}^2/\mathrm{s}^2 \quad 100\ \mathrm{mrad/s}]$$

为了评估分析本章提出算法的性能，首先将本章算法与传统的扩维法以及基于 UKF 的交多模型算法（IMM – UKF）进行对比分析。IMM – UKF 算法采用了标准 Wiener 过程速度模型和扩维的匀速转弯模型两种机动模型，并且两种机动模型的状态和协方差的初始值以及量测噪声和过程噪声设置与前述内容保持一致。Wiener 过程速度模型的状态转移矩阵为 $\boldsymbol{F}$，量测矩阵为 $\boldsymbol{H}$，有

$$\boldsymbol{F} = \begin{pmatrix} 1 & T & 0 & 0 \\ 0 & 1 & 0 & 0 \\ 0 & 0 & 1 & T \\ 0 & 0 & 0 & 1 \end{pmatrix}$$

$$\boldsymbol{H} = \begin{pmatrix} 1 & 0 & 0 & 0 \\ 0 & 0 & 1 & 0 \end{pmatrix}$$

IMM – UKF 算法中模型之间的转移概率矩阵为 $\boldsymbol{\Pi}$，初始模型概率矩阵为 $\boldsymbol{\mu}$，有

$$\boldsymbol{\Pi} = \begin{pmatrix} 0.95 & 0.05 \\ 0.05 & 0.95 \end{pmatrix}$$

$$\boldsymbol{\mu} = (0.05 \quad 0.95)$$

本章提出的联合估计与辨识算法采用滑窗机制，窗口设置为 5，最大迭代次数为 5 次，各执行 100 次 MC 仿真。图 4.2 为本章提出的联合估计与辨识算法执行 100 次 MC 仿真时角速度的辨识结果，从图中可以看出，该算法整体收敛性较好，即使角速度发生了突变也能快速地收敛于真实值，辨识效果较好。图 4.3 和图 4.4 分别显示上述三种算法对角速度辨识和目标运动状态估计的效果，从图中可以看出，本章提出的联合估计与辨识算法在角速度辨识和目标运动状态估计上比传统的扩维法及 IMM – UKF 算法误差小，精度高，这主要是因为本章

提出的算法解除了角速度与状态方程之间的耦合关系,从而便于获得角速度辨识的解析解,同时采用了闭环反馈的处理方式,通过反复的迭代不断修正角速度辨识与目标运动状态估计的误差,从而提高了辨识与估计的精度。从图4.3和图4.4中还可以发现,基于IMM-UKF算法的角速度辨识和目标运动状态估计的均方根误差要比传统的扩维法大,这主要是因为交互多模型算法主要用于处理目标跟踪时发生的模型不匹配问题,但是本章设计的蛇形机动仿真采用单一的匀速转弯模型,所以交互多模型算法的优势并未体现出来,产生的辨识与估计效果不佳。从图中可进一步看出,在异步相关噪声背景下,带异步相关噪声的高斯近似滤波器的估计与辨识效果优于传统的标准的高斯近似滤波器,这主要是因为本章所提到的带异步相关噪声的高斯近似滤波与平滑算法采用了"去相关"框架,通过重构伪量测方程,解除了量测噪声与过程噪声之间的相关性,在目标运动状态与量测相互独立的基础上设计的滤波算法性能显然优于传统的滤波算法。此外从图中可看出,高阶容积卡尔曼算法估计与辨识效果优于容积卡尔曼算法和无迹卡尔曼算法,尤其是在量测噪声和过程噪声增大时,这种优越性就越明显,但是相应的计算量就会增加,计算时间增大,主要是因为高阶容积卡尔曼算法的采样点数量高于容积卡尔曼算法和无迹卡尔曼算法。

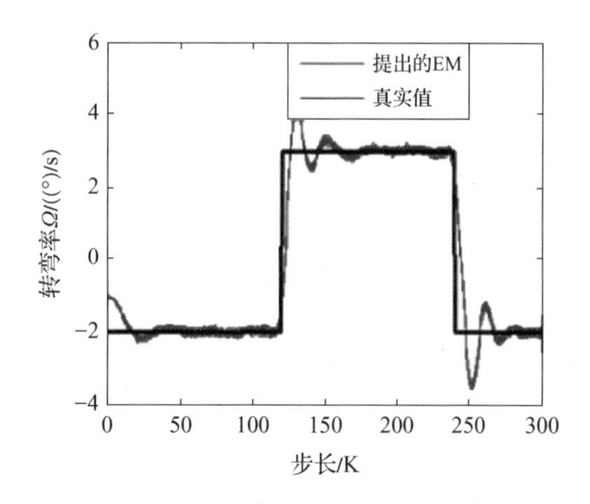

图4.2 HCKS-EM算法角速度辨识结果(100次MC仿真)

从该算法的本身结构着手,对该算法进行评估分析。下面主要从窗口长度和迭代次数两个方面分析。采取滑动滞后窗口策略,窗口长度 l 分别设置为2、3、5、10,最大迭代次数均为5次,各执行100次MC仿真。从图4.5和图4.6中可以看出,滑动窗口长度越大,该算法收敛于真实值的时刻就越早,精度也越高;

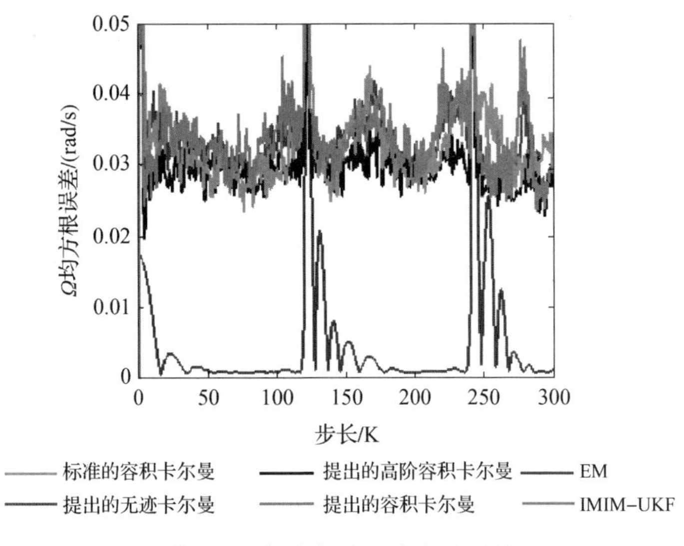

图 4.3　角速度辨识均方根误差

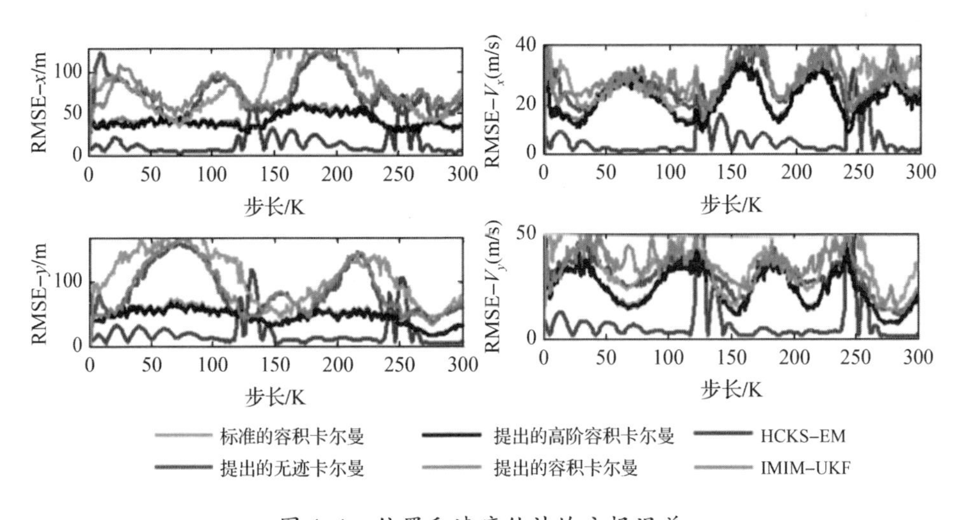

图 4.4　位置和速度估计均方根误差

当角速度发生突变时,对于突变的角速度反应也越快。从图 4.7 和表 4.4 可以看出,滑动窗口长度越大,该算法估计的目标运动状态整体精度就越高,但是消耗的时间越长,这显然是时间与精度之间的“博弈”问题。从图中还可以进一步看出,当窗口长度大于 5 时,由窗口长度带来的精度效益不太明显,但是时间消耗问题更加突出。

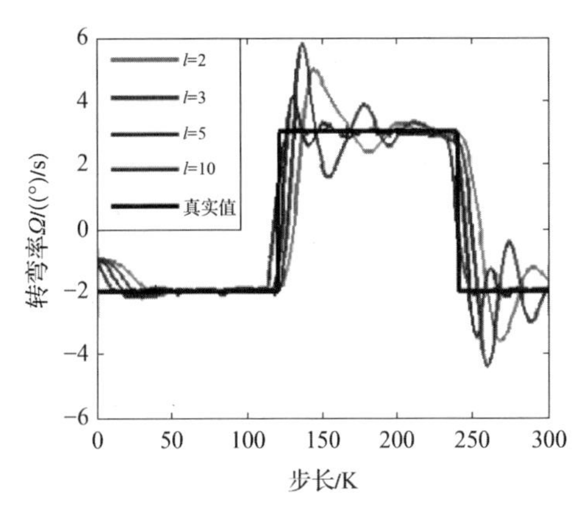

图 4.5 不同窗口长度下角速度辨识结果

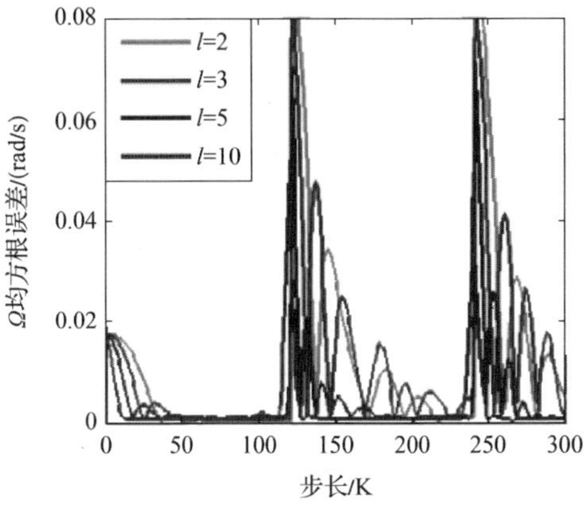

图 4.6 不同窗口下角速度辨识均方根误差

表 4.4 计算 $k=37$ s 时的角速度和状态所耗费的时间

滑动窗口长度	$l=2$	$l=3$	$l=5$	$l=10$
时间/s	0.013 6	0.019 3	0.032 4	0.056 2

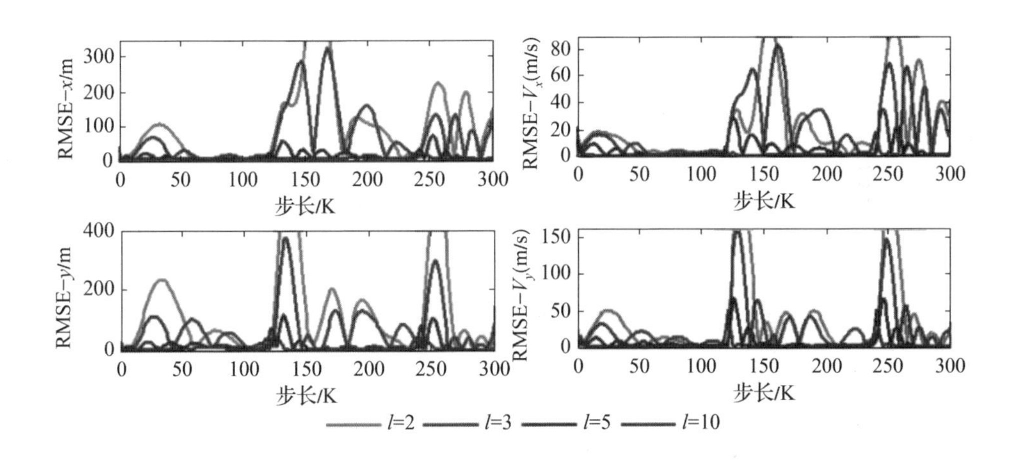

图 4.7 不同窗口下位置和速度估计均方根误差

对于迭代次数而言，将窗口长度设置为 5，最大迭代次数分别设置为 2、3、5、10，各执行 100 次 MC 仿真。从图 4.8 和图 4.9 中可以看出，随着 EM 算法迭代次数的增加，该算法收敛于真实值的时刻就越早，并且对角速度突变反应也比较灵敏，角速度辨识的精度也越高。从图 4.10 目标运动状态 4 个分量的 RMSE 可以看出，迭代次数越大，该算法估计的目标运动状态整体精度就越高，但是从表4.5显示的不同迭代次数下计算 $k=47$ s 时的角速度和状态所耗费的时间越大，性价比不高。尤其是当迭代次数大于4.5时，由迭代次数带来的精度效益远远比不上时间带来的损耗，极大降低该算法的计算效率。

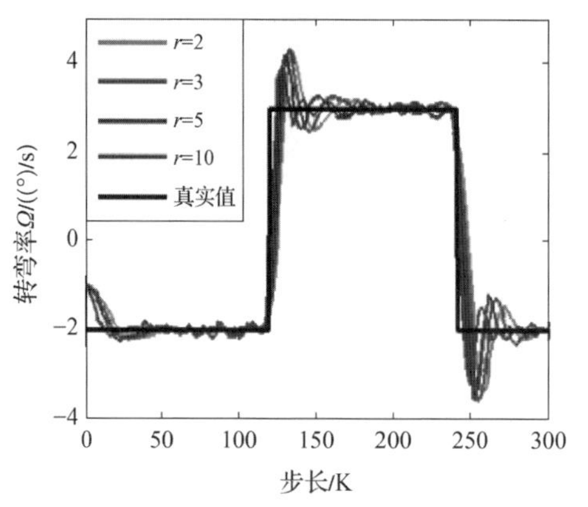

图4.8 不同迭代次数下角速度辨识结果

图4.9 不同迭代次数下角速度辨识的均方根误差

表4.5 计算 $k=47$ s 时的角速度和状态所耗费的时间

最大迭代次数	$r=2$	$r=3$	$r=5$	$r=10$
时间/s	0.0103	0.0163	0.0264	0.0542

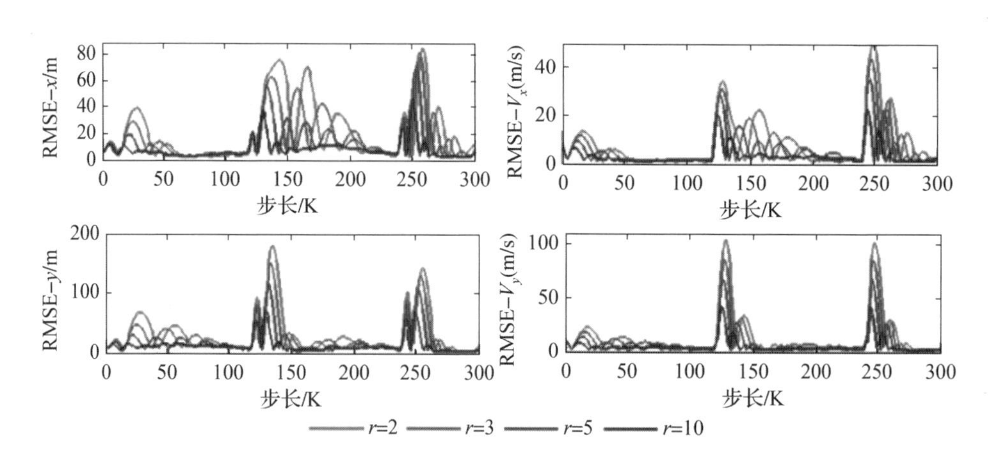

图4.10 不同迭代次数下位置和速度估计均方根误差

将本章提出的联合估计与辨识算法与传统的基于牛顿迭代法的EM算法进行了对比分析。从图4.11～图4.13以及表4.6可以看出，本章提出的算法在角速度辨识方面，辨识效果要好于传统的EM算法；在位置与速度估计方面，本章提出的算法的整体估计精度也要高于传统的EM算法。

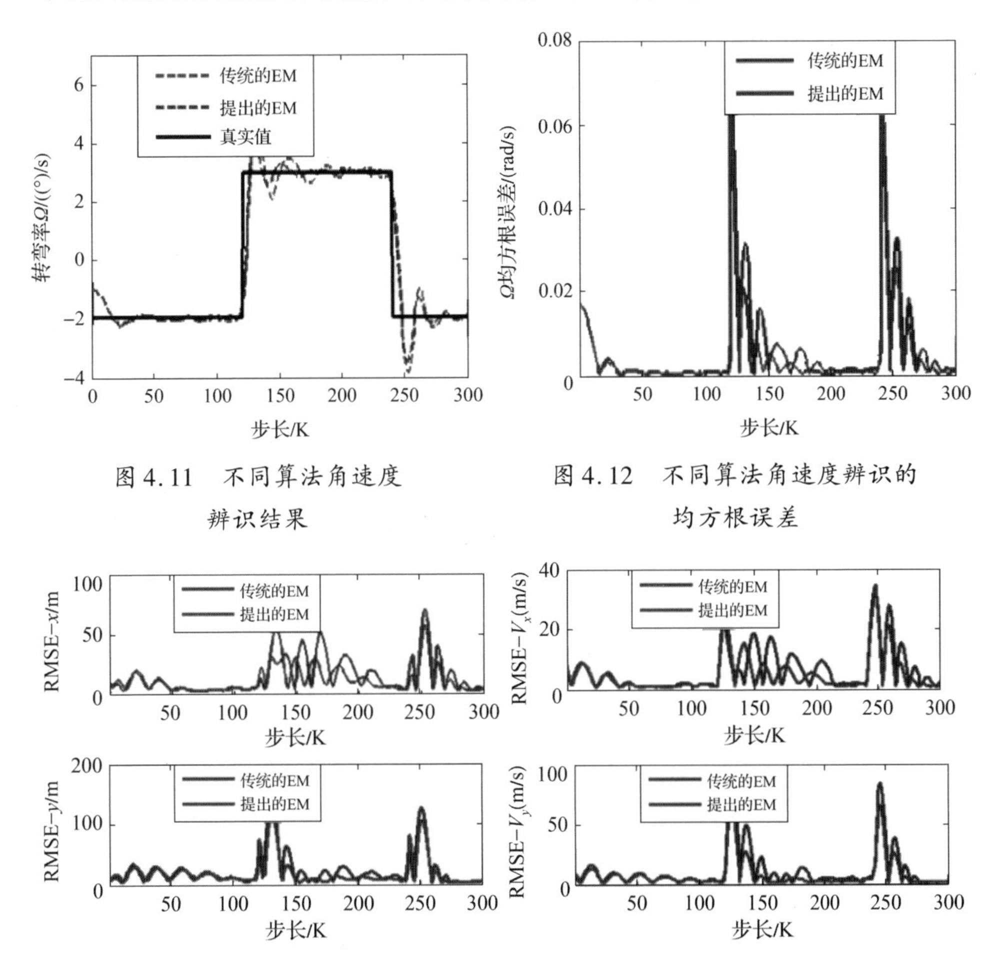

图4.11 不同算法角速度辨识结果

图4.12 不同算法角速度辨识的均方根误差

图4.13 不同算法位置和速度估计均方根误差

表4.6 不同算法的平均均方根误差（ARMSE）对比

算法	x/m	V_x/(m/s)	y/m	V_y/(m/s)	Ω/(rad/s)
传统 EM	19.87	9.43	35.80	20.43	0.013 7
本章提出的 EM	18.92	8.54	29.94	14.58	0.011 3

4.5 本章小结

本章针对过程噪声与量测噪声异步相关条件下蛇形机动目标运动状态估计与转弯角速度解析辨识的问题,提出了基于 EM 算法的联合估计与辨识算法。首先,该算法通过带异步相关噪声的高阶容积卡尔曼滤波器与平滑器获得了蛇形机动目标的后验平滑概率密度和联合分布概率密度,进而获得了机动目标的状态估计量。其次,该算法采用重构系统状态方程的方法,解除了角速度与系统状态转移矩阵之间的耦合关系,重新构造了一个待辨识变量,并利用该辨识变量与转弯角速度之间的数学关系,进而获得了转弯角速度闭环形式的解析解,避免了使用牛顿迭代法等数值方法近似辨识角速度所带来的精度损失。再次,将滑窗思想引入 EM 算法框架中,降低了算法的整体运行时间,进一步了提高了该算法的计算效率。仿真实验表明,本章提出的联合估计与辨识算法性能优于基于牛顿迭代法搜索的传统 EM 算法、传统的扩维法及交互多模型算法。本章所设计的噪声异步相关下蛇形机动目标运动状态估计与角速度辨识的期望最大化算法在噪声异步相关条件下能够为蛇形机动模式识别提供精确的运动参数信息,进而可以提高在上述非理想条件下空中目标蛇形机动模式的识别率。

第5章 采用距离变化率量测的二维运动状态估计方法

距离变化率(Range Rate, RR)与运动状态之间存在着运动学与几何学关系,距离变化率量测具有提高目标运动状态和机动参数估计精度的潜力。本章研究如何利用距离变化率进行目标运动状态估计,为采用距离变化率的机动参数估计问题提供滤波算法。首先,采用一种简便的方法将距离变化率量测转换到笛卡儿坐标系,这种转换不需要依赖交叉距离变化率的先验知识,并且能够使用标准的线性 KF 算法,而不是它的信息形式,并在此基础上提出一个新的采用距离变化率的无偏量测转换 KF 算法。其次,为了进一步提高算法性能,在计算量测转换误差协方差时,一步预测估计替代位置量测消除了量测转换误差协方差和量测噪声之间的相关性,提出一种采用 RR 的去相关无偏量测转换线性 KF 算法。再次,分别从量测转换性能与运动状态估计性能两个方面进行仿真实验。最后,对本章工作进行总结。

5.1 采用距离变化率量测的无偏量测转换滤波算法

5.1.1 无偏转换

在平面笛卡儿坐标系 XOY 中,$\boldsymbol{x}_k=(x_k,y_k,\dot{x}_k,\dot{y}_k)^{\mathrm{T}}$ 为时刻 k 的目标运动状态,其中:x_k 和 y_k 是目标位置分量;$\dot{x}_k$ 和 $\dot{y}_k$ 是目标速度分量。假设多普勒雷达位于 XOY 坐标系的原点,那么在极坐标系中,包含距离、方位角及 RR 的量测模型为

$$\boldsymbol{z}_{km}=\begin{bmatrix} r_{km} \\ \theta_{km} \\ \dot{r}_{km} \end{bmatrix}=\underbrace{\begin{bmatrix} \sqrt{x_k^2+y_k^2} \\ \arctan(y_k/x_k) \\ \dfrac{x_k\dot{x}_k+y_k\dot{y}_k}{\sqrt{x_k^2+y_k^2}} \end{bmatrix}}_{\boldsymbol{h}(\boldsymbol{x}_k)}+\boldsymbol{r}_k \tag{5.1}$$

式中:r_{km} 为目标相对于雷达的距离量测;θ_{km} 为目标相对于雷达的方位角量测;

$\dot{r}_{km}$为距离变化率量测;$\boldsymbol{r}_k$ 为高斯白噪声。其协方差矩阵为

$$\boldsymbol{R}=\begin{bmatrix}\sigma_r^2 & 0 & \rho\sigma_r\sigma_{\dot{r}}\\ 0 & \sigma_\theta^2 & 0\\ \rho\sigma_r\sigma_{\dot{r}} & 0 & \sigma_{\dot{r}}^2\end{bmatrix}$$

式中:σ_r,σ_θ 和 $\sigma_{\dot{r}}$ 分别为距离、方位角和 RR 的量测噪声的标准差;ρ 为距离量测噪声与距离变化率量测噪声之间的相关系数[111]。由式(5.1)可以看出,包含 RR 的量测方程具有高度非线性形式。假设目标状态转移方程为 $\boldsymbol{x}_k=\boldsymbol{F}\boldsymbol{x}_{k-1}+\boldsymbol{q}_{k-1}$,其中:$\boldsymbol{F}$ 为状态转移矩阵;$\boldsymbol{q}_{k-1}\sim N(\boldsymbol{0},\boldsymbol{Q}_{k-1})$为高斯过程噪声;$\boldsymbol{Q}_{k-1}$为过程噪声协方差矩阵。

在本节中提出一种新的无偏量测转换(Unbiased Converted Measurement, UCM)算法,将式(5.1)转换为线性形式。在极坐标系中,有

$$\begin{cases}r_m=r+\tilde{r}\\ \theta_m=\theta+\tilde{\theta}\\ \dot{r}_m=\dot{r}+\tilde{\dot{r}}\end{cases}\tag{5.2}$$

式中:r,θ 和 $\dot{r}$ 分别为目标真实的距离、方位角和 RR;$\tilde{r}$,$\tilde{\theta}$ 和 $\tilde{\dot{r}}$ 分别为服从零均值高斯分布的随机变量,标准差分别为 σ_r、σ_θ 和 $\sigma_{\dot{r}}$。假设量测转换后,得到的量测向量为 $\boldsymbol{x}_m=(x_m,y_m,\dot{r}_m)^{\mathrm{T}}$,并且满足

$$\begin{cases}x_m=x+\tilde{x}\\ y_m=y+\tilde{y}\\ \dot{r}_m=\dot{r}+\tilde{\dot{r}}\end{cases}\tag{5.3}$$

式中:x_m 和 y_m 为量测转换后的目标位置分量;x 和 y 为真实的目标位置分量;$\tilde{x}$ 和 $\tilde{y}$ 为服从零均值高斯分布的随机变量,标准差为 σ_x 和 σ_y。

同时,极坐标与笛卡儿坐标系中真实值之间满足

$$\begin{cases}x=r\cos\theta\\ y=r\sin\theta\\ \dot{r}=\dot{x}\cos\theta+\dot{y}\sin\theta\end{cases}\tag{5.4}$$

那么,直接地量测转换(Converted Measurement, CM)可表示为

$$\begin{cases}x_m=r_m\cos(\theta_m)\\ y_m=r_m\sin(\theta_m)\\ \dot{r}_m=\dot{r}_m\end{cases}\tag{5.5}$$

对式(5.5)两边求数学期望,有

$$\begin{cases}\mathrm{E}[x_m]=\mathrm{E}[r_m\cos(\theta_m)]=\mathrm{E}[(r+\tilde{r})\cos(\theta+\tilde{\theta})]=\lambda_\theta r\cos(\theta)\\ \mathrm{E}[y_m]=\mathrm{E}[r_m\sin(\theta_m)]=\mathrm{E}[(r+\tilde{r})\sin(\theta+\tilde{\theta})]=\lambda_\theta r\sin(\theta)\\ \mathrm{E}[\dot{r}_m]=\mathrm{E}[\dot{r}_m]=\mathrm{E}[\dot{r}+\tilde{\dot{r}}]=\dot{r}\end{cases} \tag{5.6}$$

式中:$\lambda_\theta=\mathrm{E}[\cos(\tilde{\theta})]$,在高斯白噪声的假设下 $\lambda_\theta=\mathrm{e}^{-\sigma_\theta^2/2}$。

可见,采用式(5.5)转换将引入偏差,对其修正可得一种无偏转换,即

$$\begin{cases}x_m^u=\lambda_\theta x_m=\lambda_\theta^{-1}r_m\cos(\theta_m)\\ y_m^u=\lambda_\theta y_m=\lambda_\theta^{-1}r_m\sin(\theta_m)\\ \dot{r}_m=\dot{r}_m\end{cases} \tag{5.7}$$

非线性量测方程式(5.1)可转换为

$$\underbrace{\begin{bmatrix}x_m^u\\ y_m^u\\ \dot{r}_m\end{bmatrix}}_{\boldsymbol{x}_m^u}=\underbrace{\begin{bmatrix}1&0&0&0\\0&1&0&0\\0&0&\cos\theta_m&\sin\theta_m\end{bmatrix}}_{\boldsymbol{H}}\underbrace{\begin{bmatrix}x\\y\\\dot{x}\\\dot{y}\end{bmatrix}}_{\boldsymbol{x}}+\begin{bmatrix}\tilde{x}^u\\ \tilde{y}^u\\ \tilde{\dot{r}}\end{bmatrix} \tag{5.8}$$

式中:$\tilde{x}^u$,$\tilde{y}^u$ 和 $\tilde{\dot{r}}$ 为零均值高斯白噪声。协方差矩阵 $\boldsymbol{R}_m^u$ 为

$$\boldsymbol{R}_m^u=\begin{bmatrix}R_m^{xx}&R_m^{xy}&R_m^{x\dot{r}}\\R_m^{yx}&R_m^{yy}&R_m^{y\dot{r}}\\R_m^{\dot{r}x}&R_m^{\dot{r}y}&R_m^{\dot{r}\dot{r}}\end{bmatrix} \tag{5.9}$$

由于 $\tilde{\theta}\sim N(0,\sigma_\theta^2)$,$\tilde{r}\sim N(0,\sigma_r^2)$ 和 $\tilde{\dot{r}}\sim N(0,\sigma_{\dot{r}}^2)$,因此 $\boldsymbol{R}_m^u$ 的各个元素计算公式为

$$\begin{aligned}R_m^{xx}&=\mathrm{E}[(\tilde{x}^u-E\tilde{x}^u)^2\mid r_m,\theta_m]\\&=\mathrm{E}[(x_m^u-x)^2\mid r_m,\theta_m]\\&=\mathrm{E}[(\lambda_\theta^{-1}r_m\cos\theta_m-r\cos\theta)^2\mid r_m,\theta_m]\\&=\mathrm{E}\{[\lambda_\theta^{-1}r_m\cos\theta_m-(r_m-\tilde{r})\cos(\theta_m-\tilde{\theta})]^2\mid r_m,\theta_m\}\\&=(\lambda_\theta^{-2}-2)r_m^2\cos^2\theta_m+\frac{1}{2}(r_m^2+\sigma_r^2)(1+\lambda_\theta'\cos 2\theta_m)\\R_m^{xy}&=\mathrm{E}[(\tilde{x}^u-E\tilde{x}^u)(\tilde{y}^u-E\tilde{y}^u)\mid r_m,\theta_m]\\&=\mathrm{E}[(x_m^u-x)(y_m^u-y)\mid r_m,\theta_m]\\&=\mathrm{E}[(\lambda_\theta^{-1}r_m\cos\theta_m-r\cos\theta)(\lambda_\theta^{-1}r_m\sin\theta_m-r\sin\theta)\mid r_m,\theta_m]\\&=(\lambda_\theta^{-2}-2)r_m^2\sin\theta_m\cos\theta_m+\frac{1}{2}(r_m^2+\sigma_r^2)\lambda_\theta'\sin 2\theta_m\end{aligned}$$

$$
\begin{aligned}
R_m^{yy} &= \mathrm{E}[(\tilde{y}^u - \mathrm{E}\tilde{y}^u)^2 \mid r_m, \theta_m] \\
&= \mathrm{E}[(y_m^u - y)^2 \mid r_m, \theta_m] \\
&= \mathrm{E}[(\lambda_\theta^{-1} r_m \sin\theta_m - r\sin\theta)^2 \mid r_m, \theta_m] \\
&= (\lambda_\theta^{-2} - 2) r_m^2 \sin^2\theta_m + \frac{1}{2}(r_m^2 + \sigma_r^2)(1 - \lambda'_\theta \cos 2\theta_m)
\end{aligned}
$$

$$
\begin{aligned}
R_m^{x\dot{r}} &= \mathrm{E}[(\tilde{x}^u - \mathrm{E}\tilde{x}^u)(\tilde{\dot{r}} - \mathrm{E}\tilde{\dot{r}}) \mid r_m, \theta_m, \dot{r}_m] \\
&= \mathrm{E}[(x_m^u - x)\tilde{\dot{r}} \mid r_m, \theta_m, \dot{r}_m] \\
&= \mathrm{E}[\tilde{\dot{r}}(\lambda_\theta^{-1} r_m \cos\theta_m - r\cos\theta) \mid r_m, \theta_m, \dot{r}_m] \\
&= \mathrm{E}[\tilde{\dot{r}}(\lambda_\theta^{-1} r_m \cos\theta_m - (r_m - \tilde{r})\cos(\theta_m - \tilde{\theta})) \mid r_m, \theta_m, \dot{r}_m] \\
&= \cos\theta_m \mathrm{E}[\tilde{\dot{r}}\ \tilde{r}]\mathrm{E}[\cos\tilde{\theta}] \\
&= \lambda_\theta \rho \sigma_r \sigma_{\dot{r}} \cos\theta_m
\end{aligned}
$$

$$
\begin{aligned}
R_m^{y\dot{r}} &= \mathrm{E}[(\tilde{y}^u - E\tilde{y}^u)(\tilde{\dot{r}} - E\tilde{\dot{r}}) \mid r_m, \theta_m, \dot{r}_m] \\
&= \mathrm{E}[(y_m^u - y)\tilde{\dot{r}} \mid r_m, \theta_m, \dot{r}_m] \\
&= \mathrm{E}[\tilde{\dot{r}}(\lambda_\theta^{-1} r_m \sin\theta_m - r\sin\theta) \mid r_m, \theta_m, \dot{r}_m] \\
&= \mathrm{E}[\tilde{\dot{r}}(\lambda_\theta^{-1} r_m \sin\theta_m - (r_m - \tilde{r})\sin(\theta_m - \tilde{\theta})) \mid r_m, \theta_m, \dot{r}_m] \\
&= \sin\theta_m \mathrm{E}[\tilde{\dot{r}}\tilde{r}]\mathrm{E}[\cos\tilde{\theta}] \\
&= \lambda_\theta \rho \sigma_r \sigma_{\dot{r}} \sin\theta_m
\end{aligned}
$$

$$
\begin{aligned}
R_m^{\dot{r}\dot{r}} &= \mathrm{E}[(\tilde{\dot{r}} - E\tilde{\dot{r}})^2 \mid r_m, \theta_m, \dot{r}_m] \\
&= \mathrm{E}[\tilde{\dot{r}}^2 \mid r_m, \theta_m, \dot{r}_m] \\
&= \sigma_{\dot{r}}^2
\end{aligned}
$$

$$
R_m^{yx} = R_m^{xy}, R_m^{\dot{r}x} = R_m^{x\dot{r}}, R_m^{\dot{r}y} = R_m^{y\dot{r}}, \lambda_\theta = \mathrm{e}^{-\sigma_\theta^2/2}, \lambda'_\theta = \mathrm{E}[\cos 2\tilde{\theta}] = \mathrm{e}^{-2\sigma_\theta^2}
$$

5.1.2 UCMKF－R 算法

将上述无偏量测转换与 KF 算法相结合,可获得一种新的采用 RR 的无偏量测转换 KF 算法(UCMKF－R)。

算法 5.1 UCMKF－R 算法

(1)预测与量测转换。

一步状态估计预测和状态估计误差协方差预测可表示为

$$
\begin{cases}
\boldsymbol{m}_{k+1}^{-} = \boldsymbol{F}\boldsymbol{m}_k \\
\boldsymbol{P}_{k+1}^{-} = \boldsymbol{F}\boldsymbol{P}_k\boldsymbol{F}' + \boldsymbol{Q}_k
\end{cases}
\tag{5.10}
$$

采用式(5.7)和式(5.9)计算无偏量测转换 $\boldsymbol{x}_m^u$ 和对应的协方差矩阵 $\boldsymbol{R}_m^u$。

(2)更新。

采用新的角度量测 θ_{km} 更新量测矩阵,有

$$\boldsymbol{H}=\begin{bmatrix}1&0&0&0\\0&1&0&0\\0&0&\cos\theta_{km}&\sin\theta_{km}\end{bmatrix}\tag{5.11}$$

状态估计与协方差矩阵更新可表示为

$$\begin{cases}\boldsymbol{K}_k=\boldsymbol{P}_{k+1}^{-}\boldsymbol{H}'(\boldsymbol{H}\boldsymbol{P}_{k+1}^{-}\boldsymbol{H}'+\boldsymbol{R}_m^u)^{-1}\\\boldsymbol{m}_{k+1}=\boldsymbol{m}_{k+1}^{-}+\boldsymbol{K}_k(\boldsymbol{x}_m^u-\boldsymbol{H}\boldsymbol{m}_{k+1}^{-})\\\boldsymbol{P}_{k+1}=\boldsymbol{P}_{k+1}^{-}-\boldsymbol{K}_k\boldsymbol{H}\boldsymbol{P}_{k+1}^{-}\end{cases}\tag{5.12}$$

5.2 采用 RR 的去相关无偏量测转换滤波算法

5.2.1 去相关无偏量测转换

在 UCMKF-R 算法中,量测转换误差协方差和量测噪声之间具有相关性。这种相关关系将引起滤波估计偏差,从而使得 UCMKF 算法仅在角度精度较高时才能获得较好的跟踪精度。文献[112]提出了一种去相关无偏量测转换算法。该算法采用无偏转换消除量测转换偏差,并且采用前一时刻的量测或者一步预测状态,替代当前量测去除量测转换误差协方差与量测噪声之间的相关关系。文献[113]提出采用预测估计可获得更好的性能。在此,采用预测状态来去除量测转换误差协方差与量测噪声之间的相关性,提出一种包含距离变化率量测的去相关量测转换(Decorrelated Unbiased Converted Measurement,DUCM)算法。

假设 r_{k+1}^{-} 和 θ_{k+1}^{-} 是第 $k+1$ 时刻的预测量测,并且满足

$$r_{k+1}^{-}=r_{k+1}+\tilde{r}_{k+1}^{-},\theta_{k+1}^{-}=\theta_{k+1}+\tilde{\theta}_{k+1}^{-}\tag{5.13}$$

式中:r_k 和 θ_k 为第 $k+1$ 时刻真实的距离与方位角;$\tilde{r}_{k+1}^{-}$ 和 $\tilde{\theta}_{k+1}^{-}$ 为零均值高斯随机变量,对应的标准差分别为 $\sigma_{r,k+1}$ 和 $\sigma_{\theta,k+1}$。那么,由式(5.3)可知

$$r_{km}=r_{k+1}^{-}-\tilde{r}_{k+1}^{-}+\tilde{r},\theta_{km}=\theta_{k+1}^{-}-\tilde{\theta}_{k+1}^{-}+\tilde{\theta}\tag{5.14}$$

量测转换误差协方差矩阵 $\boldsymbol{R}_{\mathrm{DUCM}}$ 为

$$\boldsymbol{R}_{\mathrm{DUCM}}=\begin{bmatrix}R_{\mathrm{DUCM}}^{xx}&R_{\mathrm{DUCM}}^{xy}&R_{\mathrm{DUCM}}^{x\dot{r}}\\R_{\mathrm{DUCM}}^{yx}&R_{\mathrm{DUCM}}^{yy}&R_{\mathrm{DUCM}}^{y\dot{r}}\\R_{\mathrm{DUCM}}^{\dot{r}x}&R_{\mathrm{DUCM}}^{\dot{r}y}&R_{\mathrm{DUCM}}^{\dot{r}\dot{r}}\end{bmatrix}\tag{5.15}$$

由式(5.14)可得 $r_{k+1}=r_{k+1}^{-}-\tilde{r}_{k+1}^{-}$，$\theta_{k+1}=\theta_{k+1}^{-}-\tilde{\theta}_{k+1}^{-}$，那么 $\boldsymbol{R}_{\mathrm{DUCM}}$ 的元素计算公式为

$$
\begin{aligned}
R_{\mathrm{DUCM}}^{xx}&=\mathrm{E}[(\tilde{x}_k^u-E\tilde{x}_k^u)^2\mid r_{km},\theta_{km}]\\
&=\mathrm{E}[(x_{km}^u-x_k)^2\mid r_{km},\theta_{km}]\\
&=\mathrm{E}[(\lambda_\theta^{-1}r_{km}\cos\theta_{km}-r_k\cos\theta_k)^2\mid r_{km},\theta_{km}]\\
&=\mathrm{E}\left\{\begin{bmatrix}\lambda_\theta^{-1}(r_{k+1}^{-}-\tilde{r}_{k+1}^{-}+\tilde{r})\cos(\theta_{k+1}^{-}-\tilde{\theta}_{k+1}^{-}+\tilde{\theta})\\-(r_{k+1}^{-}-\tilde{r}_{k+1}^{-})\cos(\theta_{k+1}^{-}-\tilde{\theta}_{k+1}^{-})\end{bmatrix}^2\right\}\\
&=\frac{1}{2}((r_{k+1}^{-})^2+\sigma_r^2+\sigma_{r,k+1}^2)[1+\cos(2\theta_{k+1}^{-})\mathrm{e}^{-2\sigma_\theta^2}\mathrm{e}^{-2\sigma_{\theta,k+1}^2}]\mathrm{e}^{\sigma_\theta^2}-\\
&\quad\frac{1}{2}((r_{k+1}^{-})^2+\sigma_{r,k+1}^2)[1+\cos(2\theta_{k+1}^{-})\mathrm{e}^{-2\sigma_{\theta,k+1}^2}]
\end{aligned}
$$

$$
\begin{aligned}
R_{\mathrm{DUCM}}^{xy}&=\mathrm{E}[(\tilde{x}_k^u-E\tilde{x}_k^u)(\tilde{y}_k^u-E\tilde{y}_k^u)\mid r_{km},\theta_{km}]\\
&=\mathrm{E}[(x_{km}^u-x_k)(y_{km}^u-y_k)\mid r_{km},\theta_{km}]\\
&=\mathrm{E}\left\{\begin{matrix}\begin{bmatrix}\lambda_\theta^{-1}(r_{k+1}^{-}-\tilde{r}_{k+1}^{-}+\tilde{r})\cos(\theta_{k+1}^{-}-\tilde{\theta}_{k+1}^{-}+\tilde{\theta})\\-(r_{k+1}^{-}-\tilde{r}_{k+1}^{-})\cos(\theta_{k+1}^{-}-\tilde{\theta}_{k+1}^{-})\end{bmatrix}\cdot\\ \begin{bmatrix}\lambda_\theta^{-1}(r_{k+1}^{-}-\tilde{r}_{k+1}^{-}+\tilde{r})\sin(\theta_{k+1}^{-}-\tilde{\theta}_{k+1}^{-}+\tilde{\theta})\\-(r_{k+1}^{-}-\tilde{r}_{k+1}^{-})\sin(\theta_{k+1}^{-}-\tilde{\theta}_{k+1}^{-})\end{bmatrix}\end{matrix}\right\}\\
&=\frac{1}{2}((r_{k+1}^{-})^2+\sigma_r^2+\sigma_{k+1|k}^2)[\sin(2\theta_{k+1}^{-})\mathrm{e}^{-2\sigma_\theta^2}\mathrm{e}^{-2\sigma_{\theta,k+1}^2}]\mathrm{e}^{\sigma_\theta^2}-\\
&\quad\frac{1}{2}((r_{k+1}^{-})^2+\sigma_{r,k+1}^2)[\sin(2\theta_{k+1}^{-})\mathrm{e}^{-2\sigma_{\theta,k+1}^2}]
\end{aligned}
$$

$$
\begin{aligned}
R_{\mathrm{DUCM}}^{yy}&=\mathrm{E}[(\tilde{y}_k^u-E\tilde{y}_k^u)^2\mid r_{km},\theta_{km}]\\
&=\mathrm{E}[(y_{km}^u-y_k)^2\mid r_{km},\theta_{km}]\\
&=\mathrm{E}\left\{\begin{bmatrix}\lambda_\theta^{-1}(r_{k+1}^{-}-\tilde{r}_{k+1}^{-}+\tilde{r})\sin(\theta_{k+1}^{-}-\tilde{\theta}_{k+1}^{-}+\tilde{\theta})\\-(r_{k+1}^{-}-\tilde{r}_{k+1}^{-})\sin(\theta_{k+1}^{-}-\tilde{\theta}_{k+1}^{-})\end{bmatrix}^2\right\}\\
&=\frac{1}{2}((r_{k+1}^{-})^2+\sigma_r^2+\sigma_{k+1}^2)[1-\cos(2\theta_{k+1}^{-})\mathrm{e}^{-2\sigma_\theta^2}\mathrm{e}^{-2\sigma_{\theta,k+1}^2}]\mathrm{e}^{\sigma_\theta^2}-\\
&\quad\frac{1}{2}((r_{k+1}^{-})^2+\sigma_{r,k+1}^2)[1-\cos(2\theta_{k+1}^{-})\mathrm{e}^{-2\sigma_{\theta,k+1|k}^2}]
\end{aligned}
$$

$$\begin{aligned} R_m^{\dot r\dot r} &= \mathrm{E}[(\tilde{\dot r} - E\tilde{\dot r})^2 \mid r_{km},\theta_{km},\dot r_{km}] \\ &= \mathrm{E}[\tilde{\dot r}^2 \mid r_{km},\theta_{km},\dot r_{km}] \\ &= \sigma_{\dot r}^2 \end{aligned}$$

$$\begin{aligned} R_{\mathrm{DUCM}}^{x\dot r} &= \mathrm{E}[(\tilde x_k^u - E\tilde x_k^u)(\tilde{\dot r} - E\tilde{\dot r}) \mid r_{km},\theta_{km},\dot r_{km}] \\ &= \mathrm{E}[\tilde{\dot r}(x_{km}^u - x_k) \mid r_{km},\theta_{km},\dot r_{km}] \\ &= \mathrm{E}\left\{\tilde{\dot r}\begin{bmatrix} \lambda_\theta^{-1}(r_{k+1}^- - \tilde r_{k+1}^- + \tilde r)\cos(\theta_{k+1}^- - \tilde\theta_{k+1}^- + \tilde\theta) \\ -(r_{k+1}^- - \tilde r_{k+1}^-)\cos(\theta_{k+1}^- - \tilde\theta_{k+1}^-) \end{bmatrix}\right\} \\ &= \mathrm{e}^{-\sigma_{\theta,k+1}^2/2}\rho\sigma_r\sigma_{\dot r}\cos\theta_{k+1}^- \end{aligned}$$

$$\begin{aligned} R_{\mathrm{DUCM}}^{y\dot r} &= \mathrm{E}[(\tilde y_k^u - E\tilde y_k^u)(\tilde{\dot r} - E\tilde{\dot r}) \mid r_{km},\theta_{km},\dot r_{km}] \\ &= \mathrm{E}[\tilde{\dot r}(y_{km}^u - y_k) \mid r_{km},\theta_{km},\dot r_{km}] \\ &= \mathrm{E}\left\{\tilde{\dot r}\begin{bmatrix} \lambda_\theta^{-1}(r_{k+1}^- - \tilde r_{k+1}^- + \tilde r)\sin(\theta_{k+1}^- - \tilde\theta_{k+1}^- + \tilde\theta) \\ -(r_{k+1}^- - \tilde r_{k+1}^-)\sin(\theta_{k+1}^- - \tilde\theta_{k+1}^-) \end{bmatrix}\right\} \\ &= \mathrm{e}^{-\sigma_{\theta,k+1}^2/2}\rho\sigma_r\sigma_{\dot r}\sin\theta_{k+1}^- \end{aligned}$$

$$R_{\mathrm{DUCM}}^{yx} = R_{\mathrm{DUCM}}^{xy},\ R_{\mathrm{DUCM}}^{\dot r x} = R_{\mathrm{DUCM}}^{x\dot r},\ R_{\mathrm{DUCM}}^{\dot r y} = R_{\mathrm{DUCM}}^{y\dot r}$$

假设 $k+1$ 时刻的状态预测为 $\boldsymbol{m}_{k+1}^- = (x_{k+1|k}, y_{k+1|k}, \dot x_{k+1|k}, \dot y_{k+1|k})^{\mathrm{T}}$ 和对应的位置协方差矩阵为

$$\boldsymbol{P}_p = \begin{bmatrix} \boldsymbol{P}_{k+1}^{-11} & \boldsymbol{P}_{k+1}^{-12} \\ \boldsymbol{P}_{k+1}^{-21} & \boldsymbol{P}_{k+1}^{-22} \end{bmatrix} \tag{5.16}$$

那么，预测量测 r_{k+1}^- 和 θ_{k+1}^- 计算公式为

$$\begin{cases} r_{k+1}^- = \sqrt{x_{k+1|k}^2 + y_{k+1|k}^2} \\ \theta_{k+1}^- = \arctan\dfrac{y_{k+1|k}}{x_{k+1|k}} \end{cases} \tag{5.17}$$

对应的方差 $\sigma_{r,k+1}^2$ 和 $\sigma_{\theta,k+1}^2$ 为

$$\begin{cases} \sigma_{r,k+1}^2 = \begin{bmatrix} \dfrac{\delta r_{k+1}^-}{\delta x_{k+1}^-} & \dfrac{\delta r_{k+1}^-}{\delta y_{k+1}^-} \end{bmatrix} \boldsymbol{P}_p \begin{bmatrix} \dfrac{\delta r_{k+1}^-}{\delta x_{k+1}^-} & \dfrac{\delta r_{k+1}^-}{\delta y_{k+1}^-} \end{bmatrix}^{\mathrm{T}} \\ \sigma_{\theta,k+1}^2 = \begin{bmatrix} \dfrac{\delta \theta_{k+1}^-}{\delta x_{k+1}^-} & \dfrac{\delta \theta_{k+1}^-}{\delta y_{k+1}^-} \end{bmatrix} \boldsymbol{P}_p \begin{bmatrix} \dfrac{\delta \theta_{k+1}^-}{\delta x_{k+1}^-} & \dfrac{\delta \theta_{k+1}^-}{\delta y_{k+1}^-} \end{bmatrix}^{\mathrm{T}} \end{cases} \tag{5.18}$$

通过化简可得

$$\begin{cases}\sigma_{r,k+1}^{2}=\dfrac{1}{(r_{k+1}^{-})^{2}}[x_{k+1}^{-}\quad y_{k+1}^{-}]\boldsymbol{P}_{p}[x_{k+1}^{-}\quad y_{k+1}^{-}]' \\ \sigma_{\theta,k+1|k}^{2}=\dfrac{1}{(r_{k+1}^{-})^{4}}[-y_{k+1}^{-}\quad x_{k+1}^{-}]\boldsymbol{P}_{p}[-y_{k+1}^{-}\quad x_{k+1}^{-}]'\end{cases} \tag{5.19}$$

5.2.2 DUCMKF－R 算法

类似于 UCMKF－R 算法,通过结合 KF 算法,本节提出一种采用 RR 的去相关无偏量测转换算法(DUCMKF－R)。该算法的流程如图 5.1 所示。

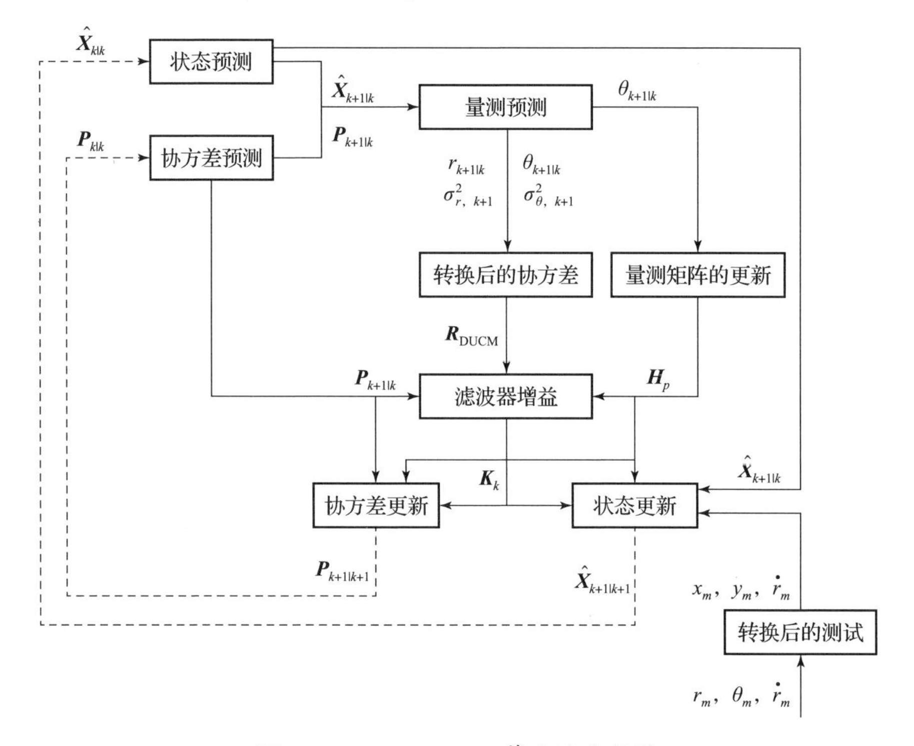

图 5.1 DUCMKF－R 算法的流程图

算法 5.2 DUCMKF－R 算法

(1)预测与量测转换。

一步状态估计预测和状态估计误差协方差预测可表示为

$$\begin{cases}\boldsymbol{m}_{k+1}^{-}=\boldsymbol{F}\boldsymbol{m}_{k} \\ \boldsymbol{P}_{k+1}^{-}=\boldsymbol{F}\boldsymbol{P}_{k}\boldsymbol{F}'+\boldsymbol{Q}_{k}\end{cases} \tag{5.20}$$

采用式(5.7)计算无偏量测转换 $\boldsymbol{x}_{m}^{u}$。对应的协方差矩阵 $\boldsymbol{R}_{\mathrm{DUCM}}$ 由式(5.15)计算,其中 r_{k+1}^{-},θ_{k+1}^{-},$\sigma_{r,k+1}^{2}$ 和 $\sigma_{\theta,k+1}^{2}$ 可分别通过式(5.17)和式(5.18)来计算。

(2)更新。

采用预测方位角 θ_{k+1}^{-} 更新量测矩阵,有

$$\boldsymbol{H}_p = \begin{bmatrix} 1 & 0 & 0 & 0 \\ 0 & 1 & 0 & 0 \\ 0 & 0 & \cos\theta_{k+1}^{-} & \sin\theta_{k+1}^{-} \end{bmatrix} \tag{5.21}$$

更新状态估计和协方差矩阵可表示为

$$\begin{cases} \boldsymbol{K}_k = \boldsymbol{P}_{k+1}^{-}\boldsymbol{H}_p'(\boldsymbol{H}_p\boldsymbol{P}_{k+1}^{-}\boldsymbol{H}_p' + \boldsymbol{R}_{\mathrm{DUCM}})^{-1} \\ \boldsymbol{m}_{k+1} = \boldsymbol{m}_{k+1}^{-} + \boldsymbol{K}_k(\boldsymbol{x}_m^u - \boldsymbol{H}_p\boldsymbol{m}_{k+1}^{-}) \\ \boldsymbol{P}_{k+1} = \boldsymbol{P}_{k+1}^{-} - \boldsymbol{K}_k\boldsymbol{H}_p\boldsymbol{P}_{k+1}^{-} \end{cases} \tag{5.22}$$

DUCMKF－R 算法相比于 UCMKF－R 算法,采用了预测状态,解除了量测误差协方差与量测噪声之间的相关关系,减小了估计偏差。

DUCMKF－R 算法与 UCMKF－R 算法采用了乘性项无偏转换,比加性项补偿更加准确[114]。文献[86]提出的量测转换算法采用了加性项无偏转换,转换协方差是不断迭代计算的,并且与当前目标真实速度相关。在 DUCMKF－R 算法中,转换量测误差协方差矩阵与估计速度误差不相关,相比文献[86]提出量测转换算法更具鲁棒性且符合实际情况。

同 SEKF 算法和 SUKF 算法相比,DUCMKF－R 算法与 UCMKF－R 算法采用了标准的 KF 算法,摒弃了序贯处理方式,降低了算法的复杂度,利于工程实现。与 CMKRR 算法相比,无需人工设定交叉 RR 的协方差,避免了状态估计协方差矩阵的奇异问题。

5.3 仿真实验

5.3.1 量测转换性能评估

5.3.1.1 无偏性评估

转换偏差是转换量测的样本均值与真实值之差。由式(5.6)可知,CM 是有偏的,偏差量为 $r(\lambda_\theta - 1)$。式(5.7)给出的 UCM 是无偏的。

本节采用 MC 仿真来验证 UCM 在不同的距离、方位角及距离误差标准差、方位角误差标准差取值下是无偏的。实验变量组分为近距探测水平与远距探测水平。近距探测水平中真实距离 $r = 5000$ m,方位角 $\theta = 0°, 45°$,距离与方位角噪声标准差 $\sigma_r = 30$ m 和 $\sigma_\theta = 1°$。远距探测水平中真实距离 $r = 100$ km,方位角 $\theta = 0°, 45°$,距离与方位角噪声标准差 $\sigma_r = 200$ m 和 $\sigma_\theta = 5°$。实验中距离与方位角噪声服从高斯分布。对于每一组水平值进行 10^6 次 MC 仿真,可得到量测转

换后 x_m 和 y_m 的经验分布。由统计学可知,RR 的样本均值是真实值的无偏估计,因此,没有设计关于 RR 的转换无偏性的验证实验。

图 5.2 给出了在远距与近距探测中两种不同方位角对应的 UCM 的经验分布函数的直方图,以及真实位置、CM 及 UCM 的均值。可以看出,当在远距探测中 $\theta=0°$,$\sigma_\theta=5°$,传统转换的均值与真实值之间具有较大的偏差。同时,转换后得到笛卡儿坐标系中位置分量的概率分布函数受到量测精度和几何关系的影响,并且 UCM 的均值并非该概率分布函数的最大似然估计。

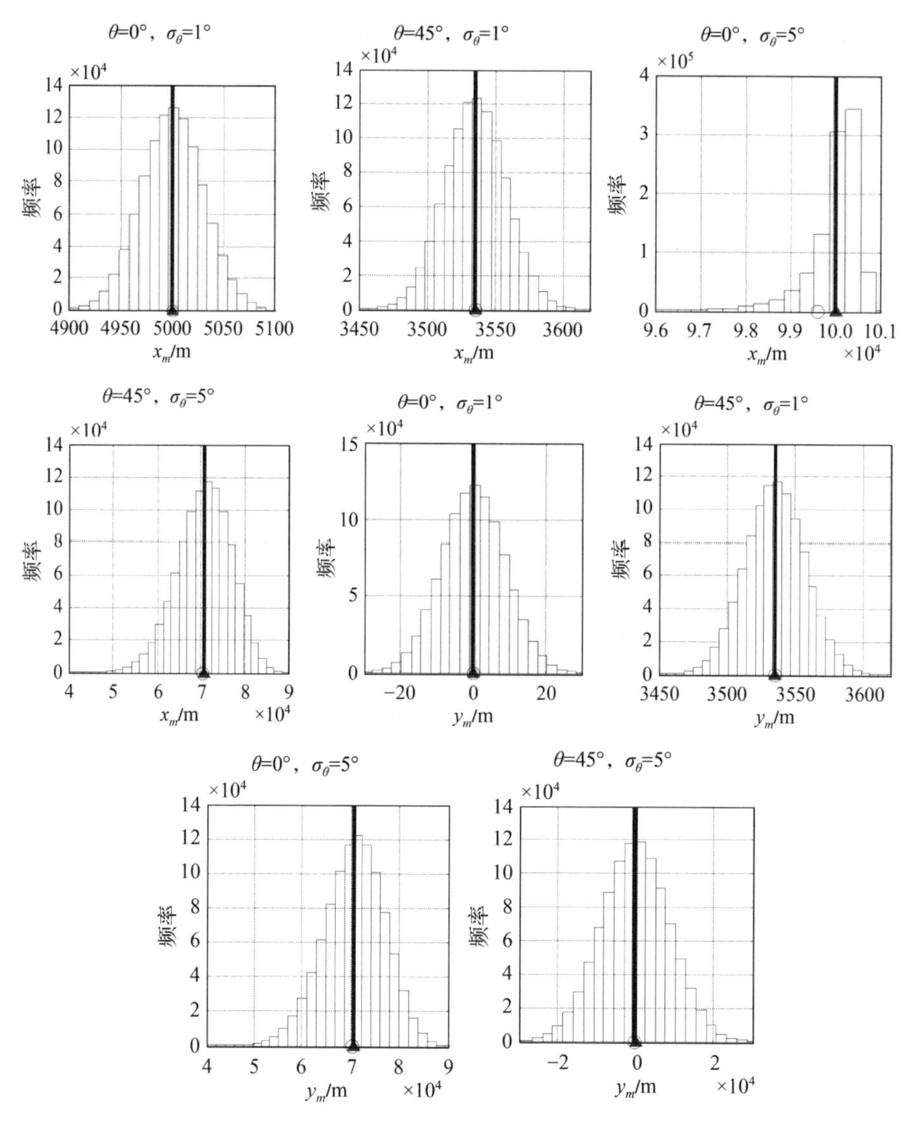

图 5.2 经验分布函数及转换均值

5.3.1.2 一致性评估

如果一种转换是一致的,那么转换量测相对于真实值的均方误差是与被估计转换量测误差协方差一致的。通常采用归一化误差平方(Normalized Error Squared,NES)[116]来衡量一致性,有

$$\mathrm{NES} = \frac{1}{N}\sum_{i=1}^{N} \tilde{z}_i \boldsymbol{R}_i^{-1} \tilde{z}_i \tag{5.23}$$

式中:$\tilde{z}_i$为第 i 次转换量测误差;$\boldsymbol{R}_i$ 为第 i 次转换量测误差协方差估计;N 为总的实验次数。如果转换是一致的,NES 接近于状态维数。为了检验 DUCM 的一致性,实验变量的水平选取为真实距离 $r=10$ km,真实 RR $\dot{r}=50$ m/s,真实方位角 $\theta=0°,1°,2°,\cdots,90°$,距离变化率量测噪声与距离量测噪声之间的相关系数 $\rho=-0.9$,距离量测噪声标准差 $\sigma_r=50$ m,角度量测噪声标准差 $\sigma_\theta=1°,3°,6°$,距离变化率量测噪声标准差 $\sigma_{\dot{r}}=0.5$ m/s,预测位置分量 x_p 与 y_p 的噪声标准差分别为 $\sigma_{x_p}=20$ m 和 $\sigma_{y_p}=20$ m,相关系数 $\rho_p=0.01$,对应的预测位置协方差矩阵 $\boldsymbol{P}_p$ 可确定。

对于每一组实验水平进行 10^3 次 MC 仿真。图 5.3 给出了 DUCM 的整体 NES 与各个分量的 NES 随方位角与方位角噪声标准差的变化,边界线是卡方分布 0.99 概率边界。从图 5.3 可以看出,总体 NES 在维数 3 附近波动,单个分量的 NES 在 1 附近波动。这说明本书提出的 DUCM 在总体与位置分量均具有一致性,特别是在 RR 分量上同样具有一致性,而 UCM 与修正 UCM[117]仅仅在总体上具有一致性,而单个的位置分量在某些几何关系上是不一致的[118]。

5.3.1.3 估计偏差的评估

DUCMKF-R 算法相比 UCMKF-R 算法采用了去相关技术来减小估计偏差。本节通过对一个静止目标位置的最小二乘估计来阐明估计偏差问题。

假设静止的目标的真实方位角 $\theta=0°$,真实距离 $r=10$ km,真实的 RR$\dot{r}=0$ m/s。这样目标的估计偏差集中反映在位置 X 分量上。在此,考察估计偏差受量测噪声 σ_r、σ_θ 和 $\sigma_{\dot{r}}$ 的影响。同时,也考察距离与 RR 噪声之间的相关系数 ρ 对估计偏差的影响。设定合适的初始状态向量、协方差矩阵及较低的过程噪声,对于在每一组实验水平下对静止目标探测并估计 5000 次,选择状态稳定的后 2000 次估计值进行最小二乘估计来计算估计偏差,具体计算公式为 $b=\tilde{x}-x_{\text{true}}$,式中:$b$ 为估计偏差;$\tilde{x}$ 为最小二乘估计值;x_{true}为目标真实位置。

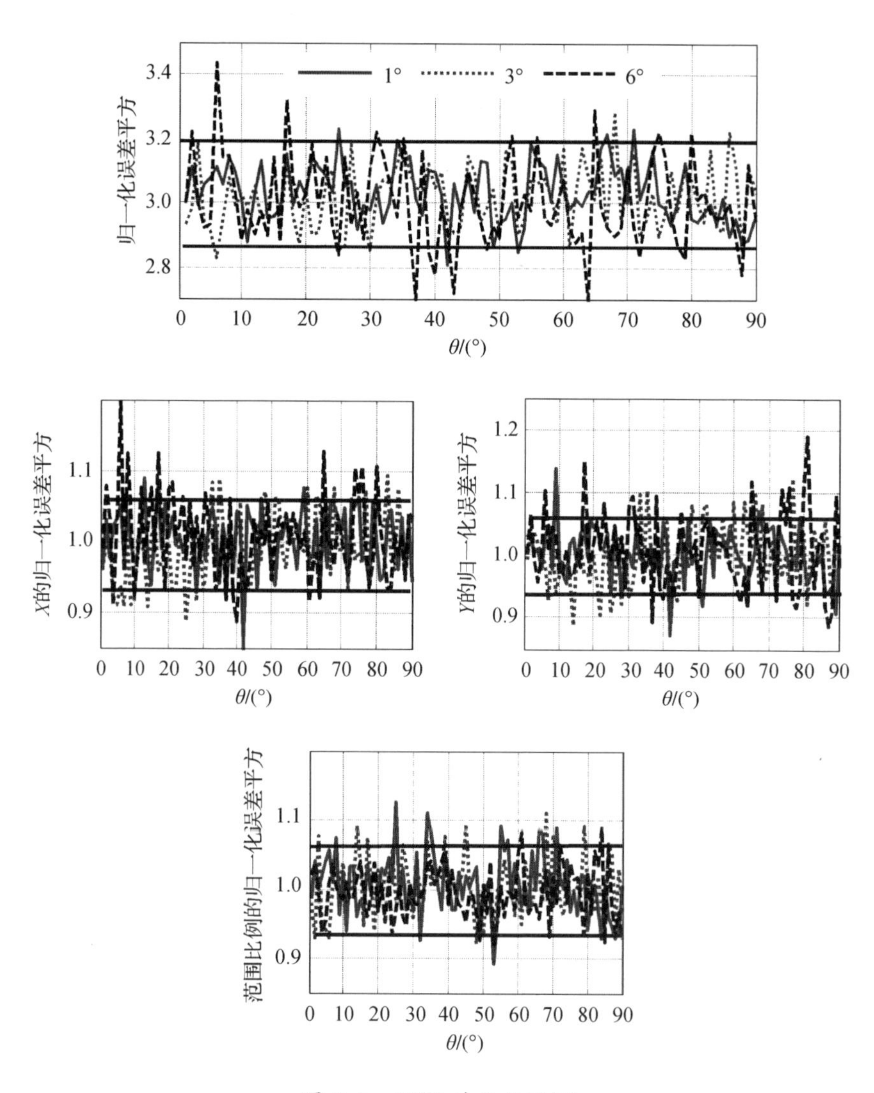

图 5.3　NES 对于 DCUM

从图 5.4 可以看出,采用 DUCMKF－R 算法在不同的量测精度及相关系数条件下,均比采用 UCMKF－R 算法具有更小的估计偏差。UCMKF－R 算法受距离与距离变化率量测精度影响较大。同时,正的相关关系会加剧 UCMKF－R 算法的估计偏差。而 DUCMKF－R 算法不仅将预测量用于量测方程的更新,同时还用于转换量测协方差估计中,去除了转换量测协方差与量测噪声之间的相关性。这可以从图 5.4 中得到验证,即 DUCMKF－R 算法的估计偏差受到角度、距离与 RR 的量测精度的影响较小,并且估计偏差接近于零。

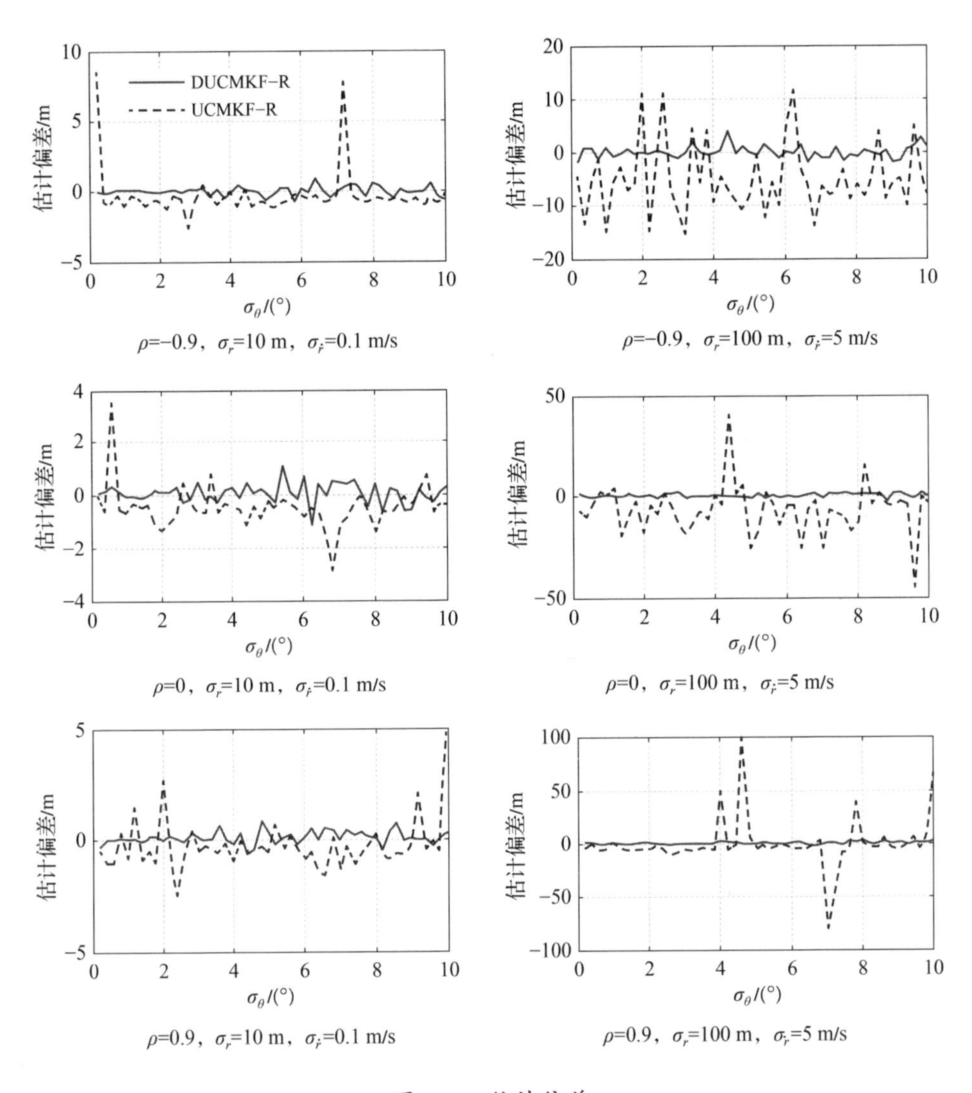

图 5.4　估计偏差

5.3.2　运动状态估计的性能评估

在本节中,通过估计一个运动目标状态来检测 DUCMKF－R 和 UCMKF－R 算法的性能。均方根误差(Mean Square Error,MSE)用于衡量运动状态估计性能。目标位置与速度的均方根误差可表示为

$$
\begin{cases}
\mathrm{MSE}(\hat{x},\hat{y}) = \dfrac{1}{N}\sum\limits_{i=1}^{N}\left[(x-\hat{x})^2+(y-\hat{y})^2\right] \\
\mathrm{MSE}(\hat{\dot{x}},\hat{\dot{y}}) = \dfrac{1}{N}\sum\limits_{i=1}^{N}\left[(\dot{x}-\hat{\dot{x}})^2+(\dot{y}-\hat{\dot{y}})^2\right]
\end{cases}
\tag{5.24}
$$

式中:N 为 MC 仿真次数;x 和 y 为真实的位置分量;$\dot{x}$ 和 $\dot{y}$ 为真实的速度分量;$\hat{x}$ 和 $\hat{y}$ 为位置分量的估计值;$\hat{\dot{x}}$和 $\hat{\dot{y}}$为速度分量的估计值。

在仿真实验中,将本书提出的 DUCMKF - R 算法与 UCMKF - R 算法和当前最先进的 SUKF、SEKF 和 CMKFRR 算法进行比较。此外,还计算了采用距离、方位角和 RR 的后验克拉美罗下界 PCRLB。SUKF 算法的参数设定为 $\lambda=-1$, $\alpha=1$,$\beta=2$ 和 $n=4$。对于 CMKFRR 算法,交叉 RR 的量测方差设定为 σ_c^2。由于 σ_c^2 需要依据先验知识进行设定,实验中设定两个等级的值 $\sigma_c=1$ m/s 和 $\sigma_c=100$ m/s 来测试 CMKFRR 算法的性能。实验参数设定如表 5.1 所列。

表 5.1 实验参数设定

参数	值	参数	值
初始斜距	$r=10$ km	初始方位角	$\theta=60°$
初始速度	$v=50$ m/s	初始速度方向	$\phi=30°$
斜距量测标准差	$\sigma_r=30$ m	方角度量测标准差	$\sigma_\theta=0.5°,1°,\cdots,3°$
RR 标准差	$\sigma_{\dot{r}}=0.1$ m/s	相关系数	$\rho=-0.9$

同时,目标状态转移方程为

$$
\boldsymbol{x}_k=\boldsymbol{F}\boldsymbol{x}_{k-1}+\boldsymbol{q}_{k-1}
\tag{5.25}
$$

式中:$\boldsymbol{F}$ 为匀速运动模型;$\boldsymbol{q}_{k-1}$为高斯过程噪声;q 为 PSD,单位为 W/Hz。当给定一个较小的 q 时,采用状态转移方程式(5.25)可生成一个近似匀速的目标运动轨迹。初始的滤波位置设定为初始量测位置,并且初始的速度设定为 0。用于状态估计的运动模型噪声协方差的 PSD 设定为 $q=1$ W/Hz。

图 5.5 ~ 图 5.7 显示了进行 5000 次 MC 仿真实验后 DUCMKF - R 算法、UCMKF - R 算法、SEKF 算法、SUKF 算法、具有 $\sigma_c=1$ m/s 的 CMKFRR 算法(标记为 CMKFRR1)、具有 $\sigma_c=100$ m/s 的 CMKFRR 算法(标记为 CMKFRR2)和 PCRLB 的位置与速度的 MSE。随着角度标准差增加,所有算法的 MSE 逐渐变差。从仿真实验的结果看出,DUCMKF - R 与 UCMKF - R 相比 SEKF,SUKF 和 CMKFRR 的性能相似或者更好。在图 5.5 ~ 图 5.7 中,在速度估计上的 MSE 性能相近,且接近于 PCRLB。相比其他算法,DUCMKF - R 算法的主要性能优势体

现在角度精度不断下降的情况下，具有更低的 MSE。该实验结果同样也证明提出的 UCMKF－R 算法具有比较好的估计性能。

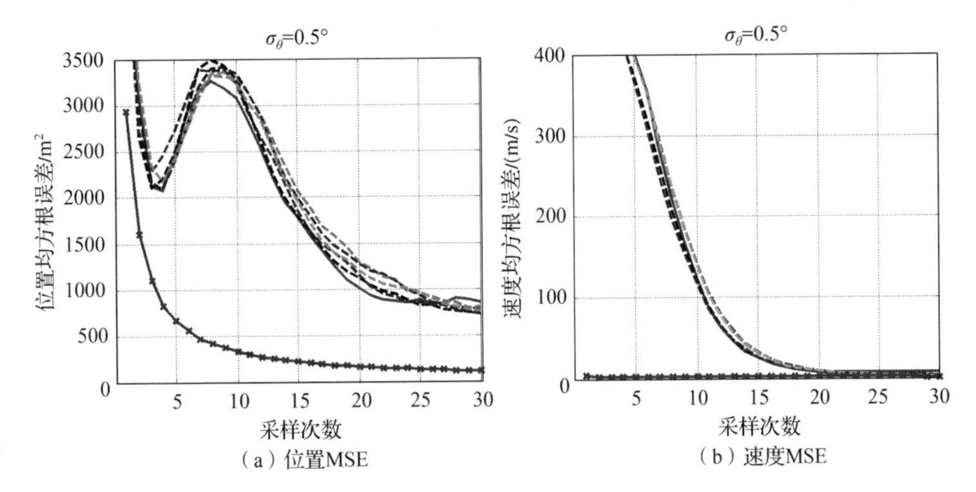

图 5.5　$\sigma_\theta=0.5°$时 DUCMKF－R、UCMKF－R、SEKF、SUKF、CMKFRR1、CMKFRR2 位置与速度的 MSE

DUCMKF-R　UCMKF-R　SEKF　SUKF　CMKFRR1
CMKFRR2　PCRLB

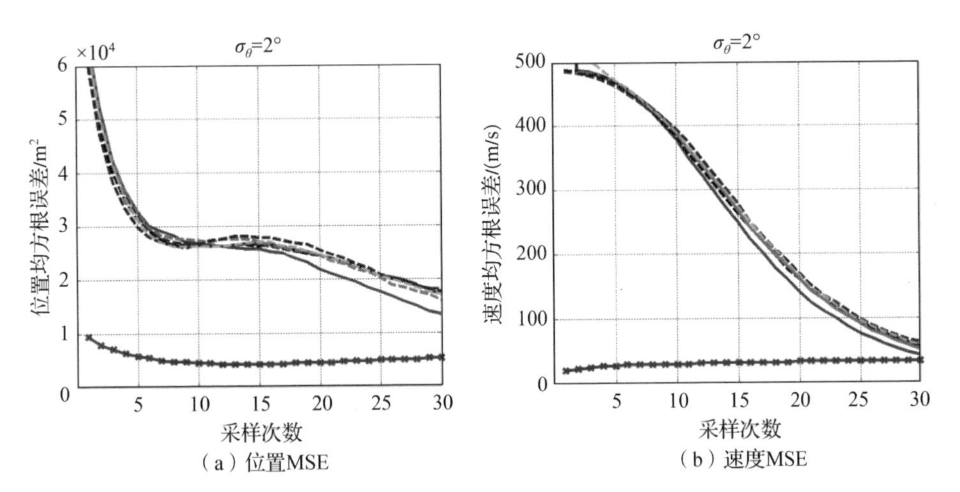

图 5.6　$\sigma_\theta=2°$时 DUCMKF－R、UCMKF－R、SEKF、SUKF、CMKFRR1、CMKFRR2 位置与速度的 MSE

DUCMKF-R　UCMKF-R　SEKF　SUKF　CMKFRR1
CMKFRR2　PCRLB

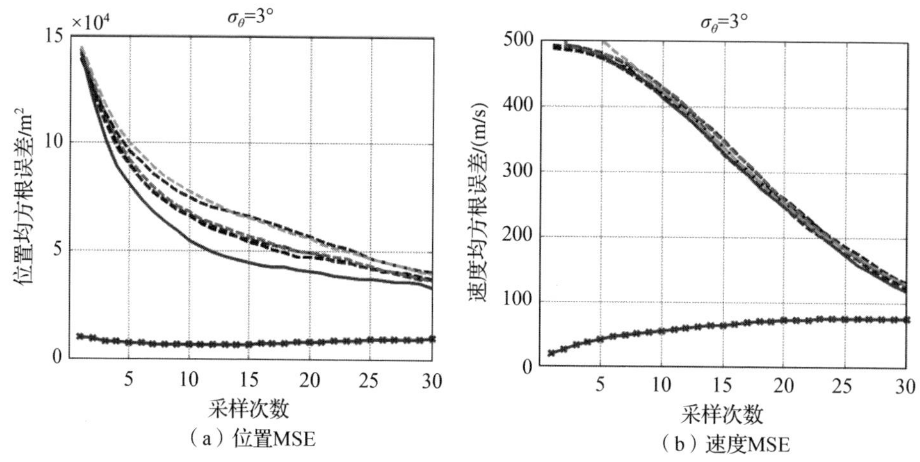

图 5.7　$\sigma_\theta=3°$时 DUCMKF－R、UCMKF－R、SEKF、SUKF、CMKFRR1、CMKFRR2 位置与速度的 MSE

距离变化率量测噪声与距离量测噪声之间的相关系数与多普勒雷达探测目标所采用的波形有关。文献[111]论述了上斜线性调频雷达波形具有强的负相关性$\rho=-0.9$,而下斜调频雷达波形具有强的正相关性$\rho=0.9$。文献[111]的实验结果显示了负的相关性有助于线性 KF 算法进行状态估计。然而,该结论对于非线性估计是否成立,仍然需要采用实验验证。在一个中等角度精度$\sigma_\theta=1.5°$条件下,执行 5000 次 MC 实验,分别地计算$\rho=-0.9,0,0.9$的目标位置 MSE。

在图 5.8 和图 5.9 中,实验结果显示ρ对于跟踪算法性能的影响没有统

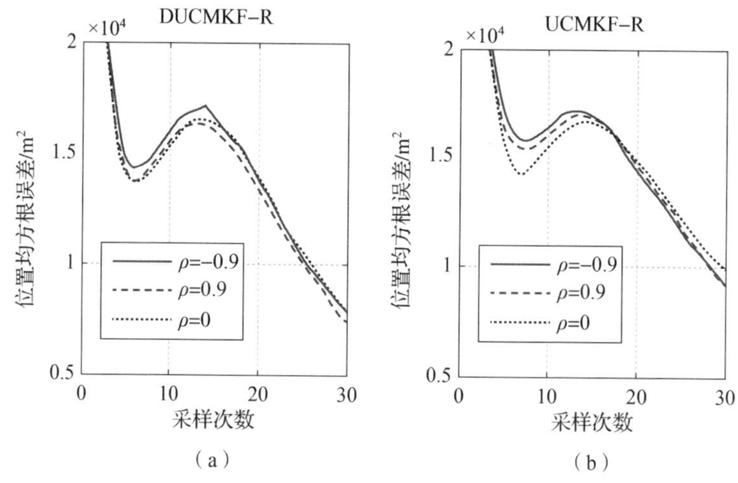

图 5.8　σ_θ为 1.5°和ρ分别为 −0.9,0,0.9 时 DUCMKF－R 和 UCMKF－R 的 MSE

模式。采用ρ为0.9,0的DUCMKF－R算法,UCMKF－R算法和SUKF算法的MSE低于采用$\rho = -0.9$的算法,但是对于SEKF算法是相反的。对于CMKFRR算法,ρ为－0.9,0,0.9的MSE曲线相互交织无法区分优劣。然而,总体来说,实验结果显示距离与RR的相关系数ρ对运动状态估计影响较小。

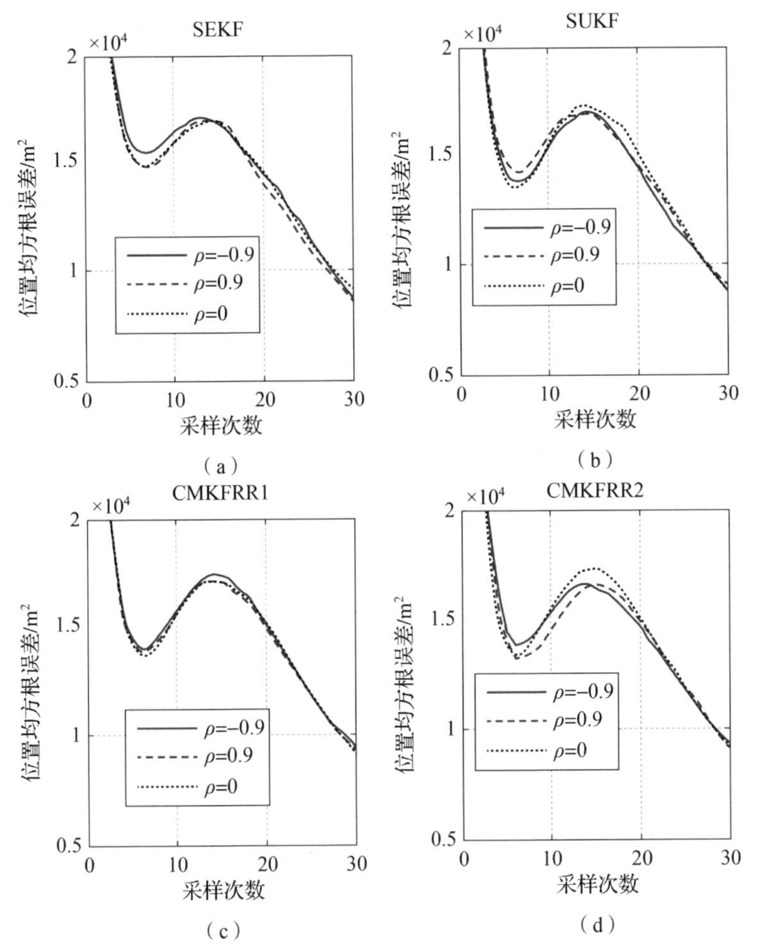

图5.9 σ_θ为1.5°和ρ分别为－0.9,0,0.9时SEKF、SUKF、CMKFRR1和CMKFRR2的MSE

5.4 本章小结

本章重点研究了基于距离变化率量测的运动状态估计的方法。

(1)对于位置量测采用乘性项无偏量测转换算法,消除了转换偏差,并提出了相应的UCMKF－R算法。

(2)采用一步预测估计取代量测来估计量测转换误差协方差矩阵，去除了量测转换误差协方差与量测噪声之间的相关性。在量测方程中，采用一步预测估计计算目标方位角的正弦值与余弦值，开发了 DUCMKF 算法。

(3)仿真实验表明，DUCMKF - R 算法与 UCMKF - R 算法的量测转换均具有无偏性；DUCMKF - R 算法的总体与位置分量均具有一致性，特别是在 RR 分量上同样具有一致性，而 UCMKF - R 算法仅仅在总体上具有一致性；DUCMKF - R 算法相比 UCMKF - R 算法采用了去相关技术来减小估计偏差；DUCMKF - R 与 UCMKF - R 相比 SEKF，SUKF 和 CMKFRR 的性能相似或者更好；在角度精度不断下降的情况下，DUCMKF - R 算法相比其他算法更具有性能优势。

第6章 采用距离变化率量测的二维机动参数估计方法

本章研究利用RR进行机动参数的估计问题。首先,利用RR的计算公式推导出两个速度方向角估计量,并结合速度估计量计算的速度方向角估计量,将第4章中的DUCMKF-R算法作为IMM算法的滤波器,提出了一种基于IMM的切向/法向加速度自适应融合估计算法。其次,依据运动学与几何学关系,由RR推导出切向/法向加速度的统计量,在MC仿真结果的基础上,采用GMM拟合了切向/法向加速度的近似联合分布函数。再次,将切向/法向加速度统计量应用机动检测问题中,提出了一种多机动检测与识别方法。然后,为了克服由单一RR计算目标速度方向角的双值模糊问题,基于双参考点,给出了速度方向角唯一性证明和解析计算方法,并在噪声条件下,提出了采用双多普勒雷达量测的角速度估计方法。最后,对本章工作进行了总结。

6.1 采用AIMM-CS-DUCMKF-R算法的切向/法向加速度估计

6.1.1 伪线性CSTNA模型

采用与2.3节相同的状态向量 $\boldsymbol{x}=(x,y,\dot{x},\dot{y},a_{\mathrm{t}},a_{\mathrm{n}})^{\mathrm{T}}$,为了方便书写,去掉了“$\bar{\boldsymbol{x}}$”中的扩增标记“$\bar{\cdot}$”。本节基于“当前”统计模型,将切向/法向加速度建模为修正瑞利-马尔可夫随机过程[121],即 a_{t} 与 a_{n} 满足状态模型

$$\dot{a}_{\mathrm{t}}=-\alpha_{\mathrm{t}}a_{\mathrm{t}}+\alpha_{\mathrm{t}}\bar{a}_{\mathrm{t}}+w_{\mathrm{t}},\quad \dot{a}_{\mathrm{n}}=-\alpha_{\mathrm{n}}a_{\mathrm{n}}+\alpha_{\mathrm{n}}\bar{a}_{\mathrm{n}}+w_{\mathrm{n}} \tag{6.1}$$

式中:$\bar{a}_{\mathrm{t}}=E[a_{\mathrm{t}}]$;$\bar{a}_{\mathrm{n}}=E[a_{\mathrm{n}}]$。$\alpha_{\mathrm{t}}\bar{a}_{\mathrm{t}}$ 和 $\alpha_{\mathrm{n}}\bar{a}_{\mathrm{n}}$ 分别为输入噪声 w_{t} 和 w_{n} 的均值;α_{t} 和 α_{n} 分别为切向/法向加速度机动时间常数的倒数。利用瑞利分布性质[122],如果已知均值 $\bar{a}_{\mathrm{t}}$ 和 $\bar{a}_{\mathrm{n}}$,w_{t} 和 w_{n} 的方差 $\sigma_{w_{\mathrm{n}}}^2$ 和 $\sigma_{w_{\mathrm{t}}}^2$ 可表示为

$$\sigma_{w_n}^2=\begin{cases}\dfrac{4-\pi}{\pi}(a_n^0-\bar{a}_n)^2, & a_n^0\geqslant\bar{a}_n\geqslant 0\\ \dfrac{4-\pi}{\pi}(a_{-n}^0-\bar{a}_n)^2, & 0>\bar{a}_n\geqslant a_{-n}^0\end{cases} \tag{6.2a}$$

$$\sigma_{w_t}^2=\begin{cases}\dfrac{4-\pi}{\pi}(a_t^0-\bar{a}_t)^2, & a_t^0\geqslant\bar{a}_t\geqslant 0\\ \dfrac{4-\pi}{\pi}(a_{-t}^0-\bar{a}_t)^2, & 0>\bar{a}_t\geqslant a_{-t}^0\end{cases} \tag{6.2b}$$

式中:a_n^0 和 a_{-n}^0为 a_n 的正极限值与负极限值;a_t^0 和 a_{-t}^0为 a_t 的正极限值与负极限值。

如果令 $\dot{y}/\sqrt{\dot{x}^2+\dot{y}^2}\triangleq\sin\hat{\alpha}$ 和 $\dot{x}/\sqrt{\dot{x}^2+\dot{y}^2}\triangleq\cos\hat{\alpha}$,其中 $\hat{\alpha}$ 为目标速度方向角的估计量,那么可建立伪线性连续时间状态转移方程为

$$\dot{\boldsymbol{x}}(t)=\underbrace{\begin{bmatrix}0&0&1&0&0&0\\0&0&0&1&0&0\\0&0&0&0&\cos\hat{\alpha}&-\sin\hat{\alpha}\\0&0&0&0&\sin\hat{\alpha}&\cos\hat{\alpha}\\0&0&0&0&-\alpha_t&0\\0&0&0&0&0&-\alpha_n\end{bmatrix}}_{\boldsymbol{F}(\hat{\alpha})}\boldsymbol{x}(t)+\underbrace{\begin{bmatrix}0\\0\\0\\0\\\alpha_t\bar{a}_t\\\alpha_n\bar{a}_n\end{bmatrix}}_{\boldsymbol{U}(t)}+\underbrace{\begin{bmatrix}0\\0\\0\\0\\w_t\\w_n\end{bmatrix}}_{\boldsymbol{W}(t)} \tag{6.3}$$

假设采样周期为 Δt,经离散化可得到伪线性离散时间状态转移方程,即

$$\boldsymbol{x}_{k+1}=\boldsymbol{\Phi}(\Delta t,\dot{\alpha})\boldsymbol{x}_k+\boldsymbol{U}_k+\boldsymbol{W}_k \tag{6.4}$$

式中:$\boldsymbol{\Phi}(\Delta t,\hat{\alpha})$为状态转移矩阵;$\boldsymbol{U}_k$ 和 $\boldsymbol{W}_k$ 分别为 $\boldsymbol{U}(t)$和 $\boldsymbol{W}(t)$的离散形式,其中 $\boldsymbol{W}_k$ 的协方差矩阵记为 $\boldsymbol{Q}_k$。具体上,$\boldsymbol{\Phi}(\Delta t)$的表达式与第 2 章中的 $\boldsymbol{\Phi}_S(\Delta t)$相同。$\boldsymbol{Q}_k$ 的计算与 $\boldsymbol{Q}_S^L$ 相同(见附录 B),只需要将 $\sigma_t'^2$ 和 $\sigma_n'^2$ 分别地替换为 $\sigma_{w_t}^2$ 和 $\sigma_{w_n}^2$ 即可。$\boldsymbol{U}_k$ 可表示为

$$\boldsymbol{U}_k=(u_1,u_2,u_3,u_4,u_5,u_6)^{\mathrm{T}} \tag{6.5}$$

$$\begin{aligned}u_1=&-\frac{\bar{a}_n\sin\hat{\alpha}}{\alpha_n^3}+\frac{\bar{a}_t\cos\hat{\alpha}}{\alpha_t^3}+\frac{\Delta t\bar{a}_n\cos\hat{\alpha}}{\alpha_n^2}-\frac{\Delta t\bar{a}_t\cos\hat{\alpha}}{\alpha_t^2}+\\&\frac{\bar{a}_n e^{-\Delta t\alpha_n}\sin\hat{\alpha}}{\alpha_n^3}-\frac{\bar{a}_t e^{-\Delta t\alpha_t}\cos\hat{\alpha}}{\alpha_t^3}-\frac{\Delta t^2\bar{a}_n\sin\hat{\alpha}}{2\alpha_n}+\frac{\Delta t^2\bar{a}_t\cos\hat{\alpha}}{2\alpha_t}\end{aligned} \tag{6.6}$$

$$\begin{aligned}u_2=&\frac{\bar{a}_n\cos\hat{\alpha}}{\alpha_n^3}+\frac{\bar{a}_t\sin\hat{\alpha}}{\alpha_t^3}-\frac{\Delta t\bar{a}_n\cos\hat{\alpha}}{\alpha_n^2}-\frac{\Delta t\bar{a}_t\sin\hat{\alpha}}{\alpha_t^2}-\\&\frac{\bar{a}_n e^{-\Delta t\alpha_n}\cos\hat{\alpha}}{\alpha_n^3}-\frac{\bar{a}_t e^{-\Delta t\alpha_t}\sin\hat{\alpha}}{\alpha_t^3}+\frac{\Delta t^2\bar{a}_n\cos\hat{\alpha}}{2\alpha_n}+\frac{\Delta t^2\bar{a}_t\sin\hat{\alpha}}{2\alpha_t}\end{aligned} \tag{6.7}$$

$$u_3=\frac{\bar{a}_{\mathrm{n}}\sin\hat{\alpha}}{\alpha_{\mathrm{n}}^2}-\frac{\bar{a}_{\mathrm{t}}\cos\hat{\alpha}}{\alpha_{\mathrm{t}}^2}-\frac{\Delta t\bar{a}_{\mathrm{n}}\sin\hat{\alpha}}{\alpha_{\mathrm{n}}}+\frac{\Delta t\bar{a}_{\mathrm{t}}\cos\hat{\alpha}}{\alpha_{\mathrm{t}}}-\frac{\bar{a}_{\mathrm{n}}\mathrm{e}^{-\Delta t\alpha_{\mathrm{n}}}\sin\hat{\alpha}}{\alpha_{\mathrm{n}}^2}+\frac{\bar{a}_{\mathrm{t}}\mathrm{e}^{-\Delta t\alpha_{\mathrm{t}}}\cos\hat{\alpha}}{\alpha_{\mathrm{t}}^2} \tag{6.8}$$

$$u_4=\frac{\Delta t\bar{a}_{\mathrm{n}}\cos\hat{\alpha}}{\alpha_{\mathrm{n}}}-\frac{\bar{a}_{\mathrm{t}}\sin\hat{\alpha}}{\alpha_{\mathrm{t}}^2}-\frac{\bar{a}_{\mathrm{n}}\cos\hat{\alpha}}{\alpha_{\mathrm{n}}}+\frac{\Delta t\bar{a}_{\mathrm{t}}\sin\hat{\alpha}}{\alpha_{\mathrm{t}}}-\frac{\alpha_{\mathrm{n}}\bar{a}_{\mathrm{n}}\mathrm{e}^{-\Delta t\alpha_{\mathrm{n}}}\cos\hat{\alpha}}{\alpha_{\mathrm{n}}^2}-\frac{\alpha_{\mathrm{t}}\bar{a}_{t}\mathrm{e}^{-\Delta t\alpha_{\mathrm{t}}}\sin\hat{\alpha}}{\alpha_{\mathrm{t}}^2} \tag{6.9}$$

$$u_5=-\frac{\bar{a}_{\mathrm{t}}(\mathrm{e}^{-\Delta t\alpha_{\mathrm{t}}}-1)}{\alpha_{\mathrm{t}}},\quad u_6=-\frac{\bar{a}_{\mathrm{n}}(\mathrm{e}^{-\Delta t\alpha_{\mathrm{n}}}-1)}{\alpha_{\mathrm{n}}} \tag{6.10}$$

量测方程采用包含距离、方位角和 RR 的形式,见式(4.1)。

6.1.2 AIMM – CS – DUCMKF – R 算法

$\boldsymbol{\Phi}(\Delta t,\hat{\alpha})$是 α 估计量的函数。在第 2 章提出的 STNA 模型的 $\boldsymbol{\Phi}_{\mathrm{S}}(\Delta t)$中,第 k 时刻的估计量 $\hat{\alpha}_k$ 的正余弦值是通过第 k 时刻 $\hat{\dot{x}}_k$ 和 $\hat{\dot{y}}_k$ 计算的。定义 $\alpha_k\in[-\pi,\pi]$,$k=1,2,\cdots$,那么由 $\hat{\dot{x}}_k$ 和 $\hat{\dot{y}}_k$ 可计算 α_k 的一个估计量 $\hat{\alpha}_k^1$,即

$$\hat{\alpha}_k^1=\arctan\left(\frac{\hat{\dot{y}}_k}{\hat{\dot{x}}_k}\right) \tag{6.11}$$

另外,距离变化率量测能够提供目标速度的信息,具体的几何关系如图 6.1 所示。

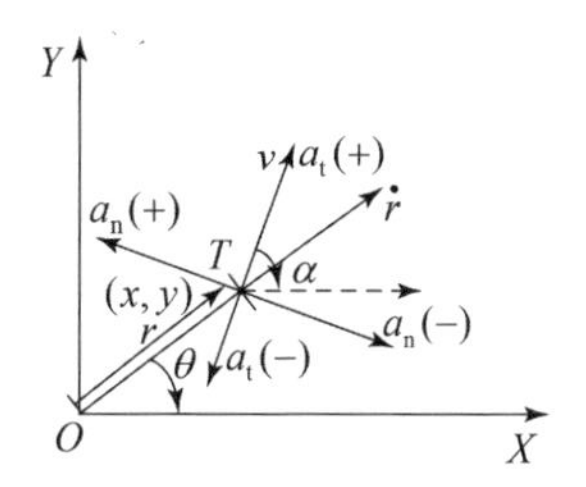

图 6.1 变量之间的几何关系

图 6.1 中,r 为雷达与目标之间的距离,θ 为目标方位角,v 为目标速度大小,$\dot{r}$ 为目标 RR 大小。RR$\dot{r}$ 是速度大小 v 与速度方向角 α 的函数,即 $\dot{r}=v\cos(\alpha-\theta)$。由于反余弦运算在值域$[-\pi,\pi]$上存在两个值,由第 k 时刻 $\dot{r}_{km}$,$\hat{v}_k$ 和 $\hat{\theta}_k$ 可得

$$\hat{\alpha}_k^2=\arccos\left(\frac{\dot{r}_{km}}{\hat{v}_k}\right)+\hat{\theta}_k,\quad \hat{\alpha}_k^3=-\arccos\left(\frac{\dot{r}_{km}}{\hat{v}_k}\right)+\hat{\theta}_k \tag{6.12}$$

式中:$\hat{v}_k=\sqrt{\hat{\dot{x}}_k^2+\hat{\dot{y}}_k^2}$;$\hat{\theta}_k=\arctan(\hat{y}_k/\hat{x}_k)$。$\hat{\theta}_k$ 一般比 θ_{km}具有更高的精度。

由上述内容可知,α_k 存在 3 个估计量,记为$\{\hat{\alpha}_k^i\}_{i=1}^3$,由于式(6.11)和式(6.12)均为非线性函数,$\{\hat{\alpha}_k^i\}_{i=1}^3$的二阶矩无法解析计算,因此无法给出三个估计值的精度排序。

本节采用IMM[123]框架来解决这一问题。首先,分别建立对应于$\{\hat{\alpha}_k^i\}_{i=1}^3$的状态转移矩阵$\{\boldsymbol{\Phi}^i(\Delta t,\hat{\alpha}_k^i)\}_{i=1}^3$的 CSTNA 模型,记为$\{\boldsymbol{M}^i\}_{i=1}^3$。然后将$\{\boldsymbol{M}^i\}_{i=1}^3$作为 IMM 的模型集合。对于 CSTNA 模型,DUCMKF - R 算法可作为 IMM 的子滤波器来获得滤波估计。将上述基于 IMM 的自适应融合估计算法称为 AIMM - CS - DUCMKF - R。该算法的流程如图 6.2 所示。

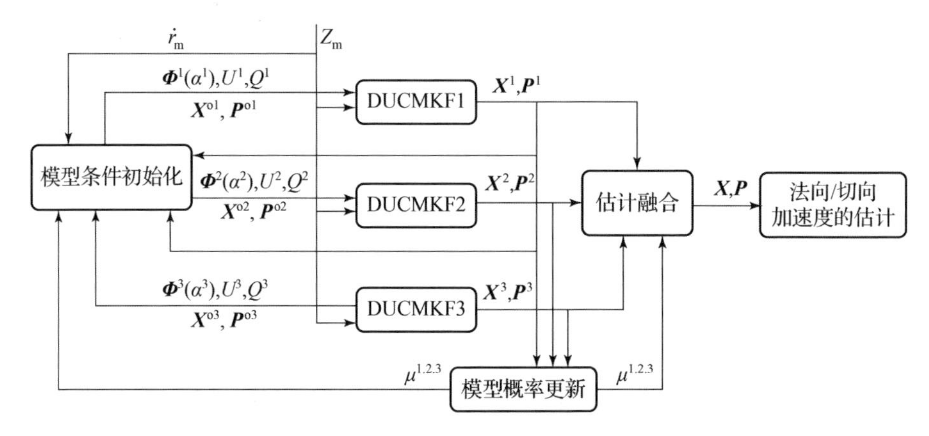

图 6.2 AIMM - CS - DUCMKF - R 算法流程图

算法 6.1 AIMM - CS - DUCMKF - R 算法

(1)模型条件重新初始化。

第j个滤波器重初始化的状态与协方差矩阵的混合估计分别为

$$\boldsymbol{m}_{k-1}^{oj}=\sum_{i=1}^{M}\boldsymbol{m}_{k-1}^{i}\mu_{k-1}^{(i,j)},\quad \boldsymbol{P}_{k-1}^{oj}=\sum_{i=1}^{M}[\boldsymbol{P}_{k-1}^{i}+(\boldsymbol{m}_{k-1}^{i}-\boldsymbol{m}_{k-1}^{oj})(\boldsymbol{m}_{k-1}^{i}-\boldsymbol{m}_{k-1}^{oj})']\mu_{k-1}^{(i,j)} \tag{6.13}$$

$$\mu_{k-1}^{(i,j)}=\frac{1}{\bar{C}_j}p_{ij}\mu_{k-1}^{i},\quad \bar{C}_j=\sum_{i=1}^{M}p_{ij}\mu_{k-1}^{i} \tag{6.14}$$

式中:$\boldsymbol{m}_{k-1}^{oj}$为第$j$个滤波器的重初始化的混合状态估计;$\boldsymbol{P}_{k-1}^{oj}$为$\boldsymbol{m}_{k-1}^{oj}$对应的混合协方差矩阵估计;$\boldsymbol{m}_{k-1}^{i}$为第$k-1$时刻第$i$个滤波器的状态估计;$\boldsymbol{P}_{k-1}^{i}$为$\boldsymbol{m}_{k-1}^{i}$对应的协方差矩阵估计;$M$为模型的个数,即$M=3$;$\mu_{k-1}^{(i,j)}$为混合概率;$p_{ij}$为第$i$个运动模型切换为第$j$个运动的转移概率;$\mu_{k-1}^{i}$为第$k-1$时刻第$i$个运动模型概率。

为实现切向/法向加速度均值自适应,令

$$\bar{a}_{\mathrm{t},k-1}^{oj}=\hat{a}_{\mathrm{t},k-1}^{oj},\quad \bar{a}_{\mathrm{n},k-1}^{oj}=\hat{a}_{\mathrm{n},k-1}^{oj} \tag{6.15}$$

将$\bar{a}_{\mathrm{t},k-1}^{oj}$和$\bar{a}_{\mathrm{n},k-1}^{oj}$代入式(6.6)~式(6.10)中,计算可得第$j$个滤波器的重初始的输入向量$U_{k-1}^{oj}$。为实现切向/法向加速度协方差自适应,令

$$\sigma_{\omega_{\mathrm{n},k-1}}^{oj2}=\begin{cases}(4-\pi)/\pi\cdot(a_{\mathrm{n}}^{0}-\bar{a}_{\mathrm{n},k-1}^{oj})^2, & a_{\mathrm{n}}^{0}\geqslant\bar{a}_{\mathrm{n},k-1}^{oj}\geqslant 0\\(4-\pi)/\pi\cdot(a_{-\mathrm{n}}^{0}-\bar{a}_{\mathrm{n},k-1}^{oj})^2, & 0>\bar{a}_{\mathrm{n},k-1}^{oj}\geqslant a_{-\mathrm{n}}^{0}\end{cases} \tag{6.16}$$

$$\sigma_{\omega_{t,k-1}}^{oj2}=\begin{cases}(4-\pi)/\pi\cdot(a_t^0-\bar{a}_{t,k-1}^{oj})^2, & a_t^0\geqslant\bar{a}_{t,k-1}^{oj}\geqslant 0\\(4-\pi)/\pi\cdot(a_{-t}^0-\bar{a}_{t,k-1}^{oj})^2, & 0>\bar{a}_{t,k-1}^{oj}\geqslant a_{-t}^0\end{cases}\tag{6.17}$$

将 $\sigma_n'^2=\sigma_{\omega_{n,k-1}}^{oj2}$ 和 $\sigma_t'^2=\sigma_{\omega_{t,k-1}}^{oj2}$ 代入附录 B 的 $\boldsymbol{Q}_S^L$ 中,计算可得第 j 个滤波器的重初始的过程噪声协方差矩阵 $\boldsymbol{Q}_{k-1}^{oj}$。由 $\{\boldsymbol{m}_{k-1}^{oj}\}_{j=1}^3$ 分别计算目标速度方向角的 3 个估计量,即

$$\begin{cases}\hat{\alpha}_{k-1}^{j=1}=\arctan(\hat{\dot{y}}_{k-1}^{oj=1}/\hat{\dot{x}}_{k-1}^{oj=1})\\\hat{\alpha}_{k-1}^{j=2}=\arccos(\dot{r}_{(k-1)m}/\hat{v}_{k-1}^{oj=2})+\hat{\theta}_{k-1}^{oj=2}\\\hat{\alpha}_{k-1}^{j=3}=-\arccos(\dot{r}_{(k-1)m}/\hat{v}_{k-1}^{oj=3})+\hat{\theta}_{k-1}^{oj=3}\end{cases}\tag{6.18}$$

将 $\hat{\alpha}_{k-1}^j$ 代入到 $\boldsymbol{\Phi}(\Delta t,\hat{\alpha})$ 中,计算可得第 j 个滤波器的重初始的状态转移矩阵 $\boldsymbol{\Phi}^j(\Delta t,\hat{\alpha}_k^j)$。

(2)模型条件滤波。

根据步骤(1)中得到第 k 时刻的各个模型的初始条件 $\{\boldsymbol{m}_{k-1}^{oj},\boldsymbol{P}_{k-1}^{oj}\}_{j=1}^M$,采用 DUCMKF－R 滤波器可得到 $\{\boldsymbol{m}_k^j,\boldsymbol{P}_k^j\}_{j=1}^M$。DUCMKF－R 算法具体见第 4 章中算法 4.2。

(3)模型概率更新。

假设量测预测残差 $\tilde{z}_k^j$ 服从零均值的高斯分布,那么与模型 M^j 匹配的似然函数 Λ_k^j 为

$$\Lambda_k^j=|2\pi S_k^j|^{-1/2}\exp\left\{-\frac{1}{2}\tilde{z}_k^{j\prime}\boldsymbol{S}_k^{j-1}\tilde{z}_k^j\right\}\tag{6.19}$$

$$\mu_k^j=\frac{1}{C}\bar{C}_j\log\Lambda_k^j,\quad C=\sum_{i=1}^M\bar{C}_i\log\Lambda_k^i,\quad \bar{C}_i=\sum_{j=1}^M p_{ji}\mu_{k-1}^j\tag{6.20}$$

$$\begin{cases}\tilde{z}_k^j=\boldsymbol{x}_m^{uj}-\boldsymbol{H}_p^j\boldsymbol{m}_k^{-j}\\\boldsymbol{S}_k^j=\boldsymbol{H}_p^j\boldsymbol{P}_k^{-j}\boldsymbol{H}_p^j+\boldsymbol{R}_{\mathrm{DUCM}}^j\end{cases}\tag{6.21}$$

式中:$\boldsymbol{x}_m^{uj}$ 和 $\boldsymbol{R}_{\mathrm{DUCM}}^j$ 为去相关无偏量测转换后的量测与量测误差协方差矩阵,具体计算参见 4.2.1 节内容;$\boldsymbol{H}_p^j$ 定义见式(4.21);$\boldsymbol{m}_k^{-j}$ 和 $\boldsymbol{P}_k^{-j}$ 分别为第 j 个滤波器中第 k 时刻的预测状态与预测状态估计协方差矩阵。

(4)估计融合。

给出第 k 时刻的总体估计和总体估计误差协方差矩阵,即

$$\boldsymbol{m}_k=\sum_{j=1}^M\boldsymbol{m}_k^j\mu_k^j,\quad \boldsymbol{P}_k=\sum_{j=1}^M[\boldsymbol{P}_k^j+(\boldsymbol{m}_k-\boldsymbol{m}_k^j)(\boldsymbol{m}_k-\boldsymbol{m}_k^j)']\mu_k^j\tag{6.22}$$

6.1.3 仿真实验

仿真实验中,目标真实运动状态由式(1.1)生成。量测$(r,\theta,\dot{r})$生成模型为

$$\begin{bmatrix} r \\ \theta \\ \dot{r} \end{bmatrix} = \begin{bmatrix} \sqrt{x^2+y^2} \\ \pm \arccos(x/\sqrt{x^2+y^2}) \\ v\cos(\alpha \mp \arccos(x/\sqrt{x^2+y^2})) \end{bmatrix} + \begin{bmatrix} w_r \\ w_\theta \\ w_{\dot{r}} \end{bmatrix} \tag{6.23}$$

在式(6.23)中,“ ± ”选取准则是 $y \geqslant 0$ 为“ + ”, $y<0$ 为“ - ”,“ ∓ ”则与之相反。w_r、w_θ、w_{v_r}为高斯白噪声,它们的协方差矩阵为

$$\boldsymbol{R}_c = \begin{bmatrix} \sigma_{w_r}^2 & 0 & \rho'\sigma_{wr}\sigma_{w\dot{r}} \\ 0 & \sigma_{w_\theta}^2 & 0 \\ \rho'\sigma_{w_r}^2\sigma_{w_{\dot{r}}}^2 & 0 & \sigma_{w_{\dot{r}}}^2 \end{bmatrix} \tag{6.24}$$

式中:σ_{w_r},σ_{w_θ}和 $\sigma_{w_{\dot{r}}}$为标准差;ρ'为相关系数。将一条真实的轨迹序列输入到模型式(6.23)中,可得相应的量测序列。

在仿真实验中,将 AIMM - CS - DUCMKF - R 算法与标准的 IMM 算法、输入估计算法中的 WLSE(Window - based Least Squares Estimator)算法[124]、CS - AEKF(Current Statistical model based Adaptive EKF)算法[125]进行比较。机动目标真实轨迹的初始状态(x_0,y_0,v_0,ϕ_0)设定为(4 km,6 km,50 m/s,π/6)。在0 ~ 50 s 时,$a_n=0$,$a_t=10$ m/s²;在 51 ~ 125 s 时,$a_n=20$ m/s²,$a_t=-5$ m/s²;在 126 ~ 200 s 时,$a_n=-20$ m/s²,$a_t=5$ m/s²。量测噪声标准差设定为 $\sigma_{w_r}=20$ m,$\sigma_{w_\theta}=1°$和 $\sigma_{w_{\dot{r}}}=0.5$ m/s。RR 与距离噪声之间的相关系数 $\rho'=-0.9$。

IMM 算法的运动模型集合由 3 个 CA 运动模型组成,过程噪声的 PSD 分别设定为{1,10,100}W/Hz。WLSE 算法采用 CV 模型,它的窗口长度为 5,过程噪声的 PSD 为 10 W/Hz。IMM 算法与 WLSE 算法的滤波器均采用 DUCMKF - R 算法。由于 IMM 算法与 WLSE 算法只能估计加速度在坐标轴上的分量$\hat{\ddot{x}}$和$\hat{\ddot{y}}$,因此需要采用式(2.20)合成法向加速度与切向加速度估计 $\hat{a}_t$ 和 $\hat{a}_n$。

对于 CS - AEKF 算法和 AIMM - CS - DUCMKF - R 算法中的模型,设定相同的 $\alpha_t=0.1$,$\alpha_n=0.1$,$a_t^o=40$ m/s²,$a_{-t}^o=-40$ m/s²,$a_n^o=60$ m/s²,$a_{-n}^o=-60$ m/s²。CS - AEKF 算法和 AIMM - CS - DUCMKF - R 算法中的过程噪声 PSD 为 10 W/Hz。IMM 算法的初始模型概率 $\boldsymbol{\pi}_1$ 与状态转移矩阵 $\boldsymbol{p}_1$ 和 AIMM - CS - DUCMKF - R 算法的初始模型概率 $\boldsymbol{\pi}_2$ 与状态转移矩阵 $\boldsymbol{p}_2$ 分别为

$$\boldsymbol{\pi}_1 = [0.2, 0.2, 0.6], \quad \boldsymbol{p}_1 = \begin{bmatrix} 0.8 & 0.1 & 0.1 \\ 0.1 & 0.8 & 0.1 \\ 0.1 & 0.1 & 0.8 \end{bmatrix}$$

$$\boldsymbol{\pi}_2 = [0.4, 0.3, 0.3], \quad \boldsymbol{p}_2 = \begin{bmatrix} 0.8 & 0.1 & 0.1 \\ 0.1 & 0.8 & 0.1 \\ 0.1 & 0.1 & 0.8 \end{bmatrix}$$

采用上述的每一种算法进行 100 次 MC 仿真实验,计算位置、速度、法向加速度及切向加速度的 RMSE,如图 6.3 ~ 图 6.6 所示。

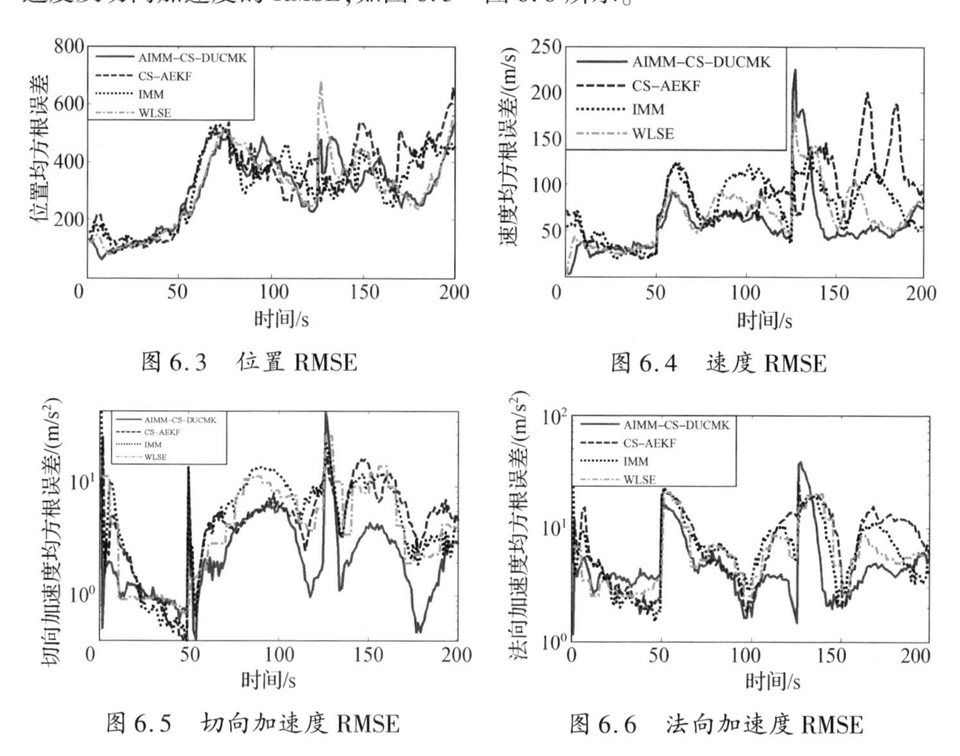

图 6.3　位置 RMSE

图 6.4　速度 RMSE

图 6.5　切向加速度 RMSE

图 6.6　法向加速度 RMSE

从图 6.3 与图 6.4 可看出,这 4 种算法具有可比较的位置与速度估计性能。图 6.5 和图 6.6 分别给出了切向加速度与法向加速度的 RMSE。在 0 ~ 50 s 中,目标仅具有恒定的切向加速度,其中 AIMM - CS - DUCMKF - R 算法并不占优势,而采用 CA 模型 IMM 算法则相对地表现出更好的估计性能。在 51 ~ 200 s 中,目标既有切向加速度也有法向加速度,其中 AIMM - CS - DUCMKF - R 算法相比其他算法具有更高的估计精度。然而,在第二次机动加速度发生改变后,即在 126 s 处,AIMM - CS - DUCMKF - R 算法在切向加速度与法向加速度估计上存在明显的阶跃。这是由于目标法向加速度从 20 m/s^2 突变为 -20 m/s^2 导致了较大的速度方向估计误差。由于距离变化率量测包含了目标速度方向的信息,当新的量测信息到来后,重新得到了目标速度方向的准确估计,AIMM - CS - DUCMKF - R 算法实现了快速收敛。

图 6.7 展示了第 50 次 MC 仿真时 4 种跟踪算法的滤波轨迹与对应的机动加速度估计。图 6.7(a) 中的放大图说明在第二次目标机动加速度切换时,AIMM - CS - DUCMKF - R 算法的滤波轨迹明显地不光滑。图 6.7(b) 中,在 126 s 处,切向加速度出现了较大的突变,但随后切向加速度迅速地收敛于真实值。

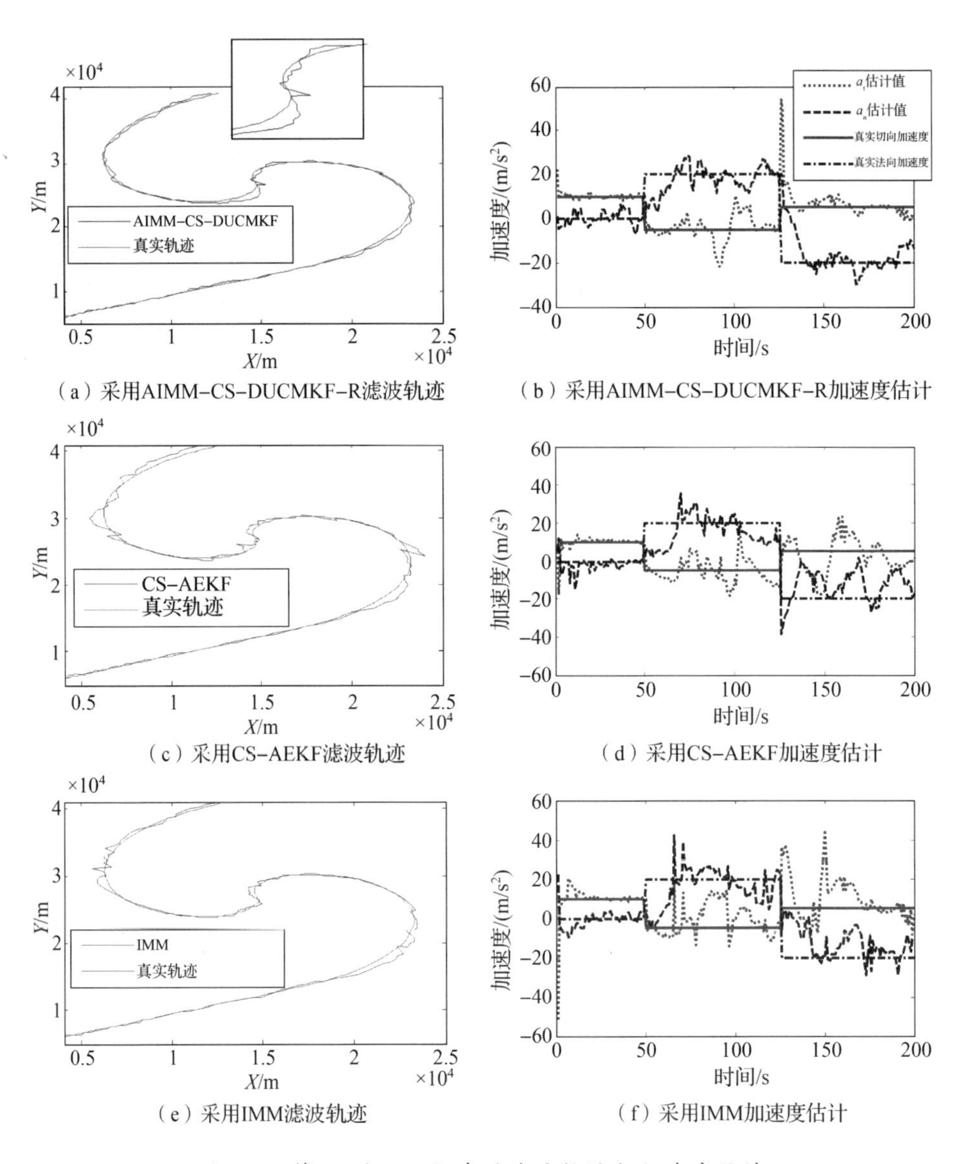

图 6.7　第 50 次 MC 仿真的滤波轨迹与加速度估计

6.2　切向/法向加速度统计量及近似联合概率分布

6.2.1　切向/法向加速度统计量的推导

切向/法向加速度统计量通常用于目标机动的检测与识别中。文献[86]在匀速转弯运动的假设下，通过 RR 推导了一个法向加速度的统计量 $c_{\min}$。文献[87]在统计量 $c_{\min}$ 的基础上，结合切向加速度估计量，提出了两个总加速度的统计量 $c_{\min2}$ 和 $c_{\min3}$。统计量 $c_{\min2}$ 和 $c_{\min3}$ 的区别在于是否采用 RR 进行状态估计。同样，文献[90]也基于 RR 采用马氏距离与欧式距离寻优的方法提出了两个总加速度的统计量 $E_{\min}$ 和 $M_{\min}$。然而，这些统计量存在如下问题。

(1)匀速转弯运动假设。统计量 $c_{\min}$、$c_{\min2}$ 和 $c_{\min3}$ 是在目标匀速转弯运动的假设条件下获得的法向加速度估计。飞机机动时，除了法向加速度外，通常具有切向加速度，轨迹呈现曲线的形式。采用 $c_{\min}$、$c_{\min2}$ 和 $c_{\min3}$ 存在固有的系统估计偏差。

(2)一对多映射。RR 与法向加速度之间是一对多的映射关系。$c_{\min}$、$c_{\min2}$ 和 $c_{\min3}$ 假设在雷达扫描周期内目标的速度方向改变量小于 2π，将一对多的映射关系限制为一对四映射。在实际中，一般的跟踪雷达的扫描周期量级小于 1 s。强机动飞机的最大瞬时转弯角速度不大于 $\pi/4$。在实际应用中，采用一对四映射，包含了不可能的转弯形式，这会导致概率权重分散。

由图 6.1 可知，$\alpha \in [-\pi, \pi]$，且有

$$\alpha = \pm \arccos\left(\frac{\dot{r}}{v}\right) + \theta \tag{6.25}$$

假设在 $k-1$ 时刻，已知 α_{k-1}。那么，在 k 时刻由式(6.25)可知 α_k 为

$$\alpha_k = \begin{cases} \alpha_k^{(1)} = \arccos\left(\dfrac{\dot{r}_k}{v_k}\right) + \theta_k \\ \alpha_k^{(2)} = -\arccos\left(\dfrac{\dot{r}_k}{v_k}\right) + \theta_k \end{cases} \tag{6.26}$$

$\Delta\alpha_k \in [-\pi, \pi]$ 为在雷达扫描周期 Δt 内目标速度方向转过的角度，计算公式为

$$\Delta\alpha_k(\alpha_k, \alpha_{k-1}) = \begin{cases} \alpha_k - \alpha_{k-1} & (\alpha_k, \alpha_{k-1} \in [0, \pi]) \cup (\alpha_k, \alpha_{k-1} \in [-\pi, 0]) \\ \alpha_k - \alpha_{k-1} & (\alpha_k \in [0, \pi], \alpha_{k-1} \in [-\pi, 0]) \cup (\alpha_k - \alpha_{k-1} \leqslant \pi) \\ \alpha_k - \alpha_{k-1} & (\alpha_k \in [-\pi, 0], \alpha_{k-1} \in [0, \pi]) \cup (\alpha_k - \alpha_{k-1} \geqslant -\pi) \\ \alpha_k - \alpha_{k-1} - 2\pi & (\alpha_k \in [0, \pi], \alpha_{k-1} \in [-\pi, 0]) \cup (\alpha_k - \alpha_{k-1} \geqslant \pi) \\ \alpha_k - \alpha_{k-1} + 2\pi & (\alpha_k \in [-\pi, 0], \alpha_{k-1} \in [0, \pi]) \cup (\alpha_k - \alpha_{k-1} \leqslant -\pi) \end{cases} \tag{6.27}$$

若 α_{k-1} 转向 α_k 为顺时针，则 $\Delta\alpha_k < 0$；若 α_{k-1} 转向 α_k 为逆时针，则 $\Delta\alpha_k > 0$，即目标的角速度 ω_k 满足左手系。

在雷达扫描周期 Δt 内，目标的速度方向可通过无限多个方式由 α_{k-1} 转向 α_k。文献[86]中假设目标速度方向在 Δt 内转动量小于 2π，则由 α_{k-1} 转向 α_k 存

在4种方式,如图6.8所示。机动性较强的小型飞机一般在1 s内最大可进行$\pi/4$转弯。一般多普勒雷达的跟踪周期小于1 s。因此,在本书中,假设目标速度方向在T内转动量小于π。在图6.8中,可能发生的转动方式为“1”与“2”,因为$\Delta\alpha_k(\alpha_k^{(1)},\alpha_{k-1})\leqslant\pi$和$\Delta\alpha_k(\alpha_k^{(2)},\alpha_{k-1})\leqslant\pi$,排除了转动方式“3”与“4”。

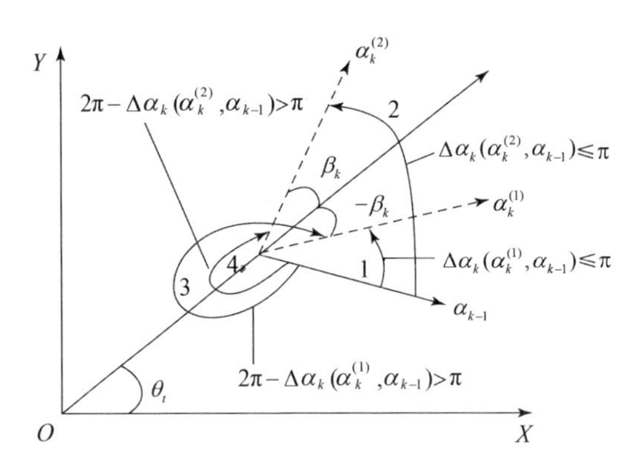

图6.8　可能存在的转弯方式

第k时刻目标的角速度ω_k计算公式为

$$\omega_k=\begin{cases}\dfrac{\Delta\alpha_k(\alpha_k^{(1)},\alpha_{k-1})}{\Delta t}\\[2ex]\dfrac{\Delta\alpha_k(\alpha_k^{(2)},\alpha_{k-1})}{\Delta t}\end{cases}\tag{6.28}$$

目标的法向加速度为$a_{n,k}=\omega_k v_k$。当$a_{t,k}=0$时,有$v_k=v_{k-1}$;当$a_{t,k}\neq 0$时,有$v_k=v_{k-1}+a_{t,k}\Delta t$。在此隐含了一个假设,即在周期$\Delta t$内,$a_n$与$a_t$为常数。因为$\Delta t$很短,这个假设在实际中是容易满足的。$a_{n,k}$可表示为

$$a_{n,k}=\begin{cases}a_{n,k}^{(1)}=\dfrac{\Delta\alpha_k\left(\arccos\left(\dfrac{\dot{r}_k}{v_{k-1}+a_{l,k}\Delta t}\right)+\theta_k,\alpha_{k-1}\right)}{\Delta t}(v_{k-1}+a_{l,k}\Delta t)\\[4ex]a_{n,k}^{(2)}=\dfrac{\Delta\alpha_k\left(-\arccos\left(\dfrac{\dot{r}_k}{v_{k-1}+a_{l,k}\Delta t}\right)+\theta_k,\alpha_{k-1}\right)}{\Delta t}(v_{k-1}+a_{l,k}\Delta t)\end{cases}\tag{6.29}$$

在时刻k,$a_{t,k}$是未知的。飞机的切向加速度由推力提供,推力的瞬时变化相对缓慢。在短暂的时间段$2\Delta t$内,假设$a_{t,k}$等于时刻$k-1$的$a_{t,k-1}$,即

$$a_{t,k}=a_{t,k-1}=\frac{1}{\Delta t}\left(\frac{\dot{r}_{k-1}}{\cos(\alpha_{k-1}-\theta_{k-1})}-\frac{\dot{r}_{k-2}}{\cos(\alpha_{k-2}-\theta_{k-2})}\right)\tag{6.30}$$

如果 $\dot{r}_k,\dot{r}_{k-1},\dot{r}_{k-2},\theta_k,\theta_{k-1},\theta_{k-2},v_{k-1},\alpha_{k-1},\alpha_{k-2}$ 的真实值是已知的，那么可由式(6.29)和式(6.30)可计算精确的 $a_{t,k}$ 和 $a_{n,k}$。由于通过多普勒雷达获得量测具有随机噪声，量测 $\dot{r}_k,\dot{r}_{k-1},\dot{r}_{k-2},\theta_k,\theta_{k-1},\theta_{k-2}$ 均被假设为具有高斯分布的随机变量。除了这些雷达量测，其他变量均是未知，按照贝叶斯概率论，将未知变量假设为服从某种先验概率分布的随机变量。在式(6.29)和式(6.30)中，所有变量均被假设为随机变量。

通常，$a_{t,k}$ 和 $a_{n,k}$ 为随机变量的函数。联合概率分布函数 $f(a_{n,k},a_{t,k})$ 描述了目标法向加速度与切向加速度估计的全部信息。然而，$a_{t,k}$ 或者 $a_{n,k}$ 与自变量之间存在高度非线性关系，自变量的概率分布不能传递给 $a_{t,k}$ 或者 $a_{n,k}$。一种可操作的方法是通过统计仿真实验获得 $f(a_{n,k},a_{t,k})$ 的经验分布函数。

6.2.2 切向/法向加速度的联合经验分布及 GMM 拟合

6.2.2.1 经验分布的获取方法

a_n 与 a_t 取不同组合值对应着目标不同的机动模式。由于 a_n 与 a_t 取值于连续数值空间，则 a_n 与 a_t 具有无数种组合，也将对应于无数种机动模式。显然，需要选取某些组合作为典型的机动模式。选取的粒度决定了机动模式的数量，也决定了机动描述的准确性。

假设选取了 N 种机动模式，则需建立 N 个不同的 $\{f_i(a_n,a_t)\}_{i=1}^{N}$。在本节中，通过统计仿真实验方法得到它们的经验分布函数。采用式(1.1)来获得目标的真实轨迹。多普勒雷达量测信息的生成模型见式(6.23)。由式(6.29)与式(6.30)计算时刻 k 的 $a_{n,k}$ 与 $a_{t,k}$，除了 $\dot{r}_k,\dot{r}_{k-1},\dot{r}_{k-2},\theta_k,\theta_{k-1},\theta_{k-2}$ 之外，还需要 $v_{k-1},\alpha_{k-1},\alpha_{k-2}$ 的取值，为了与文献[87]提出的 $c_{\min2}$ 进行比较，采用与其滤波算法性能相近的 UCMKF－R 算法来获得它们的估计量。

由式(6.29)可知 $a_{n,k}$ 具有两个估计量，即 $\hat{a}_{n,k}^{(1)}$ 和 $\hat{a}_{n,k}^{(2)}$。文献[86]采用了统计量 $c_{\min}=\min\{a_{n,k}^{(1)},a_{n,k}^{(2)}\}$。然而，当 $|\alpha-\theta|$ 较小时，$\hat{a}_n^{(1)}$ 和 $\hat{a}_n^{(2)}$ 很相近。那么，它们具有近似相等的概率作为 a_n 的估计量。如果仅仅选择 $\hat{a}_n^{(1)}$ 和 $\hat{a}_n^{(2)}$ 之间较小值，$c_{\min}$ 将引入统计误差。在此，提出一个新的统计量 c_R，即

$$c_R=\begin{cases}\min\{\hat{a}_{n,k}^{(1)},\hat{a}_{n,k}^{(2)}\}, & \arccos(\dot{r}_{km}/\hat{v}_k)\geqslant\eta\\ \mathrm{rand}\{\hat{a}_{n,k}^{(1)},\hat{a}_{n,k}^{(2)}\}, & \arccos(\dot{r}_{km}/\hat{v}_k)<\eta\end{cases}\tag{6.31}$$

其中，$\mathrm{rand}\{\hat{a}_{n,k}^{(1)},\hat{a}_{n,k}^{(2)}\}$ 表示在 $\hat{a}_{n,k}^{(1)}$ 和 $\hat{a}_{n,k}^{(2)}$ 随机地选取一个值；门限值一般取 $\eta\approx\pi/18$。

在给定一组机动参数 (a_n,a_t) 条件下，设定目标初始状态，进行 MC 仿真实验。在每一组实验中，目标首先进行匀速直线运动，在时刻 t_c 之后，按设定的机

动参数(a_n,a_t)运动。记录t_c时刻的c_R和a_t,经过统计可得经验分布$g(c_R,a_t)$。

6.2.2.2 采用EM算法的GMM拟合

通过对联合经验分布$g(c_R,a_t)$拟合可得联合概率分布函数$f(a_n,a_t)$的近似分布函数$f'(a_n,a_t)$。这是一个多维非线性概率分布函数拟合问题。GMM可拟合任意的联合概率分布函数。本节采用二维GMM来拟合$g(c_R,a_t)$。拟合问题本质上是二维GMM的参数估计问题。EM算法可用于解决该问题,方法见附录C,不再赘述。

6.2.2.3 统计仿真实验

按照式(1.1)和式(6.23)产生目标运动的真实轨迹和雷达量测信息。式(1.1)中标准差设定为$\sigma_{w_x}=2\ \text{m}$,$\sigma_{w_y}=2\ \text{m}$,$\sigma_{w_v}=0.1\ \text{m/s}$,$\sigma_{w_\alpha}=0.005\ \text{rad}$。式(6.23)中标准差设定为$\sigma_{w_r}=50\ \text{m}$,$\sigma_{w_\theta}=0.01\ \text{rad}$,$\sigma_{w_{v_r}}=1\ \text{m/s}$。多普勒雷达位于坐标原点,采样周期为$\Delta t=0.5\ \text{s}$。

采用$\boldsymbol{A}=(a_t,a_n)'$来表示切向/法向加速度组合值。在实验中,总共设定5个切向/法向加速度组合值$\boldsymbol{A}^1=(0,10)'$,$\boldsymbol{A}^2=(0,-20)'$,$\boldsymbol{A}^3=(10,0)'$,$\boldsymbol{A}^4=(10,10)'$和$\boldsymbol{A}^5=(5,20)'$,分别表示不同的机动模式。在5个场景中,目标先匀速直线运动,即非机动模式$\boldsymbol{A}^0=(0,0)'$;然后在时刻$t_c=21\ \text{s}$开始机动,并保持20 s。由于目标的速度大小、方向和位置影响着$f(a_n,a_t)$,在实验中需要设定多组目标的初始状态(x_0,y_0,v_0,α_0)。在每一维状态上,对于同一组实验设定了多种水平值,初始参数设定如表6.1所列。

表6.1 初始参数设定

参数	最大值	最小值	等级差值
x_0/km	80	40	20
y_0/km	80	40	20
v_0/(m/s)	400	200	100
α_0	π	−5π/6	π/6

在表6.1中,共有162组初始参数组合。针对每一组初始参数组合和$\{\boldsymbol{A}^i\}_{i=1}^5$中每一个机动模式,执行30次MC仿真实验。记录$t_c=21$ s时刻统计量(c_R,a_t)的值,这样对于每一个机动模式总共记录了4 860组数值,即可得相对于机动模型$\boldsymbol{A}^i$的$g^i(c_R,a_t)$。然后,通过EM算法,采用GMM拟合$g^i(c_R,a_t)$得到$f^{i\prime}(a_n,a_t)$。

具体上,采用3个二维高斯分布函数进行拟合。图6.9展示了$\{\boldsymbol{A}^i\}_{i=1}^5$中每一个机动模式的散点图和近似GMM图。GMM的参数记录在表6.2中。从

图 6.9 可以看出，不同的机动模式具有不同的分布形态。同时，这说明了当去除了匀速转弯运动的假设后，法向加速度与切向加速度之间具有相关关系，若将 $f(a_n, a_t)$ 等价于边缘概率分布的乘积 $f(a_n)f(a_t)$ 将会带来误差。

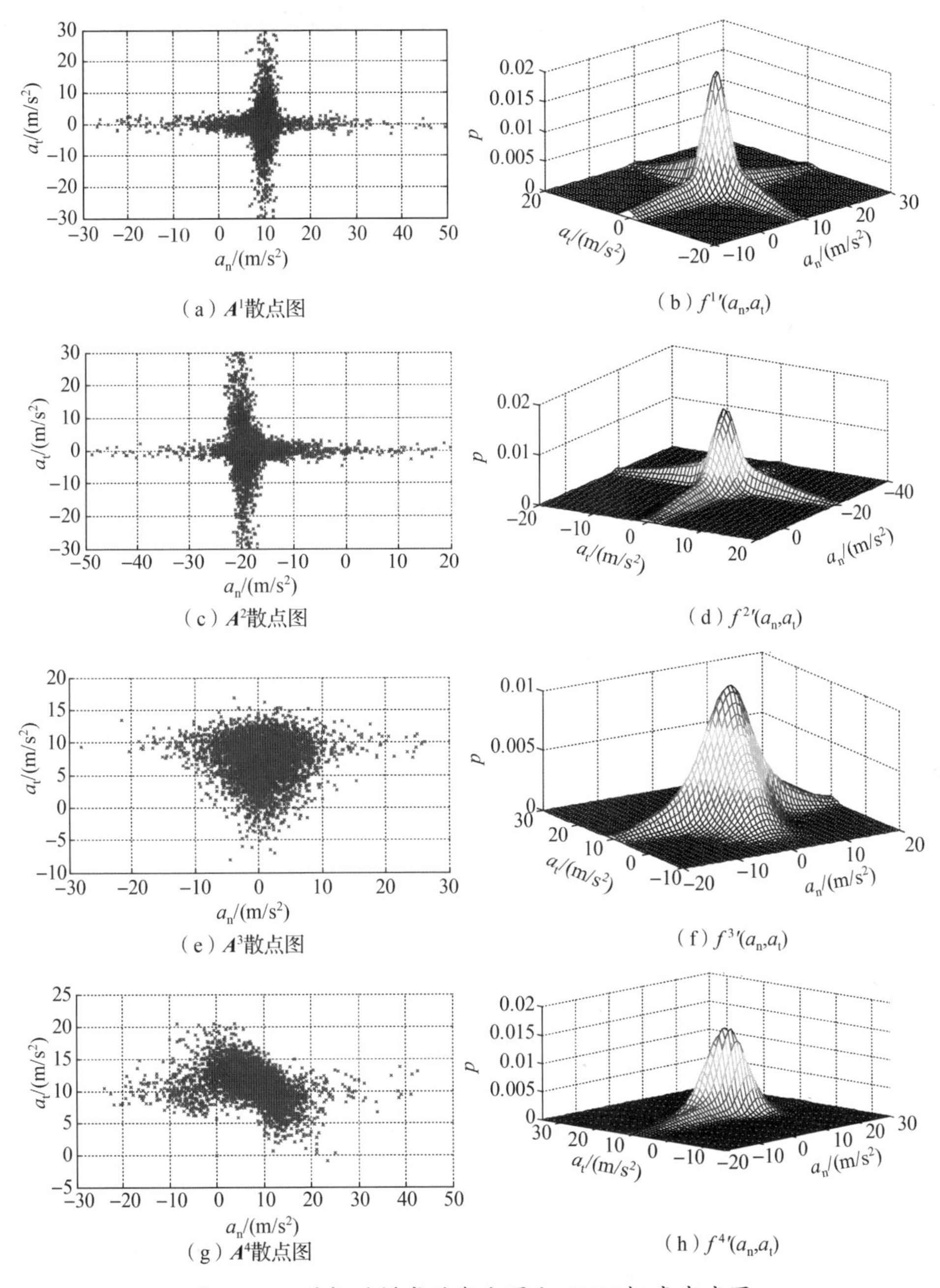

图 6.9　5 种机动模式的散点图和 GMM 概率密度图

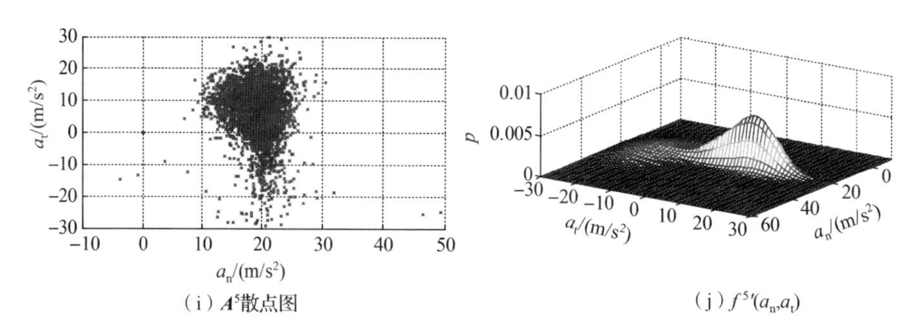

(i) $\boldsymbol{A}^5$散点图　　　　(j) $f^{5\prime}(a_n,a_t)$

图 6.9　5 种机动模式的散点图和 GMM 概率密度图(续)

表 6.2　GMM 的参数

机动模式	$\boldsymbol{\mu}$(均值向量)	$\boldsymbol{\Sigma}$(协方差矩阵)	λ(权重)
$\boldsymbol{A}^1$	0.085　7.119	1.869　−1.20 −1.20　147.0	0.149
	0.287　0.020	75.35　1.234 1.234　1.226	0.380
	0.005　8.814	3.993　0.121 0.121　4.100	0.469
$\boldsymbol{A}^2$	0.232　19.64	91.62　−2.87 −2.87　1.374	0.453
	−0.17　13.04	1.664　0.867 0.867　154.5	0.115
	0.076　17.55	3.361　0.024 0.024　7.909	0.431
$\boldsymbol{A}^3$	8.482　0.698	5.191　−0.02 −0.02　16.26	0.596
	4.523　0.696	12.03　0.047 0.047　8.411	0.300
	9.864　0.682	1.929　0.023 0.023　83.83	0.103
$\boldsymbol{A}^4$	10.21　4.256	3.347　0.622 0.622　119.7	0.197
	11.54　7.167	4.390　−7.54 −7.54　25.38	0.408
	10.59　9.484	10.79　−9.50 −9.50　14.37	0.393

续表

机动模式	$\boldsymbol{\mu}$(均值向量)	$\boldsymbol{\Sigma}$(协方差矩阵)	λ(权重)
$\boldsymbol{A}^5$	3.951　0.227	59.06　−1.28 −1.28　2.862	0.402
	−19.1　0.847	36.57　−13.27 −13.2　75.40	0.019
	9.814　18.49	24.51　0.939 0.939　9.874	0.578

6.2.3 切向/法向加速度统计量在机动检测中的应用

6.2.3.1 以切向/法向加速度为输入的运动模型

将切向/法向加速度作为模型的输入向量,可建立机动目标状态转移方程为

$$\boldsymbol{x}_{k+1}=\boldsymbol{F}\boldsymbol{x}_k+\boldsymbol{\Gamma}(\boldsymbol{x}_k)\boldsymbol{A}_k+\boldsymbol{W}_k \tag{6.32}$$

其中,$\boldsymbol{x}_k=(x_k,y_k,\dot{x}_k,\dot{y}_k)^{\mathrm{T}}$;$\boldsymbol{A}_k=(a_{\mathrm{t}k},a_{\mathrm{n}k})'$,$a_{\mathrm{t}k}$和 $a_{\mathrm{n}k}$分别为第 k 个采样周期的切向加速度和法向加速度;$\boldsymbol{W}_k$ 为高斯白噪声向量。协方差矩阵为 $\boldsymbol{Q}_k$,q 为 PSD,有

$$\begin{cases}\boldsymbol{Q}_k=q\cdot\begin{bmatrix}\boldsymbol{Q}' & \boldsymbol{O}\\ \boldsymbol{0} & \boldsymbol{Q}'\end{bmatrix}\\ \boldsymbol{Q}'=\begin{bmatrix}\dfrac{1}{3}\Delta t^3 & \dfrac{1}{2}\Delta t^2\\ \dfrac{1}{2}\Delta t^2 & \Delta t\end{bmatrix}\end{cases} \tag{6.33}$$

$\boldsymbol{F}$ 和 $\boldsymbol{\Gamma}(\boldsymbol{x}_k)$分别为

$$\begin{cases}\boldsymbol{F}=\begin{bmatrix}1 & \Delta t & 0 & 0\\ 0 & 1 & 0 & 0\\ 0 & 0 & 1 & \Delta t\\ 0 & 0 & 0 & 1\end{bmatrix}\\ \boldsymbol{\Gamma}(\boldsymbol{x}_k)=\begin{bmatrix}\Delta t^2c_k/2 & -\Delta t^2s_k/2\\ \Delta tc_k & -\Delta ts_k\\ -\Delta t^2s_k/2 & \Delta t^2c_k/2\\ \Delta ts_k & -\Delta tc_k\end{bmatrix}\end{cases} \tag{6.34}$$

式中:$c_k=\cos\alpha_k$;$s_k=\sin\alpha_k$。

状态转移方程式(6.32)和量测方程式(4.1)构成了一个机动目标模型。式(6.32)中$\boldsymbol{A}_k$与6.2.2.3 节中$\boldsymbol{A}$ 的定义相同。$\{\boldsymbol{A}\mid\boldsymbol{A}=\boldsymbol{0}\}$表示非机动模式,即

匀速直线运动;$\{\boldsymbol{A}\mid\boldsymbol{A}\neq\boldsymbol{0}\}$则表示机动模式。传统的机动检测问题表示为假设检验问题[127],即

$$\begin{cases}H_0:\text{目标未机动},\boldsymbol{A}_m\in\{\boldsymbol{A}\mid\boldsymbol{A}=\boldsymbol{0}\},m=1,2,3,\cdots,k\\ H_1:\text{目标在未知时刻 }n\text{ 开始机动},\boldsymbol{A}_m\in\{\boldsymbol{A}\mid\boldsymbol{A}\neq\boldsymbol{0}\},m=n,n+1,n+2,\cdots,k\end{cases}$$

传统的机动检测器可完成目标机动与非机动之间的检测任务,即解决一个二元假设检验问题。但是,决策者通常想要知道有关目标机动模式更多的信息。通过将假设 H_1 分解为多个分支,可将上述机动检测问题描述为一个新的形式,即

$$\begin{cases}H_0:\text{目标未机动},\boldsymbol{A}_m\in\{\boldsymbol{A}\mid\boldsymbol{A}=\boldsymbol{0}\},m=1,2,3,\cdots,k\\ H_i:\text{目标在未知时刻 }n\text{ 开始机动},\boldsymbol{A}_m\in\{A\mid\boldsymbol{A}=\boldsymbol{A}^i\},\\ \quad m=n,n+1,n+2,\cdots,k,i=1,2,3,\cdots,M\end{cases}$$

式中:$\boldsymbol{A}^i$ 为第 i 种机动模式;M 为机动模式的总个数。

那么,解决上述复合型假设问题的关键在于获取切向/法向加速度信息。在6.2.1节中,由RR推导了一组新的切向/法向加速度统计量,并且在6.2.2节给出了统计量的近似概率分布函数。接下来将利用上述内容来设计一个多机动模式检验器。

6.2.3.2 并行的 CUSUM 检测器

在文献[128]中,描述了常用的机动检测器,即量测残差检测器(Measurement Residual based Chi – Square Detector,MR)算法、广义似然比检测器(Generalize Likelihood Ratio Test Detector,GLR)算法、边缘化似然比检测器(Marginalized Likelihood Ratio Detector,MLR)算法和 CUSUM 算法。在上述检测算法中,MR、GLR 和 MLR 是一类批处理检测算法,而 CUSUM 是一类序贯检测算法。

由于雷达的量测是时序到来的,CUSUM 更加合适。对于多维变点检测问题,文献[129]基于 CUSUM 统计量提出了一种稀疏化二进制分割方法。在智能电网中,改进的 CUSUM 检测器被用于实时检测虚假数据注入攻击。CUSUM 变点检测技术被用于一种单变量时间序列平稳性评价方法之中。一种非参数的 CUSUM 被提出并用于统计回归中参数改变的快速检测问题中。由这些较新的文献可知,CUSUM 具有较高的工程应用与理论研究价值。

对于传统的机动检测问题,标准的 CUSUM 检测器为

$$L_k=\max\left\{L_{k-1}+\log\frac{f(\tilde{z}_k\mid H_1,z^{1:k-1})}{f(\tilde{z}_k\mid H_0,z^{1:k-1})},0\right\},L_0=0 \tag{6.35}$$

决策规则如下:

(1)接收 H_1,如果 $L_k\geqslant\kappa$,那么机动起始时间为 $\hat{m}=\min\{k:L_k\geqslant\lambda\}$;

(2)如果 $L_k<\kappa$,那么继续进行检测,$k=k+1$。

其中，$z^{1:k} \triangleq (z_1, z_2, \cdots, z_k)$；$\kappa$ 为检测门限（决策误差率）；$\tilde{z}_k$ 为量测预测残差。

基于上述标准的 CUSUM 检测器，本节提出一种多并行 CUSUM 检测器，称为 M－CUSUM 检测器，来解决多个机动模式的检测与识别问题。M－CUSUM 描述为

$$L_k^i = \max\left\{ L_{k-1}^i + \log \frac{f(\tilde{z}_k \mid H_i, z^{1:k-1})}{f(\tilde{z}_k \mid H_0, z^{1:k-1})}, 0 \right\}, L_0^i = 0 \ (i = 1, 2, \cdots, M) \quad (6.36)$$

M 个检测门限设定为 $\{\kappa_1, \kappa_2, \cdots, \kappa_M\}$。决策规则如下：

（1）接受 H_i，如果 $L_k^i \geqslant \kappa_i$ 和 $L_k^j < \kappa_j (\forall j \neq i)$，那么机动时刻 $\hat{m} = \min\{k : L_k^i \geqslant \kappa_i\}$；

（2）如果 $L_k^i < \kappa_i (\forall i)$，那么继续检测，$k = k + 1$。

由式（6.36）可知，要实现对 M 个机动模式检验，关键在于计算 $f(\tilde{z}_k \mid H_0, z^{1:k-1})$ 和 $f(\tilde{z}_k \mid H_i, z^{1:k-1})$。$f(\tilde{z}_k \mid H_0, z^{1:k-1})$ 表示目标未机动时，量测预测残差的似然函数一般认为服从零均值的高斯分布，即

$$f(\tilde{z}_k \mid H_0, z^{1:k-1}) = N(\boldsymbol{0}, \boldsymbol{S}_k) \quad (6.37)$$

式中：$\boldsymbol{S}_k$ 为量测预测残差误差协方差矩阵。$f(\tilde{z}_k \mid H_i, z^{1:k-1})$ 表示目标机动时刻的量测预测残差的似然函数，将其假设为具有均值 $\boldsymbol{h}(\boldsymbol{\Gamma}(\hat{\boldsymbol{x}}_{k-1})\boldsymbol{A}^i)$ 的高斯分布，即

$$f(\tilde{z}_k \mid H_i, z^{1:k-1}) = N(\boldsymbol{h}(\boldsymbol{\Gamma}(\hat{\boldsymbol{x}}_{k-1})\boldsymbol{A}^i), \boldsymbol{S}_k) \quad (6.38)$$

在 UCMKF－R 算法中，$\boldsymbol{h}(\boldsymbol{\Gamma}(\hat{\boldsymbol{x}}_{k-1})\boldsymbol{A}^i)$ 近似为一个线性形式 $\boldsymbol{H}\boldsymbol{\Gamma}(\hat{x}_{k-1})\boldsymbol{A}^i$，其中 $\boldsymbol{H}$ 如式（4.11）所示。虽然 $\boldsymbol{A}^i$ 的真实值未知，但是可依据 6.2.2 节，通过 MC 统计实验获得 $\boldsymbol{A}^i$ 的一个近似先验分布，即 $f'(\boldsymbol{A}^i)$。通过边缘化，可获得 $f(\tilde{z}_k \mid H_i, z^{1:k-1})$，即

$$\begin{aligned} f(\tilde{z}_k \mid H_i, z^{1:k-1}) &= E[N(\boldsymbol{h}(\boldsymbol{\Gamma}(\hat{\boldsymbol{x}}_{k-1})\boldsymbol{A}^i), \boldsymbol{S}_k) f'(\boldsymbol{A}^i)] \\ &\approx \int N(\boldsymbol{H}\boldsymbol{\Gamma}(\hat{\boldsymbol{x}}_{k-1})\boldsymbol{A}^i, \boldsymbol{S}_k) f'(\boldsymbol{A}^i) \mathrm{d}\boldsymbol{A}^i \\ &= \sum_{j=k}^{K} \lambda_j^i N(\boldsymbol{H}\boldsymbol{\Gamma}(\hat{\boldsymbol{x}}_{k-1})\boldsymbol{\mu}_j^i, \boldsymbol{S}_k + \boldsymbol{H}\boldsymbol{\Gamma}(\hat{\boldsymbol{x}}_{k-1}) \Sigma_j^i (\boldsymbol{H}\boldsymbol{\Gamma}(\hat{\boldsymbol{x}}_{k-1}))') \end{aligned} \quad (6.39)$$

$$f'(\boldsymbol{A}^i) = \sum_{j=1}^{K} \lambda_j^i (2\pi)^{-1} |\boldsymbol{\Sigma}_j^i|^{-1/2} \exp\left\{ -\frac{1}{2} (\boldsymbol{A}^i - \boldsymbol{\mu}_j^i) (\boldsymbol{\Sigma}_j^i)^{-1} (\boldsymbol{A}^i - \boldsymbol{\mu}_j^i)' \right\} \quad (6.40)$$

式中：$f'(\boldsymbol{A}^i)$ 为二维 GMM 的矩阵形式；$\boldsymbol{\mu}_j^i$ 为均值向量；$\boldsymbol{\Sigma}_j^i$ 为协方差矩阵；λ_j^i 为权重值。

在此仅给出 M－CUSUM 检测器的理论方法，仿真实验内容可查阅相关书籍，不再赘述。

6.3 基于双多普勒雷达量测的角速度估计

6.3.1 无噪声条件下速度方向角的计算

从图 6.8 和式(6.26)可知,给定目标相对于单雷达的 RR、速度大小和方位角将得到关于斜距方向对称的两个的目标速度方向角取值。这两个目标速度方向角取值为真实速度方向角的估计量。这是采用 RR 推导法向加速度存在多估计量问题的本质原因。

那么,要解决角速度和法向加速度的多估计量问题,就需要确保速度方向角估计值的唯一性。依据目标和两个参考点之间的几何关系,可获得唯一的目标速度方向角。

命题 6.1 在二维平面上两个不同的参考点的连线之外,存在一个未知速度方向的运动目标,那么由该目标相对于这两个参考点的方位角和 RR 可唯一确定目标的速度方向角。

证明:

将一个平面上两个不同位置的参考点记为 O_1 和 O_2,O_1 到 O_2 的射线记为 $\overrightarrow{O_1O_2}$。一个不在$\overrightarrow{O_1O_2}$和$\overrightarrow{O_2O_1}$上的运动目标记为 S。S 相对于参考点 O_1 和 O_2 的速度大小定义为 v,从 S 的速度方向逆时针旋转到$\overrightarrow{O_1O_2}$的角度定义为速度方向角 $\alpha\in[0,2\pi]$。$\overrightarrow{O_1S}$和$\overrightarrow{O_2S}$逆时针旋转到$\overrightarrow{O_1O_2}$的角度定义为 S 相对于 O_1 和 O_2 的方位角记为 θ_1 和 θ_2。S 相对于 O_1 和 O_2 的距离定义为 r_1 和 r_2,RR 定义为 $\dot{r}_1$ 和 $\dot{r}_2$,RR 为正则表示距离增大,为负则表示距离减小。上述变量的几何关系如图 6.10 所示。

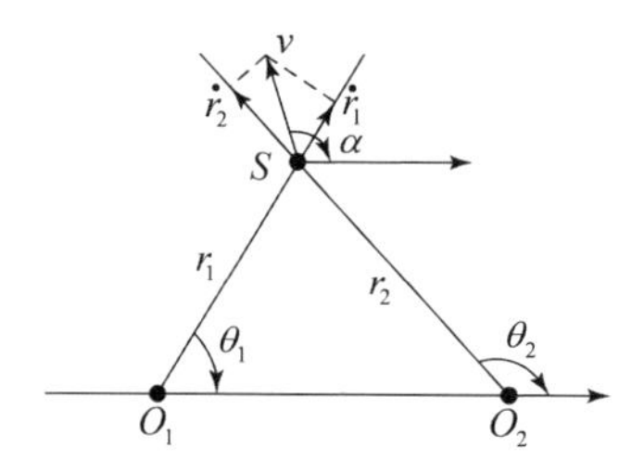

图 6.10 几何关系示意图

当 S 位于$\overrightarrow{O_1O_2}$上方时,即 $\theta_1,\theta_2\in(0,\pi)$。由上述几何关系可知,$\alpha$ 满足

$$\begin{cases}\dot{r}_1 = v\cos(\alpha-\theta_1)\\ \dot{r}_2 = v\cos(\alpha-\theta_2)\end{cases} \tag{6.41}$$

由式(6.41)可得

$$\alpha=\begin{cases}\arccos\left(\dfrac{\dot{r}_1}{v}\right)+\theta_1\\ 2\pi-\arccos\left(\dfrac{\dot{r}_1}{v}\right)+\theta_1\end{cases}\tag{6.42}$$

在[0,2π]范围内,由式(6.42)得到的 α 具有两个值,并且不能排除两者中的某一个。令

$$\begin{cases}\alpha_1=\arccos\left(\dfrac{\dot{r}_1}{v}\right)+\theta_1\\ \alpha_2=2\pi-\arccos\left(\dfrac{\dot{r}_1}{v}\right)+\theta_1\end{cases}\tag{6.43}$$

如果 α_1 和 α_2 均为 α 的可取值,那么等式 $v\cos(\alpha_1-\theta_2)=v\cos(\alpha_2-\theta_2)$ 恒成立。

而成立需满足如下两个条件中的任意一个,即

$$\begin{cases}\text{条件 1}:\alpha_1-\theta_2=2\pi-(\alpha_2-\theta_2),\text{即 }\theta_1=\theta_2\\ \text{条件 2}:\alpha_1-\theta_2=\alpha_2-\theta_2,\text{即 }\alpha_1=\alpha_2\end{cases}$$

显然,条件 1 不能满足。因为 O_1 和 O_2 是在不同位置上且 S 不在$\overrightarrow{O_1O_2}$和$\overrightarrow{O_2O_1}$上,所以有 $\theta_1\neq\theta_2$。如果满足条件 2,那么有 $\alpha_1=\alpha_2$,唯一性成立;否则,α_1 和 α_2 不可能同时为 α 的可取值,那么唯一性成立。

当 S 位于$\overrightarrow{O_1O_2}$下方时 $\theta_1,\theta_2\in(\pi,2\pi)$ 的证明与上述类似,不再赘述。

证明完毕

命题 6.1 在理论上说明了采用两个参考点可唯一确定目标速度方向角。接下来给出计算目标速度方向角的具体方法。

令多普勒雷达 A 和 B 分别地位于参考点 O_1 和 O_2。假设由多普勒雷达 A 和 B 分别地探测到运动目标 S 真实的 $\theta_1,\dot{r}_1,\theta_2,\dot{r}_2$。由式(6.41)可消去未知量 v,可得

$$\frac{\dot{r}_1}{\dot{r}_2}=\frac{v\cos(\alpha-\theta_1)}{v\cos(\alpha-\theta_2)}\tag{6.44}$$

经过推导可得

$$\begin{cases}\cos\alpha=C\sin\alpha\\ C=\dfrac{\dot{r}_1\sin\theta_2-\dot{r}_2\sin\theta_1}{\dot{r}_2\cos\theta_1-\dot{r}_1\cos\theta_2}\end{cases}\tag{6.45}$$

由于 $\sin^2\alpha+\cos^2\alpha=1$,因此可得

$$\sin\alpha=\pm\sqrt{\frac{1}{1+C^2}}\tag{6.46}$$

同时,由式(6.45)可知,当 $C\geqslant0$ 时,$\sin\alpha$ 和 $\cos\alpha$ 同号,α 的取值范围为

$$\alpha\in\left[0,\frac{\pi}{2}\right]\cap\left[\pi,\frac{3\pi}{2}\right]\tag{6.47}$$

当 $C<0$ 时，$\sin\alpha$ 和 $\cos\alpha$ 异号，α 的取值范围为

$$\alpha \in \left[\frac{\pi}{2},\pi\right] \cap \left[\frac{3\pi}{2},2\pi\right] \tag{6.48}$$

如果 $\theta_1,\dot{r}_1,\theta_2,\dot{r}_2$ 均为已知量，那么 C 的正负性已知。结合式(6.46)，如果 $C\geqslant 0$，那么 α 只可能取值为

$$\begin{cases} \alpha_1 = \arcsin\sqrt{\dfrac{1}{1+C^2}} \\ \alpha_2 = \pi - \arcsin - \sqrt{\dfrac{1}{1+C^2}} \end{cases} \tag{6.49}$$

如果 $C<0$，那么 α 只可能取值为

$$\begin{cases} \alpha_3 = \pi - \arcsin\sqrt{\dfrac{1}{1+C^2}} \\ \alpha_4 = 2\pi + \arcsin - \sqrt{\dfrac{1}{1+C^2}} \end{cases} \tag{6.50}$$

由式(6.49)和式(6.50)可知 $|\alpha_1-\alpha_2|=|\alpha_3-\alpha_4|=\pi$，这就意味着 α 的可能值(α_1,α_2)或者(α_3,α_4)之间相差 π。不失一般性地，假设多普勒雷达 B 位于多普勒雷达 A 的右方，那么$\overrightarrow{O_1O_2}$的指向为由左向右。

当运动目标 S 位于$\overrightarrow{O_1O_2}$的上方，由三角形的角度关系可知 $\theta_1<\theta_2$。进一步，依据 S 的位置不同，θ_1,θ_2 的取值范围可划分为三种情况。

(1) 当 S 位于 O_2 的右上方时，$\theta_1\in\left(0,\frac{\pi}{2}\right)$，$\theta_2\in\left(0,\frac{\pi}{2}\right]$。由已知的非零的 $\dot{r}_1$ 和 $\dot{r}_2$ 的正负性，分情况讨论 α 的取值范围，对应的几何关系如图 6.11 所示，注意 $\alpha\in[0,2\pi]$。

情况 1：$\dot{r}_1>0,\dot{r}_2>0,\alpha\in\left(\theta_2+\frac{3\pi}{2},2\pi\right]\cup\left[0,\theta_1+\frac{\pi}{2}\right)$。

情况 2：$\dot{r}_1>0,\dot{r}_2<0,\alpha\in\left(\theta_1+\frac{3\pi}{2},\theta_2+\frac{3\pi}{2}\right)$。

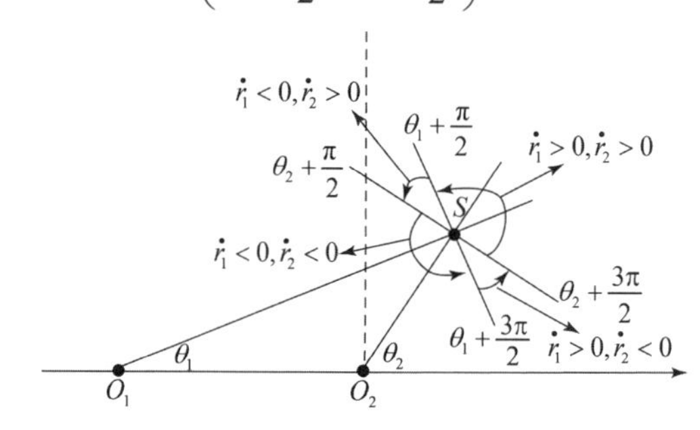

图 6.11 当 S 位于 O_2 的右上方时的几何关系图

情况 3：$\dot{r}_1<0,\dot{r}_2>0,\alpha\in\left(\theta_1+\dfrac{\pi}{2},\theta_2+\dfrac{\pi}{2}\right)$。

情况 4：$\dot{r}_1<0,\dot{r}_2<0,\alpha\in\left(\theta_2+\dfrac{\pi}{2},\theta_1+\dfrac{3\pi}{2}\right)$。

对于上述情况，α 取值范围的区间宽度分别为 $|\theta_1-\theta_2|$，$|\theta_2-\theta_1|$，$|\theta_2-\theta_1|$ 和 $|\theta_1-\theta_2+\pi|$。由于 $\theta_1<\theta_2$，因此 4 个区间宽度均小于 π。

（2）当 S 位于 O_1 的右上方和 O_2 的左上方时，$\theta_1\in\left(0,\dfrac{\pi}{2}\right)$，$\theta_2\in\left[\dfrac{\pi}{2},\pi\right)$。那么，$\alpha$ 的取值范围如下。

情况 1：$\dot{r}_1>0,\dot{r}_2>0,\alpha\in\left(\theta_2-\dfrac{\pi}{2},\theta_1+\dfrac{\pi}{2}\right)$。

情况 2：$\dot{r}_1>0,\dot{r}_2<0,\alpha\in\left(\theta_1+\dfrac{3\pi}{2},2\pi\right]\cup\left[0,\theta_2-\dfrac{\pi}{2}\right)$。

情况 3：$\dot{r}_1<0,\dot{r}_2>0,\alpha\in\left(\theta_1+\dfrac{\pi}{2},\theta_2+\dfrac{\pi}{2}\right)$。

情况 4：$\dot{r}_1<0,\dot{r}_2<0,\alpha\in\left(\theta_2+\dfrac{\pi}{2},\theta_1+\dfrac{3\pi}{2}\right)$。

对于上述情况，α 取值范围的区间宽度分别为 $|\theta_1-\theta_2+\pi|$，$|\theta_2-\theta_1|$，$|\theta_2-\theta_1|$ 和 $|\theta_1-\theta_2+\pi|$。同样，$\theta_1<\theta_2$，这 4 个区间宽度均小于 π。

（3）当 S 位于 O_1 的左上方时，$\theta_1\in\left[\dfrac{\pi}{2},\pi\right)$，$\theta_2\in\left(\dfrac{\pi}{2},\pi\right)$。那么，$\alpha$ 的取值范围如下。

情况 1：$\dot{r}_1>0,\dot{r}_2>0,\alpha\in\left(\theta_2-\dfrac{\pi}{2},\theta_1+\dfrac{\pi}{2}\right)$。

情况 2：$\dot{r}_1>0,\dot{r}_2<0,\alpha\in\left(\theta_1-\dfrac{\pi}{2},\theta_2-\dfrac{\pi}{2}\right)$。

情况 3：$\dot{r}_1<0,\dot{r}_2>0,\alpha\in\left(\theta_1+\dfrac{\pi}{2},\theta_2+\dfrac{\pi}{2}\right)$。

情况 4：$\dot{r}_1<0,\dot{r}_2<0,\alpha\in\left(\theta_2+\dfrac{\pi}{2},2\pi\right]\cup\left[0,\theta_1-\dfrac{\pi}{2}\right)$。

对于上述情况，α 取值范围的区间宽度分别为 $|\theta_1-\theta_2+\pi|$，$|\theta_2-\theta_1|$，$|\theta_2-\theta_1|$ 和 $|\theta_1-\theta_2+\pi|$。同样，$\theta_1<\theta_2$，这 4 个区间宽度均小于 π。

当运动目标 S 位于 $\overrightarrow{O_1O_2}$ 的下方，由三角形的角度关系可知 $\theta_2<\theta_1$。对应的分析方法与运动目标 S 位于 $\overrightarrow{O_1O_2}$ 的上方相似，不再赘述。

综上可知，无论 S 位于 O_1O_2 的上方还是下方，给定非零的 $\dot{r}_1$ 和 $\dot{r}_2$ 的正负性时，α 取值范围的区间宽度均小于 π。如果已知 $C\geqslant0$，那么 (α_1,α_2) 中仅可能有

一个值落入上述 α 的取值范围;如果已知 $C<0$,那么(α_3,α_4)中也仅可能有一个值落入上述 α 的取值范围。因此,在已知 C 和非零的 $\dot{r}_1$ 和 $\dot{r}_2$ 的条件下,α 的值只能是$(\alpha_1,\alpha_2,\alpha_3,\alpha_4)$中的某一个。当 $\dot{r}_1$ 和 $\dot{r}_2$ 的值取零时,α 取值也是类似的。

因此,如果 S 不在 O_1O_2,且已知 $\theta_1,\theta_2,\dot{r}_1,\dot{r}_2$,那么依据 α 的取值范围,就能唯一地从$(\alpha_1,\alpha_2,\alpha_3,\alpha_4)$确定出 α 的值。值得注意的是,上述方法不需要目标距离信息。

6.3.2 高斯白噪声条件下的角速度估计

当已知 $\theta_1,\theta_2,\dot{r}_1,\dot{r}_2$ 的真实值时,可由 6.3.1 节内容计算 α 的唯一值。在实际中,可探测得到量测值 $\theta_{1,k}^m,\theta_{2,k}^m,\dot{r}_{1,k}^m,\dot{r}_{2,k}^m$。将 $\theta_1,\theta_2,\dot{r}_1,\dot{r}_2$ 的先验分布假设服从零均值的高斯分布。由于雷达性能已知,那么先验分布的协方差矩阵是已知参数,记为 $\boldsymbol{R}$,即

$$\boldsymbol{R}=\begin{bmatrix}\sigma_{\theta_1}^2 & 0 & 0 & 0\\ 0 & \sigma_{\theta_2}^2 & 0 & 0\\ 0 & 0 & \sigma_{\dot{r}_1}^2 & 0\\ 0 & 0 & 0 & \sigma_{\dot{r}_2}^2\end{bmatrix} \tag{6.51}$$

其中,$\sigma_{\theta_1}^2,\sigma_{\theta_2}^2,\sigma_{\dot{r}_1}^2,\sigma_{\dot{r}_2}^2$ 为方差。假设在时刻 k,双多普勒雷达 A 和 B 获得 $\theta_{1,k}$,$\theta_{2,k},\dot{r}_{1,k},\dot{r}_{2,k}$的量测分别为 $\theta_{1,k}^m,\theta_{2,k}^m,\dot{r}_{1,k}^m,\dot{r}_{2,k}^m$。那么,给定观测量 $\theta_{1,k}^m,\theta_{2,k}^m,\dot{r}_{1,k}^m$,$\dot{r}_{2,k}^m,\theta_{1,k},\theta_{2,k},\dot{r}_{1,k},\dot{r}_{2,k}$的后验高斯分布为

$$p(\theta_{1,k},\theta_{2,k},\dot{r}_{1,k},\dot{r}_{2,k}\mid\theta_{1,k}^m,\theta_{2,k}^m,\dot{r}_{1,k}^m,\dot{r}_{2,k}^m)=N((\theta_{1,k}^m,\theta_{2,k}^m,\dot{r}_{1,k}^m,\dot{r}_{2,k}^m),\boldsymbol{R}) \tag{6.52}$$

将第 k 时刻的 $\alpha_1,\alpha_2,\alpha_3,\alpha_4$ 记为 $\alpha_{1,k},\alpha_{2,k},\alpha_{3,k},\alpha_{4,k}$。$\alpha_{1,k},\alpha_{2,k},\alpha_{3,k},\alpha_{4,k}$的数学期望是合理的估计量,记 $\hat{\alpha}_{1,k},\hat{\alpha}_{2,k},\hat{\alpha}_{3,k},\hat{\alpha}_{4,k}$,计算公式为

$$\hat{\alpha}_{i,k}=\iiiint\alpha_{i,k}N((\theta_{1,k}^m,\theta_{2,k}^m,\dot{r}_{1,k}^m,\dot{r}_{2,k}^m),\boldsymbol{R})\mathrm{d}\theta_{1,k}\mathrm{d}\theta_{2,k}\mathrm{d}\dot{r}_{1,k}\mathrm{d}\dot{r}_{2,k},i=1,2,3,4 \tag{6.53}$$

从式(6.49)和式(6.50)可以看出,$\alpha_{i,k}$是 $\theta_{1,k},\theta_{2,k},\dot{r}_{1,k},\dot{r}_{2,k}$的非线性函数,式(6.53)中的积分运算难以获得解析解。可采用数值积分的方法计算 $\hat{\alpha}_{i,k}$的近似值。若 $\alpha_{i,k}$的概率密度分布函数类似于高斯分布,则可采用固定点采样数值积分法,如无迹变换近似 $\alpha_{i,k}$的期望。另外,也可采用 MC 数值积分法。

当获得了 $\hat{\alpha}_{1,k},\hat{\alpha}_{2,k},\hat{\alpha}_{3,k},\hat{\alpha}_{4,k}$时,根据 $\theta_{1,k}^m,\theta_{2,k}^m,\dot{r}_{1,k}^m,\dot{r}_{2,k}^m$确定的 α_k 的取值范围,就能从 $\hat{\alpha}_{1,k},\hat{\alpha}_{2,k},\hat{\alpha}_{3,k},\hat{\alpha}_{4,k}$ 中刷选出满足取值范围的唯一值,记为 α_k^*。由于

多普勒雷达的采样周期 Δt 较小,因此选择相邻时刻速度方向角之间夹角小于 π 的角为目标速度方向转过的角度,并且定义顺时针转动时,目标的角速度 ω_k 为负,否则为正。假设已知了 α_{k-1}^* 和 α_k^*,$\hat{\omega}_k$ 可表示为

$$\hat{\omega}_k=\begin{cases}\dfrac{\alpha_k^*-\alpha_{k-1}^*}{\Delta t}, & -\pi\leqslant\alpha_k^*-\alpha_{k-1}^*\leqslant\pi\\[2ex] \dfrac{\alpha_k^*-\alpha_{k-1}^*-2\pi}{\Delta t}, & \pi\leqslant\alpha_k^*-\alpha_{k-1}^*\\[2ex] \dfrac{\alpha_k^*-\alpha_{k-1}^*+2\pi}{\Delta t}, & \alpha_k^*-\alpha_{k-1}^*\leqslant-\pi\end{cases}\tag{6.54}$$

上述 $\hat{\omega}_k$ 的计算仅需要已知量测 $\theta_{1,k}^m,\theta_{2,k}^m,\dot{r}_{1,k}^m,\dot{r}_{2,k}^m$,不依赖于目标的运动状态量。因此,不需要建立状态空间模型和执行状态估计算法。当双多普勒雷达量测精度较高时,由式(6.54)可获得较精确的角速度估计值。

6.3.3 仿真实验

仿真实验分为两个内容。第一个内容是通过 MC 法获取速度方向角估计的频率直方图。当 MC 次数很高时,频率直方图的形态与概率密度分布函数的形态一致。通过观察速度方向角的频率直方图,就能够得知它的概率密度分布函数的形态特征。第二个内容是在给定双多普勒雷达时间序列量测下分别采用无迹变换、MC 数值积分和直接计算方法,在线估计目标的速度方向角和角速度。

按照式(1.1)和式(6.23),产生目标运动的真实轨迹和雷达量测信息。式(1.1)中标准差设定为 $\sigma_{w_x}=2$ m,$\sigma_{w_y}=2$ m,$\sigma_{w_v}=0.1$ m/s,$\sigma_{w_\alpha}=0.005$ rad。目标初始状态设定为 $x_0=5$ km,$y_0=5$ km,$v_0=100$ m/s 和 $\alpha_0=\pi/6$。目标在时间段 0~20 s 中,切向/法向加速度分别设定为 $a_t=5$ m/s^2 和 $a_n=25$ m/s^2;在时间段 21~40 s 中,$a_t=-5$ m/s^2,$a_n=-25$ m/s^2。多普勒雷达 A 位于坐标原点,即(0,0);多普勒雷达 B 位于坐标原点(10 km,0)。雷达的采样周期 $\Delta t=1$ s。假设双多普勒雷达的量测信息经过了时空配准处理[133],真实的运动轨迹与双雷达的位置关系展示在图 6.12 中。

6.3.3.1 速度方向角估计的 PDF 形态

设定多普勒雷达 A 和 B 的量测噪声标准差均为 $\sigma_{w_r}=50$ m,$\sigma_{w_\theta}=0.0174$ rad 和 $\sigma_{w_{\dot{r}}}=0.5$ m/s,相关系数为 $\rho=-0.9$。给定目标第 $k=5,15,25,35$ s 时的真实状态,采用 MC 法分别获得 $k=(5,15,25,35)$ s 的 10^5 个量测。采用本书提出的计算方法获得 $k=(5,15,25,35)$ s 目标速度方向角,统计得频率分布直方图,如图 6.13 所示。

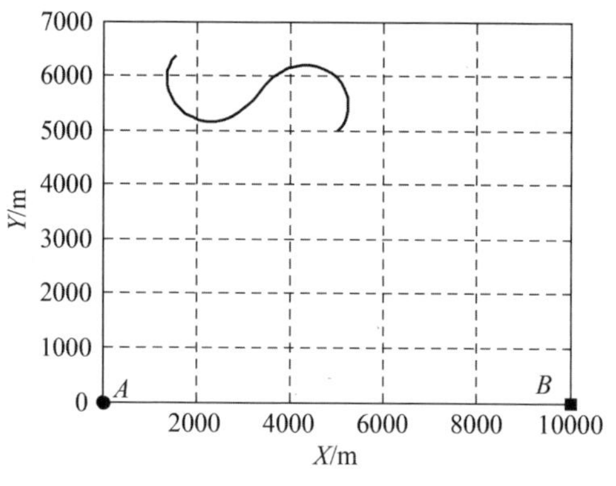

图 6.12　目标真实轨迹

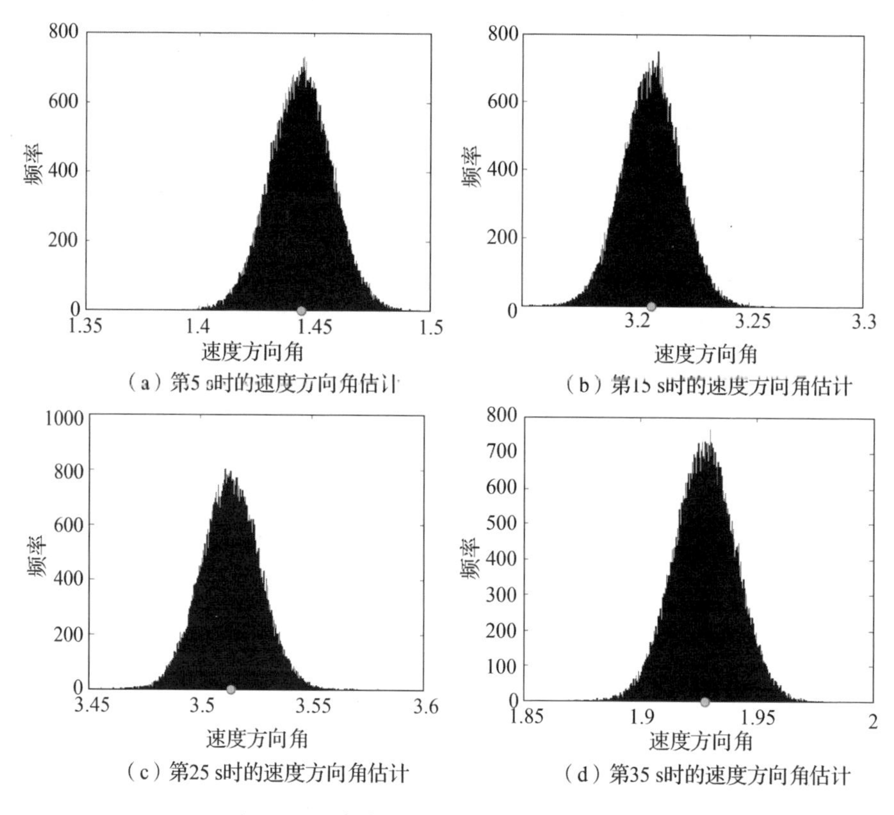

图 6.13　速度方向角的频率分布直方图

由图 6.13 可知,速度方向角的频率分布直方图是单峰和对称的钟形,这与高斯分布密度函数类似。在图 6.13 中,用实心圆标出了对应时刻真实的速度方向角,它的位置处于频率分布对称中心上,这说明速度方向角的样本期望是 MLE。

6.3.3.2 速度方向角和角速度的估计

在本节的实验中，分别采用无迹变换和 MC 数值积分法估计速度方向角。对于无迹变换，设定 $n=4$，$\alpha=1$，$\kappa=0$。MC 数值积分法中采样总数设定为 $N=1\,000$。在 0~40 s 时，速度方向角估计和绝对误差分别如图 6.14 和图 6.15 所示。

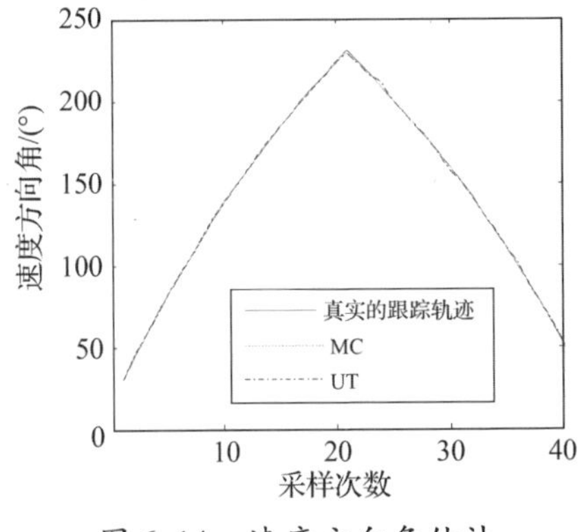

图 6.14 速度方向角估计

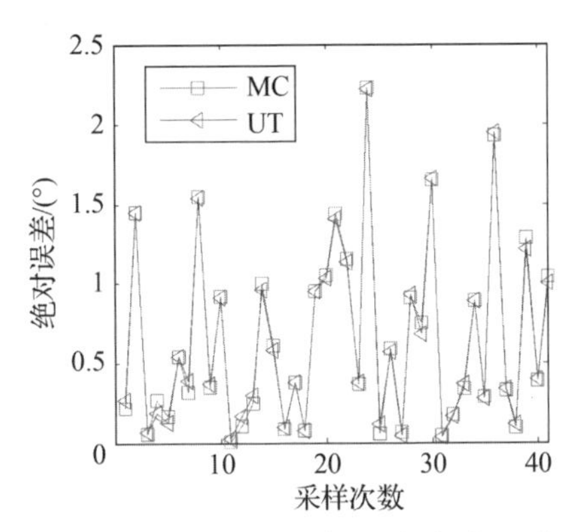

图 6.15 速度方向角估计绝对误差

从图 6.14 和图 6.15 可以看出，无迹变换和 MC 数值积分都能够很好地估计速度方向角。图 6.16 给出了由 10^3 次 MC 仿真得到的角速度估计的 RMSE 曲线。基于双多普勒雷达量测信息，无论是采用无迹变换还是 MC 数值积分，都能获得较好的角速度估计结果，估计精度可达到速度方向角量测精度的水平。

图 6.17 给出了第 10^3 次仿真中两种方法对目标角速度在线估计结果。从图 6.17 可看出，本节提出的方法不仅能够在角速度连续变化时获得高精度的估计，同时在角速度发生阶跃变化时不存在延迟和发散。然而，基于双多普勒雷达量测的角速度估计需要一个雷达网络的支持，这是该方法的前提条件。

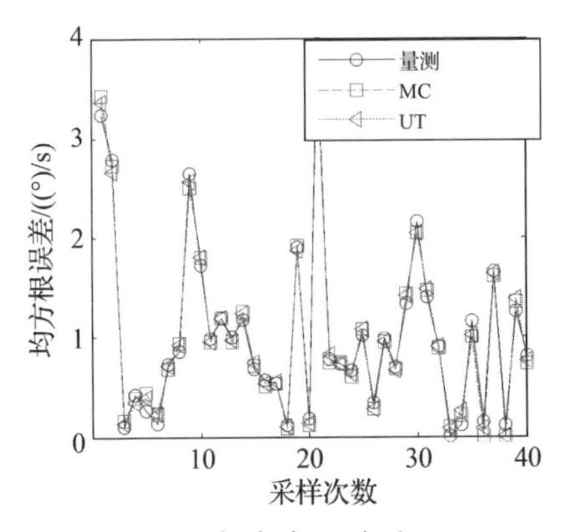

图 6.16 角速度估计的 RMSE

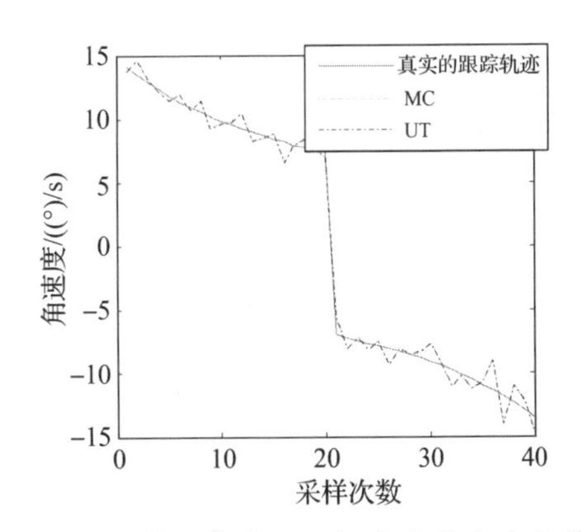

图 6.17 第 10^3 次 MC 仿真的角速度估计

6.4 本章小结

本章重点研究了利用距离变化率量测进行机动参数的估计问题。

(1)基于状态扩增法,将切向/法向加速度建模为修正瑞利马尔可夫随机过程,构建了 CSTNA 模型。利用距离变化率量测及状态估计,得到了多个伪线性 CSTNA 模型,将 DUCMKF - R 算法作为 IMM 算法的子滤波器,提出了 AIMM - CS - DUCMKF - R 算法。仿真实验表明,在同时存在切向/法向加速度的机动场景中,AIMM - CS - DUCMKF - R 算法相比标准的 IMM 算法、WLSE 算法、CS - AEKF 算法具有更高的估计精度。

(2)利用 RR 与运动状态之间的运动学与几何学关系,由 RR 推导出切向/法向加速度的统计量。通过统计仿真获得不同机动模式下法向/切向加速度的联合经验分布,基于 EM 算法与 GMM 对联合经验分布函数进行了拟合。另外,将上述方法得到的统计量联合分布应用于机动检测与识别问题中,提出了 M - CUSUM 算法。

(3)针对二维平面上单一 RR 与速度方向角之间的一对二映射关系而产生的双估计值问题,提出了一种采用双多普勒雷达 RR 的角速度估计方法。仿真实验表明,速度方向角的频率分布直方图与高斯分布密度函数相似;基于双多普勒雷达量测,采用无迹变换或者 MC 数值积分,均可获得较好的角速度估计结果。

第7章 基于垂直速度机动模型的三维机动参数估计方法

本章重点关注三维空间中常见的一类垂直速度机动目标的机动参数估计问题。首先,基于三维运动学关系,建立垂直速度机动模型,进一步依据目标速度大小是否变化,将垂直速度机动模型分为平面常转弯机动模型和平面变转弯机动模型。其次,利用三部多普勒雷达的距离变化率量测和位置量测,获得目标速度信息以减弱量测方程的非线性程度,提出基于三部多普勒雷达量测的目标速度解算方法。再次,对于平面常转弯机动目标的转弯率估计问题,将机动约束转化为一个伪量测引入量测方程中,并结合 UKF 算法,提出了一种常转弯率序贯估计算法;对于平面变转弯机动目标的转弯率估计问题,采用 IMM 融合框架,提出一种时变转弯率融合估计算法。

7.1 垂直速度机动模型

7.1.1 三维运动学原理

对于空间运动目标,通常在惯性笛卡儿坐标系 $OXYZ$ 中描述,O 表示坐标原点,X,Y,Z 分别表示三个坐标轴。为了便于书写,采用符号 c 标记坐标系 $OXYZ$。在 c 中,$\boldsymbol{p}=(x,y,z)$ 表示目标的位置向量,那么 $\boldsymbol{v}=\delta\boldsymbol{p}/\delta t$ 和 $\boldsymbol{a}=\delta^2\boldsymbol{p}/\delta t^2$ 分别为目标的速度向量和加速度向量。目标的角速度在三维空间中表示为向量,称为角速度向量。在目标速度坐标系 $P\xi\eta\zeta$ 中(采用符号 b 标记),P 为坐标原点位于目标质心,ξ,η,ζ 分别为三个坐标轴,并且 ξ 轴的方向始终与目标速度方向 $\boldsymbol{v}/v$ 重合,即 $v=\sqrt{\boldsymbol{v}\cdot\boldsymbol{v}}$。在 b 中的目标角速度向量 $\boldsymbol{\Omega}^b=(l,m,n)$,可在 c 中表示为

$$\boldsymbol{\Omega}=l\cdot\boldsymbol{\xi}+m\cdot\boldsymbol{\eta}+n\cdot\boldsymbol{\zeta} \tag{7.1}$$

式中:l,m,n 为标量,且有 $l=\dot{\boldsymbol{\eta}}\cdot\boldsymbol{\zeta},m=\dot{\boldsymbol{\zeta}}\cdot\boldsymbol{\xi},n=\dot{\boldsymbol{\xi}}\cdot\boldsymbol{\eta}$,其中 $\boldsymbol{\xi},\boldsymbol{\eta},\boldsymbol{\zeta}$ 为在 c 中 b 坐标轴的单位向量。对于任意一个向量 $\boldsymbol{u}(t)$,由运动学基本公式[134]可知满足

$$\frac{\delta\boldsymbol{u}^c}{\delta t}=\frac{\delta\boldsymbol{u}^b}{\delta t}+\boldsymbol{\Omega}_{bc}\times\boldsymbol{u} \tag{7.2}$$

式中:$\boldsymbol{u}^c$ 和 $\boldsymbol{u}^b$ 为 $\boldsymbol{u}$ 在 c 中和在 b 中的表达形式;$\boldsymbol{\Omega}_{bc}$ 为 b 相对于 c 的角速度向量。

式(7.2)在任意的坐标系都是成立的。特别地,为了简便书写,对于描述于 c 中向量 $\boldsymbol{u}^c$,去掉上标 c。由于目标速度坐标系 b 固定于目标之上,因此 b 的转动与目标的转动相同,即 $\boldsymbol{\Omega}_{bc}=\boldsymbol{\Omega}$。由泊松公式[135] $\dot{\boldsymbol{\xi}}=\boldsymbol{\Omega}\times\boldsymbol{\xi}$ 可知

$$\dot{\boldsymbol{v}}=\dot{v}\frac{\boldsymbol{v}}{v}+\boldsymbol{\Omega}\times\boldsymbol{v}=\frac{\boldsymbol{v}\cdot\dot{\boldsymbol{v}}}{v^2}\boldsymbol{v}+\boldsymbol{\Omega}\times\boldsymbol{v} \tag{7.3}$$

式中:$\dot{\boldsymbol{v}}=\boldsymbol{a}=\delta\boldsymbol{v}/\delta t$ 为向量 $\boldsymbol{v}$ 的一阶微分。由式(7.3)可知,总加速度 $\dot{\boldsymbol{v}}$ 在三维空间中分解为切向加速度 $\dot{v}\boldsymbol{v}/v$ 和法向加速度 $\boldsymbol{\Omega}\times\boldsymbol{v}$,与二维水平面不同的是三维空间中切向加速度与法向加速度采用向量形式描述。进一步可得

$$\boldsymbol{\Omega}=\frac{\boldsymbol{\Omega}\cdot\boldsymbol{v}}{v^2}\boldsymbol{v}+\frac{\boldsymbol{v}\times\boldsymbol{a}}{v^2} \tag{7.4}$$

当 $\boldsymbol{\Omega}\cdot\boldsymbol{v}=0$,那么 $\boldsymbol{\Omega}\perp\boldsymbol{v}$ 并且由式(7.4)可知

$$\boldsymbol{\Omega}=\frac{\boldsymbol{v}\times\boldsymbol{a}}{v^2} \tag{7.5}$$

显然,$\boldsymbol{\Omega}\perp\boldsymbol{a}$。因此,$\boldsymbol{\Omega}$ 垂直于 $\boldsymbol{v}$ 和 $\boldsymbol{a}$ 确定的平面。也就是说,如果满足 $\boldsymbol{\Omega}\perp\boldsymbol{v}$,那么目标将始终运动于空间中的某一个平面中,称该平面为目标机动平面[136]。目标在机动平面内机动是最为广泛的一类三维机动形式。这是由大多数目标的气动外形与飞行控制系统所决定的。目标在水平面机动只是该机动的一个特例。文献[31]将满足式(7.5)的一类机动称为垂直速度机动。在式(7.5)基础上,依据目标速度大小是否变化,可将垂直速度机动划分为平面常转弯机动和平面变转弯机动两种类型[137]。

7.1.2 平面常转弯机动模型

当目标速度大小恒定,即 $\dot{v}=0$,由式(7.3)可得 $\boldsymbol{a}=\boldsymbol{\Omega}\times\boldsymbol{v}$,并且满足 $\boldsymbol{\Omega}\perp\boldsymbol{v}$ 和 $\dot{\boldsymbol{\Omega}}=0$。对于 $\boldsymbol{a}=\boldsymbol{\Omega}\times\boldsymbol{v}$ 进行微分运算可得 $\dot{\boldsymbol{a}}=-\omega^2\boldsymbol{v}$,其中 ω 为转弯率,即角速度向量的大小或模,定义为

$$\omega=\sqrt{\boldsymbol{\Omega}\cdot\boldsymbol{\Omega}}=\frac{\|\boldsymbol{v}\times\boldsymbol{a}\|}{v^2}=\frac{a}{v} \tag{7.6}$$

这样可将平面常转弯机动的加速度建模为一个二阶马尔可夫过程,有

$$\dot{\boldsymbol{a}}=-\omega^2\boldsymbol{v}+\boldsymbol{w} \tag{7.7}$$

式中:$\boldsymbol{w}$ 为高斯白噪声。选择状态向量 $\boldsymbol{x}(t)=(x,\dot{x},\ddot{x},y,\dot{y},\ddot{y},z,\dot{z},\ddot{z})'$,连续时间状态转移方程为

$$\dot{\boldsymbol{x}}(t)=\mathrm{diag}(\boldsymbol{A}(\omega),\boldsymbol{A}(\omega),\boldsymbol{A}(\omega))\boldsymbol{x}(t)+\mathrm{diag}(\boldsymbol{B},\boldsymbol{B},\boldsymbol{B})\boldsymbol{w}(t) \tag{7.8}$$

$$\begin{cases} \boldsymbol{A}(\omega) = \begin{bmatrix} 0 & 1 & 0 \\ 0 & 0 & 1 \\ 0 & -\omega^2 & 0 \end{bmatrix} \\ \boldsymbol{B} = \begin{bmatrix} 0 \\ 0 \\ 1 \end{bmatrix} \end{cases} \tag{7.9}$$

高斯白噪声 $\boldsymbol{w}(t)$ 的 PSD 矩阵为 $\mathrm{diag}(S_x, S_y, S_z)$。

经过离散化处理,可得平面常转弯机动的离散时间状态转移方程,即

$$\boldsymbol{x}_{k+1} = \mathrm{diag}(\boldsymbol{F}(\omega), \boldsymbol{F}(\omega), \boldsymbol{F}(\omega))\boldsymbol{x}_k + \boldsymbol{w}_k \tag{7.10}$$

$$\boldsymbol{F}(\omega) = \begin{bmatrix} 1 & \dfrac{\sin \omega\Delta t}{\omega} & \dfrac{1-\cos \omega\Delta t}{\omega^2} \\ 0 & \cos \omega\Delta t & \dfrac{\sin \omega\Delta t}{\omega} \\ 0 & -\omega\sin \omega\Delta t & \cos \omega\Delta t \end{bmatrix} \tag{7.11}$$

其中,$\boldsymbol{w}_k$ 的协方差矩阵为

$$\mathrm{Cov}(\boldsymbol{w}_k) = \mathrm{diag}(S_x\boldsymbol{Q}(\omega), S_y\boldsymbol{Q}(\omega), S_z\boldsymbol{Q}(\omega))$$

$$\boldsymbol{Q}(\omega) = \begin{bmatrix} q_{11} & q_{12} & q_{13} \\ q_{21} & q_{22} & q_{23} \\ q_{31} & q_{32} & q_{33} \end{bmatrix} \tag{7.12}$$

式中:

$$q_{11} = \frac{6\omega\Delta t - 8\sin \omega\Delta t + \sin 2\omega\Delta t}{4\omega^4}$$

$$q_{12} = q_{21} = \frac{2\sin^4(\omega\Delta t/2)}{\omega^4}$$

$$q_{22} = \frac{2\omega\Delta t - \sin 2\omega\Delta t}{4\omega^3}$$

$$q_{13} = q_{31} = \frac{-2\omega\Delta t + 4\sin \omega\Delta t - \sin 2\omega\Delta t}{4\omega^3}$$

$$q_{23} = q_{32} = \frac{\sin^2\omega\Delta t}{2\omega^2}$$

$$q_{33} = \frac{2\omega\Delta t + \sin 2\omega\Delta t}{4\omega}$$

7.1.3 平面变转弯机动模型

对于平面变转弯机动,不受 $\dot{v}=0$ 的约束。令 $\boldsymbol{u}(t) = \boldsymbol{v}$,由式(7.2)可知

$$\dot{\boldsymbol{v}} = \frac{\delta \boldsymbol{v}^b}{\delta t} + \boldsymbol{\Omega} \times \boldsymbol{v} \tag{7.13}$$

对式(7.13)两端同时进行微分运算，有

$$\ddot{\boldsymbol{v}} = \frac{\delta^2 \boldsymbol{v}^b}{\delta t^2} + \dot{\boldsymbol{\Omega}} \times \boldsymbol{v} + 2\boldsymbol{\Omega} \times \dot{\boldsymbol{v}} - \boldsymbol{\Omega} \times (\boldsymbol{\Omega} \times \boldsymbol{v}) \tag{7.14}$$

当 $\boldsymbol{\Omega} \perp \boldsymbol{v}$ 时，将式(7.5)代入到式(7.14)中，可将加速度建模为一个具有状态依赖因子的二阶马尔可夫过程，有

$$\dot{\boldsymbol{a}} = -2\alpha \boldsymbol{a} - (2\alpha^2 + \omega^2)\boldsymbol{v} + \boldsymbol{w} \tag{7.15}$$

$$\boldsymbol{w} = \frac{\delta^2 \boldsymbol{v}^b}{\delta t^2} + \dot{\boldsymbol{\Omega}} \times \boldsymbol{v}, \quad \omega = \sqrt{\boldsymbol{\Omega} \cdot \boldsymbol{\Omega}} = \frac{\| \boldsymbol{v} \times \boldsymbol{a} \|}{v^2}, \quad \alpha = -\frac{\boldsymbol{v} \cdot \boldsymbol{a}}{v^2} \tag{7.16}$$

式中：$\boldsymbol{w}$ 为具有 PSD 矩阵 $\mathrm{diag}(S_x, S_y, S_z)$ 的高斯白噪声；α 为负的切向加速度与速度之间比值，称为阻尼系数[138]。令 $\omega_c^2 = \alpha^2 + \omega^2$，平面变转弯机动的连续时间状态转移方程为

$$\dot{\boldsymbol{x}}(t) = \mathrm{diag}(\boldsymbol{A}(\omega_c, \alpha), \boldsymbol{A}(\omega_c, \alpha), \boldsymbol{A}(\omega_c, \alpha))\boldsymbol{x}(t) + \mathrm{diag}(\boldsymbol{B}, \boldsymbol{B}, \boldsymbol{B})\boldsymbol{w}(t) \tag{7.17}$$

$$\boldsymbol{A}(\omega_c, \alpha) = \begin{bmatrix} 0 & 1 & 0 \\ 0 & 0 & 1 \\ 0 & -(\alpha^2 + \omega_c^2) & -2\alpha \end{bmatrix} \tag{7.18}$$

对应的离散时间状态转移方程为

$$\boldsymbol{x}_{k+1} = \mathrm{diag}(\boldsymbol{F}(\omega_c, \alpha), \boldsymbol{F}(\omega_c, \alpha), \boldsymbol{F}(\omega_c, \alpha))\boldsymbol{x}_k + \boldsymbol{w}_k \tag{7.19}$$

$$\boldsymbol{F}(\omega_c, \alpha) = \begin{bmatrix} 1 & \dfrac{2\alpha\omega_c - \mathrm{e}^{-\alpha\Delta t}(2\alpha\omega_c \cos \omega_c \Delta t + (\alpha^2 - \omega_c^2)\sin \omega_c \Delta t)}{\omega_c(\alpha^2 + \omega_c^2)} & \dfrac{\omega_c - \mathrm{e}^{-\alpha\Delta t}(\omega_c \cos \omega_c \Delta t + \alpha \sin \omega_c \Delta t)}{\omega_c(\alpha^2 + \omega_c^2)} \\ 0 & \dfrac{\mathrm{e}^{-\alpha\Delta t}(\omega_c \cos \omega_c \Delta t + \alpha \sin \omega_c \Delta t)}{\omega_c} & \dfrac{\mathrm{e}^{-\alpha\Delta t}\sin \omega_c \Delta t}{\omega_c} \\ 0 & -\omega_c \sin \omega_c \Delta t & \cos \omega_c \Delta t \end{bmatrix} \tag{7.20}$$

其中，$\mathrm{Cov}(\boldsymbol{w}_k) = \mathrm{diag}(S_x\boldsymbol{Q}(\omega_c, \alpha), S_y\boldsymbol{Q}(\omega_c, \alpha), S_z\boldsymbol{Q}(\omega_c, \alpha))$，$\boldsymbol{Q}(\omega_c, \alpha)$ 的元素分别为

$$q_{11}^2 = 8\mathrm{e}^{-\alpha\Delta t}\alpha\omega_c[2\alpha\omega_c c_0 + (\alpha^2 - \omega^2)s_0]$$

$$q_{11}^3 = \alpha^2\omega_c^2(4\alpha\Delta t - 11) + \omega_c^4(1 + 4\alpha\Delta t)$$

$$q_{12} = q_{21} = \frac{\mathrm{e}^{-2\alpha\Delta t}(\omega_c c_0 + \alpha s_0 - \mathrm{e}^{\alpha\Delta t}\omega)^2}{2\omega_c^2(\alpha^2 + \omega_c^2)^2}$$

$$q_{13} = q_{31} = \frac{e^{-2\alpha\Delta t}(c - s - \alpha^2 + \omega_c^2) + 4e^{-\alpha\Delta t}\alpha\omega_c s_0 - \omega_c^2}{4\alpha\omega_c^2(\alpha^2 + \omega_c^2)}$$

$$q_{22} = \frac{e^{-2\alpha\Delta t}(c - s - \alpha^2 - \omega_c^2) + \omega_c^2}{4\alpha\omega_c^2(\alpha^2 + \omega_c^2)}$$

$$q_{23} = q_{32} = \frac{e^{-2\alpha\Delta t}s_0^2}{2\omega_c^2}$$

$$q_{33} = \frac{e^{-2\alpha\Delta t}(c + s - \alpha^2 - \omega_c^2) + \omega_c^2}{4\alpha\omega_c^2}$$

且有 $c = \alpha^2\cos 2\omega_c\Delta t, s = \alpha\sin 2\omega_c\Delta t, c_0 = \cos\omega_c\Delta t, s_0 = \sin\omega_c\Delta t$。

7.2 采用距离变化率量测的三维笛卡儿速度计算方法

7.2.1 三维笛卡儿速度的计算原理

由7.1节可知，对于垂直速度机动，目标的加速度与目标的速度有直接的关系，并且目标速度是位置的微分和加速度的积分。获取目标速度的信息对于目标运动状态估计与转弯率估计具有重要意义。

由多普勒雷达得到的距离变化率量测包含了目标速度信息。在三维空间中，由两部多普勒雷达的距离变化率量测无法唯一确定目标的速度方向角估计量。那么，能否采用三部多普勒雷达的距离变化率量测来确定三维空间中运动目标唯一的速度方向角估计量呢？

命题7.1 在三维空间中三个不共线且不重合的参考点所确定的平面之外，存在一个未知速度方向的运动目标，由该目标相对于这三个参考点的方位角、俯仰角和RR可唯一确定目标的速度方向角。

证明：

在参考平面中存在三个不共线且不重合的参考点，分别记为 O_1、O_2 和 O_3，如图7.1所示。将参考平面记为面 $O_1O_2O_3$。在三维空间中，面 $O_1O_2O_3$ 之外的一个运动目标记为 S。已知 S 相对于三个参考点 O_1、O_2 和 O_3 的方位角和俯仰角可确定三条直线 O_1S、O_2S 和 O_3S。显然，直线 O_1S、O_2S 和 O_3S 相交于 S。

运动目标的速度向量 $\boldsymbol{v}$ 分别向直线 O_1S、O_2S 和 O_3S 投影，可得到 S 相对于参考点 O_1、O_2 和 O_3 的RR向量，分别记为 $\dot{\boldsymbol{r}}_1$、$\dot{\boldsymbol{r}}_2$ 和 $\dot{\boldsymbol{r}}_3$。将 S、O_1 和 O_2 所在的平面记为面 SO_1O_2，将 S、O_1 和 O_3 所在的平面记为面 SO_1O_3。

由于面 SO_1O_2 与面 SO_1O_3 不平行且不重合，因此它们必定相交于直线 SO_1。

将起点在 S 的速度向量 $\boldsymbol{v}$ 向面 SO_1O_2 与面 SO_1O_3 投影，分别得到起点在 S 的投影向量 $\dot{\boldsymbol{r}}_{12}$ 和 $\dot{\boldsymbol{r}}_{13}$。假设起点在 S 的投影向量 $\dot{\boldsymbol{r}}_{12}$ 和 $\dot{\boldsymbol{r}}_{13}$ 的终点分别为 P_1 和 P_2。P_3 为起点在 S 的速度向量 $\boldsymbol{v}$ 的终点。由于速度向量 $\boldsymbol{v}$ 未知，因此 P_1、P_2 和 P_3 也是未知。

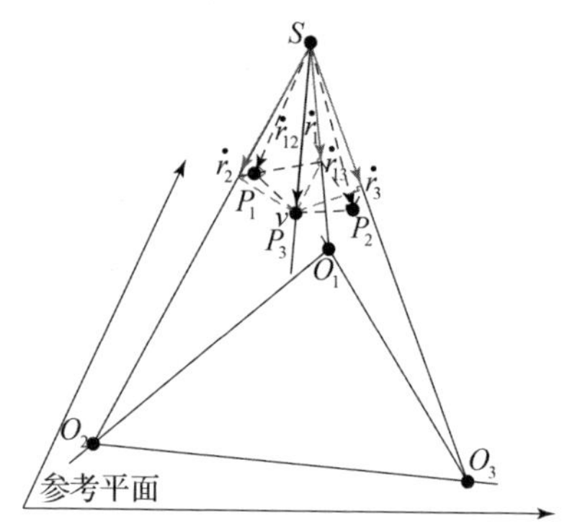

图 7.1　情况 1 的空间几何关系

下面分不同情况进行讨论。

情况 1：当 $\dot{\boldsymbol{r}}_1$、$\dot{\boldsymbol{r}}_2$ 和 $\dot{\boldsymbol{r}}_3$ 均为非零向量时，P_1 和 P_2 分别为面 SO_1O_2 与面 SO_1O_3 上与 S 不重合的点，如图 7.1 所示。在面 SO_1O_2，依据命题 7.1，$\dot{\boldsymbol{r}}_{12}$ 的方向是唯一的；同样，在面 SO_1O_3，依据命题 7.1，$\dot{\boldsymbol{r}}_{13}$ 的方向也是唯一的。SP_1 直线和 SP_2 直线分别与 $\dot{\boldsymbol{r}}_{12}$ 和 $\dot{\boldsymbol{r}}_{13}$ 平行，并且已知过 S 点，那么 SP_1 直线和 SP_2 直线可确定。P_1P_3 直线和 P_2P_3 直线分别垂直于面 SO_1O_2 和面 SO_1O_3。那么，面 SP_1P_3 是面 SO_1O_2 的垂面，面 SP_2P_3 是面 SO_1O_3 的垂面。由于面 SO_1O_2 和面 SO_1O_3 既不平行与不重合，那么面 SP_1P_3 与面 SP_2P_3 必相交于 SP_3 直线，交线唯一。由线线角和投影的定义可知，在 SP_3 直线上，$\overrightarrow{SP_3}$ 向量的方向仅可为与 $\dot{\boldsymbol{r}}_1$、$\dot{\boldsymbol{r}}_2$ 和 $\dot{\boldsymbol{r}}_3$ 的夹角为锐角的方向。$\overrightarrow{SP_3}$ 向量与速度向量 $\boldsymbol{v}$ 平行，可知 $\boldsymbol{v}$ 的方向唯一确定。

情况 2：如果 $\dot{\boldsymbol{r}}_1$ 为零向量，$\dot{\boldsymbol{r}}_2$ 和 $\dot{\boldsymbol{r}}_3$ 为非零向量，且直线 O_1S 不与 O_2S 和 O_3S 均垂直，那么 P_3 不在面 SO_2O_3 上，如图 7.2 所示。$\dot{\boldsymbol{r}}_{23}$ 为速度向量 $\boldsymbol{v}$ 在面 SO_2O_3 上的投影。在面 SO_2O_3 上，由命题 7.1 可知，$\dot{\boldsymbol{r}}_{23}$ 的方向是唯一的。当 $\dot{\boldsymbol{r}}_{23}$ 的起点为 S，终点为 P_4 时，直线 SP_4 被确定。$\dot{\boldsymbol{r}}_{12}$ 为 $\boldsymbol{v}$ 在面 SO_1O_2 上的投影。由于 $\dot{\boldsymbol{r}}_1=0$ 可知，$\dot{\boldsymbol{r}}_{12}$ 垂直于 SO_1。在面 SO_1O_2 上，根据命题 7.1，$\dot{\boldsymbol{r}}_{12}$ 的方向是唯一的。当 $\dot{\boldsymbol{r}}_{12}$ 的起点为 S，终点为 P_1 时，直线 SP_1 被确定。面 SP_1P_3 是面 SO_1O_2 的

垂面,面 SP_4P_3 是面 SO_2O_3 的垂面。由于面 SO_1O_2 与面 SO_2O_3 既不平行与不重合,因此面 SP_1P_3 与面 SP_4P_3 必相交于 SP_3 直线,且交线唯一。与情况 1 相同,可知 $\boldsymbol{v}$ 的方向唯一确定。

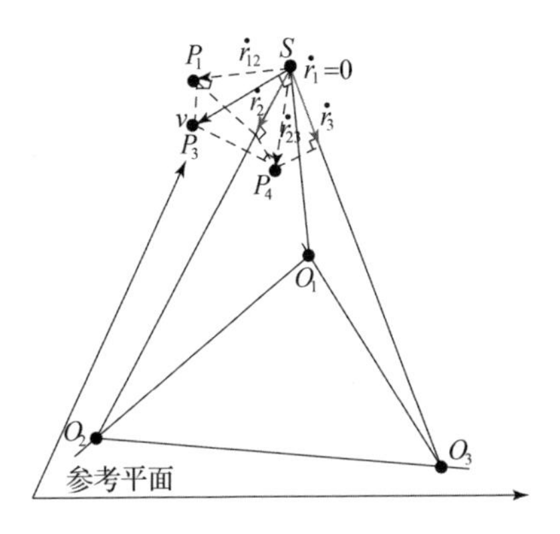

图 7.2　情况 2 的空间几何关系

情况 3:如果 $\dot{\boldsymbol{r}}_2$ 为零向量, $\dot{\boldsymbol{r}}_1$ 和 $\dot{\boldsymbol{r}}_3$ 为非零向量,且直线 O_2S 不与 O_1S 和 O_3S 均垂直,那么 P_3 不在面 SO_1O_3 上。同情况 2,$\boldsymbol{v}$ 的方向可唯一确定。

情况 4:如果 $\dot{\boldsymbol{r}}_3$ 为零向量, $\dot{\boldsymbol{r}}_1$ 和 $\dot{\boldsymbol{r}}_2$ 为非零向量,且直线 O_3S 不与 O_1S 和 O_2S 均垂直,那么 P_3 不在面 SO_1O_2 上。同情况 2,$\boldsymbol{v}$ 的方向可唯一确定。

情况 5:如果 $\dot{\boldsymbol{r}}_1$ 为零向量, $\dot{\boldsymbol{r}}_2$ 和 $\dot{\boldsymbol{r}}_3$ 为非零向量,且直线 O_1S 与 O_2S 和 O_3S 均垂直,那么 P_3 在面 SO_2O_3 上。依据命题 7.1,可知 $\boldsymbol{v}$ 的方向唯一确定,如图 7.3 所示。

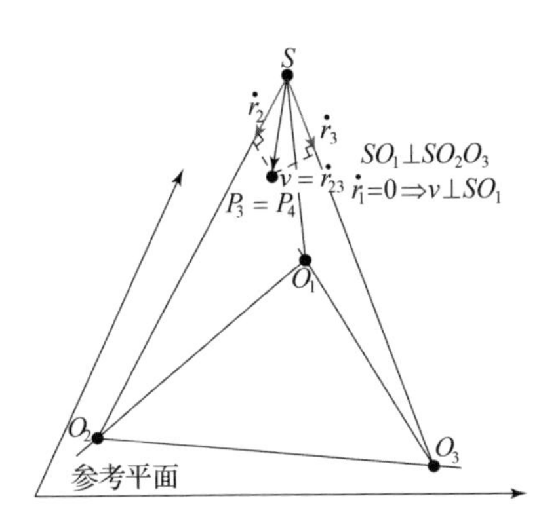

图 7.3　情况 5 的空间几何关系

情况 6:如果 $\dot{\boldsymbol{r}}_2$ 为零向量, $\dot{\boldsymbol{r}}_1$ 和 $\dot{\boldsymbol{r}}_3$ 为非零向量,且直线 O_2S 与 O_1S 和 O_3S 均垂直,那么 P_3 在面 SO_1O_3 上。同情况 5,$\boldsymbol{v}$ 的方向可唯一确定。

情况 7：如果 $\dot{\boldsymbol{r}}_3$ 为零向量，$\dot{\boldsymbol{r}}_1$ 和 $\dot{\boldsymbol{r}}_2$ 为非零向量，且直线 O_3S 与 O_1S 和 O_2S 均垂直，那么 P_3 在面 SO_1O_2 上。同情况 5，$\boldsymbol{v}$ 的方向可唯一确定。

情况 8：如果 $\dot{\boldsymbol{r}}_1$ 为非零向量，$\dot{\boldsymbol{r}}_2$ 和 $\dot{\boldsymbol{r}}_3$ 为零向量，直线 SP_3 垂直于面 SO_2O_3，如图 7.4 所示，那么直线 SP_3 可确定。由线线角和投影的定义可知，在 SP_3 直线上，$\overrightarrow{SP_3}$ 向量的方向为与 $\dot{\boldsymbol{r}}_1$ 夹角为锐角的方向，那么 $\boldsymbol{v}$ 的方向唯一确定。

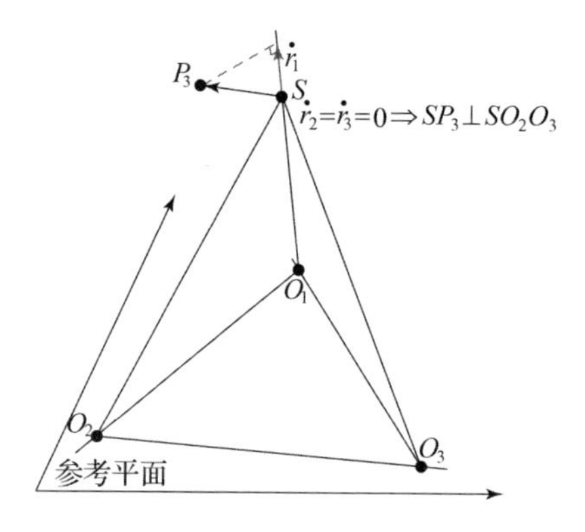

图 7.4　情况 8 的空间几何关系

情况 9：如果 $\dot{\boldsymbol{r}}_2$ 为非零向量，$\dot{\boldsymbol{r}}_1$ 和 $\dot{\boldsymbol{r}}_3$ 为零向量，直线 SP_3 垂直于面 SO_1O_3，那么直线 SP_3 可确定。由线线角和投影的定义可知，在 SP_3 直线上，$\overrightarrow{SP_3}$ 向量的方向为与 $\dot{\boldsymbol{r}}_2$ 夹角为锐角的方向，那么 $\boldsymbol{v}$ 的方向唯一确定。

情况 10：如果 $\dot{\boldsymbol{r}}_3$ 为非零向量，$\dot{\boldsymbol{r}}_1$ 和 $\dot{\boldsymbol{r}}_2$ 为零向量，直线 SP_3 垂直于面 SO_1O_2，那么直线 SP_3 可确定。由线线角和投影的定义可知，在 SP_3 直线上，$\overrightarrow{SP_3}$ 向量的方向为与 $\dot{\boldsymbol{r}}_3$ 夹角为锐角的方向，那么 $\boldsymbol{v}$ 的方向唯一确定。

情况 11：如果 $\dot{\boldsymbol{r}}_1$、$\dot{\boldsymbol{r}}_2$ 和 $\dot{\boldsymbol{r}}_3$ 均为零向量时，运动目标 S 相对参考点 O_1、O_2 和 O_3 静止，那么 $\boldsymbol{v}$ 的方向与 O_1、O_2 和 O_3 的运动方向相同，那么 $\boldsymbol{v}$ 的方向也唯一确定。

证明完毕

命题 7.1 是由目标相对于三个参考点的方位角、俯仰角和距离变化来计算目标速度向量的理论基础。采用立体几何学在三维空间中直接计算目标速度向量，是十分复杂的。空间解析几何[139]是求解立体几何问题的有效工具。通过建立空间笛卡儿坐标系，可将空间向量进行坐标表示，并将向量运算转化为实数运算。

建立空间笛卡儿坐标系，如图 7.5 所示。

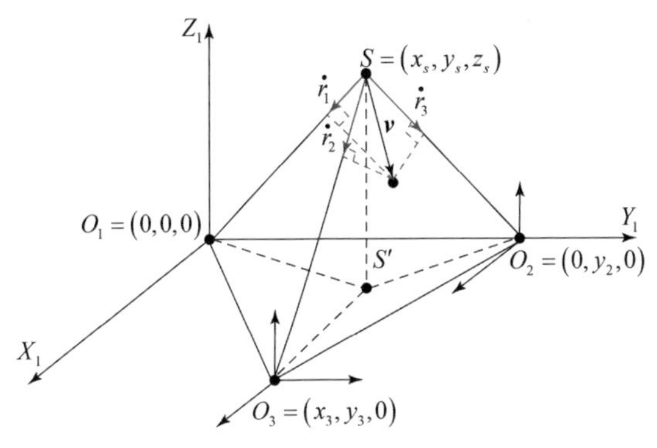

图 7.5　空间笛卡儿坐标系

在图 7.5 中，空间笛卡儿坐标系以 O_1 为坐标原点，$\overrightarrow{O_1O_2}$ 向量所在的直线为 Y_1 轴，Z_1 轴垂直于 Y_1 轴向上，X_1 轴垂直于面 $O_1Y_1Z_1$，并使得坐标系 $O_1X_1Y_1Z_1$ 为右手坐标系。O_3 为面 $O_1X_1Y_1$ 中不在 Y_1 轴上的任意一点。将 O_1、O_2 和 O_3 坐标点分别设定为 $(0,0,0)$、$(0,y_2,0)$ 和 $(x_3,y_3,0)$。坐标系 $O_1X_1Y_1Z_1$ 对于任意三个不共线且不重合的参考点具有一般性。目标 S 的空间坐标为 (x_s,y_s,z_s)。$\overrightarrow{O_1S}$、$\overrightarrow{O_2S}$ 和 $\overrightarrow{O_3S}$ 的坐标表示分别为 (x_s,y_s,z_s)、(x_s,y_s-y_2,z_s) 和 (x_s-x_3,y_s-y_3,z_s)。由此，$\overrightarrow{O_1S}$、$\overrightarrow{O_2S}$ 和 $\overrightarrow{O_3S}$ 的单位向量 $\boldsymbol{c}_1$、$\boldsymbol{c}_2$ 和 $\boldsymbol{c}_3$ 分别为

$$\begin{aligned}\boldsymbol{c}_1 &= (x_{c_1},y_{c_1},z_{c_1})\\ &= \left(\frac{x_s}{\sqrt{x_s^2+y_s^2+z_s^2}},\frac{y_s}{\sqrt{x_s^2+y_s^2+z_s^2}},\frac{z_s}{\sqrt{x_s^2+y_s^2+z_s^2}}\right)\end{aligned} \tag{7.21}$$

$$\begin{aligned}\boldsymbol{c}_2 &= (x_{c_2},y_{c_2},z_{c_2})\\ &= \left(\frac{x_s}{\sqrt{x_s^2+(y_s-y_2)^2+z_s^2}},\frac{y_s-y_2}{\sqrt{x_s^2+(y_s-y_2)^2+z_s^2}},\frac{z_s}{\sqrt{x_s^2+(y_s-y_2)^2+z_s^2}}\right)\end{aligned} \tag{7.22}$$

$$\begin{aligned}\boldsymbol{c}_3 &= (x_{c_3},x_{c_3},z_{c_3})\\ &= \left(\frac{x_s-x_3}{\sqrt{(x_s-x_3)^2+(y_s-y_3)^2+z_s^2}},\frac{y_s-y_3}{\sqrt{(x_s-x_3)^2+(y_s-y_3)^2+z_s^2}},\frac{z_s}{\sqrt{(x_s-x_3)^2+(y_s-y_3)^2+z_s^2}}\right)\end{aligned} \tag{7.23}$$

设定标记变量 δ_i 表示 $\dot{\boldsymbol{r}}_i$ 与 $\boldsymbol{c}_i$ 之间的关系，其中 $i=1,2,3$，有

$$\delta_i = \begin{cases}1, & \dot{\boldsymbol{r}}_i \text{ 与 } \boldsymbol{c}_i \text{ 同向}\\ 0, & \dot{\boldsymbol{r}}_i \text{ 与 } \boldsymbol{c}_i \text{ 反向}\end{cases} \tag{7.24}$$

其中，$|\dot{r}_i| = \sqrt{\dot{\boldsymbol{r}}_i \cdot \dot{\boldsymbol{r}}_i}$表示向量 $\dot{\boldsymbol{r}}_i$ 的大小或者模。这样 $\dot{\boldsymbol{r}}_i$ 可表示为

$$\dot{\boldsymbol{r}}_i = \delta_i |\dot{r}_i| \boldsymbol{c}_i, \quad i = 1,2,3 \tag{7.25}$$

其中，$\dot{\boldsymbol{r}}_i$ 为目标速度向量 $\boldsymbol{v}$ 在 $\boldsymbol{c}_i$ 上的有向投影。令目标速度向量的坐标表示为 $\boldsymbol{v} = (\dot{x}, \dot{y}, \dot{z})$，则有

$$\begin{cases} \dot{r}_1 = \boldsymbol{v} \cdot \boldsymbol{c}_1 \\ \dot{r}_2 = \boldsymbol{v} \cdot \boldsymbol{c}_2 \\ \dot{r}_3 = \boldsymbol{v} \cdot \boldsymbol{c}_3 \end{cases} \Rightarrow \begin{cases} \dot{r}_1 = \dot{x} x_{c_1} + \dot{y} y_{c_1} + \dot{z} z_{c_1} \\ \dot{r}_2 = \dot{x} x_{c_2} + \dot{y} y_{c_2} + \dot{z} z_{c_2} \\ \dot{r}_3 = \dot{x} x_{c_3} + \dot{y} x_{c_3} + \dot{z} z_{c_3} \end{cases} \tag{7.26}$$

将式(7.26)描述为矩阵形式，即

$$\dot{\boldsymbol{r}} = \boldsymbol{C}\boldsymbol{v} \tag{7.27}$$

$$\dot{\boldsymbol{r}} = \begin{bmatrix} \dot{r}_1 \\ \dot{r}_2 \\ \dot{r}_3 \end{bmatrix}, \quad \boldsymbol{C} = \begin{bmatrix} x_{c_1} & y_{c_1} & z_{c_1} \\ x_{c_2} & y_{c_2} & z_{c_2} \\ x_{c_3} & x_{c_3} & z_{c_3} \end{bmatrix}, \quad \boldsymbol{v} = \begin{bmatrix} \dot{x} \\ \dot{y} \\ \dot{z} \end{bmatrix} \tag{7.28}$$

当系数矩阵 $\boldsymbol{C}$ 为非奇异矩阵时，可得到速度向量 $\boldsymbol{v}$ 的解析表达，即

$$\boldsymbol{v} = \boldsymbol{C}^{-1} \dot{\boldsymbol{r}} \tag{7.29}$$

7.2.2 基于三部多普勒雷达量测的目标速度计算方法

式(7.29)解析地给出了目标速度向量的唯一解，也从空间解析几何的角度验证了命题 7.1 的正确性。当采用式(7.29)计算目标的速度向量时，需要已知目标相对于 3 个参考点的 RR 和自身的位置坐标，在实际中，这些量可由 3 部多普勒雷达探测得到。

在参考点 O_1、O_2 和 O_3 处，布置 3 部多普勒雷达，并进行组网。为了简便书写，仍采用 O_1、O_2 和 O_3 表示这三部雷达。同时，在坐标系 $O_1X_1Y_1Z_1$ 中，3 部雷达的位置坐标是已知的。本书采用集中式融合估计方法[140]，将量测信息汇集到坐标原点 O_1 处进行速度解算。

假设来自 3 部雷达的量测信息已经进行了时间配准、空间配准与数据关联，那么目标量测信息仅受随机噪声污染。将任一组目标位置量测转换到笛卡儿坐标系中，可得到一个目标位置坐标。受随机噪声的影响，在同一时刻，由 3 部雷达的目标量测得到的目标位置坐标可能不同，那么采用式(7.29)计算出的速度向量具有模糊性。

由 3 组同时刻的目标量测获得唯一的目标位置，是进行速度解算的前提条件。由于多普勒雷达的斜距观测精度较高，本书仅采用 3 个斜距量测来计算目标位置。

令 r_1、r_2 和 r_3 分别为雷达 O_1、O_2 和 O_3 探测的目标斜距，其满足

$$\begin{cases} r_1^2 = x_s^2 + y_s^2 + z_s^2 \\ r_2^2 = x_s^2 + (y_s - y_2)^2 + z_s^2 \\ r_3^2 = (x_s - x_3)^2 + (y_s - y_3)^2 + z_s^2 \end{cases} \tag{7.30}$$

即目标位置在 3 个球面的交点上。显然，由式(7.30)的前两项相减可计算 y_s，即

$$y_s = \frac{y_2^2 - r_2^2 + r_1^2}{2y_2} \tag{7.31}$$

由式(7.30)的后两项相减，并将 y_s 代入，可得

$$x_s = -\frac{r_3^2 - r_1^2 - x_3^2 - y_3^2 + 2y_s y_3}{2x_3} \tag{7.32}$$

由式(7.30)第一项可得

$$z_s = \pm\sqrt{r_1^2 - (x_s^2 + y_s^2)} \tag{7.33}$$

当目标位于 $O_1Y_1Z_1$ 平面上方时，z_s 取正。这可由俯仰角量测得知。

由上述内容可得到目标的位置坐标(x_s, y_s, z_s)。接下来给出目标的位置的协方差矩阵 $\boldsymbol{R}_s$。

对式(7.30)两端求微分，有

$$\begin{cases} \Delta r_1 = \dfrac{x_s}{r_1}\Delta x_s + \dfrac{y_s}{r_1}\Delta y_s + \dfrac{z_s}{r_1}\Delta z_s \\ \Delta r_2 = \dfrac{x_s}{r_2}\Delta x_s + \dfrac{y_s - y_2}{r_2}\Delta y_s + \dfrac{z_s}{r_2}\Delta z_s \\ \Delta r_3 = \dfrac{x_s - x_3}{r_3}\Delta x_s + \dfrac{y_s - y_3}{r_3}\Delta y_s + \dfrac{z_s}{r_3}\Delta z_s \end{cases} \tag{7.34}$$

进一步，由 $\boldsymbol{c}_1$、$\boldsymbol{c}_2$ 和 $\boldsymbol{c}_3$ 可将式(7.34)简写为

$$\Delta\boldsymbol{x}_s = \boldsymbol{C}^{-1}\Delta\boldsymbol{r} \tag{7.35}$$

式中：$\Delta\boldsymbol{x}_s = \begin{bmatrix} \Delta x_s \\ \Delta y_s \\ \Delta z_s \end{bmatrix}$，$\Delta\boldsymbol{r} = \begin{bmatrix} \Delta r_1 \\ \Delta r_2 \\ \Delta r_3 \end{bmatrix}$。

那么在坐标系 $O_1X_1Y_1Z_1$ 中，目标位置协方差矩阵 $\boldsymbol{R}_s$ 为

$$\boldsymbol{R}_s = \mathrm{Cov}(\Delta\boldsymbol{x}_s) = \mathrm{Cov}(\boldsymbol{C}^{-1}\Delta\boldsymbol{r}) = \boldsymbol{C}^{-1}\mathrm{Cov}(\Delta\boldsymbol{r})(\boldsymbol{C}^{-1})^{\mathrm{T}} \tag{7.36}$$

其中,Cov($\Delta\boldsymbol{r}$)为 3 部雷达的目标斜距量测协方差矩阵。由于三部雷达对目标的斜距探测是独立进行的,因此 Cov($\Delta\boldsymbol{r}$)可表示为

$$\mathrm{Cov}(\Delta\boldsymbol{r})=\begin{bmatrix}\sigma_{r_1}^2 & 0 & 0\\ 0 & \sigma_{r_2}^2 & 0\\ 0 & 0 & \sigma_{r_3}^2\end{bmatrix} \tag{7.37}$$

式中:$\sigma_{r_1}^2$、$\sigma_{r_2}^2$和 $\sigma_{r_3}^2$分别为 3 部雷达所测的目标斜距方差。同理,对于式(7.35)两端进行微分运算,有

$$\Delta\boldsymbol{v}=\boldsymbol{C}^{-1}\Delta\dot{\boldsymbol{r}} \tag{7.38}$$

式中:$\Delta\boldsymbol{v}=\begin{bmatrix}\Delta\dot{x}\\ \Delta\dot{y}\\ \Delta\dot{z}\end{bmatrix}$, $\Delta\dot{\boldsymbol{r}}=\begin{bmatrix}\Delta\dot{r}_1\\ \Delta\dot{r}_2\\ \Delta\dot{r}_3\end{bmatrix}$。

在坐标系 $O_1X_1Y_1Z_1$ 中,目标速度协方差矩阵 $\boldsymbol{R}_v$ 为

$$\boldsymbol{R}_v=\mathrm{Cov}(\Delta\boldsymbol{v})=\mathrm{Cov}(\boldsymbol{C}^{-1}\Delta\dot{\boldsymbol{r}})=\boldsymbol{C}^{-1}\mathrm{Cov}(\Delta\dot{\boldsymbol{r}})(\boldsymbol{C}^{-1})^{\mathrm{T}} \tag{7.39}$$

由于 3 部雷达对目标的 RR 探测是独立进行的,因此 Cov($\Delta\dot{\boldsymbol{r}}$)可表示为

$$\mathrm{Cov}(\Delta\dot{\boldsymbol{r}})=\begin{bmatrix}\sigma_{\dot{r}_1}^2 & 0 & 0\\ 0 & \sigma_{\dot{r}_2}^2 & 0\\ 0 & 0 & \sigma_{\dot{r}_3}^2\end{bmatrix} \tag{7.40}$$

式中:$\sigma_{\dot{r}_1}^2$、$\sigma_{\dot{r}_2}^2$ 和 $\sigma_{\dot{r}_3}^2$ 分别为 3 部雷达所测的目标 RR 方差。

7.3 垂直速度机动目标的转弯率估计

7.3.1 恒定转弯率估计算法

在平面常转弯模型的状态转移方程式(7.13)中,转弯率 ω 为未知的模型参数。当目标的转弯率为恒定值时,一种可选的方法是第 2 章中的状态扩增法。然而,相比二维状态空间模型,三维状态空间具有高维度的特点,若将 ω 扩增为状态变量,将产生一个高度非线性的状态空间模型。在状态估计中,非线性近似将成为估计误差的主要来源。另一种可选的方法是通过式(7.6)来计算 ω,这可保持模型式(7.13)的线性形式。然而,采用速度与加速度的估计值进行计

算，将引入新的估计误差，尤其当约束 $\dot{v}=0$ 不能满足时。因此，该转弯率估计方法的关键在于获得良好的速度与加速度估计值。

通过3部多普勒雷达组网，基于7.2节内容解算的目标位置和速度。将组网得到的目标位置和速度作为目标量测将改善机动模型的稳定性和准确性。同时，由于所获得的目标位置和速度量测均描述于笛卡儿坐标系中，对应的量测方程为线性，即

$$z_k = \boldsymbol{H}_k \boldsymbol{x}_k + \boldsymbol{v}_k \tag{7.41}$$

$$\boldsymbol{H}_k = \begin{bmatrix} 1 & 0 & 0 & 0 & 0 & 0 & 0 & 0 & 0 \\ 0 & 1 & 0 & 0 & 0 & 0 & 0 & 0 & 0 \\ 0 & 0 & 0 & 1 & 0 & 0 & 0 & 0 & 0 \\ 0 & 0 & 0 & 0 & 1 & 0 & 0 & 0 & 0 \\ 0 & 0 & 0 & 0 & 0 & 0 & 1 & 0 & 0 \\ 0 & 0 & 0 & 0 & 0 & 0 & 0 & 1 & 0 \end{bmatrix} \tag{7.42}$$

式中：$\boldsymbol{z}_k = (x_k^m, y_k^m, z_k^m, \dot{x}_k^m, \dot{y}_k^m, \dot{z}_k^m)'$ 为量测向量；$\boldsymbol{H}_k$ 为量测矩阵；$\boldsymbol{v}_k$ 为高斯白噪声。对应的协方差矩阵为 $\boldsymbol{R}_m$，即

$$\boldsymbol{R}_m = \begin{bmatrix} \boldsymbol{R}_s & \boldsymbol{0}_{3\times 3} \\ \boldsymbol{0}_{3\times 3} & \boldsymbol{R}_v \end{bmatrix} \tag{7.43}$$

对于平面常转弯机动目标，速度大小是恒定的，即 $\dot{v}=0$。这意味着满足机动约束 $\boldsymbol{v}\cdot\boldsymbol{a}=0$。机动约束直接控制了目标速度与加速度的变化，有助于目标转弯率的估计。一种方式是将该机动约束引入到系统动态模型中，可提高模型的准确性，但增大了模型的复杂性和非线性。另一种方式是将机动约束转化为一个伪量测而参与系统状态的估计，即 $\boldsymbol{v}_k\cdot\boldsymbol{a}_k+\mu_k=0$，式中：$\boldsymbol{v}_k$ 和 $\boldsymbol{a}_k$ 分别为第 k 时刻目标的速度向量与加速度向量；μ_k 为高斯白噪声，方差为 σ_μ^2。μ_k 的作用是对机动约束进行放宽，因为 $\boldsymbol{v}_k$ 和 $\boldsymbol{a}_k$ 的估计具有不确定性。放宽的尺度由 σ_μ^2 决定。为了使得量测方程在形式上统一，在此定义 $z_k^c=0$，在形式上有

$$z_k^c = h^c(\boldsymbol{x}_k) + \mu_k \tag{7.44}$$

式中：$h^c(\boldsymbol{x}_k)=\boldsymbol{v}_k\cdot\boldsymbol{a}_k$。由式(7.44)可知，伪量测方程是非线性的。结合量测方程式(7.43)，可得状态空间模型的量测方程，即

$$\begin{bmatrix} z_k \\ z_k^c \end{bmatrix} = \begin{bmatrix} \boldsymbol{H}_k\boldsymbol{x}_k \\ h^c(\boldsymbol{x}_k) \end{bmatrix} + \begin{bmatrix} \boldsymbol{v}_k \\ \mu_k \end{bmatrix} \tag{7.45}$$

其中，$\boldsymbol{v}_k$ 与 μ_k 相互独立，对应的联合量测噪声协方差矩阵 $\boldsymbol{R}$ 为

$$
\boldsymbol{R}=\begin{bmatrix}\boldsymbol{R}_s & \boldsymbol{0}_{3\times3} & \boldsymbol{0}_{3\times1}\\ \boldsymbol{0}_{3\times3} & \boldsymbol{R}_v & \boldsymbol{0}_{3\times1}\\ \boldsymbol{0}_{1\times3} & \boldsymbol{0}_{1\times3} & \sigma_\mu^2\end{bmatrix} \tag{7.46}
$$

式(7.10)和式(7.45)分别描述了平面常转弯机动模型的状态转移方程和量测方程。要获得准确的转弯率估计,还需要采用合理的状态估计算法。

若给定转弯率 ω,状态转移方程式(7.10)为线性形式,并且量测方程的分量式(7.43)也为线性形式。若不考虑伪量测,采用 KF 滤波算法可获得由式(7.10)和式(7.43)组成的线性系统的最优估计。同时,将该线性系统的状态滤波估计代入伪量测方程中得到的伪量测预测,相比采用状态预测估计,具有更高的精度。

由此,本节采用序贯滤波的思想,结合 UKF 算法和 KF 算法,提出一种常转弯率序贯估计算法,称为 SUKF - CT 算法。

算法 7.1　SUKF - CT 算法

(1)融合解算笛卡儿坐标系中的目标位置和速度。

由三部多普勒雷达斜距量测计算目标的位置量测(x_k^m, y_k^m, z_k^m)和协方差矩阵 $\boldsymbol{R}_s$;将位置(x_k^m, y_k^m, z_k^m)和 3 部多普勒雷达距离变化率量测计算目标的速度量测($\dot{x}_k^m, \dot{y}_k^m, \dot{z}_k^m$)和协方差矩阵 $\boldsymbol{R}_v$;构建量测 z_k 和协方差矩阵 $\boldsymbol{R}_m$。

(2)序贯滤波。

给定 ω_{k-1} 更新状态转移矩阵 $\boldsymbol{\Phi}(\omega_{k-1}) = \mathrm{diag}(\boldsymbol{F}(\omega_{k-1}), \boldsymbol{F}(\omega_{k-1}), \boldsymbol{F}(\omega_{k-1}))$ 和 $\boldsymbol{Q}(\omega_{k-1})$。

时间更新滤波估计为

$$
\begin{cases}\boldsymbol{m}_k^{-p} = \boldsymbol{\Phi}(\omega_{k-1})\boldsymbol{m}_{k-1}\\ \boldsymbol{P}_k^{-p} = \boldsymbol{\Phi}(\omega_{k-1})\boldsymbol{P}_{k-1}\boldsymbol{\Phi}(\omega_{k-1})' + \mathrm{Cov}(\boldsymbol{w}_{k-1})\end{cases} \tag{7.47}
$$

位置与速度量测更新滤波估计为

$$
\begin{cases}\boldsymbol{K}_k^p = \boldsymbol{P}_k^{-p}\boldsymbol{H}'_k[\boldsymbol{H}_k\boldsymbol{P}_k^{-p}\boldsymbol{H}'_k + \boldsymbol{R}_m]^{-1}\\ \boldsymbol{m}_k^P = \boldsymbol{m}_k^{-P} + \boldsymbol{K}_k^p[z_k - \boldsymbol{H}_k\boldsymbol{m}_k^{-P}]\\ \boldsymbol{P}_k^p = (\boldsymbol{I} - \boldsymbol{K}_k^p\boldsymbol{H}_k)\boldsymbol{P}_k^{-p}\end{cases} \tag{7.48}
$$

伪量测更新滤波估计。构建 sigma 点,有

$$
\begin{cases}\boldsymbol{\gamma}_k^{(0)} = \boldsymbol{m}_k^P\\ \boldsymbol{\gamma}_k^{(i)} = \boldsymbol{m}_k^P + \sqrt{n+\lambda}\left[\sqrt{\boldsymbol{P}_k^p}\right]_i\\ \boldsymbol{\gamma}_k^{(i+n)} = \boldsymbol{m}_k^P - \sqrt{n+\lambda}\left[\sqrt{\boldsymbol{P}_k^p}\right]_i\\ i = 1, \cdots, n\end{cases} \tag{7.49}
$$

计算均值 $\bar{\boldsymbol{m}}_k$ 与均值协方差 $\bar{\boldsymbol{P}}_k$,有

$$\begin{cases}\bar{\boldsymbol{m}}_k = \sum_{i=0}^{2n} W_i^{(\mathrm{m})}\boldsymbol{\gamma}_k^{(i)} \\ \bar{\boldsymbol{P}}_k = \sum_{i=0}^{2n} W_i^{(\mathrm{c})}(\boldsymbol{\gamma}_k^{(i)} - \bar{\boldsymbol{m}}_k)(\boldsymbol{\gamma}_k^{(i)} - \bar{\boldsymbol{m}}_k)'\end{cases} \tag{7.50}$$

其中,权重 $W_i^{(\mathrm{m})}$ 和 $W_i^{(\mathrm{c})}$ 见参考文献[63]。将 sigma 点代入量测函数,即

$$h^c(\boldsymbol{x}_k) = \dot{x}_k\ddot{x}_k + \dot{y}_k\ddot{y}_k + \dot{z}_k\ddot{z}_k \tag{7.51}$$

进行量测预测,有

$$\boldsymbol{\varepsilon}_k^{(i)} = h^c(\boldsymbol{\gamma}_k^{(i)}), \quad i=0\sim 2n \tag{7.52}$$

计算量测预测均值及协方差矩阵,以及状态与量测的互协方差矩阵,有

$$\begin{cases}\bar{\boldsymbol{\varepsilon}}_k = \sum_{i=0}^{2n} W_i^{(\mathrm{m})}\boldsymbol{\varepsilon}_k^{(i)} \\ \boldsymbol{P}_k^{\varepsilon\varepsilon} = \sum_{i=0}^{2n} W_i^{(\mathrm{c})}(\boldsymbol{\varepsilon}_k^{(i)} - \bar{\boldsymbol{\varepsilon}}_k)(\boldsymbol{\varepsilon}_k^{(i)} - \bar{\boldsymbol{\varepsilon}}_k)' + \boldsymbol{\sigma}_\mu^2 \\ \boldsymbol{P}_k^{x\varepsilon} = \sum_{i=0}^{2n} W_i^{(\mathrm{c})}(\boldsymbol{\gamma}_k^{(i)} - \bar{\boldsymbol{m}}_k)(\boldsymbol{\varepsilon}_k^{(i)} - \bar{\boldsymbol{\varepsilon}}_k)'\end{cases} \tag{7.53}$$

输出状态估计与协方差估计,有

$$\begin{cases}\boldsymbol{K}_k^{\varepsilon} = \boldsymbol{P}_k^{x\varepsilon}(\boldsymbol{P}_k^{\varepsilon\varepsilon})^{-1} \\ \boldsymbol{m}_k = \bar{\boldsymbol{m}}_k + \boldsymbol{K}_k^{\varepsilon}(\boldsymbol{z}_k^c - \bar{\boldsymbol{\varepsilon}}_k) \\ \boldsymbol{P}_k = \bar{\boldsymbol{P}}_k + \boldsymbol{K}_k^{\varepsilon}\boldsymbol{P}_k^{\varepsilon\varepsilon}\boldsymbol{K}_k^{\varepsilon'}\end{cases} \tag{7.54}$$

(3)转弯率计算。

从 $\boldsymbol{m}_k$ 估计中提取目标速度估计($\hat{\dot{x}}_k, \hat{\dot{y}}_k, \hat{\dot{z}}_k$)与加速度估计($\hat{\ddot{x}}_k,\hat{\ddot{y}}_k,\hat{\ddot{z}}_k$)计算角速度向量的大小,有

$$\omega_k = \frac{\sqrt{\hat{\ddot{x}}_k^2 + \hat{\ddot{y}}_k^2 + \hat{\ddot{z}}_k^2}}{\sqrt{\hat{\dot{x}}_k^2 + \hat{\dot{y}}_k^2 + \hat{\dot{z}}_k^2}} \tag{7.55}$$

图 7.6 给出了 SUKF – CT 算法的流程图。

7.3.2 时变转弯率估计算法

平面变转弯机动相比平面常转弯机动更加复杂和普遍。在 7.1.3 节的平面变转弯机动模型建立过程中仅采用了 $\boldsymbol{\Omega}\perp\boldsymbol{v}$ 机动约束条件。也就是说,平面变转弯机动模型可描述机动平面内任意机动目标的动态特征。

平面变转弯机动模型中包含两个未知参数,即转弯率 ω 和阻尼系数 α,并且坐标系分量之间耦合于 ω 和 α。若将 ω 和 α 分别扩增为系统状态,将得到一个

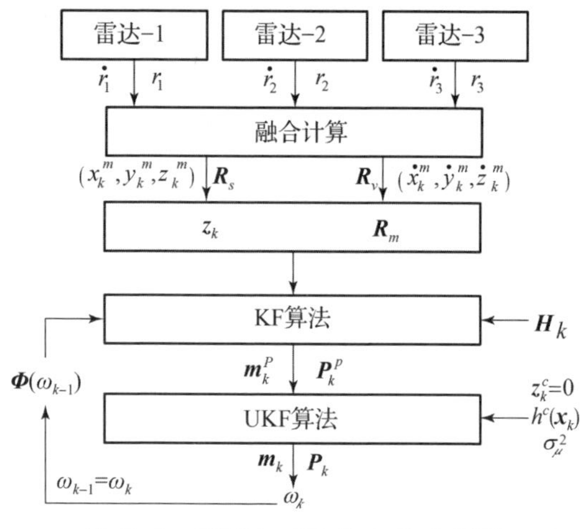

图 7.6　SUKF - CT 算法的流程图

强非线性的高维状态空间模型。为了避免该问题，本节将从工程应用的角度解决 ω 和 α 的估计问题。由式(7.16)可知，当给定真实的速度向量 $\boldsymbol{v}$ 和加速度向量 $\boldsymbol{a}$ 可直接地计算出 ω 和 α。给定 ω 和 α，平面变转弯模型具有线性的状态转移方程。但是实际上，真实的目标速度向量 $\boldsymbol{v}$ 和加速度向量 $\boldsymbol{a}$ 是未知的。

当组网雷达的斜距量测精度较高时，可解算出高精度的速度。同时，若采样间隔较小，可由速度变化获得较为准确的加速度。本节将由雷达量测计算得到的目标状态均统一称为量测，即速度量测 $\boldsymbol{v}_k^m = (\dot{x}_k^m, \dot{y}_k^m, \dot{z}_k^m)$ 和加速度量测 $\boldsymbol{a}_k^m = (\ddot{x}_k^m, \ddot{y}_k^m, \ddot{z}_k^m)$。$\boldsymbol{v}_k^m$ 的计算方法由 7.2.2 节给出，$\boldsymbol{a}_k^m$ 的计算方法为

$$\boldsymbol{a}_k^m = \frac{\boldsymbol{v}_k^m - \boldsymbol{v}_{k-1}^m}{\Delta t} = \left(\frac{\dot{x}_k^m - \dot{x}_{k-1}^m}{\Delta t}, \frac{\dot{y}_k^m - \dot{y}_{k-1}^m}{\Delta t}, \frac{\dot{z}_k^m - \dot{z}_k^m}{\Delta t}\right) \tag{7.56}$$

那么，ω_k^m 和 α_k^m 的计算方法为

$$\omega_k^m = \frac{\|\boldsymbol{v}_k^m \times \boldsymbol{a}_k^m\|}{\boldsymbol{v}_k^m \cdot \boldsymbol{v}_k^m} = \frac{\sqrt{(\dot{y}_k^m \ddot{z}_k^m - \dot{z}_k^m \ddot{y}_k^m)^2 + (\dot{z}_k^m \ddot{x}_k^m - \dot{x}_k^m \ddot{z}_k^m)^2 + (\dot{x}_k^m \ddot{y}_k^m - \dot{y}_k^m \ddot{x}_k^m)^2}}{(\dot{x}_k^m)^2 + (\dot{y}_k^m)^2 + (\dot{z}_k^m)^2} \tag{7.57}$$

$$\alpha_k^m = -\frac{\boldsymbol{v}_k^m \cdot \boldsymbol{a}_k^m}{\boldsymbol{v}_k^m \cdot \boldsymbol{v}_k^m} = -\frac{\dot{x}_k^m \ddot{x}_k^m + \dot{y}_k^m \ddot{y}_k^m + \dot{z}_k^m \ddot{z}_k^m}{(\dot{x}_k^m)^2 + (\dot{y}_k^m)^2 + (\dot{z}_k^m)^2} \tag{7.58}$$

另外，可由运动状态估计来计算第 k 时刻的 ω 和 α，记为 ω_k^e 和 α_k^e，有

$$\omega_k^e = \frac{\|\hat{\boldsymbol{v}}_k \times \hat{\boldsymbol{a}}_k\|}{\hat{\boldsymbol{v}}_k \cdot \hat{\boldsymbol{v}}_k} = \frac{\sqrt{(\hat{\dot{y}}_k \hat{\ddot{z}}_k - \hat{\dot{z}}_k \hat{\ddot{y}}_k)^2 + (\hat{\dot{z}}_k \hat{\ddot{x}}_k - \hat{\dot{x}}_k \hat{\ddot{z}}_k)^2 + (\hat{\dot{x}}_k \hat{\ddot{y}}_k - \hat{\dot{y}}_k \hat{\ddot{x}}_k)^2}}{\hat{\dot{x}}_k^2 + \hat{\dot{y}}_k^2 + \hat{\dot{z}}_k^2} \tag{7.59}$$

$$\alpha_k^e = -\frac{\hat{\boldsymbol{v}}_k \cdot \hat{\boldsymbol{a}}_k}{\hat{\boldsymbol{v}}_k \cdot \hat{\boldsymbol{v}}_k} = -\frac{\hat{\dot{x}}_k \hat{\ddot{x}}_k + \hat{\dot{y}}_k \hat{\ddot{y}}_k + \hat{\dot{z}}_k \hat{\ddot{z}}_k}{\hat{\dot{x}}_k^2 + \hat{\dot{y}}_k^2 + \hat{\dot{z}}_k^2} \tag{7.60}$$

(ω_k^m,α_k^m)和(ω_k^e,α_k^e)均为(ω_k,α_k)的估计量。采用线性加权方法来融合两种估计量,有

$$\begin{cases}\omega_k^f = \lambda\omega_k^m + (1-\lambda)\omega_k^e \\ \alpha_k^f = \lambda\alpha_k^m + (1-\lambda)\alpha_k^e\end{cases} \tag{7.61}$$

其中,λ 为权重系数,$0 \leqslant \lambda \leqslant 1$。$\lambda$ 反映了模型与真实运动匹配的程度。这与 IMM 框架结构中的模型概率权重具有相同的含义。

在 IMM 中,模型的概率权重可由模型的量测预测残差似然函数计算。本节基于 IMM 算法设计了一种可工程应用的时变转弯率估计算法,称为 IMM - VT 算法。具体上,在 IMM 框架中,采用两种平面变转弯模型:给定(ω_k^m,α_k^m)的模型和给定(ω_k^e,α_k^e)的模型。对于这两种模型,均采用 KF 算法进行状态估计。令 λ 为模型的概率权重,这样可通过 IMM 算法自适应地计算 λ,从而获得融合估计(ω_k^f,α_k^f)。

算法 7.2　IMM - VT 算法

(1)融合解算笛卡儿坐标系中的目标位置和速度量测。

由 3 部多普勒雷达斜距量测计算位置(x_k^m,y_k^m,z_k^m)和协方差矩阵$\boldsymbol{R}_s$;将位置(x_k^m,y_k^m,z_k^m)和 3 部多普勒雷达距离变化率量测计算目标的速度量测$(\dot{x}_k^m,\dot{y}_k^m,\dot{z}_k^m)$和协方差矩阵 $\boldsymbol{R}_v$;构建量测信息 $\boldsymbol{z}_k$ 和协方差矩阵 $\boldsymbol{R}_m$。

(2)IMM 估计。

模型条件重新初始化。第 j 个滤波器重初始化的状态与协方差矩阵的混合估计分别为

$$\begin{cases}\boldsymbol{m}_{k-1}^{oj} = \sum\limits_{i=1}^{M} \boldsymbol{m}_{k-1}^{i}\mu_{k-1}^{(i,j)} \\ \boldsymbol{P}_{k-1}^{oj} = \sum\limits_{i=1}^{M} [\boldsymbol{P}_{k-1}^{i} + (\boldsymbol{m}_{k-1}^{i} - \boldsymbol{m}_{k-1}^{oj})(\boldsymbol{m}_{k-1}^{i} - \boldsymbol{m}_{k-1}^{oj})']\mu_{k-1}^{(i,j)}\end{cases} \tag{7.62}$$

$$\mu_{k-1}^{(i,j)} = \frac{1}{\bar{C}_j}p_{ij}\mu_{k-1}^{i}, \quad \bar{C}_j = \sum_{i=1}^{M} p_{ij}\mu_{k-1}^{i} \tag{7.63}$$

其中,$M=2$。

模型条件滤波。令模型 1 的$(\omega_{k-1},\alpha_{k-1})$为$(\omega_{k-1}^m,\alpha_{k-1}^m)$,模型 2 的$(\omega_{k-1},\alpha_{k-1})$为$(\omega_{k-1}^e,\alpha_{k-1}^e)$。根据第 k 时刻的初始条件$\{\boldsymbol{m}_{k-1}^{oj},\boldsymbol{P}_{k-1}^{oj}\}_{j=1}^{M}$,采用 KF 算法可得到$\{\boldsymbol{m}_k^j,\boldsymbol{P}_k^j\}_{j=1}^{M}$。

模型概率更新。假设量测预测残差 $\tilde{z}_k^j$ 服从零均值高斯分布,与模型 j 匹配的似然函数 Λ_k^j 为

$$\Lambda_k^j = |2\pi \boldsymbol{S}_k^j|^{-1/2}\exp\left\{-\frac{1}{2}\tilde{\boldsymbol{z}}_k^{j\prime}\boldsymbol{S}_k^{j-1}\tilde{\boldsymbol{z}}_k^j\right\} \tag{7.64}$$

$$\mu_k^j = \frac{1}{C}\bar{C}_j \log \Lambda_k^j \tag{7.65}$$

式中:$C = \sum_{i=1}^{M}\bar{C}_i \log \Lambda_k^i$, $\bar{C}_i = \sum_{j=1}^{M} p_{ji}\mu_{k-1}^j$。

$$\begin{cases}\tilde{\boldsymbol{z}}_k^j = \boldsymbol{z}_k - \boldsymbol{H}_k \boldsymbol{m}_k^{-j} \\ \boldsymbol{S}_k^j = \boldsymbol{H}_k \boldsymbol{P}_k^{-j} \boldsymbol{H}_k' + \boldsymbol{R}_m\end{cases} \tag{7.66}$$

其中,$\boldsymbol{z}_k$、$\boldsymbol{H}_k$ 和 $\boldsymbol{R}_m$ 定义与7.3.1节相同。式(7.62)~式(7.65)中变量的定义参见算法7.1,不再赘述。

估计融合。给出第 k 时刻的总体估计和总体估计误差协方差矩阵,有

$$\begin{cases}\boldsymbol{m}_k = \sum_{j=1}^{M} \boldsymbol{m}_k^j \mu_k^j \\ \boldsymbol{P}_k = \sum_{j=1}^{M} [\boldsymbol{P}_k^j + (\boldsymbol{m}_k - \boldsymbol{m}_k^j)(\boldsymbol{m}_k - \boldsymbol{m}_k^j)']\mu_k^j\end{cases} \tag{7.67}$$

计算 ω_{k-1}^f 和 α_{k-1}^f。令 $\lambda = \mu_k^1$,有

$$\begin{cases}\omega_{k-1}^f = \lambda\omega_{k-1}^m + (1-\lambda)\omega_{k-1}^e \\ \alpha_{k-1}^f = \lambda\alpha_{k-1}^m + (1-\lambda)\alpha_{k-1}^e\end{cases} \tag{7.68}$$

状态空间模型参数更新。依据 $\boldsymbol{m}_k$ 和 z_k 分别更新(ω_k^e, α_k^e)和(ω_k^m, α_k^m)。

7.4 本章小结

本章主要讨论与分析了三维空间中目标垂直速度机动时机动参数估计问题。

(1)由三维运动学关系,建立垂直速度机动的状态空间模型,并将其划分为平面常转弯机动模型和平面变转弯机动模型。为了获取精确的目标速度信息,依据几何学理论证明了由目标相对于这3个参考点的方位角、俯仰角和RR可得到目标的唯一速度方向角,并提出了目标速度的空间解析计算方法。采用集中式融合估计方法,提出了一种基于3部多普勒雷达量测的目标速度计算方法。将组网得到的目标位置和速度作为目标量测信息,可获得线性的量测方程。

(2)对于平面常转弯机动目标的转弯率估计问题,将机动约束转化为一个伪量测,提出了SUKF-CT算法。SUKF-CT算法采用伪量测可在每一次迭代

中修正目标速度与加速度估计,阻止了由转弯率估计量引入的估计误差,保证了算法的稳定性。

(3)对于平面变转弯机动目标的转弯率估计问题,为了避免由于扩增法带来的高维强非线性,结合 IMM 算法,提出了一种可工程应用的 IMM－VT 算法。IMM－VT 算法将量测信息计算的参数值和状态估计量计算的参数值融合,可在速度与加速度估计上获得较高的估计精度。

第8章　基于最大混合相关熵的非线性非高斯系统状态估计算法

8.1　引言

基于最大混合相关熵准则诱导的代价函数设计了一种新的鲁棒递归非线性滤波和平滑器。在提出的鲁棒递归非线性滤波和平滑器中，采用统计线性回归(Statistical Linear Regression，SLR)方法将非线性动态模型函数和量测函数进行线性化，并在所提出的鲁棒递归滤波和平滑器中分别引入一个额外的权重，以修正滤波和平滑增益。作为一个例子，通过采取三阶球面容积规则计算滤波器与平滑器中的遇到的多维高斯积分，设计出了基于最大混合相关熵的卡尔曼滤波器和平滑器，并在不同非高斯噪声条件下的目标跟踪场景中，验证了该滤波器和平滑器的有效性和优越性。

8.2　预备知识

8.2.1　最大混合相关熵准则

相关熵是衡量两个随机变量 $X \in \mathbb{R}$ 和 $Y \in \mathbb{R}$ 之间相似性的重要信息论量，定义为

$$V(X,Y) = \mathbb{E}[\kappa(X,Y)] = \iint_{x,y} \kappa(x,y)p(x,y)\mathrm{d}x\mathrm{d}y \tag{8.1}$$

式中：$\mathbb{E}[\cdot]$为计算期望的运算符；$\kappa(\cdot)$为 Mercer 型正定核函数；$p(x,y)$为随机变量 X 和 Y 的联合 PDF。在没有明确说明的情况下，在相关熵中，一般选择使用高斯核函数，即

$$\kappa(x,y) = G_\sigma(x-y) = G_\sigma(e) = \exp\left(-\frac{e^2}{2\sigma^2}\right) \tag{8.2}$$

式中：$e = x - y$ 为随机变量 x 和随机变量 y 之间的误差；$\sigma > 0$ 为核函数 $G_\sigma(e)$核宽度。

然而，在更复杂的非高斯噪声环境下，具有单一核宽度的相关熵可能遭受性

能恶化的风险。此外,核宽度作为相关熵的关键参数,极大影响着相关熵的性能,因此单一核宽度也可能限制相关熵的性能。为了解决这个问题以及增强相关熵的灵活性,Chen 等通过使用两个具有不同核宽度的高斯核函数的加权和作为核函数,定义了一种新颖的混合相关熵,即

$$M(X,Y)=\mathbb{E}\left[\alpha G_{\sigma_1}(e)+(1-\alpha)G_{\sigma_2}(e)\right] \tag{8.3}$$

式中:σ_1 和 σ_2 分别为高斯核函数 $G_{\sigma_1}(\cdot)$ 和 $G_{\sigma_2}(\cdot)$ 的核宽度;$0\leqslant\alpha\leqslant1$ 为混合权值。不失一般性,可以将 σ_1 和 σ_2 设置为 $\sigma_1\leqslant\sigma_2$

通过对高斯核函数 $G_{\sigma_1}(\cdot)$ 和 $G_{\sigma_2}(\cdot)$ 进行泰勒展开,式(8.3)可重新表示为

$$M(X,Y)=\sum_{n=0}^{\infty}\frac{(-1)^n(\alpha\sigma_2^{2n}+(1-\alpha)\sigma_1^{2n})}{2^n(\sigma_1\sigma_2)^{2n}n!}\mathbb{E}\left[(X-Y)^{2n}\right] \tag{8.4}$$

从式(8.4)中可以发现,混合相关熵可以表示为随机变量$(X-Y)$所有偶数阶矩的加权和的形式,而相应的权值依赖于核宽度 σ_1 和 σ_2 以及混合系数 α。因此,通过选择合适的核宽度 σ_1 和 σ_2 以及混合系数 α,混合相关熵可以获得更多的高阶信息。对于高斯信号而言,一般来说,使用前两阶矩就足以描述高斯信号的特征,因此根据最小均方根误差准则推导获得的经典卡尔曼滤波器以及相应的非线性变体主要利用了高斯信号的前两阶矩信息。但是,对于非高斯信号而言,则需要更多的高阶矩信息,才能更加准确地描述其特征,因此,基于最小均方根误差准则推导获得的经典卡尔曼滤波器以及相应的非线性变体在非高斯噪声环境下将面临性能恶化甚至发散的风险。由式(8.4)可知,混合相关熵可以通过合理地选择核宽度 σ_1 和 σ_2 以及混合系数 α 来获得更多高阶信息,因而相比于最小均方根误差准则而言,混合相关熵更加适用于非高斯信号。

理论上,可以选择几个具有不同核宽度的高斯函数的凸组合作为混合相关熵的核函数,以增强和提高混合相关熵的灵活性和性能,但这进一步增加了自由参数的数量。因此,在本研究中,混合相关熵的核函数仅仅考虑了两个具有不同核宽度的高斯函数的凸组合。根据式(8.3)可以看出,单核相关熵只是混合相关熵的一种特例,即:当 $\alpha=0$ 时,混合相关熵变成了带有核宽度 σ_2 的相关熵;当 $\alpha=1$ 时,混合相关熵变成了带有核宽度 σ_1 的相关熵。图 8.1 展现了混合高斯核函数 $\alpha G_{\sigma_1}(e)+(1-\alpha)G_{\sigma_2}(e)$的曲线。在图 8.1 中,也可以看到混合高斯核函数的曲线比单个高斯核函数的曲线更灵活($\alpha=0$ 或 $\alpha=1$)。因此,具有两个不同核宽度的混合相关熵比单核的相关熵更适合复杂的噪声环境。

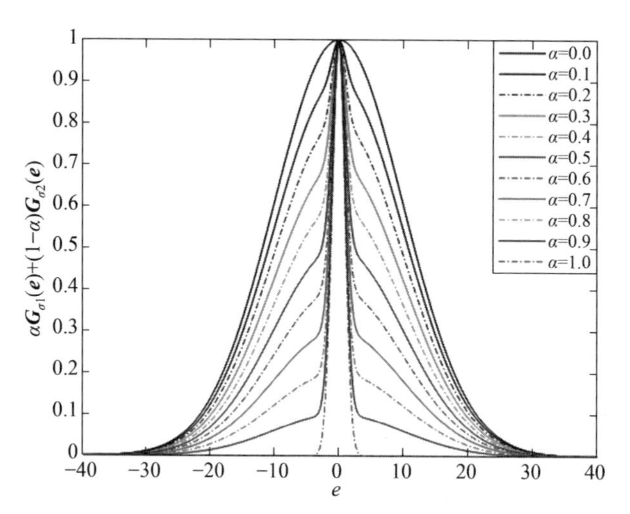

图 8.1　具有不同 α 的混合高斯核函数($\sigma_1=1, \sigma_2=10$)

基于最大混合相关熵的参数估计的本质是使用误差向量的混合高斯核函数代替误差向量的二次函数作为代价函数,通过优化该代价函数进而求得参数的估计值。基于二次代函数的传统参数估计问题可以表示为

$$\hat{\theta}=\underset{\theta}{\operatorname{argmin}}\ \|\boldsymbol{e}(\theta)\|_{\Sigma}^{2}=\underset{\theta}{\operatorname{argmin}}\ \boldsymbol{e}^{\mathrm{T}}(\theta)\boldsymbol{\Sigma}^{-1}\boldsymbol{e}(\theta) \tag{8.5}$$

式中:$\boldsymbol{e}(\theta)$ 为误差向量, $\boldsymbol{\Sigma}$ 为相应的误差协方差矩阵,并且满足 $\|\boldsymbol{e}(\theta)\|_{\Sigma}^{2}=\boldsymbol{e}^{\mathrm{T}}(\theta)\boldsymbol{\Sigma}^{-1}\boldsymbol{e}(\theta)$ 。

基于最大混合相关熵的参数估计问题可以表述为优化问题,即

$$\begin{aligned}\hat{\theta}&=\underset{\theta}{\operatorname{argmax}}\left[\alpha G_{\sigma_1}(\|\boldsymbol{e}(\theta)\|_{\Sigma}^{2})+(1-\alpha)G_{\sigma_2}(\|\boldsymbol{e}(\theta)\|_{\Sigma}^{2})\right]\\&=\underset{\theta}{\operatorname{argmax}}\left[\alpha\exp\left(-\frac{\boldsymbol{e}^{\mathrm{T}}(\theta)\boldsymbol{\Sigma}^{-1}\boldsymbol{e}(\theta)}{2\sigma_1^2}\right)+(1-\alpha)\exp\left(-\frac{\boldsymbol{e}^{\mathrm{T}}(\theta)\boldsymbol{\Sigma}^{-1}\boldsymbol{e}(\theta)}{2\sigma_2^2}\right)\right]\end{aligned} \tag{8.6}$$

(1)当 $\alpha=0$ 时,可将式(8.6)重构为

$$\hat{\theta}=\underset{\theta}{\operatorname{argmax}}\ G_{\sigma_2}(\|\boldsymbol{e}(\theta)\|_{\Sigma}^{2})=\underset{\theta}{\operatorname{argmax}}\ \exp\left(-\frac{\boldsymbol{e}^{\mathrm{T}}(\theta)\boldsymbol{\Sigma}^{-1}\boldsymbol{e}(\theta)}{2\sigma_2^2}\right) \tag{8.7}$$

根据式(8.7)可知,当 $\alpha=0$ 时,最大混合相关熵参数估计则等价于具有核宽度 σ_2 的最大相关熵参数估计。同理可知,当 $\alpha=1$ 时,最大混合相关熵参数估计则分别等价于具有核宽度 σ_2 和核宽度 σ_1 的最大相关熵参数估计。

(2)当 $\alpha=0$ 且 $\sigma_2\to\infty$ 时, $\dfrac{\boldsymbol{e}^{\mathrm{T}}(\theta)\boldsymbol{\Sigma}^{-1}\boldsymbol{e}(\theta)}{2\sigma_2^2}$ 将会足够小,则有 $\exp\left(-\dfrac{\boldsymbol{e}^{\mathrm{T}}(\theta)\boldsymbol{\Sigma}^{-1}\boldsymbol{e}(\theta)}{2\sigma_2^2}\right)\approx 1-\dfrac{\boldsymbol{e}^{\mathrm{T}}(\theta)\boldsymbol{\Sigma}^{-1}\boldsymbol{e}(\theta)}{2\sigma_2^2}$,式(8.6)则可重构为

$$\hat{\theta} = \underset{\theta}{\operatorname{argmax}}\, G_{\sigma_2}(\|\boldsymbol{e}(\theta)\|_{\Sigma}^2) = \underset{\theta}{\operatorname{argmax}} \exp\left(-\frac{\boldsymbol{e}^{\mathrm{T}}(\theta)\Sigma^{-1}\boldsymbol{e}(\theta)}{2\sigma_2^2}\right)$$

$$\approx \underset{\theta}{\operatorname{argmax}}\left(1-\frac{\boldsymbol{e}^{\mathrm{T}}(\theta)\Sigma^{-1}\boldsymbol{e}(\theta)}{2\sigma_2^2}\right) \triangleq \underset{\theta}{\operatorname{argmin}}\, \boldsymbol{e}^{\mathrm{T}}(\theta)\Sigma^{-1}\boldsymbol{e}(\theta) \tag{8.8}$$

根据式(8.8)可知,当 $\alpha=0$ 且 $\sigma_2\to\infty$ 时,最大混合相关熵参数估计则等价于基于二次代价函数的传统参数估计。同理可知,当 $\alpha=1$ 且 $\sigma_1\to\infty$ 时,最大混合相关熵参数估计同样等价于基于二次代价函数的传统参数估计。

8.2.2 三阶球面容积积分准则

考虑多维高斯积分问题,即

$$\kappa[\boldsymbol{g}] = \int \boldsymbol{g}(\boldsymbol{x}) N(\boldsymbol{x};\boldsymbol{\mu},\Sigma)\,\mathrm{d}\boldsymbol{x} \tag{8.9}$$

式中:$\boldsymbol{g}(\cdot)$为非线性函数;$\boldsymbol{\mu}$ 为多维高斯分布的均值;$\boldsymbol{\Sigma}$ 为多维高斯分布的协方差矩阵。

三阶球面容积积分准则是求解式(8.9)所示高斯积分的一个重要法则,具体计算步骤如下。

(1)生成 $2n$ 个权值相同的一组 sigma 点,有

$$\boldsymbol{s}^{(i)} = \begin{cases} \sqrt{n}\boldsymbol{e}_i, & i=1,2,\cdots,n \\ -\sqrt{n}\boldsymbol{e}_{i-n}, & i=n+1,n+2,\cdots,2n \end{cases} \tag{8.10}$$

式中:n 为随机变量的维度;$\boldsymbol{e}_i$ 为一个单位向量,其第 i 个元素为 1,而其他元素均为 0。

(2) 式(8.9)可通过以下方式近似获得,即

$$\kappa[\boldsymbol{g}] = \int \boldsymbol{g}(\boldsymbol{x}) N(\boldsymbol{x};\boldsymbol{\mu},\Sigma)\,\mathrm{d}\boldsymbol{x}$$

$$\approx \frac{1}{2n}\sum_{i=1}^{2n} \boldsymbol{g}(\boldsymbol{\mu}+\sqrt{\Sigma}\boldsymbol{s}^{(i)}) \tag{8.11}$$

$$\Sigma = \sqrt{\Sigma}(\sqrt{\Sigma})^{\mathrm{T}} \tag{8.12}$$

8.3 问题描述

考虑具有非高斯噪声的非线性动态系统,即

$$\begin{cases} \boldsymbol{x}_k = \boldsymbol{f}_{k-1}(\boldsymbol{x}_{k-1}) + \boldsymbol{w}_{k-1} \\ \boldsymbol{z}_k = \boldsymbol{h}_k(\boldsymbol{x}_k) + \boldsymbol{v}_k \end{cases} \tag{8.13}$$

式中:$\boldsymbol{x}_k\in\mathbb{R}^n$ 和 $\boldsymbol{z}_k\in\mathbb{R}^m$ 分别为 k 时刻的状态向量和量测向量;$\boldsymbol{f}_{k-1}(\cdot)$和 $\boldsymbol{h}_k(\cdot)$

分别为非线性动态模型函数和量测函数；$\boldsymbol{w}_k \in \mathbb{R}^n$和$\boldsymbol{v}_k \in \mathbb{R}^m$分别为非高斯过程噪声和非高斯量测噪声；$\boldsymbol{Q}_k$ 和 $\boldsymbol{R}_k$ 分别为名义过程噪声协方差矩阵和量测噪声协防差矩阵。假设初始状态 $\boldsymbol{x}_0$ 满足 $\boldsymbol{x}_0 \sim N(\boldsymbol{x}_0;\hat{\boldsymbol{x}}_0,\boldsymbol{P}_0)$，且 $\boldsymbol{x}_0,\boldsymbol{w}_k$ 和 $\boldsymbol{v}_k$ 互不相关。

从极大后验的角度来看，传统的非线性卡尔曼滤波问题可以看作一个具有加权最小二乘代价函数的优化问题，即

$$\hat{\boldsymbol{x}}_{k|k} = \underset{\boldsymbol{x}_k}{\operatorname{argmin}}\{\|\boldsymbol{x}_k - \hat{\boldsymbol{x}}_{k|k-1}\|^2_{\boldsymbol{P}_{k|k-1}} + \|\boldsymbol{z}_k - \boldsymbol{h}_k(\boldsymbol{x}_k)\|^2_{\boldsymbol{R}_k}\} \tag{8.14}$$

式中：$\hat{\boldsymbol{x}}_{k|k}$为 k 时刻的状态估计向量；$\hat{\boldsymbol{x}}_{k|k-1}$为一步预测 PDF 的均值向量；$\boldsymbol{P}_{k|k-1}$为一步预测 PDF 的协方差矩阵。

相应的非线性平滑问题也可以被看作一个具有加权最小二乘代价函数的优化问题，即

$$\hat{\boldsymbol{x}}_{k|k} = \underset{\boldsymbol{x}_k}{\operatorname{argmin}}\{\|\boldsymbol{x}_k - \hat{\boldsymbol{x}}_{k|k-1}\|^2_{\boldsymbol{P}_{k|k-1}} + \|\boldsymbol{z}_k - \boldsymbol{h}_k(\boldsymbol{x}_k)\|^2_{\boldsymbol{R}_k}\} \tag{8.15}$$

式中：$\hat{\boldsymbol{x}}_{k|N}$和$\hat{\boldsymbol{x}}_{k+1|N}$分别为 k 时刻和 $k+1$ 时刻的平滑状态估计向量；$\boldsymbol{P}_{k|k}$为 k 时刻的误差协方差矩阵。

从式(8.13)和式(8.14)可以看出，基于加权最小二乘代价函数的非线性滤波器和平滑器仅仅考虑了一阶矩和二阶矩信息，因此在复杂的非高斯噪声环境下，它们将面临估计性能急剧恶化的风险。为了提高基于加权最小二乘代价函数的非线性滤波器和平滑器的鲁棒性，考虑到混合相关熵能够有效捕捉到高阶矩信息的优势，8.4 节推导了基于最大混合相关熵的离群鲁棒非线性滤波器(Maximum Mixture Correntropy based Outlier－Robust Nonlinear Filter，滤波器)和基于最大混合熵的离群鲁棒非线性平滑器(Maximum Mixture Correntropy based Outlier－Robust Nonlinear Smoother，MMC－ORNS)。

8.4 基于最大混合相关熵的离群鲁棒非线性滤波器和平滑器

8.4.1 基于最大混合相关熵的离群鲁棒非线性滤波器

与现存高斯近似非线性滤波器相似，提出的滤波器具有时间更新和量测更新两个步骤。在时间更新步骤，计算 $\hat{\boldsymbol{x}}_{k|k-1}$和 $\boldsymbol{P}_{k|k-1}$，有

$$\begin{cases}\hat{\boldsymbol{x}}_{k|k-1} = \int \boldsymbol{f}_{k-1}(\boldsymbol{x}_{k-1})N(\boldsymbol{x}_{k-1};\hat{\boldsymbol{x}}_{k-1|k-1},\boldsymbol{P}_{k-1|k-1})\mathrm{d}\boldsymbol{x}_{k-1}\\ \boldsymbol{P}_{k|k-1} = \int(\boldsymbol{f}_{k-1}(\boldsymbol{x}_{k-1}) - \hat{\boldsymbol{x}}_{k|k-1})(\boldsymbol{f}_{k-1}(\boldsymbol{x}_{k-1}) - \hat{\boldsymbol{x}}_{k|k-1})^{\mathrm{T}} \times \\ \qquad N(\boldsymbol{x}_{k-1};\hat{\boldsymbol{x}}_{k-1|k-1},\boldsymbol{P}_{k-1|k-1})\mathrm{d}\boldsymbol{x}_{k-1} + \boldsymbol{Q}_{k-1}\end{cases} \tag{8.16}$$

在量测更新步，利用 $\|\boldsymbol{x}_k-\hat{\boldsymbol{x}}_{k|k-1}\|^2_{\boldsymbol{P}_{k|k-1}}$ 的混合高斯核函数与 $\|\boldsymbol{z}_k-\boldsymbol{h}_k(\boldsymbol{x}_k)\|^2_{\boldsymbol{R}_k}$ 的混合高斯核函数构造的一种新的代价函数 $J_F(\boldsymbol{x}_k)$，通过极大化 $J_F(\boldsymbol{x}_k)$ 来获得 k 时刻的状态估计向量 $\hat{\boldsymbol{x}}_{k|k}$，即

$$
\begin{aligned}
\hat{\boldsymbol{x}}_{k|k}&=\underset{\boldsymbol{x}_k}{\operatorname{argmax}}\,J_F(\boldsymbol{x}_k)\\
&=\underset{\boldsymbol{x}_k}{\operatorname{argmax}}\{\alpha G_{\sigma_1}(\|\boldsymbol{z}_k-\hat{\boldsymbol{z}}_{k|k-1}-\bar{\boldsymbol{H}}_k(\boldsymbol{x}_k-\hat{\boldsymbol{x}}_{k|k-1})\|^2_{\bar{\boldsymbol{R}}_k})+\\
&\quad(1-\alpha)G_{\sigma_2}(\|\boldsymbol{z}_k-\hat{\boldsymbol{z}}_{k|k-1}-\bar{\boldsymbol{H}}_k(\boldsymbol{x}_k-\hat{\boldsymbol{x}}_{k|k-1})\|^2_{\bar{\boldsymbol{R}}_k})+\\
&\quad\alpha G_{\sigma_1}(\|\boldsymbol{x}_k-\hat{\boldsymbol{x}}_{k|k-1}\|^2_{\boldsymbol{P}_{k|k-1}})+(1-\alpha)G_{\sigma_2}(\|\boldsymbol{x}_k-\hat{\boldsymbol{x}}_{k|k-1}\|^2_{\boldsymbol{P}_{k|k-1}})\}
\end{aligned}
\tag{8.17}
$$

使用 SLR 方法对非线性量测函数进行线性化，则量测方程可以重新表示为

$$
\boldsymbol{z}_k\approx\bar{\boldsymbol{H}}_k\boldsymbol{x}_k+\hat{\boldsymbol{z}}_{k|k-1}-\bar{\boldsymbol{H}}_k\hat{\boldsymbol{x}}_{k|k-1}+\bar{\boldsymbol{v}}_k \tag{8.18}
$$

$$
\begin{cases}
\bar{\boldsymbol{H}}_k=(\boldsymbol{P}^{xz}_{k|k-1})^{\mathrm{T}}\boldsymbol{P}^{-1}_{k|k-1}\\
\hat{\boldsymbol{z}}_{k|k-1}=\int\boldsymbol{h}_k(\boldsymbol{x}_k)N(\boldsymbol{x}_k;\hat{\boldsymbol{x}}_{k|k-1},\boldsymbol{P}_{k|k-1})\mathrm{d}\boldsymbol{x}_k\\
\bar{\boldsymbol{v}}_k\sim N(\boldsymbol{0},\bar{\boldsymbol{R}}_k)\\
\bar{\boldsymbol{R}}_k=\boldsymbol{P}^{zz}_{k|k-1}-\bar{\boldsymbol{H}}_k\boldsymbol{P}_{k|k-1}\bar{\boldsymbol{H}}^{\mathrm{T}}_k
\end{cases}
\tag{8.19}
$$

$$
\begin{cases}
\boldsymbol{P}^{zz}_{k|k-1}=\int(\boldsymbol{h}_k(\boldsymbol{x}_k)-\hat{\boldsymbol{z}}_{k|k-1})(\boldsymbol{h}_k(\boldsymbol{x}_k)-\hat{\boldsymbol{z}}_{k|k-1})^{\mathrm{T}}N(\boldsymbol{x}_k;\hat{\boldsymbol{x}}_{k|k-1},\boldsymbol{P}_{k|k-1})\mathrm{d}\boldsymbol{x}_k+\boldsymbol{R}_k\\
\boldsymbol{P}^{xz}_{k|k-1}=\int(\boldsymbol{x}_k-\hat{\boldsymbol{x}}_{k|k-1})(\boldsymbol{h}_k(\boldsymbol{x}_k)-\hat{\boldsymbol{z}}_{k|k-1})^{\mathrm{T}}N(\boldsymbol{x}_k;\hat{\boldsymbol{x}}_{k|k-1},\boldsymbol{P}_{k|k-1})\mathrm{d}\boldsymbol{x}_k
\end{cases}
\tag{8.20}
$$

通过把式(8.17)整合到式(8.16)中，则有

$$
\begin{aligned}
\hat{\boldsymbol{x}}_{k|k}&=\underset{\boldsymbol{x}_k}{\operatorname{argmax}}\,J_F(\boldsymbol{x}_k)\\
&=\underset{\boldsymbol{x}_k}{\operatorname{argmax}}\{\alpha G_{\sigma_1}(\|\boldsymbol{z}_k-\hat{\boldsymbol{z}}_{k|k-1}-\bar{\boldsymbol{H}}_k(\boldsymbol{x}_k-\hat{\boldsymbol{x}}_{k|k-1})\|^2_{\bar{\boldsymbol{R}}_k})+\\
&\quad(1-\alpha)G_{\sigma_2}(\|\boldsymbol{z}_k-\hat{\boldsymbol{z}}_{k|k-1}-\bar{\boldsymbol{H}}_k(\boldsymbol{x}_k-\hat{\boldsymbol{x}}_{k|k-1})\|^2_{\bar{\boldsymbol{R}}_k})+\\
&\quad\alpha G_{\sigma_1}(\|\boldsymbol{x}_k-\hat{\boldsymbol{x}}_{k|k-1}\|^2_{\boldsymbol{P}_{k|k-1}})+(1-\alpha)G_{\sigma_2}(\|\boldsymbol{x}_k-\hat{\boldsymbol{x}}_{k|k-1}\|^2_{\boldsymbol{P}_{k|k-1}})\}
\end{aligned}
\tag{8.21}
$$

在求解式(8.20)的优化问题之前，定义以下 4 个辅助变量，即

$$\begin{cases}\lambda_k = G_{\sigma_1}(\| \boldsymbol{x}_k - \hat{\boldsymbol{x}}_{k|k-1} \|^2_{\boldsymbol{P}_{k|k-1}}) \\ \tilde{\lambda}_k = G_{\sigma_2}(\| \boldsymbol{x}_k - \hat{\boldsymbol{x}}_{k|k-1} \|^2_{\boldsymbol{P}_{k|k-1}}) \\ \delta_k = G_{\sigma_1}(\| z_k - \hat{z}_{k|k-1} - \bar{\boldsymbol{H}}_k(\boldsymbol{x}_k - \hat{\boldsymbol{x}}_{k|k-1}) \|^2_{\bar{\boldsymbol{R}}_k}) \\ \tilde{\delta}_k = G_{\sigma_2}(\| z_k - \hat{z}_{k|k-1} - \bar{\boldsymbol{H}}_k(\boldsymbol{x}_k - \hat{\boldsymbol{x}}_{k|k-1}) \|^2_{\bar{\boldsymbol{R}}_k})\end{cases} \tag{8.22}$$

通过将代价函数 $J_F(\boldsymbol{x}_k)$ 的一阶导数设置为零,则可以获得代价函数 $J_F(\boldsymbol{x}_k)$ 的最优解 $\hat{\boldsymbol{x}}_{k|k}$,有

$$\begin{aligned}\frac{\partial J_F(\boldsymbol{x}_k)}{\partial \boldsymbol{x}_k} &= -\left(\frac{\alpha\lambda_k}{\sigma_1^2} + \frac{(1-\alpha)\tilde{\lambda}_k}{\sigma_2^2}\right)\boldsymbol{P}^{-1}_{k|k-1}(\boldsymbol{x}_k - \hat{\boldsymbol{x}}_{k|k-1}) + \\ &\quad \left(\frac{\alpha\delta_k}{\sigma_1^2} + \frac{(1-\alpha)\tilde{\delta}_k}{\sigma_2^2}\right)\bar{\boldsymbol{H}}_k^{\mathrm{T}}\bar{\boldsymbol{R}}_k^{-1}(z_k - \hat{z}_{k|k-1} - \bar{\boldsymbol{H}}_k(\boldsymbol{x}_k - \hat{\boldsymbol{x}}_{k|k-1})) \\ &= -\Lambda_k\boldsymbol{P}^{-1}_{k|k-1}(\boldsymbol{x}_k - \hat{\boldsymbol{x}}_{k|k-1}) + \Delta_k\bar{\boldsymbol{H}}_k^{\mathrm{T}}\bar{\boldsymbol{R}}_k^{-1}(z_k - \hat{z}_{k|k-1} - \bar{\boldsymbol{H}}_k(\boldsymbol{x}_k - \hat{\boldsymbol{x}}_{k|k-1})) \\ &= 0\end{aligned} \tag{8.23}$$

$$\Lambda_k = \frac{\alpha\lambda_k}{\sigma_1^2} + \frac{(1-\alpha)\tilde{\lambda}_k}{\sigma_2^2}, \quad \Delta_k = \frac{\alpha\delta_k}{\sigma_1^2} + \frac{(1-\alpha)\tilde{\delta}_k}{\sigma_2^2} \tag{8.24}$$

则有

$$(\Lambda_k\boldsymbol{P}^{-1}_{k|k-1} + \Delta_k\bar{\boldsymbol{H}}_k^{\mathrm{T}}\bar{\boldsymbol{R}}_k^{-1}\bar{\boldsymbol{H}}_k)(\boldsymbol{x}_k - \hat{\boldsymbol{x}}_{k|k-1}) = \Delta_k\bar{\boldsymbol{H}}_k^{\mathrm{T}}\bar{\boldsymbol{R}}_k^{-1}(z_k - \hat{z}_{k|k-1}) \tag{8.25}$$

从式(8.24)可以看出,由于式(8.24)左右两边都包含未知均值向量 $\boldsymbol{x}_k$,因此无法获得未知均值向量 $\boldsymbol{x}_k$ 的精确的解析解。为了解决这个问题,可以采取固定点迭代的方法来近似求解。根据现有的研究成果可知,基于相关熵的滤波器的估计精度仅需一次迭代即可满足,因此本章仅仅选择一次固定点迭代进行量测更新,则量测更新可表示为

$$\hat{\boldsymbol{x}}_{k|k} = \hat{\boldsymbol{x}}_{k|k-1} + \boldsymbol{K}_k(z_k - \hat{z}_{k|k-1}) \tag{8.26}$$

$$\begin{aligned}\boldsymbol{K}_k &= (\Lambda_k\boldsymbol{P}^{-1}_{k|k-1} + \Delta_k\bar{\boldsymbol{H}}_k^{\mathrm{T}}\bar{\boldsymbol{R}}_k^{-1}\bar{\boldsymbol{H}}_k)^{-1}\Delta_k\bar{\boldsymbol{H}}_k^{\mathrm{T}}\bar{\boldsymbol{R}}_k^{-1} \\ &= (\boldsymbol{P}^{-1}_{k|k-1} + \Psi_k\bar{\boldsymbol{H}}_k^{\mathrm{T}}\bar{\boldsymbol{R}}_k^{-1}\bar{\boldsymbol{H}}_k)^{-1}\Psi_k\bar{\boldsymbol{H}}_k^{\mathrm{T}}\bar{\boldsymbol{R}}_k^{-1}\end{aligned} \tag{8.27}$$

$$\Psi_k = \Delta_k / \Lambda_k \tag{8.28}$$

在执行固定点迭代更新之前,考虑到 $\hat{\boldsymbol{x}}_{k|k-1}$ 是未知均值向量 $\boldsymbol{x}_k$ 唯一可用的先验信息,因此可选择 $\hat{\boldsymbol{x}}_{k|k-1}$ 作为未知均值向量 $\boldsymbol{x}_k$ 的初始值,并将其代入到式(8.27) 中以更新 Ψ_k。

为了降低滤波器的计算复杂度，根据矩阵求逆引理则可将式(8.26)改写为

$$\boldsymbol{K}_k = \boldsymbol{P}_{k|k-1}\boldsymbol{\Psi}_k\bar{\boldsymbol{H}}_k^{\mathrm{T}}(\bar{\boldsymbol{R}}_k + \bar{\boldsymbol{H}}_k\boldsymbol{P}_{k|k-1}\boldsymbol{\Psi}_k\bar{\boldsymbol{H}}_k^{\mathrm{T}})^{-1} \tag{8.29}$$

根据式(8.25)，可以得到估计误差为

$$\begin{aligned}\tilde{\boldsymbol{x}}_{k|k} &= \boldsymbol{x}_k - \hat{\boldsymbol{x}}_{k|k}\\ &= \boldsymbol{x}_k - \hat{\boldsymbol{x}}_{k|k-1} - \boldsymbol{K}_k(\boldsymbol{z}_k - \hat{\boldsymbol{z}}_{k|k-1})\\ &\approx \boldsymbol{x}_k - \hat{\boldsymbol{x}}_{k|k-1} - \boldsymbol{K}_k(\bar{\boldsymbol{H}}_k(\boldsymbol{x}_k - \hat{\boldsymbol{x}}_{k|k-1}) + \bar{\boldsymbol{v}}_k)\\ &= (\boldsymbol{I}_n - \boldsymbol{K}_k\bar{\boldsymbol{H}}_k)(\boldsymbol{x}_k - \hat{\boldsymbol{x}}_{k|k-1}) - \boldsymbol{K}_k\bar{\boldsymbol{v}}_k\end{aligned} \tag{8.30}$$

因此，估计误差协方差 $\boldsymbol{P}_{k|k}$ 可进行近似，即

$$\boldsymbol{P}_{k|k} = \mathbb{E}[\tilde{\boldsymbol{x}}_{k|k}\tilde{\boldsymbol{x}}_{k|k}^{\mathrm{T}}] \approx (\boldsymbol{I}_n - \boldsymbol{K}_k\bar{\boldsymbol{H}}_k)\boldsymbol{P}_{k|k-1}(\boldsymbol{I}_n - \boldsymbol{K}_k\bar{\boldsymbol{H}}_k)^{\mathrm{T}} + \boldsymbol{K}_k\bar{\boldsymbol{R}}_k\boldsymbol{K}_k^{\mathrm{T}} \tag{8.31}$$

为了清晰起见，在表 8.1 中总结了提出的 MMC - ORNF 执行的伪代码。

表 8.1 提出的 MMC - ORNF 执行伪代码

算法 8.1 提出的 MMC - ORNF 执行伪代码

输入：$z_{1:N}$，$\hat{\boldsymbol{x}}_{0|0}$，$\boldsymbol{P}_{0|0}$，$\boldsymbol{f}(\cdot)$，$\boldsymbol{h}(\cdot)$，$\boldsymbol{Q}_{1:N}$，$\boldsymbol{R}_{1:N}$
for $k = 1:N$ **do**
时间更新：
1：根据式(8.15)得到 $\hat{\boldsymbol{x}}_{k|k-1}$ 和 $\boldsymbol{P}_{k|k-1}$。
量测更新：
2：初始化，即 $\boldsymbol{x}_k^{(0)} = \hat{\boldsymbol{x}}_{k|k-1}$。
3：根据式(8.18)和式(8.19)以及 sigma 点近似方法计算 $\hat{z}_{k|k-1}$，$\boldsymbol{P}_{k|k-1}^{xz}$，$\boldsymbol{P}_{k|k-1}^{zz}$。
4：根据式(8.18)计算修正量测函数 $\bar{\boldsymbol{H}}_k$ 和修正名义量测协方差矩阵 $\bar{\boldsymbol{R}}_k$。
5：根据式(8.21)计算辅助变量 λ_k，$\tilde{\lambda}_k$，δ_k，$\tilde{\delta}_k$。
6：根据式(8.23)和式(8.27)计算 Λ_k，Δ_k 和 Ψ_k。
7：根据式(8.28)计算 $\boldsymbol{K}_k$。
8：根据式(8.25)和式(8.30)计算 $\hat{\boldsymbol{x}}_{k|k}$ 和 $\boldsymbol{P}_{k|k}$。
end for
输出：$\{\hat{\boldsymbol{x}}_{k|k}\}_{k-1}^{N}$，$\{\boldsymbol{P}_{k|k}\}_{k=1}^{N}$

8.4.2 基于最大混合相关熵的离群鲁棒非线性平滑器

众所周知，RTS 平滑器的主要目的是使用从前向滤波器获得的状态序列列 $\hat{\boldsymbol{x}}_{1:N} = (\hat{\boldsymbol{x}}_{1|1}, \hat{\boldsymbol{x}}_{2|2}, \cdots, \hat{\boldsymbol{x}}_{N|N})$ 和所有采集到的量测数据 $z_{1:N} = (z_1, z_2, \cdots, z_N)$ 来更新

平滑状态轨迹 $\hat{\boldsymbol{x}}_{1:N|N}=(\hat{\boldsymbol{x}}_{1|N},\hat{\boldsymbol{x}}_{2|N},\cdots,\hat{\boldsymbol{x}}_{N|N})$。从极大后验的角度出发,$k$ 时刻的平滑状态估计向量 $\hat{\boldsymbol{x}}_{k|N}$ 可以通过极大化 $\|\boldsymbol{x}_k-\hat{\boldsymbol{x}}_{k|k}\|_{\boldsymbol{P}_{k|k}}^2$ 的混合高斯核函数与 $\|\hat{\boldsymbol{x}}_{k+1|N}-\boldsymbol{f}_k(\boldsymbol{x}_k)\|_{\boldsymbol{Q}_k}^2$ 的混合高斯核函数的和来获得,即

$$\begin{aligned}\hat{\boldsymbol{x}}_{k|N}&=\underset{\boldsymbol{x}_k}{\operatorname{argmax}}\ J_S(\boldsymbol{x}_k)\\&=\underset{\boldsymbol{x}_k}{\operatorname{argmax}}\{\alpha G_{\sigma_1}(\|\hat{\boldsymbol{x}}_{k+1|N}-\boldsymbol{f}_k(\boldsymbol{x}_k)\|_{\boldsymbol{Q}_k}^2)+(1-\alpha)G_{\sigma_2}(\|\hat{\boldsymbol{x}}_{k+1|N}-\boldsymbol{f}_k(\boldsymbol{x}_k)\|_{\boldsymbol{Q}_k}^2)+\\&\quad\ \alpha G_{\sigma_1}(\|\boldsymbol{x}_k-\hat{\boldsymbol{x}}_{k|k}\|_{\boldsymbol{P}_{k|k}}^2)+(1-\alpha)G_{\sigma_2}(\|\boldsymbol{x}_k-\hat{\boldsymbol{x}}_{k|k}\|_{\boldsymbol{P}_{k|k}}^2)\}\end{aligned}\tag{8.32}$$

采用 SLR 方法将非线性动态模型函数线性化,则状态方程可重新表示为

$$\boldsymbol{x}_{k+1}\approx\bar{\boldsymbol{F}}_k\boldsymbol{x}_k+\hat{\boldsymbol{x}}_{k+1|k}-\bar{\boldsymbol{F}}_k\hat{\boldsymbol{x}}_{k|k}+\bar{\boldsymbol{w}}_k\tag{8.33}$$

$$\begin{cases}\bar{\boldsymbol{F}}_k=(\boldsymbol{P}_{k,k+1|k})^{\mathrm{T}}\boldsymbol{P}_{k|k}^{-1}\\\hat{\boldsymbol{x}}_{k+1|k}=\int\boldsymbol{f}_k(\boldsymbol{x}_k)N(\boldsymbol{x}_k;\hat{\boldsymbol{x}}_{k|k},\boldsymbol{P}_{k|k})\mathrm{d}\boldsymbol{x}_k\\\bar{\boldsymbol{w}}_k\sim N(\boldsymbol{0},\bar{\boldsymbol{Q}}_k)\\\bar{\boldsymbol{Q}}_k=\boldsymbol{P}_{k+1|k}-\bar{\boldsymbol{F}}_k\boldsymbol{P}_{k|k}\bar{\boldsymbol{F}}_k^{\mathrm{T}}\end{cases}\tag{8.34}$$

$$\begin{cases}\boldsymbol{P}_{k+1|k}=\int(\boldsymbol{f}_k(\boldsymbol{x}_k)-\hat{\boldsymbol{x}}_{k+1|k})(\boldsymbol{f}_k(\boldsymbol{x}_k)-\hat{\boldsymbol{x}}_{k+1|k})^{\mathrm{T}}N(\boldsymbol{x}_k;\hat{\boldsymbol{x}}_{k|k},\boldsymbol{P}_{k|k})\mathrm{d}\boldsymbol{x}_k+\boldsymbol{Q}_k\\\boldsymbol{P}_{k,k+1|k}=\int(\boldsymbol{x}_k-\hat{\boldsymbol{x}}_{k|k})(\boldsymbol{f}_k(\boldsymbol{x}_k)-\hat{\boldsymbol{x}}_{k+1|k})^{\mathrm{T}}N(\boldsymbol{x}_k;\hat{\boldsymbol{x}}_{k|k},\boldsymbol{P}_{k|k})\mathrm{d}\boldsymbol{x}_k\end{cases}\tag{8.35}$$

通过把式(8.32)整合到式(8.31)中,则有

$$\begin{aligned}\hat{\boldsymbol{x}}_{k|N}&=\underset{\boldsymbol{x}_k}{\operatorname{argmax}}\ J_S(\boldsymbol{x}_k)\\&=\underset{\boldsymbol{x}_k}{\operatorname{argmax}}\{\alpha G_{\sigma_1}(\|\hat{\boldsymbol{x}}_{k+1|N}-\hat{\boldsymbol{x}}_{k+1|k}-\bar{\boldsymbol{F}}_k(\boldsymbol{x}_k-\hat{\boldsymbol{x}}_{k|k})\|_{\bar{\boldsymbol{Q}}_k}^2)+\\&\quad(1-\alpha)G_{\sigma_2}(\|\hat{\boldsymbol{x}}_{k+1|N}-\hat{\boldsymbol{x}}_{k+1|k}-\bar{\boldsymbol{F}}_k(\boldsymbol{x}_k-\hat{\boldsymbol{x}}_{k|k})\|_{\bar{\boldsymbol{Q}}_k}^2)+\\&\quad\alpha G_{\sigma_1}(\|\boldsymbol{x}_k-\hat{\boldsymbol{x}}_{k|k}\|_{\boldsymbol{P}_{k|k}}^2)+(1-\alpha)G_{\sigma_2}(\|\boldsymbol{x}_k-\hat{\boldsymbol{x}}_{k|k}\|_{\boldsymbol{P}_{k|k}}^2)\}\end{aligned}\tag{8.36}$$

在求解式(8.36)的优化问题之前,定义以下 4 个辅助变量,即

$$\begin{cases}\gamma_k=G_{\sigma_1}(\|\boldsymbol{x}_k-\hat{\boldsymbol{x}}_{k|k}\|_{\boldsymbol{P}_{k|k}}^2)\\\tilde{\gamma}_k=G_{\sigma_2}(\|\boldsymbol{x}_k-\hat{\boldsymbol{x}}_{k|k}\|_{\boldsymbol{P}_{k|k}}^2)\\\xi_k=G_{\sigma_1}(\|\hat{\boldsymbol{x}}_{k+1|N}-\hat{\boldsymbol{x}}_{k+1|k}-\bar{\boldsymbol{F}}_k(\boldsymbol{x}_k-\hat{\boldsymbol{x}}_{k|k})\|_{\bar{\boldsymbol{Q}}_k}^2\\\tilde{\xi}_k=G_{\sigma_2}(\|\hat{\boldsymbol{x}}_{k+1|N}-\hat{\boldsymbol{x}}_{k+1|k}-\bar{\boldsymbol{F}}_k(\boldsymbol{x}_k-\hat{\boldsymbol{x}}_{k|k})\|_{\bar{\boldsymbol{Q}}_k}^2\end{cases}\tag{8.37}$$

通过将代价函数 $J_S(\boldsymbol{x}_k)$ 的一阶导数设置为零，则可以获得代价函数 $J_S(\boldsymbol{x}_k)$ 的最优解 $\hat{\boldsymbol{x}}_{k|N}$，有

$$
\begin{aligned}
\frac{\partial J_S(\boldsymbol{x}_k)}{\partial \boldsymbol{x}_k} = & -\left(\frac{\alpha\gamma_k}{\sigma_1^2}+\frac{(1-\alpha)\tilde{\gamma}_k}{\sigma_2^2}\right)\boldsymbol{P}_{k|k}^{-1}(\boldsymbol{x}_k-\hat{\boldsymbol{x}}_{k|k})+ \\
& \left(\frac{\alpha\xi_k}{\sigma_1^2}+\frac{(1-\alpha)\tilde{\xi}_k}{\sigma_2^2}\right)\bar{\boldsymbol{F}}_k^{\mathrm{T}}\bar{\boldsymbol{Q}}_k^{-1}(\hat{\boldsymbol{x}}_{k+1|\mathrm{N}}-\hat{\boldsymbol{x}}_{k+1|k}-\bar{\boldsymbol{F}}_k(\boldsymbol{x}_k-\hat{\boldsymbol{x}}_{k|k})) \\
= & -\Gamma_k\boldsymbol{P}_{k|k}^{-1}(\boldsymbol{x}_k-\hat{\boldsymbol{x}}_{k|k-1})+\Xi_k\bar{\boldsymbol{F}}_k^{\mathrm{T}}\bar{\boldsymbol{Q}}_k^{-1}(\hat{\boldsymbol{x}}_{k+1|\mathrm{N}}-\hat{\boldsymbol{x}}_{k+1|k}-\bar{\boldsymbol{F}}_k(\boldsymbol{x}_k-\hat{\boldsymbol{x}}_{k|k})) \\
= & 0
\end{aligned}
\tag{8.38}
$$

$$
\Gamma_k=\frac{\alpha\gamma_k}{\sigma_1^2}+\frac{(1-\alpha)\tilde{\gamma}_k}{\sigma_2^2},\quad \Xi_k=\frac{\alpha\xi_k}{\sigma_1^2}+\frac{(1-\alpha)\tilde{\xi}_k}{\sigma_2^2}
\tag{8.39}
$$

则有

$$
(\Gamma_k\boldsymbol{P}_{k|k}^{-1}+\Xi_k\bar{\boldsymbol{F}}_k^{\mathrm{T}}\bar{\boldsymbol{Q}}_k^{-1}\bar{\boldsymbol{F}}_k)(\boldsymbol{x}_k-\hat{\boldsymbol{x}}_{k|k})=\Xi_k\bar{\boldsymbol{F}}_k^{\mathrm{T}}\bar{\boldsymbol{Q}}_k^{-1}(\hat{\boldsymbol{x}}_{k+1|\mathrm{N}}-\hat{\boldsymbol{x}}_{k+1|k})
\tag{8.40}
$$

从式(8.40)可以看出，式(8.40)两边都包含未知均值向量 $\boldsymbol{x}_k$，因此可以采取固定点迭代的方法近似求解。与 MMC－ORNF 相似，在此选择一次固定点迭代进行更新，有

$$
\hat{\boldsymbol{x}}_{k|N}=\hat{\boldsymbol{x}}_{k|k}+\boldsymbol{G}_k^s(\hat{\boldsymbol{x}}_{k+1|N}-\hat{\boldsymbol{x}}_{k+1|k})
\tag{8.41}
$$

$$
\begin{aligned}
\boldsymbol{G}_k^s & =(\Gamma_k\boldsymbol{P}_{k|k}^{-1}+\Xi_k\bar{\boldsymbol{F}}_k^{\mathrm{T}}\bar{\boldsymbol{Q}}_k^{-1}\bar{\boldsymbol{F}}_k)^{-1}\Xi_k\bar{\boldsymbol{F}}_k^{\mathrm{T}}\bar{\boldsymbol{Q}}_k^{-1} \\
& =(\boldsymbol{P}_{k|k}^{-1}+Y_k\bar{\boldsymbol{F}}_k^{\mathrm{T}}\bar{\boldsymbol{Q}}_k^{-1}\bar{\boldsymbol{F}}_k)^{-1}Y_k\bar{\boldsymbol{F}}_k^{\mathrm{T}}\bar{\boldsymbol{Q}}_k^{-1}
\end{aligned}
\tag{8.42}
$$

$$
Y_k=\Xi_k/\Gamma_k
\tag{8.43}
$$

在执行固定点迭代更新之前，考虑到 MMC－ORNF 已经获得了 $\hat{\boldsymbol{x}}_{k|k}$，因此选择 $\hat{\boldsymbol{x}}_{k|k}$ 作为未知均值向量 $\boldsymbol{x}_k$ 的初始值并将其代入到式(8.43) 中以更新 Y_k。

为了降低平滑器的计算复杂度，根据矩阵求逆引理则可将式 (8.42)改写成为

$$
\boldsymbol{G}_k^s=\boldsymbol{P}_{k|k}Y_k\bar{\boldsymbol{F}}_k^{\mathrm{T}}(\bar{\boldsymbol{Q}}_k+\bar{\boldsymbol{F}}_k\boldsymbol{P}_{k|k}Y_k\bar{\boldsymbol{F}}_k^{\mathrm{T}})^{-1}
\tag{8.44}
$$

根据式(8.41)，可以得到估计误差，即

$$
\begin{aligned}
\tilde{\boldsymbol{x}}_{k|N} & =\boldsymbol{x}_k-\hat{\boldsymbol{x}}_{k|N} \\
& =\boldsymbol{x}_k-\hat{\boldsymbol{x}}_{k|k}-\boldsymbol{G}_k^s(\hat{\boldsymbol{x}}_{k+1|N}-\hat{\boldsymbol{x}}_{k+1|k}) \\
& =\tilde{\boldsymbol{x}}_{k|k}-\boldsymbol{G}_k^s(\hat{\boldsymbol{x}}_{k+1|N}-\hat{\boldsymbol{x}}_{k+1|k})
\end{aligned}
\tag{8.45}
$$

式(8.45)左右两端可以表示为

$$
\tilde{\boldsymbol{x}}_{k|N}+\boldsymbol{G}_k^s\hat{\boldsymbol{x}}_{k+1|N}=\tilde{\boldsymbol{x}}_{k|k}+\boldsymbol{G}_k^s\hat{\boldsymbol{x}}_{k+1|k}
\tag{8.46}
$$

同时计算两边的协方差，可得

$$\mathrm{Cov}(\tilde{\boldsymbol{x}}_{k|N}+\boldsymbol{G}_k^s\hat{\boldsymbol{x}}_{k+1|N})=\mathrm{Cov}(\tilde{\boldsymbol{x}}_{k|k}+\boldsymbol{G}_k^s\hat{\boldsymbol{x}}_{k+1|k}) \tag{8.47}$$

依据文献[144],则可得

$$\begin{cases}\mathbb{E}[\tilde{\boldsymbol{x}}_{k|N}\hat{\boldsymbol{x}}_{k+1|N}^{\mathrm{T}}]\approx 0,\mathrm{Cov}(\hat{\boldsymbol{x}}_{k+1|N})\approx \mathrm{Cov}(\boldsymbol{x}_{k+1})-\boldsymbol{P}_{k+1|N}\\ \mathbb{E}[\tilde{\boldsymbol{x}}_{k|k}\hat{\boldsymbol{x}}_{k+1|k}^{\mathrm{T}}]\approx 0,\mathrm{Cov}(\hat{\boldsymbol{x}}_{k+1|k})\approx \mathrm{Cov}(\boldsymbol{x}_{k+1})-\boldsymbol{P}_{k+1|k}\end{cases} \tag{8.48}$$

通过把式(8.48)代入式(8.47)中,则 $\mathrm{Cov}(\tilde{\boldsymbol{x}}_{k|N}+\boldsymbol{G}_k^s\hat{\boldsymbol{x}}_{k+1|N})$ 和 $\mathrm{Cov}(\tilde{\boldsymbol{x}}_{k|k}+\boldsymbol{G}_k^s\hat{\boldsymbol{x}}_{k+1|k})$ 可分别表示为

$$\begin{aligned}\mathrm{Cov}(\tilde{\boldsymbol{x}}_{k|k}+\boldsymbol{G}_k^s\hat{\boldsymbol{x}}_{k+1|k})&\approx \mathrm{Cov}(\tilde{\boldsymbol{x}}_{k|k})+\boldsymbol{G}_k^s\mathrm{Cov}(\hat{\boldsymbol{x}}_{k+1|k})(\boldsymbol{G}_k^s)^{\mathrm{T}}\\&\approx \boldsymbol{G}_k^s(\mathrm{Cov}(\boldsymbol{x}_{k+1})-\boldsymbol{P}_{k+1|k})(\boldsymbol{G}_k^s)^{\mathrm{T}}+\mathrm{Cov}(\tilde{\boldsymbol{x}}_{k|k})\end{aligned} \tag{8.49}$$

$$\begin{aligned}\mathrm{Cov}(\tilde{\boldsymbol{x}}_{k|N}+\boldsymbol{G}_k^s\hat{\boldsymbol{x}}_{k+1|N})&\approx \mathrm{Cov}(\tilde{\boldsymbol{x}}_{k|N})+\boldsymbol{G}_k^s\mathrm{Cov}(\hat{\boldsymbol{x}}_{k+1|N})(\boldsymbol{G}_k^s)^{\mathrm{T}}\\&\approx \boldsymbol{G}_k^s(\mathrm{Cov}(\boldsymbol{x}_{k+1})-\boldsymbol{P}_{k+1|N})(\boldsymbol{G}_k^s)^{\mathrm{T}}+\mathrm{Cov}(\tilde{\boldsymbol{x}}_{k|N})\end{aligned} \tag{8.50}$$

根据式(8.49)和式(8.50),估计误差协方差 $\boldsymbol{P}_{k|N}$ 可近似为

$$\boldsymbol{P}_{k|N}\approx \boldsymbol{P}_{k|k}+\boldsymbol{G}_k^s(\boldsymbol{P}_{k+1|N}-\boldsymbol{P}_{k+1|k})(\boldsymbol{G}_k^s)^{\mathrm{T}} \tag{8.51}$$

为了清晰起见,在表 8.2 中总结了所提出的 MMC－ORNS 的伪代码。

表 8.2　提出的 MMC－ORNS 执行伪代码

算法 8.2　提出的 MMC－ORNS 执行伪代码
输入:$\{\hat{\boldsymbol{x}}_{k\|k}\}_{k=1}^N,\{\boldsymbol{P}_{k\|k}\}_{k=1}^N,\boldsymbol{f}(\cdot),\boldsymbol{Q}_{1:N},\boldsymbol{R}_{1:N}$
for $k=N-1:1$ **do**
1:初始化,即 $\boldsymbol{x}_{k\|N}^{(0)}=\hat{\boldsymbol{x}}_{k\|k}$。
2:根据式(8.33)和式(8.34)以及 sigma 点近似方法计算 $\hat{\boldsymbol{x}}_{k+1\|k},\boldsymbol{P}_{k+1\|k},\boldsymbol{P}_{k,k+1\|k}$。
3:根据式(8.33)计算修正状态转移函数 $\bar{\boldsymbol{F}}_k$ 和修正名义状态噪声协方差矩阵 $\bar{\boldsymbol{Q}}_k$。
4:根据式(8.36)计算辅助变量 $\gamma_k,\tilde{\gamma}_k,\xi_k,\tilde{\xi}_k$。
5:根据式(8.38)和式(8.42)计算 Γ_k,Ξ_k 和 γ_k。
6:根据式(8.43)计算 $\boldsymbol{G}_k^s$。
7:根据式(8.40)和式(8.50)计算 $\hat{\boldsymbol{x}}_{k\|N}$ 和 $\boldsymbol{P}_{k\|N}$。
end for
输出:$\{\hat{\boldsymbol{x}}_{k\|N}\}_{k=1}^N,\{\boldsymbol{P}_{k\|N}\}_{k=1}^N$

从理论上讲,在提出的 MCC－ORNF 和 MCC－ORNS 中,一般而言,可以选择不同的高斯加权积分准则来计算其中的多维非线性积分,如无迹变换准

则、三阶球面容积准则、高斯－厄尔米特准则等，从而获得不同的 MCC－ORNF 和 MCC－ORNS。作为一个例子，本章选择在 8.2.2 节中介绍的三阶球面容积准则来计算 MCC－ORNF 和 MCC－ORNS 所遇到的非线性多维积分，即式(8.18)、式(8.19)以及式(8.33)、式(8.34)，在此基础上提出了基于最大混合相关熵的离群鲁棒容积卡尔曼滤波器(MMC－ORCKF)和平滑器(MCC－ORCKS)，并在仿真实验中验证了 MCC－ORCKF 和 MCC－ORCKS 的优越的估计性能。

8.5 目标跟踪仿真

本节通过在不同的非高斯过程噪声和量测噪声环境下跟踪一个二维机动目标的例子，验证了所提出的 MCC－ORCKF 和 MCC－ORCKS 的有效性和优越性。考虑具有非高斯噪声的非线性系统状态空间模型，即

$$\boldsymbol{x}_k=\begin{bmatrix}1 & \dfrac{\sin\Omega\Delta T}{\Omega} & 0 & \dfrac{\cos\Omega\Delta T-1}{\Omega} & 0\\ 0 & \cos\Omega\Delta T & 0 & -\sin\Omega\Delta T & 0\\ 0 & \dfrac{1-\cos\Omega\Delta T}{\Omega} & 1 & \dfrac{\sin\Omega\Delta T}{\Omega} & 0\\ 0 & \sin\Omega\Delta T & 0 & \cos\Omega\Delta T & 0\\ 0 & 0 & 0 & 0 & 1\end{bmatrix}\boldsymbol{x}_{k-1}+\boldsymbol{w}_{k-1} \tag{8.52}$$

$$\boldsymbol{z}_k=\begin{bmatrix}\sqrt{\varpi_k^2+\zeta_k^2}\\ \arctan\left(\dfrac{\zeta_k}{\varpi_k}\right)\end{bmatrix}+\boldsymbol{v}_k \tag{8.53}$$

其中，$\boldsymbol{x}=[\varpi,\dot{\varpi},\zeta,\dot{\zeta},\Omega]^{\mathrm{T}}$；$(\varpi,\zeta)$为$\varpi$和$\zeta$方向上的位置；$(\dot{\varpi},\dot{\zeta})$为$\dot{\varpi}$和$\dot{\zeta}$方向的速度；$\Omega$为未知恒定的转弯角速度；$\Delta T=1\ \mathrm{s}$为采样周期。

初始状态以及协方差分别设置为

$$\hat{\boldsymbol{x}}_{0|0}=[1\ 000\ \mathrm{m},300\ \mathrm{m/s},1\ 000\ \mathrm{m},0\ \mathrm{m/s},-5°/\mathrm{s}]^{\mathrm{T}} \tag{8.54}$$

$$\boldsymbol{P}_{0|0}=\mathrm{diag}([100\ \mathrm{m}^2,10\ \mathrm{m}^2/\mathrm{s}^2,100\ \mathrm{m}^2,10\ \mathrm{m}^2/\mathrm{s}^2,100\ \mathrm{mrad/s}]) \tag{8.55}$$

选择均方根误差(Root Mean Square Error, RMSE)和平均均方根误差(Averaged RMSE, ARMSE)作为衡量滤波器和平滑器的估计性能的评价指标。$\mathrm{RMSE}_{\mathrm{pos}}$和$\mathrm{ARMSE}_{\mathrm{pos}}$分别表示位置的 RMSE 和 ARMSE；$\mathrm{RMSE}_{\mathrm{vel}}$和$\mathrm{ARMSE}_{\mathrm{vel}}$分别表示速度的 RMSE 和 ARMSE；$\mathrm{RMSE}_{\Omega}$和$\mathrm{ARMSE}_{\Omega}$分别表示转弯角速度的 RMSE 和 ARMSE。$\mathrm{RMSE}_{\mathrm{pos}}$和$\mathrm{ARMSE}_{\mathrm{pos}}$的定义为

$$\mathrm{RMSE}_{\mathrm{pos}}(k) = \sqrt{\frac{1}{M}\sum_{i=1}^{M}((\varpi_k^i - \hat{\varpi}_k^i)^2 + (\zeta_k^i - \hat{\zeta}_k^i)^2)} \tag{8.56}$$

$$\mathrm{ARMSE}_{\mathrm{pos}} = \sqrt{\frac{1}{MT}\sum_{k=1}^{T}\sum_{i=1}^{M}((\varpi_k^i - \hat{\varpi}_k^i)^2 + (\zeta_k^i - \hat{\zeta}_k^i)^2)} \tag{8.57}$$

式中：(ϖ_k^i,ζ_k^i)和$(\hat{\varpi}_k^i,\hat{\zeta}_k^i)$分别为运行第 i 次 MC 仿真时目标在 k 时刻的真实的和算法估计的位置。总的运行时间和总的 MC 仿真次数分别为 $T=100$ s 和 $M=1\,000$。速度和转弯角速度的 RMSE 和 ARMSE 以类似的方式定义。为了在仿真中更清晰地显示所有算法的 RMSE，使用移动平均方法在 10 s 的时间跨度内平滑 RMSE。

为了验证提出的 MCC－ORCKF 和 MCC－ORCKS 的优越性能，本节考虑了三种不同类型非高斯噪声的情况。仿真实验中所提到的所有算法均采用 MATLAB 2020a 进行编程，并在一台 Core i5、1.6 GHz 以及 16 GB RAM 的笔记本上运行所有算法。每个算法的运行时间由 MATLAB 中的 TIC 和 TOC 函数测量。

8.5.1 场景一

考虑过程噪声是高斯混合噪声和量测噪声是高斯均匀混合噪声的情况，有

$$\boldsymbol{v}_k \sim \begin{cases} N(\boldsymbol{0},\boldsymbol{R}) & \text{w. p. } 0.95 \\ \begin{cases} [\mu_k \mathrm{m}^2, \upsilon_k \mathrm{rad}^2]^{\mathrm{T}} & \text{w. p. } 0.05 \\ \mu_k \sim \mathcal{U}(-10\,000, 10\,000) \\ \upsilon_k \sim \mathcal{U}(-0.4, 0.4) \end{cases} \end{cases} \tag{8.58}$$

$$\boldsymbol{w}_k \sim \begin{cases} N(\boldsymbol{0},\boldsymbol{Q}) & \text{w. p. } 0.95 \\ N(\boldsymbol{0},50\boldsymbol{Q}) & \text{w. p. } 0.05 \end{cases} \tag{8.59}$$

式中：$\boldsymbol{Q}=\mathrm{diag}[q_1\boldsymbol{M}\ q_1\boldsymbol{M}\ q_2\Delta T]$，$q_1=0.1\ \mathrm{m}^2/\mathrm{s}^3$，$q_2=1.75\times10^{-5}\mathrm{s}^{-3}$。

$$\boldsymbol{M} = \begin{bmatrix} \frac{\Delta T^3}{3} & \frac{\Delta T^2}{2} \\ \frac{\Delta T^2}{2} & \Delta T \end{bmatrix} \tag{8.60}$$

$$\boldsymbol{R} = \begin{bmatrix} (10\ \mathrm{m})^2 & 0 \\ 0 & (\sqrt{10}\mathrm{mrad})^2 \end{bmatrix} \tag{8.61}$$

其中，w. p. 为“具有概率”。

式(8.54)表明，95%的过程噪声值是由具有协方差矩阵 $\boldsymbol{Q}$ 的高斯分布产生的，而5%的过程噪声值是从具有较大协方差矩阵 $50\boldsymbol{Q}$ 的高斯分布中获得的。量测噪声值可以根据式(8.56)以类似的方式产生。

将提出的 MCC - ORCKF 和 MCC - ORCKS 与基于三阶球径容积准则的 RSTNF 和 RSTNS[144]、MCEKF 和 MCEKS[145]，以及基于高斯 - 牛顿方法的迭代最大熵容积卡尔曼滤波(Iterated Maximum Correntropy Cubature Kalman Filter based on the Gauss - Newton, GN - IMCKF)[146]进行对比。在提出的 MCC - ORCKF 和 MCC - ORCKS 中，两个不同的核宽度分别被设置为 $\sigma_1 = 10$ 和 $\sigma_2 = 100$，混合系数 $\alpha = 0.5$。RSTNF 和 RSTNS 的自由度参数设置为 $v_1 = v_2 = 3$。MCEKF 和 MCEKS 的核宽度设置为 $\sigma = 25$。GN - IMCKF 的核宽度和迭代次数分别设置为 $\sigma = 15$ 和 $N = 3$。

图 8.2 ~ 图 8.4 显示了不同算法的位置、速度和转弯角速度的 RMSE，表 8.3 则给出了不同算法的 ARMSE 和运行时间。从图 8.2 ~ 图 8.4 和表 8.3 可以看出，提出的 MMC - ORCKS 比 MMC - ORCKF 具有更好的估计性能，并且 MMC - ORCKF 和 GN - IMCKF 在位置上具有相似的估计精度，但是在速度和转弯角速度上则比 GN - IMCKF 具有更高的估计精度。更重要的是，提出的 MMC - ORCKF比 GN - IMCKF 具有更低的时间损耗。从图 8.2 ~ 图 8.4 和表 8.3 还能发现，尽管提出的 MMC - ORCKF 和 MMC - ORCKS 相比 MCEKF 和 MCEKS 具有更高的时间损耗，但是 MMC - ORCKF 相比 MCEKF 在位置、速度和角速度方向上的估计精度分别提高了 19.547%、32.074% 和 72.549%，相应的 MMC - ORCKS 相比 MCEKS 在位置、速度和角速度方向上的估计精度分别提高了 36.165%、48.960% 和 76.471%。此外，在这一场景下，RSTNF 和 RSTNS 的估计性能急剧恶化，这表明，当状态和量测受到不同程度的异常值干扰时，使用具有相同自由度参数的两个学生 t 分布来建模非高斯过程和量测噪声是不合适的。

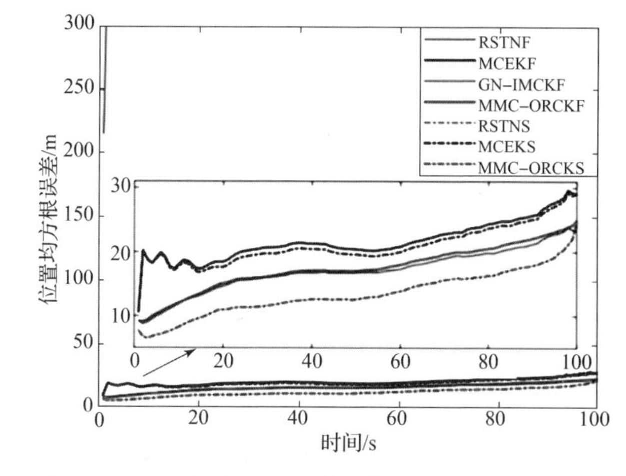

图 8.2　不同滤波器和平滑器在场景一中的 $RMSE_{pos}$

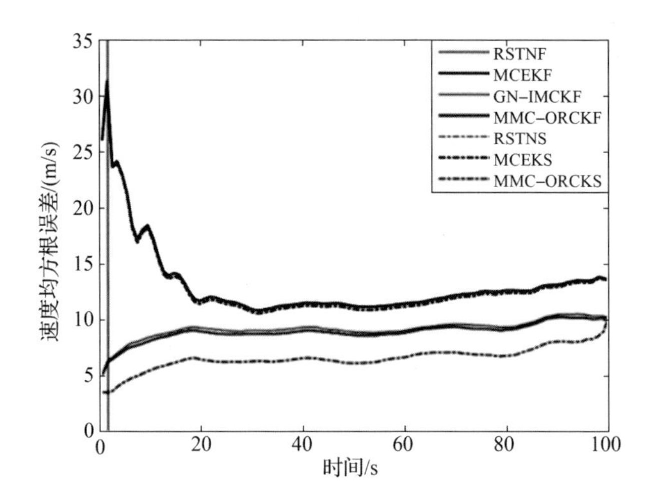

图 8.3　不同滤波器和平滑器在场景一中的 RMSE_{pos}

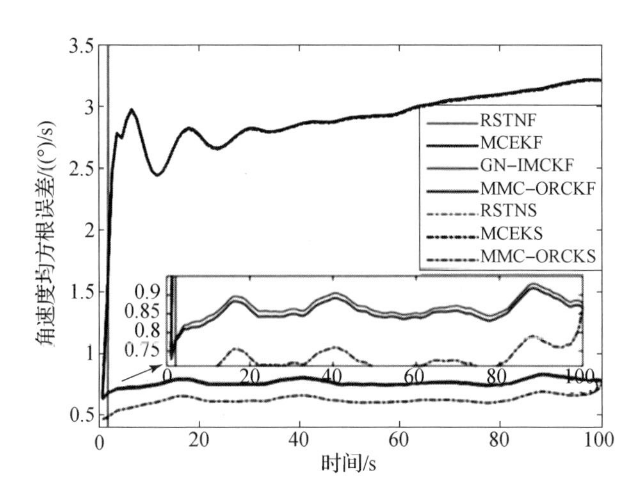

图 8.4　不同滤波器和平滑器在场景一中的 RMSE_{Ω}

表 8.3　不同滤波器和平滑器在场景一中的运行时间和 ARMSE

算法	ARMSE_{pos}/m	ARMSE_{vel}/(m/s)	ARMSE_{Ω}/((°)/s)	运行时间/ms
RSTNF	NaN	NaN	NaN	8.905
MCEKF	21.763	13.179	0.051	5.216
GN - IMCKF	17.121	9.217	0.015	22.279

续表

算法	$ARMSE_{pos}$/m	$ARMSE_{vel}$/(m/s)	$ARMSE_{\Omega}$/((°)/s)	运行时间/ms
MMC - ORCKF	17.509	8.952	0.014	8.410
RSTNS	NaN	NaN	NaN	25.552
MCEKS	21.073	12.935	0.051	9.087
MMC - ORCKS	13.452	6.602	0.012	14.801

通过保持核宽度 $\sigma_1=10$ 和 $\sigma_2=100$ 不变,分析了混合系数 α 对 MMC - ORCKF 比 MMC - ORCKS 估计性能的影响。从图 8.5 可以发现,当混合系数 $\alpha\neq0,1$ 时,提出的 MMC - ORCKF 比 MMC - ORCKS 的估计性能更好。这表明基于最大混合相关熵的鲁棒滤波器和平滑器的估计性能优于基于最大相关熵的鲁棒滤波器和平滑器。此外,从图 8.5 还可以看出,当 $\alpha\in[0.1,0.8]$ 时,混合系数对提出的 MMC - ORCKF 比 MMC - ORCKS 的估计性能具有较小的影响。因此,在没有任何先验知识的情况下,可以简单地将混合系数设置为 $\alpha=0.5$。

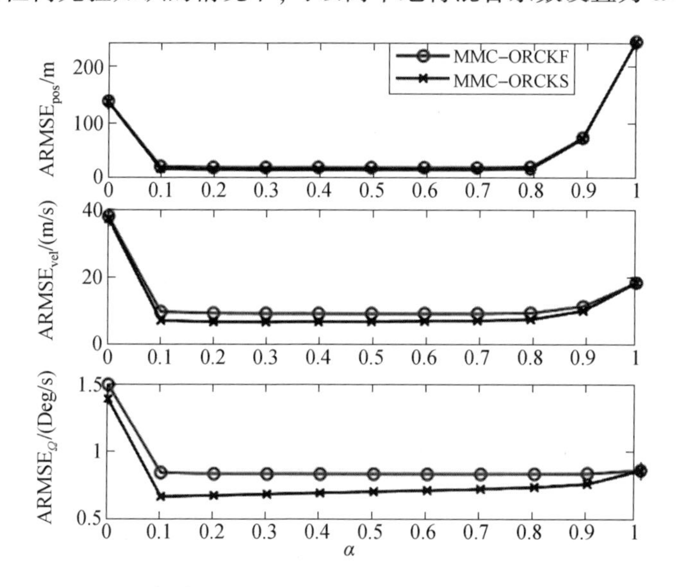

图 8.5 不同 α 条件下 MMC - ORCKF 和 MMC - ORCKS 的 ARMSE

8.5.2 场景二

考虑过程噪声是高斯混合噪声和量测噪声具有多峰分布的情况,有

$$\boldsymbol{w}_k \sim \begin{cases} N(\boldsymbol{0},\boldsymbol{Q}) & \text{w. p. } 0.95 \\ N(\boldsymbol{0},50\boldsymbol{Q}) & \text{w. p. } 0.05 \end{cases} \tag{8.62}$$

$$\boldsymbol{v}_k \sim \begin{cases} N(\boldsymbol{0},\boldsymbol{R}) & \text{w. p. } 0.9 \\ N([100\ \text{m},0.3\ \text{rad}]^{\mathrm{T}},500\boldsymbol{R}) & \text{w. p. } 0.05 \\ N([-100\ \text{m},-0.3\ \text{rad}]^{\mathrm{T}},500\boldsymbol{R}) & \text{w. p. } 0.05 \end{cases} \tag{8.63}$$

提出的 MMC－ORCKF 和 MMC－ORCKS 的参数与场景一中的参数设置相同。RSTNF 和 RSTNS 的自由度参数设置为 $v_1 = v_2 = 3$。MCEKF 和 MCEKS 的核宽度设置为 $\sigma = 20$。GN－IMCKF 的核宽度和迭代次数分别设置为 $\sigma = 22$ 和 $N = 3$。图 8.6～图 8.8 显示了不同算法的位置、速度和转弯角速度的 RMSE，表 8.4 则给出了不同算法的 ARMSE 和运行时间。从图 8.6～图 8.8 和表 8.4 可以看出，正如预料的那样，提出的 MMC－ORCKS 比 MMC－ORCKF 具有更好的估计性能；MMC－ORCKF 相比 GN－IMCKF 在位置、速度和角速度方向上均具有更好的估计性能，同时具有较低的时间损耗。从图 8.6～图 8.8 和表 8.4 还可以发现，尽管提出的 MMC－ORCKF 和 MMC－ORCKS 相比 MCEKF 和 MCEKS 具有更高的时间损耗，但是 MMC－ORCKF 相比 MCEKF 在位置、速度和角速度方向上的估计精度分别提高了 14.297%、31.636% 和 71.698%，相应的 MMC－ORCKS 相比 MCEKS 在位置、速度和角速度方向上的估计精度分别提高了 28.744%、46.227% 和 75%。此外，与在场景一中表现类似，RSTNF 和 RSTNS 在场景二中急剧地发散。

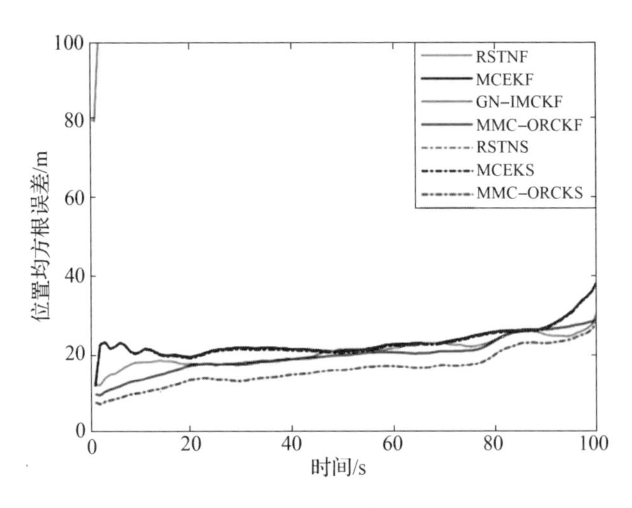

图 8.6　不同滤波器和平滑器在场景二中的 $\mathrm{RMSE}_{\mathrm{pos}}$

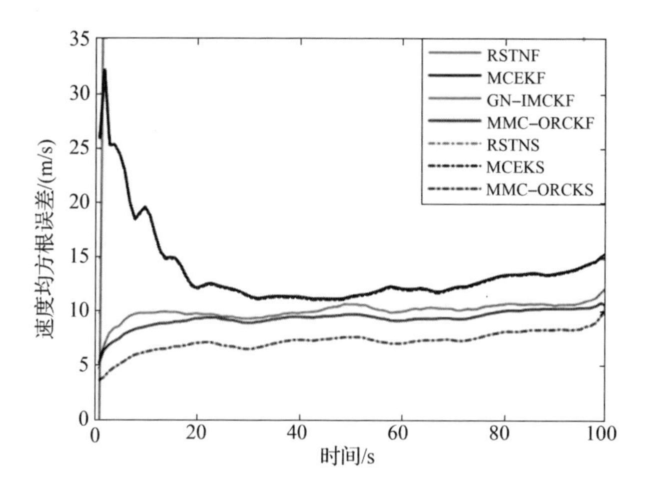

图 8.7　不同滤波器和平滑器在场景二中的 $\mathrm{RMSE}_{\mathrm{vel}}$

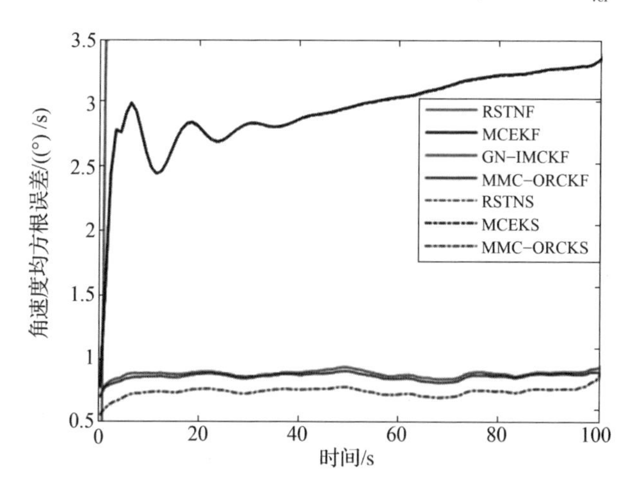

图 8.8　不同滤波器和平滑器在场景二中的 RMSE_{Ω}

表 8.4　不同滤波器和平滑器在场景二中的运行时间和 ARMSE

算法	$\mathrm{ARMSE}_{\mathrm{pos}}$/m	$\mathrm{ARMSE}_{\mathrm{vel}}$/(m/s)	ARMSE_{Ω}/((°)/s)	运行时间/ms
RSTNF	NaN	NaN	NaN	7.785
MCEKF	23.137	13.927	0.053	5.089
GN - IMCKF	20.793	10.206	0.016	21.762
MMC - ORCKF	19.829	9.521	0.015	8.479
RSTNS	NaN	NaN	NaN	22.510
MCEKS	22.812	13.823	0.052	8.852
MMC - ORCKS	16.255	7.433	0.013	14.878

8.5.3 场景三

考虑过程噪声是高斯混合噪声和量测遭受冲击噪声干扰的情况，即

$$
\boldsymbol{w}_k \sim \begin{cases} N(\boldsymbol{0},\boldsymbol{Q}) & \text{w. p. } 0.95 \\ N(\boldsymbol{0},50\boldsymbol{Q}) & \text{w. p. } 0.05 \end{cases} \tag{8.64}
$$

$$
\boldsymbol{v}_k \sim \begin{cases} N(\boldsymbol{0},\boldsymbol{R}) & \text{w. p. } 0.95 \\ ([\alpha_k \text{m}^2, \beta_k \text{rad}^2])^{\text{T}} & \text{w. p. } 0.05 \end{cases} \tag{8.65}
$$

式中：α_k 和 β_k 分别从$\{-1\ 000, -900, -800, \cdots, -100, 0, 100, \cdots, 800, 900, 1\ 000\}$和$\{-0.2, -0.1, 0, 0.1, 0.2\}$进行选择。

提出的 MMC－ORCKF 和 MMC－ORCKS 的参数与场景一中的参数设置相同。RSTNF 和 RSTNS 的自由度参数设置为 $v_1 = v_2 = 3$。MCEKF 和 MCEKS 的核宽度设置为 $\sigma = 21$。GN－IMCKF 的核宽度和迭代次数分别设置为 $\sigma = 20$ 和 $N = 3$。图 8.9～图 8.11 显示了不同算法的位置、速度和转弯角速度的 RMSE，表 8.5 则给出了不同算法的 ARMSE 和运行时间。从图 8.9～图 8.11 和表 8.5 可以看出，提出的 MMC－ORCKS 相比 MMC－ORCKF 具有更好的估计性能，并且 MMC－ORCKF相比 GN－IMCKF 具有更好的估计性能具有较低的时间损耗。从图 8.9～图 8.11 和表 8.5 还可以看出，尽管提出的 MMC－ORCKF 和 MMC－ORCKS 相比 MCEKF 和 MCEKS 具有更高的时间损耗，但是在位置、速度和角速度方向上的估计精度，MMC－ORCKF 相比 MCEKF 分别提高了 21.594%、38.231% 和 71.698%，MMC－ORCKS 相比 MCEKS 分别提高了 38.395%、52.731% 和 75.472%。此外，与在场景一中表现类似，RSTNF 和 RSTNS 在场景三中急剧地发散。

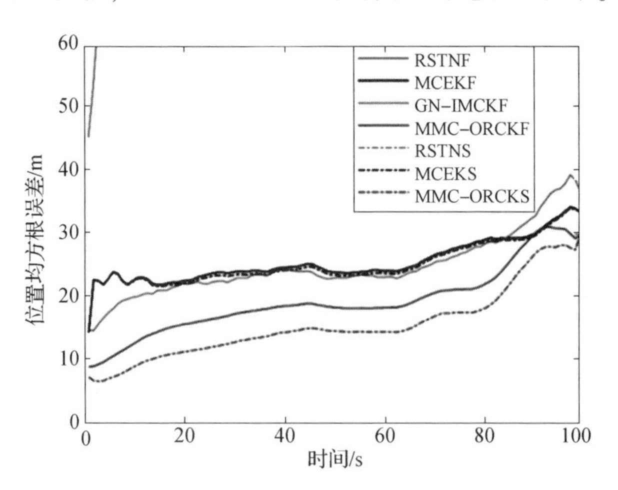

图 8.9　不同滤波器和平滑器在场景三中的 RMSE_{pos}

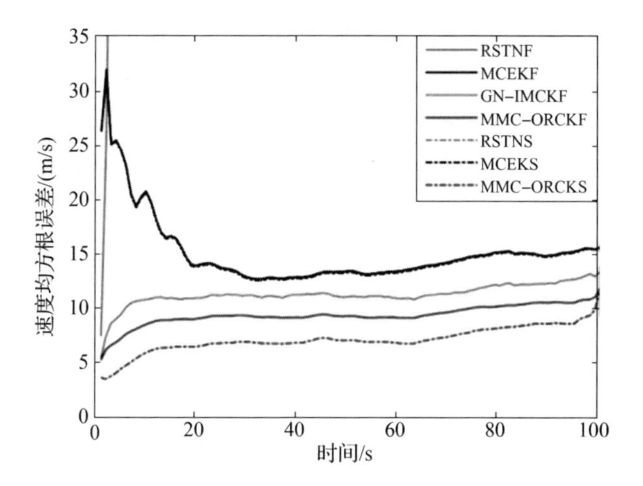

图 8.10　不同滤波器和平滑器在场景三中的 $RMSE_{vel}$

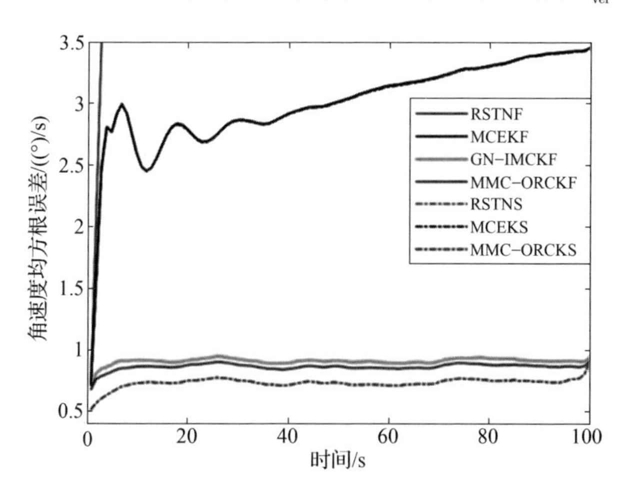

图 8.11　不同滤波器和平滑器在场景三中的 $RMSE_{\Omega}$

表 8.5　不同滤波器和平滑器在场景三中的运行时间和 ARMSE

算法	$ARMSE_{pos}$/m	$ARMSE_{vel}$/(m/s)	$ARMSE_{\Omega}$/((°)/s)	运行时间/ms
RSTNF	NaN	NaN	NaN	6.800
MCEKF	25.697	15.176	0.053	5.031
GN - IMCKF	24.969	11.294	0.016	22.374
MMC - ORCKF	19.377	9.374	0.015	8.483
RSTNS	NaN	NaN	NaN	12.141
MCEKS	25.335	15.052	0.053	8.761
MMC - ORCKS	15.608	7.115	0.013	14.798

8.6 本章小结

为了解决非线性系统在非高斯过程噪声和量测噪声条件下的状态估计问题,考虑到最大混合相关熵在处理非高斯方面的优越性,本章提出了基于最大混合相关熵准则的鲁棒递归滤波和平滑算法。在所提出的鲁棒递归滤波和平滑算法中,采用 SLR 方法对非线性动态函数和量测函数进行线性化。同时,在所提出的鲁棒递归滤波和平滑算法中引入两个额外的权重,分别对滤波和平滑的增益进行了修正。作为一个例子,通过采用三阶球径容积准则获得状态向量和协方差矩阵的先验估计,并计算 SLR 方法中遇到的多维高斯积分,获得了基于最大混合相关熵的容积卡尔曼滤波器和平滑器,并在不同非高斯噪声环境下的目标跟踪应用中验证了所提算法的有效性。

附录 A 离散时间 CTNA 模型与 STNA 模型中过程噪声的协方差计算方法

离散时间 CTNA 模型与 STNA 模型中过程噪声的协方差 $\boldsymbol{Q}_k^{\mathrm{C(S)}}$ 计算方法如下。

$\boldsymbol{u}_k^{\mathrm{C(S)}}$ 计算公式为

$$\boldsymbol{u}_k^{\mathrm{C(S)}} = \int_{k\Delta t}^{(k+1)\Delta t} \boldsymbol{J}^{\mathrm{C(S)}}((k+1)\Delta t - \tau, \bar{\boldsymbol{x}}_k)\boldsymbol{G}\bar{\boldsymbol{q}}_{\mathrm{C(S)}}(\tau)\mathrm{d}\tau \tag{A-1}$$

式中:$\boldsymbol{J}^{\mathrm{C(S)}}(\Delta t, \bar{\boldsymbol{x}}_k)$ 为 $\boldsymbol{G}_{\mathrm{C(S)TNA}}(\Delta t, \bar{\boldsymbol{x}}_k)$ 的雅克比矩阵。具体的表达式(其余变量的定义见 2.3 节)为

$$\boldsymbol{J}^{\mathrm{C}}(\Delta t, \bar{\boldsymbol{x}}_k) = \begin{bmatrix} 1 & 0 & \Delta t & 0 & 0 & 0 \\ 0 & 1 & 0 & \Delta t & 0 & 0 \\ 0 & 0 & 1 + j_{33}\Delta t & j_{34}\Delta t & j_{35}\Delta t & j_{36}\Delta t \\ 0 & 0 & j_{43}\Delta t & 1 + j_{44}\Delta t & j_{45}\Delta t & j_{46}\Delta t \\ 0 & 0 & 0 & 0 & 1 & 0 \\ 0 & 0 & 0 & 0 & 0 & 1 \end{bmatrix} \tag{A-2}$$

$$\boldsymbol{J}^{\mathrm{S}}(\Delta t, \bar{\boldsymbol{x}}_k) = \begin{bmatrix} 1 & 0 & \Delta t & 0 & 0 & 0 \\ 0 & 1 & 0 & \Delta t & 0 & 0 \\ 0 & 0 & 1 + j_{33}\Delta t & j_{34}\Delta t & j_{35}\Delta t & j_{36}\Delta t \\ 0 & 0 & j_{43}\Delta t & 1 + j_{44}\Delta t & j_{45}\Delta t & j_{46}\Delta t \\ 0 & 0 & 0 & 0 & 1 - \alpha_t\Delta t & 0 \\ 0 & 0 & 0 & 0 & 0 & 1 - \alpha_n\Delta t \end{bmatrix} \tag{A-3}$$

$$j_{33} = (\dot{y}^2 a_{\mathrm{t}} + \dot{x}\dot{y}a_{\mathrm{n}})/(\dot{x}^2 + \dot{y}^2)^{3/2}$$

$$j_{34} = \dot{x}^2(\dot{x}a_{\mathrm{n}} + \dot{y}a_{\mathrm{t}})/(\dot{x}^2 + \dot{y}^2)^{3/2}$$

$$j_{35} = j_{46} = \dot{x}/\sqrt{\dot{x}^2 + \dot{y}^2}$$

$$j_{36} = -j_{45} = -\dot{y}/\sqrt{\dot{x}^2 + \dot{y}^2}$$

$$j_{43} = -\dot{y}(\dot{x}a_t - \dot{y}a_n)/(\dot{x}^2 + \dot{y}^2)^{3/2}$$

$$j_{44} = 1 + (\dot{x}^2 a_t - \dot{x}\dot{y}a_n)/(\dot{x}^2 + \dot{y}^2)^{3/2}$$

离散时间 CTNA 模型过程噪声的协方差计算公式为

$$\begin{aligned}
\boldsymbol{Q}_k^{\mathrm{C}} &= E[\boldsymbol{u}_k^{\mathrm{C}}(\boldsymbol{u}_k^{\mathrm{C}})^{\mathrm{T}}] \\
&= E\Big[\int_{k\Delta t}^{(k+1)\Delta t}\int_{k\Delta t}^{(k+1)\Delta t}\boldsymbol{J}^{\mathrm{C}}((k+1)\Delta t-\tau)\boldsymbol{G}\overline{\boldsymbol{q}}_{\mathrm{C}}(\tau)\,\overline{\boldsymbol{q}}_{\mathrm{C}}^{\mathrm{T}}(s)\times \\
&\quad (\boldsymbol{J}^{\mathrm{C}}((k+1)\Delta t-s)\boldsymbol{G})^{\mathrm{T}}\mathrm{d}\tau\mathrm{d}s\Big] \\
&= \int_{k\Delta t}^{(k+1)\Delta t}\boldsymbol{J}^{\mathrm{C}}((k+1)\Delta t-\tau)\boldsymbol{G}\boldsymbol{Q}(\boldsymbol{J}^{\mathrm{C}}((k+1)\Delta t-\tau)\boldsymbol{G})^{\mathrm{T}}\mathrm{d}\tau
\end{aligned} \tag{A-4}$$

$$\boldsymbol{Q} = \begin{bmatrix} \sigma_t^2 & 0 \\ 0 & \sigma_n^2 \end{bmatrix} \tag{A-5}$$

$$\boldsymbol{J}^{\mathrm{C}}((k+1)\Delta t-\tau)\boldsymbol{G} = \begin{bmatrix} 0 & 0 \\ 0 & 0 \\ ((k+1)\Delta t-\tau)j_{35} & ((k+1)\Delta t-\tau)j_{36} \\ ((k+1)\Delta t-\tau)j_{45} & ((k+1)\Delta t-\tau)j_{46} \\ 1 & 0 \\ 0 & 1 \end{bmatrix}$$

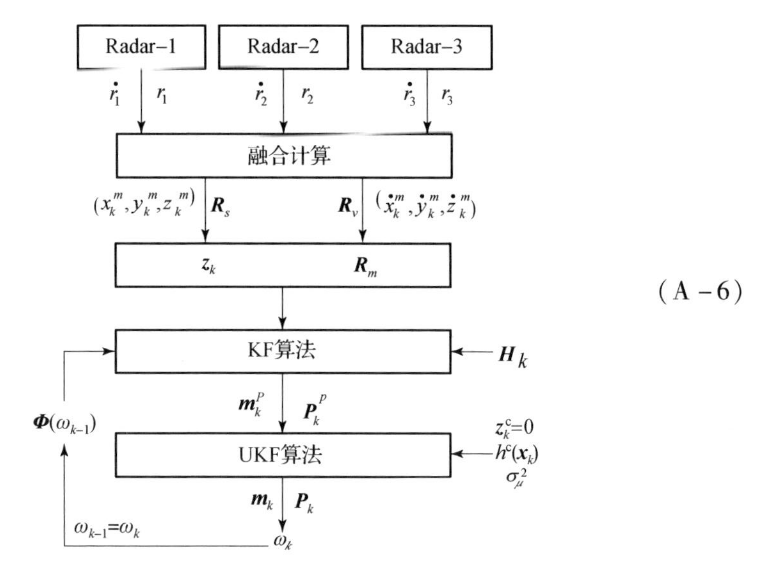

(A-6)

通过积分运算可得

$$\boldsymbol{Q}_k^{\mathrm{C}} = \begin{bmatrix} \boldsymbol{0}_{2\times 2} & \boldsymbol{0}_{2\times 4} \\ \boldsymbol{0}_{4\times 2} & \boldsymbol{N} \end{bmatrix} \tag{A-7}$$

式中：$\boldsymbol{N}$ 为对称矩阵，且有 $\boldsymbol{N}=\{n_{ij}\}(i,j=1,2,3,4)$，$n_{11}=\frac{1}{3}\Delta t^3 j_{35}^2\sigma_t^2+\frac{1}{3}\Delta t^3 j_{36}^2\sigma_n^2$，$n_{12}=\frac{1}{3}\Delta t^3 j_{35}j_{45}\sigma_t^2+\frac{1}{3}\Delta t^3 j_{36}j_{46}\sigma_n^2$，$n_{13}=\frac{1}{2}\Delta t^2 j_{35}\sigma_t^2$，$n_{14}=\frac{1}{2}\Delta t^2 j_{36}\sigma_n^2$，$n_{22}=\frac{1}{3}\Delta t^3 j_{45}^2\sigma_t^2+\frac{1}{3}\Delta t^3 j_{46}^2\sigma_n^2$，$n_{23}=\frac{1}{2}\Delta t^2 j_{45}\sigma_t^2$，$n_{24}=\frac{1}{2}\Delta t^2 j_{46}\sigma_n^2$，$n_{33}=\Delta t\sigma_t^2$，$n_{44}=\Delta t\sigma_n^2$，$n_{34}=0$。

$\boldsymbol{Q}_k^{\mathrm{S}}$ 的计算与 $\boldsymbol{Q}_k^{\mathrm{C}}$ 类似，即

$$\boldsymbol{Q}_k^{\mathrm{S}}=\int_{k\Delta t}^{(k+1)\Delta t}\boldsymbol{J}^{\mathrm{S}}((k+1)\Delta t-\tau)\boldsymbol{G}\boldsymbol{Q}'(\boldsymbol{J}^{\mathrm{S}}((k+1)\Delta t-\tau)\boldsymbol{G})^{\mathrm{T}}\mathrm{d}\tau \tag{A-8}$$

$$\boldsymbol{Q}'=\begin{bmatrix}2\alpha_t\sigma_t'^2 & 0\\ 0 & 2\alpha_n\sigma_n'^2\end{bmatrix} \tag{A-9}$$

$$\boldsymbol{J}^{\mathrm{S}}((k+1)\Delta t-\tau)\boldsymbol{G}=\begin{bmatrix}0 & 0\\ 0 & 0\\ ((k+1)\Delta t-\tau)j_{35} & ((k+1)\Delta t-\tau)j_{36}\\ ((k+1)\Delta t-\tau)j_{45} & ((k+1)\Delta t-\tau)j_{46}\\ 1-\alpha_t((k+1)\Delta t-\tau) & 0\\ 0 & 1-\alpha_n((k+1)\Delta t-\tau)\end{bmatrix} \tag{A-10}$$

通过积分运算可得

$$\boldsymbol{Q}_k^{\mathrm{S}}=\begin{bmatrix}\boldsymbol{0}_{2\times 2} & \boldsymbol{0}_{2\times 4}\\ \boldsymbol{0}_{4\times 2} & \boldsymbol{N}'\end{bmatrix} \tag{A-11}$$

式中：$\boldsymbol{N}'$为对称矩阵，且有

$$\boldsymbol{N}'=\{n_{ij}'\}(i,j=1,2,3,4)$$

$$n_{11}'=\frac{2}{3}\Delta t^3 j_{35}^2\alpha_t\sigma_t'^2+\frac{2}{3}\Delta t^3 j_{36}^2\alpha_n\sigma_n'^2$$

$$n_{12}'=\frac{2}{3}\Delta t^3 j_{35}j_{45}\alpha_t\sigma_t'^2+\frac{2}{3}\Delta t^3 j_{36}j_{46}\alpha_n\sigma_n'^2$$

$$n_{13}'=\Delta t^2 j_{35}\alpha_t\sigma_t'^2-\frac{2}{3}\Delta t^3 j_{35}\alpha_t^2\sigma_t'^2$$

$$n_{14}'=\Delta t^2 j_{36}\alpha_n\sigma_n'^2-\frac{2}{3}\Delta t^3 j_{36}\alpha_n^2\sigma_n'^2$$

$$n'_{33}=\frac{2}{3}\Delta t^3\alpha_t\sigma_t'^2, n'_{34}=0, n'_{22}=\frac{2}{3}\Delta t^3 j_{45}^2\alpha_t\sigma_t'^2+\frac{2}{3}\Delta t^3 j_{46}^2\alpha_n\sigma_n'^2$$

$$n'_{23}=\Delta t^2 j_{45}\alpha_t\sigma_t'^2-\frac{2}{3}\Delta t^3 j_{45}\alpha_t^2\sigma_t'^2$$

$$n'_{24}=\Delta t^2 j_{46}\alpha_n\sigma_n'^2-\frac{2}{3}\Delta t^3 j_{46}\alpha_n^2\sigma_n'^2$$

$$n'_{44}=\frac{2}{3}\Delta t^3\alpha_n\sigma_n'^2。$$

附录 B　伪线性离散时间 CTNA 模型与 STNA 模型中过程噪声的协方差计算方法

伪线性离散时间 CTNA 模型与 STNA 模型中过程噪声的协方差 $\boldsymbol{Q}_{\mathrm{C}}^{\mathrm{L}}$ 和 $\boldsymbol{Q}_{\mathrm{S}}^{\mathrm{L}}$ 的计算方法如下。

$\boldsymbol{Q}_{\mathrm{C}}^{\mathrm{L}}$ 计算公式为

$$\boldsymbol{Q}_{\mathrm{C}}^{\mathrm{L}}=\int_{k\Delta t}^{(k+1)\Delta t}\boldsymbol{\Phi}_{\mathrm{C}}((k+1)\Delta t-\tau)\boldsymbol{G}\boldsymbol{Q}(\boldsymbol{\Phi}_{\mathrm{C}}((k+1)\Delta t-\tau)\boldsymbol{G})^{\mathrm{T}}\mathrm{d}\tau \tag{B-1}$$

式中:$\boldsymbol{Q}_{\mathrm{C}}^{\mathrm{L}}$ 为对称矩阵,且有 $\boldsymbol{Q}_{\mathrm{C}}^{\mathrm{L}}=\{q_{ij}\}(i,j=1,2,3,4,5,6)$;其余变量的定义见 2.3 节。令 $c=\cos\hat{\alpha},s=\sin\hat{\alpha},q_{11}=\Delta t^5(\sigma_{\mathrm{t}}^2c^2+\sigma_{\mathrm{n}}^2s^2)/20,q_{12}=-\Delta t^5cs(\sigma_{\mathrm{n}}^2-\sigma_{\mathrm{t}}^2)/20,q_{13}=-\Delta t^4(\sigma_{\mathrm{t}}^2c^2+\sigma_{\mathrm{n}}^2s^2)/8,q_{14}=-\Delta t^4cs(\sigma_{\mathrm{n}}^2-\sigma_{\mathrm{t}}^2)/8,q_{15}=\Delta t^3c\sigma_{\mathrm{t}}^2/6,q_{16}=-\Delta t^3s\sigma_{\mathrm{n}}^2/6,q_{22}=\Delta t^5(\sigma_{\mathrm{t}}^2s^2+\sigma_{\mathrm{n}}^2c^2)/20,q_{23}=-\Delta t^4cs(\sigma_{\mathrm{n}}^2-\sigma_{\mathrm{t}}^2)/8,q_{24}=-\Delta t^4(\sigma_{\mathrm{n}}^2c^2+\sigma_{\mathrm{t}}^2s^2)/8,q_{25}=\Delta t^3s\sigma_{\mathrm{t}}^2/6,q_{26}=\Delta t^3c\sigma_{\mathrm{n}}^2/6,q_{33}=\Delta t^3(\sigma_{\mathrm{t}}^2c^2+\sigma_{\mathrm{n}}^2s^2)/3,q_{34}=-\Delta t^3cs(\sigma_{\mathrm{n}}^2-\sigma_{\mathrm{t}}^2)/3,q_{35}=\Delta t^2c\sigma_{\mathrm{t}}^2/2,q_{36}=-\Delta t^2s\sigma_{\mathrm{n}}^2/2,q_{44}=\Delta t^3(\sigma_{\mathrm{t}}^2s^2+\sigma_{\mathrm{n}}^2c^2)/3,q_{25}=\Delta t^2s\sigma_{\mathrm{t}}^2/2,q_{46}=\Delta t^2c\sigma_{\mathrm{n}}^2/2,q_{55}=\Delta t\sigma_{\mathrm{t}}^2,q_{56}=0,q_{66}=\Delta t\sigma_{\mathrm{n}}^2$。

同理,$\boldsymbol{Q}_{\mathrm{S}}^{\mathrm{L}}$ 为对称矩阵,且有

$$\boldsymbol{Q}_{\mathrm{S}}^{\mathrm{L}}=\{q'_{ij}\}(i,j=1,2,3,4,5,6)$$

$$q'_{11}=2\sigma'^2_{\mathrm{n}}s^2\times\left(\frac{1}{\alpha_{\mathrm{n}}^2}-\frac{\Delta t}{\alpha_{\mathrm{n}}}-\frac{\mathrm{e}^{-\Delta t\alpha_{\mathrm{n}}}}{\alpha_{\mathrm{n}}^2}+\frac{\Delta t^2}{2}\right)^2+2\sigma'^2_{\mathrm{t}}c^2\left(\frac{1}{\alpha_{\mathrm{t}}^2}-\frac{\Delta t}{\alpha_{\mathrm{t}}}-\frac{\mathrm{e}^{-\Delta t\alpha_{\mathrm{t}}}}{\alpha_{\mathrm{t}}^2}+\frac{\Delta t^2}{2}\right)^2$$

$$q'_{12}=-2\sigma'^2_{\mathrm{n}}cs\times\left(\frac{1}{\alpha_{\mathrm{n}}^2}-\frac{\Delta t}{\alpha_{\mathrm{n}}}-\frac{\mathrm{e}^{-\Delta t\alpha_{\mathrm{n}}}}{\alpha_{\mathrm{n}}^2}+\frac{\Delta t^2}{2}\right)^2+2\sigma'^2_{\mathrm{t}}cs\left(\frac{1}{\alpha_{\mathrm{t}}^2}-\frac{\Delta t}{\alpha_{\mathrm{t}}}-\frac{\mathrm{e}^{-\Delta t\alpha_{\mathrm{t}}}}{\alpha_{\mathrm{t}}^2}+\frac{\Delta t^2}{2}\right)^2$$

$$q'_{13}=-2\sigma'^2_{\mathrm{n}}s^2\left(\frac{1}{\alpha_{\mathrm{n}}^2}-\frac{\Delta t}{\alpha_{\mathrm{n}}}-\frac{\mathrm{e}^{-\Delta t\alpha_{\mathrm{n}}}}{\alpha_{\mathrm{n}}^2}+\frac{\Delta t^2}{2}\right)\left(\Delta t-\frac{1}{\alpha_{\mathrm{n}}}+\frac{\mathrm{e}^{-\Delta t\alpha_{\mathrm{n}}}}{\alpha_{\mathrm{n}}}\right)+$$
$$2\sigma'^2_{\mathrm{t}}c^2\left(\frac{1}{\alpha_{\mathrm{t}}^2}-\frac{\Delta t}{\alpha_{\mathrm{t}}}-\frac{\mathrm{e}^{-\Delta t\alpha_{\mathrm{t}}}}{\alpha_{\mathrm{t}}^2}+\frac{\Delta t^2}{2}\right)\times\left(\Delta t-\frac{1}{\alpha_{\mathrm{t}}}+\frac{\mathrm{e}^{-\Delta t\alpha_{\mathrm{t}}}}{\alpha_{\mathrm{t}}}\right)$$

$$q'_{14} = -2\sigma'^2_{\mathrm{n}} cs\left(\frac{1}{\alpha_{\mathrm{n}}^2} - \frac{\Delta t}{\alpha_{\mathrm{n}}} - \frac{\mathrm{e}^{-\Delta t\alpha_{\mathrm{n}}}}{\alpha_{\mathrm{n}}^2} + \frac{\Delta t^2}{2}\right)\left(T - \frac{1}{\alpha_{\mathrm{n}}} + \frac{\mathrm{e}^{-\Delta t\alpha_{\mathrm{n}}}}{\alpha_{\mathrm{n}}}\right) + 2\sigma'^2_{\mathrm{t}} cs \times$$

$$\left(\frac{1}{\alpha_{\mathrm{t}}^2} - \frac{\Delta t}{\alpha_{\mathrm{t}}} - \frac{\mathrm{e}^{-\Delta t\alpha_{\mathrm{t}}}}{\alpha_{\mathrm{t}}^2} + \frac{\Delta t^2}{2}\right)\left(\Delta t - \frac{1}{\alpha_{\mathrm{t}}} + \frac{\mathrm{e}^{-\Delta t\alpha_{\mathrm{t}}}}{\alpha_{\mathrm{t}}}\right)$$

$$q'_{15} = -2\sigma'^2_{\mathrm{t}} c(\mathrm{e}^{-\Delta t\alpha_{\mathrm{t}}} - 1)\left(\frac{1}{\alpha_{\mathrm{t}}^3} - \frac{\Delta t}{\alpha_{\mathrm{t}}^2} - \frac{\mathrm{e}^{-\Delta t\alpha_{\mathrm{t}}}}{\alpha_{\mathrm{t}}^3} + \frac{\Delta t^2}{2\alpha_{\mathrm{t}}}\right)$$

$$q'_{16} = -2\sigma'^2_{\mathrm{n}} c(\mathrm{e}^{-\Delta t\alpha_{\mathrm{n}}} - 1)\left(\frac{1}{\alpha_{\mathrm{n}}^3} - \frac{\Delta t}{\alpha_{\mathrm{n}}^2} - \frac{\mathrm{e}^{-\Delta t\alpha_{\mathrm{n}}}}{\alpha_{\mathrm{n}}^3} + \frac{\Delta t^2}{2\alpha_{\mathrm{n}}}\right)$$

$$q'_{22} = 2\sigma'^2_{\mathrm{n}} c^2\left(\frac{1}{\alpha_{\mathrm{n}}^2} - \frac{\Delta t}{\alpha_{\mathrm{n}}} - \frac{\mathrm{e}^{-\Delta t\alpha_{\mathrm{n}}}}{\alpha_{\mathrm{n}}^2} + \frac{\Delta t^2}{2}\right)^2 + 2\sigma'^2_{\mathrm{t}} s^2\left(\frac{1}{\alpha_{\mathrm{t}}^2} - \frac{\Delta t}{\alpha_{\mathrm{t}}} - \frac{\mathrm{e}^{-\Delta t\alpha_{\mathrm{t}}}}{\alpha_{\mathrm{t}}^2} + \frac{\Delta t^2}{2}\right)^2$$

$$q'_{23} = 2\sigma'^2_{\mathrm{n}} cs\left(\frac{1}{\alpha_{\mathrm{n}}^2} - \frac{\Delta t}{\alpha_{\mathrm{n}}} - \frac{\mathrm{e}^{-\Delta t\alpha_{\mathrm{n}}}}{\alpha_{\mathrm{n}}^2} + \frac{\Delta t^2}{2}\right)\left(-\Delta t + \frac{1}{\alpha_{\mathrm{n}}} - \frac{\mathrm{e}^{-\Delta t\alpha_{\mathrm{n}}}}{\alpha_{\mathrm{n}}}\right) +$$

$$2\sigma'^2_{\mathrm{t}} cs\left(\frac{1}{\alpha_{\mathrm{t}}^2} - \frac{\Delta t}{\alpha_{\mathrm{t}}} - \frac{\mathrm{e}^{-\Delta t\alpha_{\mathrm{t}}}}{\alpha_{\mathrm{t}}^2} + \frac{\Delta t^2}{2}\right)\left(\Delta t - \frac{1}{\alpha_{\mathrm{t}}} + \frac{\mathrm{e}^{-\Delta t\alpha_{\mathrm{t}}}}{\alpha_{\mathrm{t}}}\right)$$

$$q'_{24} = 2\sigma'^2_{\mathrm{n}} c^2\left(\frac{1}{\alpha_{\mathrm{n}}^2} - \frac{\Delta t}{\alpha_{\mathrm{n}}} - \frac{\mathrm{e}^{-\Delta t\alpha_{\mathrm{n}}}}{\alpha_{\mathrm{n}}^2} + \frac{\Delta t^2}{2}\right)\left(\Delta t - \frac{1}{\alpha_{\mathrm{n}}} + \frac{\mathrm{e}^{-\Delta t\alpha_{\mathrm{n}}}}{\alpha_{\mathrm{n}}}\right) +$$

$$2\sigma'^2_{\mathrm{t}} s^2\left(\frac{1}{\alpha_{\mathrm{t}}^2} - \frac{\Delta t}{\alpha_{\mathrm{t}}} - \frac{\mathrm{e}^{-\Delta t\alpha_{\mathrm{t}}}}{\alpha_{\mathrm{t}}^2} + \frac{\Delta t^2}{2}\right)\left(-\Delta t + \frac{1}{\alpha_{\mathrm{t}}} + \frac{\mathrm{e}^{-\Delta t\alpha_{\mathrm{t}}}}{\alpha_{\mathrm{t}}}\right)$$

$$q'_{25} = -2\sigma'^2_{\mathrm{t}} s(\mathrm{e}^{-\Delta t\alpha_{\mathrm{t}}} - 1)\left(\frac{1}{\alpha_{\mathrm{t}}^3} - \frac{\Delta t}{\alpha_{\mathrm{t}}^2} - \frac{\mathrm{e}^{-\Delta t\alpha_{\mathrm{t}}}}{\alpha_{\mathrm{t}}^3} + \frac{\Delta t^2}{2\alpha_{\mathrm{t}}}\right)$$

$$q'_{55} = 2\sigma'^2_{\mathrm{t}}(\mathrm{e}^{-\Delta t\alpha_{\mathrm{t}}} - 1)^2/\alpha_{\mathrm{t}}$$

$$q'_{26} = -2\sigma'^2_{\mathrm{n}} s(\mathrm{e}^{-\Delta t\alpha_{\mathrm{n}}} - 1)\left(\frac{1}{\alpha_{\mathrm{n}}^3} - \frac{\Delta t}{\alpha_{\mathrm{n}}^2} - \frac{\mathrm{e}^{-\Delta t\alpha_{\mathrm{n}}}}{\alpha_{\mathrm{n}}^3} + \frac{\Delta t^2}{2\alpha_{\mathrm{n}}}\right)$$

$$q_{56} = 0$$

$$q'_{33} = 2\sigma^2_{\mathrm{n}} s^2\left(-\frac{\mathrm{e}^{-\Delta t\alpha_{\mathrm{n}}}}{\alpha_{\mathrm{n}}} - \Delta t + \frac{1}{\alpha_{\mathrm{n}}}\right)^2 + 2\sigma'^2_{\mathrm{t}} c^2\left(\frac{\mathrm{e}^{-\Delta t\alpha_{\mathrm{n}}}}{\alpha_{\mathrm{t}}} + \Delta t - \frac{1}{\alpha_{\mathrm{n}}}\right)^2$$

$$q'_{66} = 2\sigma'^2_{\mathrm{n}}(\mathrm{e}^{-\Delta t\alpha_{\mathrm{n}}} - 1)^2/\alpha_{\mathrm{n}}$$

$$q'_{34} = 2\sigma'^2_{\mathrm{n}} cs\left(-\frac{\mathrm{e}^{-\Delta t\alpha_{\mathrm{n}}}}{\alpha_{n}} - \Delta t + \frac{1}{\alpha_{\mathrm{n}}}\right)\left(\frac{\mathrm{e}^{-\Delta t\alpha_{\mathrm{n}}}}{\alpha_{\mathrm{n}}} + \Delta t - \frac{1}{\alpha_{\mathrm{n}}}\right) +$$

$$2\sigma'^2_{\mathrm{t}} cs\left(\frac{\mathrm{e}^{-\Delta t\alpha_{\mathrm{t}}}}{\alpha_{\mathrm{t}}} + \Delta t - \frac{1}{\alpha_{\mathrm{t}}}\right)\left(\frac{\mathrm{e}^{-\Delta t\alpha_{\mathrm{t}}}}{\alpha_{\mathrm{t}}} - \Delta t + \frac{1}{\alpha_{\mathrm{t}}}\right)$$

$$q'_{35} = -2\sigma'^2_{\mathrm{t}} c(\mathrm{e}^{-\Delta t\alpha_{\mathrm{t}}} - 1)\left(\frac{\Delta t}{\alpha_{\mathrm{t}}} - \frac{1}{\alpha_{\mathrm{t}}^2} + \frac{\mathrm{e}^{-\Delta t\alpha_{\mathrm{t}}}}{\alpha_{\mathrm{t}}^2}\right)$$

$$q'_{36} = -2\sigma'^2_{\text{n}} s(\mathrm{e}^{-\Delta t\alpha_{\text{n}}} - 1)\left(\frac{\Delta t}{\alpha_{\text{n}}} - \frac{1}{\alpha^2_{\text{n}}} - \frac{\mathrm{e}^{-\Delta t\alpha_{\text{n}}}}{\alpha^2_{\text{n}}}\right)$$

$$q'_{44} = 2\sigma'^2_{\text{n}} c^2 \left(\frac{\mathrm{e}^{-\Delta t\alpha_{\text{n}}}}{\alpha_{\text{n}}} + \Delta t - \frac{1}{\alpha_{\text{n}}}\right)^2 + 2\sigma'^2_{\text{t}} s^2 \left(\frac{\mathrm{e}^{-\Delta t\alpha_{\text{t}}}}{\alpha_{\text{t}}} - \Delta t + \frac{1}{\alpha_{\text{t}}}\right)^2$$

$$q'_{45} = -2\sigma'^2_{\text{t}} s(\mathrm{e}^{-\Delta t\alpha_{\text{t}}} - 1)\left(-\frac{\Delta t}{\alpha_{\text{t}}} + \frac{1}{\alpha^2_{\text{t}}} + \frac{\mathrm{e}^{-\Delta t\alpha_{\text{t}}}}{\alpha^2_{\text{t}}}\right)$$

$$q'_{46} = -2\sigma'^2_{\text{n}} c(\mathrm{e}^{-\Delta t\alpha_{\text{n}}} - 1)\left(\frac{\Delta t}{\alpha_{\text{n}}} - \frac{1}{\alpha^2_{\text{n}}} + \frac{\mathrm{e}^{-\Delta t\alpha_{\text{n}}}}{\alpha^2_{\text{n}}}\right)$$

附录 C　采用 EM 算法对 GMM 参数进行估计

设二维 GMM 为

$$p_{\psi}(x_1,x_2) = \sum_{j=1}^{K} \lambda_j p(x_1,x_2 \mid \rho_j,\mu_{1j},\mu_{2j},\sigma_{1j},\sigma_{2j}) \tag{C-1}$$

$$p(x_1,x_2 \mid \rho_j,\mu_{1j},\mu_{2j},\sigma_{1j},\sigma_{2j}) = \frac{1}{2\pi\sigma_{1j}\sigma_{2j}\sqrt{1-\rho_j^2}} \mathrm{e}^{-\frac{1}{2(1-\rho_j^2)}\left[\frac{(x_1-\mu_{1j})^2}{\sigma_{1j}^2}-2\rho_j\frac{x_1-\mu_{1j}}{\sigma_{1j}}\frac{x_2-\mu_{2j}}{\sigma_{2j}}+\frac{(x_2-\mu_{2j})^2}{\sigma_{2j}^2}\right]} \tag{C-2}$$

其中，$x_1 = c_{\mathrm{R}}$，$x_2 = a_{\mathrm{t}}$，$\boldsymbol{\psi} = \{\lambda_j,\rho_j,\mu_{1j},\mu_{2j},\sigma_{1j},\sigma_{2j}\}_{j=1}^{K}$ 是待估计参数且令 $\boldsymbol{\gamma}_j = \{\rho_j,\mu_{1j},\mu_{2j},\sigma_{1j},\sigma_{2j}\}$。假设 $\boldsymbol{x} = \{x_{1i},x_{2i}\}_{i=1}^{N}$ 是观测样本。不完全数据对数似然为

$$\ln p_{\boldsymbol{\psi}}(\boldsymbol{x}) = \sum_{i=1}^{N} \ln \sum_{j=1}^{K} \lambda_j p(x_{1i},x_{2i} \mid \rho_j,\mu_{1j},\mu_{2j},\sigma_{1j},\sigma_{2j}) \tag{C-3}$$

假设 $\boldsymbol{y} = \{y_i\}_{i=1}^{N}$ 是未观测的数据，且 $\forall y_i \in \{1,2,\cdots,M\}$，表示样本 (x_{1i},x_{2i}) 由第 y_i 个二维正态分布函数产生。这样数据集合 $\{\boldsymbol{x},\boldsymbol{y}\}$ 为完全数据，那么完全数据的似然函数为

$$\ln p_{\boldsymbol{\psi}}(\boldsymbol{x},\boldsymbol{y}) = \ln \prod_{i=1}^{N} p_{\boldsymbol{\psi}}(x_{1i},x_{2i},y_i) = \sum_{i=1}^{N} \ln p_{\boldsymbol{\psi}}(x_{1i},x_{2i},y_i) = \sum_{i=1}^{N} \ln \lambda_{y_i} p_{\boldsymbol{\gamma}_{y_i}}(x_{1i},x_{2i}) \tag{C-4}$$

E - step：求条件期望函数的表达式为

$$\begin{aligned} L(\boldsymbol{\psi},\hat{\boldsymbol{\psi}}_k) &= E_{\boldsymbol{y}|\boldsymbol{x},\hat{\boldsymbol{\psi}}_k} \ln p_{\boldsymbol{\psi}}(\boldsymbol{x},\boldsymbol{y}) = E_{\boldsymbol{y}|\boldsymbol{x},\hat{\boldsymbol{\psi}}_k} \sum_{i=1}^{N} \ln \lambda_{y_i} p_{\boldsymbol{\gamma}_{y_i}}(x_{1i},x_{2i}) \\ &= \sum_{y_i=1}^{K} \sum_{i=1}^{N} [\ln \lambda_{y_i} p_{\boldsymbol{\gamma}_{y_i}}(x_{1i},x_{2i})] p_{\hat{\boldsymbol{\psi}}_k}(y_i \mid x_{1i},x_{2i}) \\ &= \sum_{j=1}^{K} \sum_{i=1}^{N} [\ln \lambda_{y_i} p_{\boldsymbol{\gamma}_{y_i}}(x_{1i},x_{2i})] p_{\hat{\boldsymbol{\psi}}_k}(j \mid x_{1i},x_{2i}) \end{aligned} \tag{C-5}$$

式中：$p_{\boldsymbol{\gamma}_{y_i}}(x_{1i},x_{2i})$ 为式（C - 1）表达的二维正态分布模型，$p_{\hat{\boldsymbol{\psi}}_k}(j \mid x_{1i},x_{2i})$ 计算公式为

$$p_{\hat{\boldsymbol{\psi}}_k}(j \mid x_{1i},x_{2i}) = \frac{\hat{\lambda}_{j,k} p_j(x_{1i},x_{2i} \mid \hat{\boldsymbol{\gamma}}_j)}{\sum_{s=1}^{M} \hat{\lambda}_{s,k} p_s(x_{1i},x_{2i} \mid \hat{\boldsymbol{\gamma}}_s)} \tag{C-6}$$

M－step：求最大化函数的表达式为

$$\hat{\boldsymbol{\psi}}_{k+1}=\underset{\boldsymbol{\psi}}{\operatorname{argmax}}\ L(\boldsymbol{\psi},\hat{\boldsymbol{\psi}}_k) \tag{C-7}$$

约束条件为

$$\sum_{j=1}^{M}\lambda_j=1$$

利用拉格朗日乘子法容易求得参数估计$\hat{\boldsymbol{\psi}}_{k+1}$。$\hat{\boldsymbol{\psi}}_{k+1}$将作为下一步的初始值，重复E－步和M－步计算，直至收敛。

参考文献

[1]姚庆锴，柳少军，贺筱媛，等.战场目标作战意图识别问题研究与展望[J].指挥与控制学报，2017,3(02):127-131.

[2]陈军,高晓光.机群协同空战中的指控系统建模与分析[J].计算机工程与应用,2009,45(10):195-198.

[3]Jeffery R C.分布式网络化作战[M].于全,译.北京:北京邮电大学出版社,2006:22-28.

[4]吴勤.美军分布式作战概念发展分析[J].军事文摘,2016(13):44-47.

[5]戴维·卡门斯,约翰·B.迪萨兰德三世.美军网络中心战案例研究3—网络中心战透视[M].沐俭,译.北京：航空工业出版社,2012.

[6]Thierry G,Harald V R. Toward a Revoluntion in Military Affairs:Defense and Security at the Dawn of the Twenty-First Century[M]. westport:Greenwood Press,2000:130.

[7]康耀红.数据融合理论与应用[M].西安:西安电子科技大学出版社,1997.

[8]蔡自兴,徐光祐.人工智能及其应用[M].北京:清华大学出版社,2004.

[9]陈晓东.面向空战威胁估计技术研究[D].长沙:国防科学技术大学,2005.

[10]雷达,谢静.美国从伊拉克战争中得到什么——一场全球强权国家对地区强权国家战争引发的思考[J].教学与研究,2003,7:55-60.

[11]刘丽娇.机动目标参数估计方法研究[D].西安:西安电子科技大学,2014.

[12]胡小佳.态势估计中的不确定性推理方法研究[D].长沙:国防科学技术大学,2007.

[13]王端龙,吴晓锋,冷画屏.对敌战场意图识别的若干问题[J].舰船电子工程,2004,24(6):4-9.

[14]刘秀梅,赵克勤.基于联系数的不确定空情意图识别[J].智能系统学报,2012,7(5):450-456.

[15]王昊冉,老松杨,白亮,等.基于MEBN的战术级空中目标意图识别[J].火力与指挥控制,2012,37(10):133-138.

[16]刘恒,梅卫,单甘霖.基于位置量变化率的蛇形机动弹道识别[J].探测与控

制学报,2013,35(03):37－40.

[17]王昊冉. 基于多实体贝叶斯网络的空中目标意图识别方法研究[D]. 长沙:国防科技大学,2011.

[18]张军,陈付彬,付强,等. 基于 HMM 的机动目标识别[J]. 国防科技大学学报,2003(02):51－55.

[19]王志贤. 最优状态估计与系统辨识[M]. 西安:西北工业大学出版社,2004.

[20]王新洲. 非线性模型参数估计理论与应用[M]. 武汉:武汉大学出版社,2002.

[21]冷画屏,吴晓锋,王慕鸿. 空中目标战术机动类型的实时识别[J]. 火力与指挥控制,2011,36(1):64－66.

[22]任志强,范国星. 飞机盘旋/转弯机动研究[J]. 飞行力学,2010,28(2):24－27.

[23]朱洪艳,段战胜. 多源信息融合[M]. 北京:清华大学出版社,2006.

[24]Bar－Shalom Y,Li X R,Kirubarajan T. Estimation with applications to tracking and navigation:theory algorithms and software[M]. New York:John Wiley & Sons,2004:467.

[25]周启煌,常天庆,邱晓波. 机动目标运动模型动态辨识理论的研究[J]. 控制与决策,2004,19(12):1373－1377.

[26]肖雷,刘高峰,魏建仁. 几种机动目标运动模型的跟踪性能对比[J]. 火力指挥与控制,2007,32(5):106－109.

[27]吴晓芳,梁景修,王雪松,等. SAR－GMTI 匀加速运动假目标有源调制干扰方法[J]. 宇航学报,2012(06):761－768.

[28]Singer R A. Estimating optimal tracking filter performance for manned maneuvering targets[J]. IEEE Transactions on Aerospace and Electronic Systems,1970(4):473－483.

[29]Zhou H R,Kumar K S P. A current statistical model and adaptive algorithm for estimating maneuvering targets[J]. Journal of Guidance,1984,7(5):596－602.

[30]Mahapatra P R,Mehrotra K. Mixed coordinate tracking of generalized maneuvering targets using acceleration and jerk models[J]. IEEE Transactions on Aerospace and Electronic Systems,2000,36(3):992－1000.

[31]Li X R,Jilkov V P. Survey of maneuvering target tracking. Part I. Dynamic models[J]. IEEE Transactions on aerospace and electronic systems,2003,39(4):1333－1364.

[32]Etkin B,Reid L D. Dynamics of flight:stability and control[M]. New York:Wi-

ley,1996.
[33]周宏仁,敬忠良,王培德. 机动目标跟踪[M]. 北京:国防工业出版社,1991.
[34]Mazor E,Averbuch A,Bar – Shalom Y,et al. Interacting multiple model methods in target tracking:a survey[J]. IEEE Transactions on aerospace and electronic systems,1998,34(1):103 – 123.
[35]伍之前,李登峰. 基于推理和多属性决策的空中目标攻击意图判断模型[J]. 电光与控制,2010,17(5):10 – 13.
[36]王志贤. 最优状态估计与系统辨识[M]. 西安:西北工业大学出版社,2004.
[37]荣鑫. 随机过程[M]. 西安:西安交通大学出版社,2006.
[38]Brown R G,Hwang P Y C. Introduction to random signals and applied Kalman filtering[M]. New York:Wiley,1992.
[39]Bierman G J. A new computationally efficient fixed – interval, discrete – time smoother[C]//Decision and Control including the Symposium on Adaptive Processes,1981 20th IEEE Conference on. IEEE. IEEE,1981,20:1054 – 1060.
[40]Tichavsky P,Muravchik C H,Nehorai A. Posterior Cramér – Rao bounds for discrete – time nonlinear filtering[J]. IEEE Transactions on signal processing,1998,46(5):1386 – 1396.
[41]Gibson S,Ninness B. Robust maximum – likelihood estimation of multivariable dynamic systems[J]. Automatica,2005,41(10):1667 1682.
[42]Dempster A,Laird N,Rubin D. Maximum likelihood from incomplete data via the EM algorithm[J]. Journal of the Royal Statistical Society:Series B,1977,39(1):1 –38.
[43]M Borran,B aazhang. EM – based multiuser detection in fast fading multipath envi – ronments[J]. Proc. EURASIP,2002,8:787 –796.
[44]Crouse M S,Nowak R D,Baraniuk R G. Wavelet – based statistical signal processing using hidden Markov models[J]. IEEE Transactions on signal processing,1998,46(4):886 –902.
[45]Van Ryzin G,Vulcano G. An expectation – maximization method to estimate a rank – based choice model of demand[J]. Operations Research,2017,65(2):396 –407.
[46]Şimşek A S,Topaloglu H. An Expectation – Maximization Algorithm to Estimate the Parameters of the Markov Chain Choice Model[J]. Operations Research,2018,68(5):508 –519.
[47]El Assaad H,Samé A,Govaert G,et al. A variational Expectation – Maximization

algorithm for temporal data clustering[J]. Computational Statistics & Data Analysis,2016,103:206 - 228.

[48]Isaksson A J. Identification of ARX - models subject to missing data[J]. IEEE Transactions on Automatic Control,1993,38(5):813 - 819.

[49]Shumway R H,Stoffer D S. An approach to time series smoothing and forecasting using the EM algorithm[J]. Journal of time series analysis,1982,3(4):253 - 264.

[50]Charalambous C D,Logothetis A. Maximum likelihood parameter estimation from incomplete data via the sensitivity equations:The continuous - time case[J]. IEEE Transactions on Automatic Control,2000,45(5):928 - 934.

[51]Lan H,Liang Y,Yang F,et al. Joint estimation and identification for stochastic systems with unknown inputs[J]. IET Control Theory & Applications,2013,7(10):1377 - 1386.

[52]Gibson S,Wills A,Ninness B. Maximum - likelihood parameter estimation of bilinear systems[J]. IEEE Transactions on Automatic Control,2005,50(10):1581 - 1596.

[53]Schön T B,Wills A,Ninness B. System identification of nonlinear state - space models[J]. Automatica,2011,47(1):39 - 49.

[54]Ge M,Kerrigan E C. Noise covariance identification for nonlinear systems using expectation maximization and moving horizon estimation[J]. Automatica,2017,77:336 - 343.

[55]Dreano D,Tandeo P,Pulido M,et al. Estimating model - error covariances in nonlinear state - space models using Kalman smoothing and the expectation - maximization algorithm[J]. Quarterly Journal of the Royal Meteorological Society,2017,143(705):1877 - 1885.

[56]Pulford G W,La Scala B F. MAP estimation of target manoeuvre sequence with the expectation - maximization algorithm[J]. IEEE Transactions on Aerospace and Electronic Systems,2002,38(2):367 - 377.

[57]Lan H,Wang X,Pan Q,et al. A survey on joint tracking using expectation - maximization based techniques[J]. Information Fusion,2016,30:52 - 68.

[58]Frenkel L,Feder M. Recursive expectation - maximization (EM) algorithms for time - varying parameters with applications to multiple target tracking[J]. IEEE Transactions on Signal Processing,1999,47(2):306 - 320.

[59]Yokoyama N. Parameter estimation of aircraft dynamics via unscented smoother

with expectation – maximization algorithm[J]. Journal of Guidance, Control, and Dynamics, 2011, 34(2): 426 – 436.

[60] Subramaniyam N P, Tronarp F, Särkkä S, et al. Expectation – maximization algorithm with a nonlinear Kalman smoother for MEG/EEG connectivity estimation [M]//EMBEC & NBC 2017. Springer, Singapore, 2017: 763 – 766.

[61] Ljung L. Asymptotic behavior of the extended Kalman filter as a parameter estimator for linear systems[J]. IEEE Transactions on Automatic Control, 1979, 24(1): 36 – 50.

[62] Beaman J J. Non – linear quadratic Gaussian control[J]. International Journal of Control, 1984, 39(2): 343 – 361.

[63] Wan E A, Van Der Merwe R. The unscented Kalman filter[M]//Kalman filtering and neural networks. New York: Wiley, 2001: 221 – 280.

[64] Arasaratnam I, Haykin S. Cubature kalman filters[J]. IEEE Transactions on automatic control, 2009, 54(6): 1254 – 1269.

[65] Wang S, Feng J, Chi K T. Novel cubature Kalman filtering for systems involving nonlinear states and linear measurements[J]. AEU – International Journal of Electronics and Communications, 2015, 69(1): 314 – 320.

[66] Gordon N J, Salmond D J, Smith A F M. Novel approach to nonlinear/non – Gaussian Bayesian state estimation[C]//IEE Proceedings F (Radar and Signal Processing). IET Digital Library, 1993, 140(2): 107 – 113.

[67] Kitagawa G. Monte Carlo filter and smoother for Non – Gaussian nonlinear state space models[J]. Journal of Computational and Graphical Statistics, 1996, 5(1): 1 – 25.

[68] Zhou N, Meng D, Lu S. Estimation of the dynamic states of synchronous machines using an extended particle filter[J]. IEEE Transactions on Power Systems, 2013, 28(4): 4152 – 4161.

[69] Van Der Merwe R, Doucet A, De Freitas N, et al. The unscented particle filter [C]//Advances in neural information processing systems. 2001: 584 – 590.

[70] Mu J, Cai Y L, Zhang J M. Square root cubature particle filter[C]//Advanced Materials Research. Trans Tech Publications, 2011, 219: 727 – 731.

[71] Oshman Y, Carmi A. Attitude estimation from vector observations using a genetic – algorithm – embedded quaternion particle filter[J]. Journal of Guidance, Control, and Dynamics, 2006, 29(4): 879 – 891.

[72] Cox H. On the estimation of state variables and parameters for noisy dynamic

systems[J]. IEEE Transactions on automatic control,1964,9(1):5 - 12.

[73]Sage A P,Melsa J L. Estimation theory with applications to communications and control[R]. SOUTHERN METHODIST UNIV DALLAS TEX INFORMATION AND CONTROL SCIENCES CENTER,1971.

[74]Särkkä S. Unscented Rauch - Tung - Striebel Smoother[J]. IEEE Transactions on Automatic Control,2008,53(3):845 - 849.

[75]Arasaratnam I,Haykin S. Cubature kalman smoothers[J]. Automatica,2011,47(10):2245 - 2250.

[76]Hürzeler M,Künsch H R. Monte Carlo approximations for general state - space models[J]. Journal of computational and graphical Statistics, 1998, 7(2): 175 - 193.

[77]Särkkä S, Bunch P, Godsill S J. A backward - simulation based Rao - Blackwellized particle smoother for conditionally linear Gaussian models[J]. IFAC Proceedings Volumes,2012,45(16):506 - 511.

[78]Zhu Y,Zhang S. Passive location based on an accurate Doppler measurement by single satellite [C]//Radar Conference (RadarConf), 2017. IEEE, 2017: 1424 - 1427.

[79]Harris Z J,Whitcomb L L. Preliminary feasibility study of cooperative navigation of underwater vehicles with range and range - rate observations[C]//OCEANS 15 MTS/IEEE Washington. IEEE,2015:1 - 6.

[80]Liu H, Zhou Z, Yang H. Tracking maneuver target using interacting multiple model - square root cubature Kalman filter based on range rate measurement [J]. International Journal of Distributed Sensor Networks, 2017, 13 (12): 1550147717747848.

[81]Kumar R S R,Ramaiah M V,Kumar J R. Performance comparision of α - β - γ filter and kalman filter for CA, NCA target tracking using bistatic range and range rate measurements [C]//Communications and Signal Processing (ICCSP). 2014 International Conference on. IEEE,2014:1462 - 1466.

[82]Lerro D,Bar - Shalom Y. Tracking with debiased consistent converted measurements versus EKF[J]. IEEE transactions on aerospace and electronic systems, 1993,29(3):1015 - 1022.

[83]Lei M, Han C. Sequential nonlinear tracking using UKF and raw range - rate measurements[J]. IEEE Transactions on Aerospace and Electronic Systems, 2007,43(1).

[84]Jiao L,Pan Q,Liang Y,et al. A nonlinear tracking algorithm with range – rate measurements based on unbiased measurement conversion[C]//Information Fusion (FUSION). 2012 15th International Conference on. IEEE, 2012: 1400 – 1405.

[85]Bordonaro S,Willett P,Bar – Shalom Y. Consistent Linear Tracker with Converted Range,Bearing,and Range Rate Measurements[J]. IEEE Transactions on Aerospace and Electronic Systems,2017,53(6):3135 – 3149.

[86]Bizup D F,Brown D E. Maneuver detection using the radar range rate measurement[J]. IEEE Transactions on Aerospace and Electronic Systems,2004,40(1):330 – 336.

[87]Ru J,Chen H,Li X R,et al. A range rate based detection technique for tracking a maneuvering target[C]//Signal and Data Processing of Small Targets 2005. International Society for Optics and Photonics,2005,5913:59131Q.

[88]Liu H,Zhou Z,Lu C. Maneuvering Detection Using Multiple Parallel CUSUM Detector[J]. Mathematical Problems in Engineering,2018.

[89]Benner R H. Doppler detection system for determining initial position of a maneuvering target:U. S. Patent 5,525,995[P]. 1996 – 6 – 11.

[90]Lu Z Q,Fan J P,Liu W,et al. Target maneuver detection algorithm integrated with Doppler measurement[J]. Systems Engineering and Electronics,2013,35(1):1 – 8.

[91]Yuan X,Han C,Duan Z,et al. Adaptive turn rate estimation using range rate measurements[J]. IEEE Transactions on Aerospace and Electronic Systems, 2006,42(4):1181 – 1189.

[92]Frencl V B,do Val J B R,Mendes R S,et al. Turn rate estimation using range rate measurements for fast manoeuvring tracking[J]. IET Radar,Sonar & Navigation,2017,11(7):1099 – 1107.

[93]Särkkä S. Bayesian filtering and smoothing[M]. Cambridge:Cambridge University Press,2013.

[94]Wiener N,Masani P. The prediction theory of multivariate stochastic processes[J]. Acta Mathematica,1957,98(1 – 4):111 – 150.

[95]Bharucha – Reid A T. Elements of the Theory of Markov Processes and their Applications[M]. Chelmsford:Courier Corporation,2012.

[96]宋宝. 一类乘性参数系统的 EM 辨识算法研究[D]. 西安:西北工业大学,2017.

[97] Jacod J, Protter P. Asymptotic error distributions for the Euler method for stochastic differential equations[J]. Annals of Probability, 1998, 26(1): 267 – 307.
[98] Yang Y, Gu Z. Comparing and analysis of calculation methods of long – period fiber gratings transmission spectra[J]. Optik – International Journal for Light and Electron Optics, 2013, 124(15): 2234 – 2240.
[99] 承德宝. 雷达原理[M]. 北京:国防工业出版社,2008.
[100] 樊平毅. 随机过程理论与应用[M]. 北京:清华大学出版社,2005.
[101] Bryson Jr A E, Henrikson L J. Estimation using sampled data containing sequentially correlated noise[J]. Journal of Spacecraft and Rockets, 1968, 5(6): 662 – 665.
[102] Wang X, Song B, Liang Y, et al. EM – based adaptive divided difference filter for nonlinear system with multiplicative parameter[J]. International Journal of Robust and Nonlinear Control, 2017, 27(13): 2167 – 2197.
[103] Eldén L. Algorithms for the regularization of ill – conditioned least squares problems[J]. BIT Numerical Mathematics, 1977, 17(2): 134 – 145.
[104] Liu W. State estimation for discrete – time Markov jump linear systems with time – correlated measurement noise[J]. Automatica, 2017, 76: 266 – 276.
[105] Wang K, Li Y, Rizos C. Practical approaches to Kalman filtering with time – correlated measurement errors[J]. IEEE Transactions on Aerospace and Electronic Systems, 2012, 48(2): 1669 – 1681.
[106] Mihaylova L, Angelova D, Bull D, et al. Localization of mobile nodes in wireless networks with correlated in time measurement noise[J]. IEEE Transactions on Mobile Computing, 2011, 10(1): 44 – 53.
[107] 崔乃刚,张龙,王小刚,等. 自适应高阶容积卡尔曼滤波在目标跟踪中的应用[J]. 航空学报,2015,36(12):3885 – 3895.
[108] Xiong K, Zhang H Y, Chan C W. Performance evaluation of UKF – based nonlinear filtering[J]. Automatica, 2006, 42(2): 261 – 270.
[109] Johnson D, Sinanovic S. Symmetrizing the kullback – leibler distance[J]. IEEE Transactions on Information Theory, 2001.
[110] De Pierro A R. A modified expectation maximization algorithm for penalized likelihood estimation in emission tomography[J]. IEEE transactions on medical imaging, 1995, 14(1): 132 – 137.
[111] Bar – Shalom Y. Negative correlation and optimal tracking with Doppler measurements[J]. IEEE Transactions on Aerospace and Electronic Systems, 2001,

37(3):1117 - 1120.

[112] Bordonaro S V, Willett P, Bar - Shalom Y. Tracking with converted position and Doppler measurements[C]//Signal and Data Processing of Small Targets 2011. International Society for Optics and Photonics, 2011, 8137:81370D.

[113] Spitzmiller J N, Adhami R R. Tracking with estimate - conditioned debiased 3 - D converted measurements[C]//Aerospace Conference, IEEE. IEEE, 2010:1 - 16.

[114] Longbin M, Xiaoquan S, Yiyu Z, et al. Unbiased converted measurements for tracking[J]. IEEE Transactions on Aerospace and Electronic Systems, 1998, 34(3):1023 - 1027.

[115] Bar - Shalom Y, Li X R, Kirubarajan T. Estimation with applications to tracking and navigation: theory algorithms and software[M]. New York: John Wiley & Sons, 2004:399.

[116] 任雪松,于秀林. 多元统计分析[M]. 中国统计出版社,1999.

[117] Kim B D, Lee J S. Decoupled tracking filter with modified unbiased converted measurements[C]//Radar, 2006. CIE'06. International Conference on. IEEE, 2006:1 - 4.

[118] Bordonaro S, Willett P, Bar - Shalom Y. Decorrelated unbiased converted measurement Kalman filter[J]. IEEE Transactions on Aerospace and Electronic Systems, 2014, 50(2):1431 - 1444.

[119] Marquardt D W. An algorithm for least - squares estimation of nonlinear parameters[J]. Journal of the society for Industrial and Applied Mathematics, 1963, 11(2):431 - 441.

[120] Liu H, Zhou Z, Yu L, et al. Two unbiased converted measurement Kalman filtering algorithms with range rate[J]. IET Radar, Sonar & Navigation, 2018.

[121] 刘建书,李人厚,刘云龙. 基于"当前"统计模型的交互式多模型算法[J]. 系统工程与电子技术,2008,30(7):1351 - 1354.

[122] 王学敏,朱家砚,胡友杰. 瑞利分布参数的最短区间估计[J]. 长春大学学报,2008,18(2):27 - 30.

[123] Blom H A P, Bar - Shalom Y. The interacting multiple model algorithm for systems with Markovian switching coefficients[J]. IEEE transactions on Automatic Control, 1988, 33(8):780 - 783.

[124] Chan Y T, Hu A G C, Plant J B. A Kalman filter based tracking scheme with input estimation[J]. IEEE Transactions on Aerospace and Electronic Systems, 1979 (2):237 - 244.

[125] Zhou H, Kumar K S P. A direct method for estimating tangential and normal accelerations of maneuvering targets in three dimensional space[J]. IFAC Proceedings Volumes, 1984, 17(2): 1051 - 1056.

[126] Schütte A, Einarsson G, Raichle A, et al. Numerical simulation of maneuvering aircraft by aerodynamic, flight mechanics and structural mechanics coupling [J]. Journal of Aircraft, 2009, 46(1): 53 - 64.

[127] Ru J, Jilkov V P, Li X R, et al. Detection of target maneuver onset[J]. IEEE Transactions on Aerospace and Electronic Systems, 2009, 45(2), 1354 - 1361.

[128] Ru J, Bashi A, Li X R. Performance comparison of target maneuver onset detection algorithms[C]//Signal and Data Processing of Small Targets 2004. International Society for Optics and Photonics, 2004, 5428: 419 - 429.

[129] Cho H, Fryzlewicz P. Multiple - change - point detection for high dimensional time series via sparsified binary segmentation[J]. Journal of the Royal Statistical Society: Series B (Statistical Methodology), 2015, 77(2): 475 - 507.

[130] Huang Y, Tang J, Cheng Y, et al. Real - time detection of false data injection in smart grid networks: an adaptive CUSUM method and analysis[J]. IEEE Systems Journal, 2016, 10(2): 532 - 543.

[131] Bücher A, Fermanian J D, Kojadinovic I. Combining cumulative sum change - point detection tests for assessing the stationarity of univariate time series[J]. arXiv: 1709.02673, 2017.

[132] Konev V, Vorobeychikov S. Quickest detection of parameter changes in stochastic regression: nonparametric CUSUM[J]. IEEE Transactions on Information Theory, 2017, 63(9): 5588 - 5602.

[133] 陈非,敬忠良,姚晓东. 空基多平台多传感器时间空间数据配准与目标跟踪[J]. 控制与决策, 2001, 16(B11): 808 - 811.

[134] Miele A. Flight mechanics: theory of flight paths[M]. New York: Courier Dover Publications, 2016.

[135] Etkin B, Reid L D. Dynamics of flight: stability and control[M]. New York: Wiley, 1996.

[136] Bryan R S. Cooperative estimation of targets by multiple aircraft[R]. AIR FORCE INST OF TECH WRIGHT - PATTERSON AFB OH SCHOOL OF ENGINEERING, 1980.

[137] Nabaa N, Bishop R H. Validation and comparison of coordinated turn aircraft

maneuver models[J]. IEEE Transactions on aerospace and electronic systems, 2000,36(1):250 - 259.

[138] Bishop R H, Antoulas A C. Nonlinear approach to aircraft tracking problem [J]. Journal of Guidance, Control, and Dynamics, 1994, 17(5):1124 - 1130.

[139] 李养成,郭瑞芝. 空间解析几何[M]. 北京:科学出版社,2007:21.

[140] 高青. 多传感器数据融合算法研究[D]. 西安:西安电子科技大学,2008.

[141] 潘泉,刘刚. 联合交互式多模型概率数据关联算法[J]. 航空学报,1999,20(3):234 - 238.

[142] Tahk M, Speyer J L. Target tracking problems subject to kinematic constraints [J]. IEEE transactions on automatic control, 1990, 35(3):324 - 326.

[143] Rauch H E, Tung F, Striebel C T. Maximum likelihood estimates of linear dynamic systems[J]. AIAA Journal, 1965, 3(8): 1445 - 1450.

[144] Huang Y, Zhang Y, Li N, et al. Robust student's t based nonlinear filter and smoother[J]. IEEE Transactions on Aerospace and Electronic Systems, 2016, 52(5): 2586 - 2596.

[145] Wang G, Zhang Y, Wang X. Maximum Correntropy Rauch - Tung - Striebel Smoother for Nonlinear and Non - Gaussian Systems[J]. IEEE Transactions on Automatic Control, 2020: 1.

[146] Wang G, Zhang Y, Wang X. Iterated maximum correntropy unscented Kalman filters for non - Gaussian systems[J]. Signal Processing, 2019, 163: 87 - 94.